权威·前沿·原创

皮书系列为

“十二五”“十三五”“十四五”时期国家重点出版物出版专项规划项目

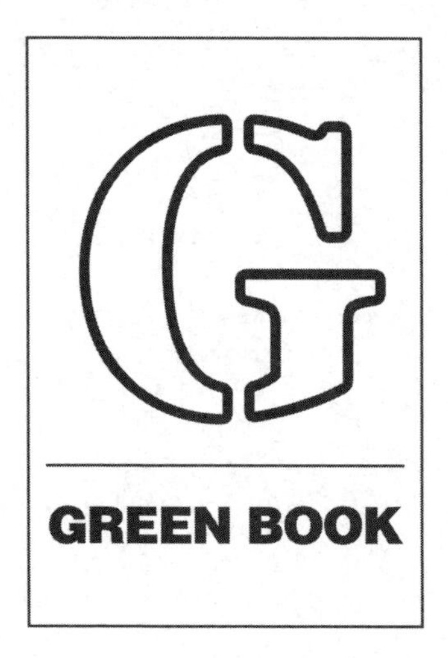

智库成果出版与传播平台

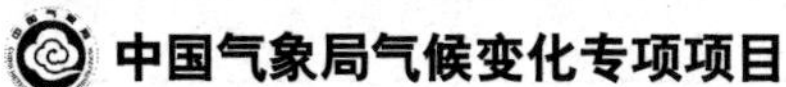

中国气象局气候变化专项项目

应对气候变化报告

（2024）

ANNUAL REPORT ON ACTIONS TO ADDRESS CLIMATE CHANGE (2024)

“双碳”目标驱动新质生产力发展

"Dual Carbon" Targets Driving Development of New Quality Productive Forces

主　编／王昌林　陈振林

副主编／陈　迎　巢清尘　胡国权　庄贵阳

社会科学文献出版社
SOCIAL SCIENCES ACADEMIC PRESS (CHINA)

图书在版编目(CIP)数据

应对气候变化报告. 2024："双碳"目标驱动新质生产力发展 / 王昌林，陈振林主编；陈迎等副主编. 北京：社会科学文献出版社，2024. 12. --（气候变化绿皮书）. --ISBN 978-7-5228-4832-7

Ⅰ. P467

中国国家版本馆 CIP 数据核字第 2024EE9520 号

气候变化绿皮书

应对气候变化报告（2024）

——"双碳"目标驱动新质生产力发展

主　　编 / 王昌林　陈振林

副 主 编 / 陈　迎　巢清尘　胡国权　庄贵阳

出 版 人 / 冀祥德

组稿编辑 / 周　丽

责任编辑 / 张丽丽

文稿编辑 / 郭文慧

责任印制 / 王京美

出　　版 / 社会科学文献出版社 · 生态文明分社（010）59367143

地址：北京市北三环中路甲 29 号院华龙大厦　邮编：100029

网址：www. ssap. com. cn

发　　行 / 社会科学文献出版社（010）59367028

印　　装 / 三河市东方印刷有限公司

规　　格 / 开 本：787mm × 1092mm　1/16

印 张：29　字 数：436 千字

版　　次 / 2024 年 12 月第 1 版　2024 年 12 月第 1 次印刷

书　　号 / ISBN 978-7-5228-4832-7

定　　价 / 158. 00 元

读者服务电话：4008918866

本书由“中国社会科学院-中国气象局气候变化经济学模拟联合实验室”组织编写。

本书的编写和出版得到了中国气象局气候变化专项项目“气候变化经济学联合实验室建设”（绿皮书2024）、中国社会科学院生态文明研究所创新工程项目、中国社会科学院学科建设“登峰战略”气候变化经济学优势学科建设项目（项目编号：DF2023YS31）、中国社会科学院生态文明研究智库的资助。

感谢中国气象学会气候变化与低碳发展委员会的支持。

感谢国家社会科学基金重大项目“碳中和新形势下我国参与国际气候治理总体战略和阶段性策略研究”（项目编号：22ZDA111）、中国社会科学院创新工程项目“‘双碳’目标下中国绿色低碳发展形势与对策：‘十五五’预研究”（项目编号：2024STSCX01）、哈尔滨工业大学（深圳）委托项目“中国城市绿色低碳评价研究”的联合资助。

气候变化绿皮书编纂委员会

主要编撰者简介

王昌林　中国社会科学院副院长、党组成员，第十四届全国政协委员，中国社会科学院大学博士生导师。1991年研究生毕业后到国家发改委工作，曾任国家发改委产业经济与技术经济研究所所长、国家发改委宏观经济研究院院长。主要从事宏观经济和产业经济研究，在《求是》《人民日报》《经济日报》《光明日报》等报刊发表文章100余篇，著有《新发展格局——国内大循环为主体 国内国际双循环相互促进》《我国重大技术发展战略与政策研究》等，曾多次获得国家发改委优秀成果奖励。

陈振林　中国气象局党组书记、局长，理学博士。世界气象组织（WMO）执行理事会成员，世界气象组织中国常任代表，联合国政府间气候变化专门委员会（IPCC）中国代表。多次代表中国气象局参加世界气象组织、联合国政府间气候变化专门委员会、联合国国际减灾战略（LNISDR）、联合国气候变化框架公约（UNFCCC）等国际组织的活动。长期组织参与国内气候变化工作，负责全国公共气象服务、气象防灾减灾和气候变化研究型业务体系建设，推进气象灾害影响预报、风险预警和早期预警国际合作网络建设，推动建立常态化气象灾害防御部际联席会议制度。著有《城市气象灾害风险防控》等多部著作。

陈　迎　中国社会科学院生态文明研究所二级研究员，博士生导师，享受国务院政府特殊津贴专家。研究领域为环境经济与可持续发展、国际气候治理、气候政策等。联合国政府间气候变化专门委员会（IPCC）第五、第六次评估报告第三工作组主要作者。现任联合国教科文组织（UNESCO）世界科学知识与技术伦理委员会（COMEST）委员，“未来地球计划”中国委员会（CNC-FE）副主席，中国气象学会气候变化与低碳发展委员会副主任委员，中国环境科学学会环境经济学分会副主任委员。主持和承担过国家级、省部级和国际合作的重要研究课题20余项，发表专著、合著、论文、研究报告等各类研究成果100余篇（部），曾获第二届浦山世界经济学优秀论文奖（2010年），第十四届孙冶方经济科学奖（2011年），全国优秀科普作品奖（2022年、2023年），中国社会科学院优秀科研成果奖和优秀对策信息奖等。2022年获得“中国生态文明奖先进个人”荣誉称号。

巢清尘 国家气候中心主任，二级研究员，理学博士。研究领域为气候系统分析及相互作用、气候风险评估、气候变化政策。现任世界气象组织气候服务常设委员会主席、中国气象学会常任理事、国家减灾委专家委员会委员、国家碳中和科技专家委员会委员等。第四次气候变化国家评估报告领衔作者。曾任2021~2035年国家中长期科技发展规划社会发展领域环境专题气候变化子领域副组长。曾任中国气象局科技与气候变化司副司长、世界气象组织基础设施委员会成员、全球气候观测系统研究组联合主席与指导委员会委员。长期参加联合国气候变化框架公约（UNFCCC）和联合国政府间气候变化专门委员会（IPCC）谈判。主持国家和省部级、国际合作项目10余项，发表论文、合著80余篇（部）。国家重点研发计划首席科学家，入选国家生态环境保护专业技术领军人才、中国气象局气象领军人才。曾获中国科学院教育教学成果奖一等奖、中国出版政府奖图书奖、全国优秀科普作品奖等。

胡国权 国家气候中心研究员，理学博士。研究领域为气候变化数值模拟、气候变化应对战略。先后从事天气预报、能量与水分循环研究、气候系统模式研发和数值模拟，以及气候变化数值模拟和应对对策等工作。参加了第一、第二、第三次气候变化国家评估报告的编写工作。曾作为中国代表团成员参加联合国气候变化框架公约（UNFCCC）和联合国政府间气候变化专门委员会（IPCC）工作。主持国家自然科学基金、科技部、中国气象局、国家发改委等资助的项目10余项，参与编写著作10余部，发表论文30余篇。

庄贵阳　经济学博士，现为中国社会科学院生态文明研究所副所长，二级研究员，博士生导师，享受国务院政府特殊津贴专家。长期从事气候变化经济学研究，是中国社会科学院学科建设“登峰战略”气候变化经济学优势学科建设项目学术带头人之一。主持完成多项国家重点研发计划、国家科技支撑计划、国家社会科学基金重大项目以及中国社会科学院创新工程重大项目，发表专著（合著）10部，发表学术论文200余篇，曾多次获中国社会科学院优秀科研成果奖和优秀对策信息奖。2019年获得“中国生态文明奖先进个人”荣誉称号。主编的著作《碳达峰碳中和的中国之道》入选中宣部“奋进新征程 建功新时代”好书荐读书单，该书英文版获评第二十三届输出版优秀图书。

前言

习近平总书记在主持二十届中共中央政治局第十一次集体学习时强调，绿色发展是高质量发展的底色，新质生产力本身就是绿色生产力。[①] 这一重要论断为推动高质量发展、建设美丽中国提供了行动纲领和科学指南。党的二十届三中全会聚焦美丽中国建设，立足新时代新发展阶段，就深化生态文明制度体系改革作出新部署，将完善生态文明基础体制、健全生态环境治理体系、健全绿色低碳发展机制作为重点任务。《中共中央 国务院关于加快经济社会发展全面绿色转型的意见》提出加快构建新发展格局，坚持全面转型、协同转型、创新转型和安全转型，明确了发展目标与任务，为建设人与自然和谐共生的中国式现代化提供了强大动力，为推动形成绿色生产力提供了制度保障。

全球气候变化加剧，不断向人类社会发出严重警告。世界气象组织（WMO）确认，2023 年是有气象记录以来最暖的一年，全年平均气温比工业化前（1850~1900 年）平均水平高出 1.45±0.12°C。中国气象局发布的《中国气候变化蓝皮书（2024）》显示，2023 年，中国地表年平均气温较常年值偏高 0.84℃，为 1901 年以来最暖年份。2024 年，我国多地遭遇高温、暴雨、台风等极端天气气候事件，出现人员伤亡和严重的经济损失。在此背景下，积极应对气候变化，促进全球绿色低碳发展转型是大势所趋。对各国而言，是挑战，更是机遇。

党的十八大以来，在习近平生态文明思想的指导下，中国坚定不移走绿色低碳发展道路，取得了举世瞩目的成就。从 2013 年到 2023 年，中国以年均

① 《习近平在中共中央政治局第十一次集体学习时强调：加快发展新质生产力 扎实推进高质量发展》，《人民日报》2024 年 2 月 2 日。

3.3%的能源消费增速支撑了年均6.1%的经济增长，能耗强度累计下降26.1%，是全球能耗强度降低最快的国家之一。截至2024年7月，中国风光新能源发电装机容量突破12亿千瓦，提前实现了2030年的目标。2021年以来，党中央围绕碳达峰碳中和目标构建起了“1+N”政策体系，为实现“双碳”目标作出顶层设计，明确了我国节能降碳的时间表、路线图和施工图。

当前，我国生态文明建设已经进入以降碳为重点战略方向，加快经济社会发展全面绿色转型的关键时期。积极稳妥推动碳达峰碳中和，必须坚持先立后破，统筹兼顾经济发展和安全，更好地实现高质量发展和生态安全的有机统一。我国风电、光伏等资源丰富，发展新能源潜力巨大，“新三样”（即新能源汽车、锂电池和光伏产品）已经在国际市场上形成了强大的竞争力，为进一步发展绿色生产力奠定了基础。我们必须紧紧抓住第四次工业革命这个历史机遇，因地制宜发展新质生产力，强化培育和发展绿色生产力的科技支撑和政策保障；必须加快能耗双控向碳排放双控转变，将绿色转型的要求融入经济社会发展全局，全方位、全领域、全地域全面推进绿色转型；必须以“双碳”目标完善生态文明制度体系，协同推进降碳、减污、扩绿、增长。

2009年，“中国社会科学院-中国气象局气候变化经济学模拟联合实验室”组织编写了第一部气候变化绿皮书，之后每年出版一部，已连续出版了15部。气候变化绿皮书作者多为我国气候变化科研、业务、服务、决策乃至参与国际谈判一线的专家，成果得到相关部门和学界的高度认可，社会公众反响积极。本书是第16部气候变化绿皮书，聚焦“双碳”目标驱动新质生产力发展，深入分析全球绿色竞合背景下我国节能降碳面临的新形势、新问题，全面展现我国落实“双碳”目标的政策行动和付出的艰苦努力。希望广大读者一如既往地关注和支持气候变化绿皮书，并借此机会，向为绿皮书出版作出努力的作者和出版社表示诚挚的感谢！

中国社会科学院副院长、党组成员　王昌林
中国气象局党组书记、局长　陈振林
2024年11月

摘　要

2023年是有气象记录以来最暖的一年，温室气体浓度、海洋热量和酸化、海平面上升、南极海洋冰盖和冰川退缩等方面的纪录再次被打破，有些纪录甚至被大幅度刷新。热浪、洪水、干旱、野火和迅速增强的热带气旋，使数百万人的日常生活陷入困境，并造成了数十亿美元的经济损失。为应对气候变化，绿色低碳发展已经成为国际共识。碳达峰碳中和目标驱动新质生产力发展，加快绿色转型。《应对气候变化报告（2024）："双碳"目标驱动新质生产力发展》首先对近年气候变化形势进行了分析与展望，介绍了气候变化科学新认识，其次展示了国际气候进程，梳理了国内政策和行动，分析了行业和城市应对行动等，最后收录了2023年全球、共建"一带一路"区域和中国气候灾害的相关统计数据，供读者参考。

本书认为，第一，全球变暖持续，全球高温不断刷新纪录，2023年的全球近地表平均温度比工业化前（1850~1900年）的平均水平高1.45±0.12°C，2023年是有观测记录以来的174年中最暖的一年。2023年6月至2024年5月全球平均温度比工业化前高1.63°C，温升幅度首次破1.5℃。我国暖湿气候特征显著，暴雨、高温等极端天气气候事件强度屡破纪录，局地、单点灾害重、社会影响大。第二，面对全球各类极端天气气候事件频发强发造成的严重社会经济影响，以及全面落实《巴黎协定》的要求，我们需要采取紧急减缓行动，也需要采取气候适应行动，适应气候变化成为全球各国极为重视的议题。第三，绿色发展是高质量发展的底色，新质生产力本身就是绿色生产力，应加快发展方式绿色转型，助力碳达峰碳中和，发展绿

色低碳产业和供应链，构建绿色低碳循环经济体系。以控碳降碳为引领，健全资源环境要素市场化配置体系，对于形成绿色新质生产力、协同推进降碳减污扩绿增长、加快经济社会发展全面绿色转型等具有重要意义。第四，人工智能作为新质生产力，为助力解决全球气候变化问题带来极大机遇。人工智能在气候变化领域的应用及发展潜力巨大，涵盖了资料同化与气候模式改进，气候预测与预估，智能气候治理、减缓和适应，能源管理优化，碳排放监测，极端灾害预警，防灾减灾决策等多个方面。第五，可再生能源电力已成为推动全球能源转型的主力。2023 年下半年以来，全球范围内对 2030 年可再生能源装机容量增至 3 倍基本达成共识，但想要在不到 10 年的时间内持续保持可再生能源的高规模增长，各国各地区都面临不同程度的挑战，美欧等力图构建本土产业链以重塑可再生能源制造业格局加剧了挑战的严峻性。

关键词： 全球变暖　碳达峰碳中和　新质生产力　人工智能

目 录

Ⅲ 国际气候进程

Ⅳ 国内政策和行动

Ⅴ 行业转型篇

Ⅵ 城市评价篇

总 报 告

G.1
应对气候变化形势分析与展望（2023～2024）*

陈 迎　巢清尘　胡国权　张永香　王 谋**

摘　要： 世界气象组织（WMO）认定2023年是有气象记录以来最暖的一年，且全球平均温度升幅较大。2024年全球持续升温，世界多地极端天气气候事件频发，创出新纪录。与此同时，全球应对气候变化的行动继续推进。2023年底在阿联酋迪拜召开的《联合国气候变化框架公约》第28次缔约方会议对《巴黎协定》进行了首次盘点，并取得了多项成果，令世界瞩目。2024年11月第29次缔约方会议在阿塞拜疆巴库召开，国际气候谈判

---

* 资助项目：国家社会科学基金重大项目“碳中和新形势下我国参与国际气候治理总体战略和阶段性策略研究”（项目编号：22ZDA111）。

** 陈迎，中国社会科学院生态文明研究所研究员、博士生导师，研究领域为环境经济与可持续发展、国际气候治理和气候政策等；巢清尘，国家气候中心主任、二级研究员，研究领域为气候系统分析及相互作用、气候风险评估和气候变化政策等；胡国权，国家气候中心研究员，研究领域为气候变化数值模拟、气候变化应对战略；张永香，国家气候中心首席研究员，研究领域为气候变化与气候治理；王谋，中国社会科学院生态文明研究所研究员，中国社会科学院可持续发展研究中心秘书长，研究领域为全球气候治理、SDG本地化及实施进展评估等。

仍面临诸多难点。中国作为全球气候治理体系中的负责任大国，积极应对纷繁复杂的国际形势和各种挑战，以“双碳”目标驱动新质生产力发展，加快经济社会的全面绿色转型不断取得新进展。

关键词： 气候变化　气候政策　国际气候谈判

引　言

2023~2024年世界经济和国际形势依旧动荡不安，气候变化也依旧是国际社会必须面对的重大全球性问题之一。气候危机越来越深刻地影响着地球生态系统，以及生活在地球上的人类，应对气候变化刻不容缓，面向碳中和的国际进程已经开启并不断推进。中国作为全球气候治理体系中的负责任大国，积极应对纷繁复杂的国际形势和各种挑战，以“双碳”目标驱动新质生产力发展，加快经济社会的全面绿色转型。理解全球应对气候变化的新形势，研判未来发展的大趋势，需要从全球、国家、地方等多层面，从科学观测、政治进程、政策实施等多维度进行观察和解读。

一　气候变化事实、影响及适应情况

全球气候变暖仍在继续。2023年的全球平均温度、温室气体浓度、平均海表温度及冰川消融退缩等创出新纪录。

（一）全球变暖持续，过去12个月平均温升首次破1.5℃

1. 全球变暖趋势持续

2023年是有气象记录以来最暖的一年，2014~2023年的全球平均温度比1850~1900年的平均水平高出1.20±0.12°C。2023年的全球近地表平均温度比工业化前（1850~1900年）的平均水平高1.45±0.12°C。2023年是有观测记录以来的 174 年中最暖的一年[①]。根据哥白尼气候变化服务机构的 ERA5 数据集，2023 年 6 月至 2024 年 5 月全球平均温度为有记录以来最高，比工业化前（1850~1900 年）高 1.63°C[②]。《WMO 2024 年气候状况最新通报》指出[③]，在有增温效应的厄尔尼诺事件的叠加影响下，2024 年 1~9 月全球平均表面气温比工业化前平均值高 1.54±0.13°C。

1870~2023 年，全球平均海表温度呈显著升高趋势。2023 年，全球平均海表温度较常年值偏高 0.35℃，为 1870 年以来的最高值。2023 年 5 月，赤道中东太平洋进入厄尔尼诺状态，并于 10 月达到厄尔尼诺事件标准，12 月此次厄尔尼诺事件进入峰值期。

1960~2022 年，全球冰川整体处于消融退缩状态，1985 年以来冰川消融加速。2023 年，全球参照冰川处于高物质亏损状态，平均物质平衡量为 -1229mm w.e.，为 1960 年以来的最低值。2023 年 2 月，南极海冰面积达到了卫星时代（1979 年以来）的绝对最低纪录，从 6 月到 11 月初，海冰面积一直处于全年最低面积范围。北极海冰范围仍远低于正常水平，年度最大和最小海冰范围分别为有记录以来的第五低和第六低。

全球温度的长期上升是由于大气中温室气体浓度的增加。2023 年年中，拉尼娜转为厄尔尼诺，助推 2022~2023 年的温度迅速上升。

二氧化碳（CO_2）、甲烷（CH_4）和氧化亚氮（N_2O）等主要温室气体浓度在 2023 年达到观测的最高纪录[④]，全球平均地表 CO_2 浓度达到 420.0 ppm，甲烷达到 1934.0ppb，氧化亚氮达到 336.9ppb，这些数值分别比工业化前（1750 年前）高出 51%、165% 和 25%。CO_2 的寿命很长，这意味着在

① State of the Global Climate 2023, https://library.wmo.int/viewer/68835/download?file=1347_Global-statement-2023_en.pdf&type=pdf&navigator=1.

② WMO Global Annual to Decadal Climate Update (2024-2028), https://wmo.int/publication-series/wmo-global-annual-decadal-climate-update-2024-2028.

③ State of the Climate 2024 Update for COP 29, https://library.wmo.int/viewer/69075/download?file=State-Climate-2024-Update-COP29_en.pdf&type=pdf&navigator=1.

④ WMO Greenhouse Gas Bulletin, https://library.wmo.int/viewer/69057/download?file=GHG-20_en.pdf&type=pdf&navigator=1.

未来许多年里，全球温度将继续上升。

2. 极端天气和气候事件及其影响

极端天气继续造成严重的社会经济影响，尤其是极端高温在世界多地肆虐。2023 年，极端高温导致美国夏威夷、加拿大发生大规模火灾，地中海飓风“丹尼尔”登陆希腊、保加利亚、土耳其和利比亚，引发特大洪水，带来严重的生命和财产损失。欧洲极端天气气候事件发生的频率和严重程度正在提升。亚洲是世界上灾害最多发的地区。①

热带气旋的影响。2023 年 2 月和 3 月的热带气旋“弗雷迪”是世界上持续时间最长的热带气旋之一，对马达加斯加、莫桑比克和马拉维造成了重大影响。2023 年 5 月的热带气旋“穆查”是孟加拉湾有史以来观测到的最强烈的气旋之一，导致从斯里兰卡到缅甸，一直到印度和孟加拉国整个次区域的 170 万人流离失所，并加剧了粮食不安全状况。飓风“奥蒂斯”在几个小时内就增强为级别最高的 5 级飓风，这是卫星时代增强速度最快的飓风之一。它于 2023 年 10 月 24 日袭击了墨西哥沿海度假胜地阿卡普尔科，造成的经济损失约 150 亿美元，并造成至少 47 人死亡。

极端高温影响。极端高温影响了世界许多地区。南欧和北非受到的影响最为严重，尤其是 2023 年 7 月后半月。意大利的温度达到了 48. 2°C，其中三地出现了创纪录的高温，突尼斯的温度达到了 49. 0°C，摩洛哥达到了 50. 4°C，阿尔及利亚达到了 49. 2°C。亚洲许多地区也发生了极端高温事件，日本经历了有记录以来最热的夏季，中国发生了 14 次高温事件，约 70%的国家气象站的气温超过了 40℃，16 个国家气象站的温度打破了历史纪录。

野火加剧。2023 年最致命的一场野火发生在夏威夷，据报道，这场野火至少导致 100 人死亡，是美国 100 多年来最致命的一场野火，造成的经济损失估计达 56 亿美元。加拿大的野火季节是有记录以来危害最严重的，全年全国过火总面积达 1490 万公顷，是长期平均水平的 7 倍多。大火还导致

① State of the Global Climate 2023，https：//library. wmo. int/viewer/68835/download? file = 1347_Global-statement-2023_ en. pdf&type = pdf&navigator = 1.

了严重的烟雾污染，尤其是在加拿大东部和美国东北部人口稠密的地区。

洪水灾害严重。2023 年，长期干旱的大非洲之角地区遭受了严重的洪灾，尤其是 2023 年的下半年。洪水造成埃塞俄比亚、布隆迪、南苏丹、坦桑尼亚、乌干达、索马里和肯尼亚等国 180 万人流离失所。2023 年，意大利、希腊、斯洛文尼亚、挪威和瑞典等地区发生大范围洪涝灾害。亚洲发生了 79 起极端事件，其中，80%以上是洪水和风暴灾害，造成了 2000 多人死亡，900 万人直接受灾。

干旱加剧。埃塞俄比亚、肯尼亚、吉布提和索马里连续 5 季的干旱造成了 300 万人流离失所。非洲西北部、伊比利亚半岛部分地区以及中亚和西南亚部分地区长期干旱。中美洲和南美洲许多地区的旱情加剧。在阿根廷北部和乌拉圭，2023 年 1~8 月的降雨量比平均水平低 20%~50%，导致作物损失和蓄水量低。南欧出现了大范围干旱。

粮食安全问题。在世界粮食计划署（WFP）监测的 78 个国家中，遭受严重粮食不安全问题影响的人数增加了 1 倍多，从新冠疫情前的 1.49 亿人增加到 2023 年的 3.33 亿人。从 2021 年到 2022 年，WFP 测算的全球饥饿水平保持不变，但仍远远高于 2020 年前的水平，2022 年，全球有 9.2%的人口（7.351 亿人）营养不良。极端气候和天气的影响加剧了全球粮食不安全程度。例如，在南部非洲，热带气旋“弗雷迪”过境，影响了马达加斯加、莫桑比克、马拉维和津巴布韦，洪水淹没了大片农业区，对农作物和经济造成了严重破坏。

人类健康影响。气温升高及各种因素的综合影响，对人类健康带来了严重威胁。气候变化对人类健康的影响是多方面的，比如气候变化加剧热浪、野火、风暴和洪水等现有问题，从而造成疾病和死亡。同时，气候变化提高了非传染性疾病的患病率，如精神健康障碍，间接影响空气质量、食物和水安全。已有研究发现，2000~2020 年，欧洲近 94%的地区与高温相关的死亡人数有所增加，高温对人体健康的影响在城市中表现得更为明显。

适应资金仍然不足。虽然 2021~2022 年全球的适应资金达到了 630 亿美元的历史新高，但全球适应资金缺口仍在扩大，远低于 2030 年之前仅发展中国家每年所需的约 2120 亿美元。气候变化给非洲带来了日益沉重的负担，非洲适应气候变化所需的基本费用非常高。平均而言，气候变化使得非洲国家损失了 2%~5%的国内生产总值（GDP），许多国家为应对极端天气气候事件挪用了高达 9%的财政预算。在撒哈拉以南的非洲地区，未来 10 年的适应成本估计为每年 300 亿~500 亿美元，占该地区 GDP 的 2%~3%。如果不采取适当的应对措施，到 2030 年，非洲将有多达 1.18 亿极端贫困人口（每天生活费不足 1.90 美元）面临干旱、洪水和极端高温的威胁。

3. 2024年1~8月春夏气候特征

厄尔尼诺（El Niño）是赤道中东太平洋海表温度较常年持续偏高的现象，其通过热带海洋-大气的相互作用，引发全球或区域的气候异常，使得暴雨洪涝、高温热浪、干旱野火、飓风（台风）等灾害此起彼伏。2023 年 5 月开始的厄尔尼诺事件已于 2024 年 5 月结束，这一中等强度的厄尔尼诺事件，持续时间为 12 个月。根据世界气象组织（WMO）全球长期预报制作中心和国家气候中心 2024 年 6 月的预测，2024 年 8~11 月，拉尼娜条件的出现概率将增至 70%。2024 年 6 月赤道中东太平洋尼诺 3.4 区海表温度为中性偏暖，预计 2024 年 10~12 月可能进入拉尼娜状态。

2024 年的全球平均温度可能有望超过当前最暖年份 2023 年的全球平均温度。WMO 指出，2023 年 6 月至 2024 年 9 月连续 16 个月，全球平均温度可能超过了以前的记录，而且可能是大幅超过。极端天气，包括酷热、极端降水、干旱以及洪水和野火的频繁出现，给许多国家造成了巨大的社会经济损失。

4. 未来5年全球平均气温暂时可能高于工业化前水平1.5°C

根据世界气象组织（WMO）的最新报告[①]，预计 2024~2028 年每年全球平均近地表温度将比 1850~1900 年基线高出 1.1°C 至 1.9°C，全球平均气温比工业化前水平高出 1.5℃的可能性为 47%。其中，至少有 1 年的全球平

---

① WMO Global Annual to Decadal Climate Update（2024-2028），https：//wmo.int/publication-series/wmo-global-annual-decadal-climate-update-2024-2028.

均气温比工业化前水平暂时高出1.5℃的可能性为80%，未来5年的全球平均气温很有可能会超过这一阈值。这是一个严正警告：我们正日益逼近《巴黎协定》所设定的温升控制目标，迫切需要采取气候行动。

根据世界气象组织等的预测，在目前的政策下，21世纪全球升温3℃的可能性为2/3[①]。研究发现，升温3℃将致全球经济损失达生产总值的10%[②]。我们需要采取紧急减缓行动，也需要采取气候适应行动，支持可持续发展和降低灾害风险。人工智能和机器学习已成为可能带来变革的技术，它们正在彻底改变天气预报，并能使其更快、更便宜、更易获取。连接自然世界和数字世界的尖端卫星技术和虚拟现实技术正在开辟土地和水资源管理等领域的发展空间。未来人人都将受到能拯救生命的预警系统的保护。

（二）中国主要极端天气气候特征（2024年1~8月）

2024年以来（2024年1月1日至8月31日），我国暖湿气候特征显著，暴雨、高温等极端天气气候事件强度屡破纪录，局地、单点灾害重，社会影响大。

第一，降水为历史第二多，暴雨过程频繁，南北方影响并重。全国平均降水量554.5毫米，较常年同期偏多9.3%，为历史同期第二多（仅次于1998年）。全国共发生33次区域暴雨过程，较常年同期偏多2.5次。60个县（市）日降水量突破历史极值，25个省（区、市）遭受暴雨洪涝灾害。南方暴雨过程极端性突出、致灾性强，华南前汛期降水和长江中下游梅雨明显偏多。华南前汛期（4月4日至7月3日）累计降水量达1005.9毫米，较常年偏多40%。长江中下游梅雨量为480.7毫米（6月17日至7月15日），较常年梅雨量偏多51.1%。2024年最强暴雨过程发生在6月9日至7月2日，综合强度为1961年以来最强，持续时间和影响范围均超过1998年6月12~27日的暴雨过

① United in Science 2024，https：//library.wmo.int/viewer/69018/download? file = United-in-Science-2024_ en.pdf&type=pdf&navigator=1.

② Climate Damage Projections Beyond Annual Temperature，https：//www.nature.com/articles/s41558-024-01990-8.

程（历史次强）。北方暴雨过程频繁，落区重叠度高，华北等地出现旱涝急转。7月20日以来，北方共出现10次区域暴雨过程，较常年同期偏多3.5次。8月18~21日，辽宁葫芦岛地区出现1951年以来当地最强降雨。此外，华北地区在7月中下旬前后发生旱涝急转。

第二，平均气温创历史新高，高温天气范围广、极端性强。全国平均气温12.3℃，较常年同期偏高0.9℃，为1961年以来历史同期最高。全国平均高温日数和40℃及以上高温影响面积为1961年以来历史同期第二多，全国20%以上的县市出现40℃及以上高温，108个县市日最高气温突破历史纪录或与历史纪录持平。7月3日以来南方的大范围高温过程综合强度为1961年以来历史第二强。

第三，干旱总体偏轻，主要表现为区域性和阶段性发展的特点。西南地区出现冬春连旱，4月中旬最为严重，5月后降水增多，干旱得以缓解。黄淮等地气象干旱4月上旬出现并逐步发展，6月受持续少雨高温影响，华北、黄淮、江淮等地气象干旱发展迅速，7月4日后随着雨带北抬，降水明显增多，旱情逐渐解除，部分地区出现旱涝急转。

第四，台风生成和登陆数量偏少，但"格美"台风强度大、局地灾害影响重。2024年以来，西北太平洋及南海有11个台风生成，较常年同期偏少2.5个；3个台风登陆我国，较常年同期偏少1.8个。

第五，强对流天气多点散发，局地影响偏重。2024年以来，全国共发生32次区域性强对流天气过程。4月12日，内蒙古通辽发生首次强对流过程，发生时间偏早。春季的3~4月共发生14次强对流过程，较5年来同期平均6次显著偏多，特别是江南、华南等地强对流过程多、区域叠加性明显。全国短时强降水、雷暴大风和龙卷风等强对流天气呈现面广点强、局地极端性突出的特征，江西、广东、北京、山东、辽宁等地灾害影响重，造成人员伤亡或较重的财产损失。

（三）适应气候变化

由于近些年全球各类极端天气气候事件频发强发，以及全面落实《巴黎协定》的要求，适应气候变化成为全球各国极为重视的问题。2024 年 4 月 9 日，经济合作与发展组织（OECD）发布《面向未来建设气候适应型基础设施》报告①。报告强调应充分融入金融工具，提升基础设施领域的应对气候变化能力。要在基础设施领域识别与气候相关的风险，评估目前影响可能性和未来遭受损失的严重程度；指出各国政府要制定相关政策和激励措施，加大对韧性基础设施的投资力度，制定有关基础设施韧性的标准和政策，统筹考虑国家和地方应对气候变化的基础设施建设的额外预算，实现长期的气候适应型基础设施投资。报告特别提出，基础设施的运营和使用主体众多，各国应确立国家和地方政府、私人投资者等各利益相关方的成本和收益公平合理分配原则。此外，报告还鼓励推荐使用新技术来加强管理，如采用遥感、大数据、物联网、数据云技术和机器学习等新技术开展基础设施的运营和维护等。

2024 年 6 月 20 日，美国农业部（USDA）、环境保护署（EPA）、国家航空航天局（NASA）等 24 个部门更新发布了 2024~2027 年气候适应计划②，重点行动包括建设适应气候变化设施，如改造升级建筑设施增强其抵御气候灾害的能力，增加电力、水资源和通信的应急备份系统，增强劳动者适应气候变化能力，如改善员工暴露于极端高温、洪涝、野火等极端气候环境的问题；构建气候韧性的生产供应链，如开发工具方法评估供应链可能遭受的气候风险；鼓励气候智能型的采购模式，加强对土地和水资源的管理，提高适应气候变化能力，如恢复佛罗里达群岛国家海洋保护区珊瑚礁遗址，保护陆地和水域的连接带，为生物群落和物种提供良好栖息地；制定相关气候政策，将气候影响和适应行动纳入联邦政府和部门政策指南中；在政府基础设施投资中考虑气候智能型基础设施建设等。

---

① Infrastructure for a Climate - Resilient Future，https：//www. oecd - ilibrary. org/finance - and - investment/infrastructure-for-a-climate-resilient-future_ a74a45b0-en.

② FACT SHEET：Biden - Harris Administration Releases Agency Climate Adaptation Plans，Demonstrates Leadership in Building Climate Resilience，https：//www. whitehouse. gov/briefing-room/statements-releases/2024/06/20/fact-sheet-biden-harris-administration-releases-agen.

为进一步深化中国气候变化适应工作，2024 年 5 月 15 日，生态环境部办公厅、财政部办公厅、自然资源部办公厅等 8 部门发布了《关于印发深化气候适应型城市建设试点名单的通知》[①]，北京市门头沟区等 39 个市（区）入选深化气候适应型城市建设试点名单，试点城市分布在全国七大地理区的 25 个省（区、市），它们的规模、经济社会发展水平、气候类型、资源禀赋等存在差异。通过深化试点能进一步总结适应工作的良好经验做法，在全国有较强的示范引领作用。根据 5 月发布的《中国适应气候变化进展报告（2023）》[②]，中国已有 24 个省（区、市）正式印发了省级适应气候变化行动方案，12 个重点领域制定了适应气候变化的相关文件，在加强气候变化监测预警和风险管理、提升自然生态系统适应气候变化能力、强化经济社会系统适应气候变化能力、构建适应气候变化区域格局以及推动适应气候变化保障机制建设等方面都有明显成效。

气候系统变暖的趋势仍在继续，并且愈加呈现加速态势。2023 年随着影响了全球气候 3 年的拉尼娜事件的结束，厄尔尼诺事件即将卷土重来，这将进一步加剧 2024 年及之后数年气候的变化，从而为全球和各国自然生态系统和社会经济系统带来更多的风险。

二　全球绿色低碳转型的大趋势

（一）全球能源和碳排放情况

2023 年，全球经济步入复苏阶段。根据国际能源署发布的《2023 年二氧化碳排放量报告》[③]，2023 年全球与能源相关的二氧化碳排放量达到了

---

① 《关于印发深化气候适应型城市建设试点名单的通知》（环办气候函〔2024〕187 号），中国政府网，https：//www. gov. cn/zhengce/zhengceku/202405/content_ 6951079. htm。

② 生态环境部：《中国适应气候变化进展报告（2023）》，https：//www. mee. gov. cn/xxgk2018/xxgk/xxgk06/202406/W020240607336959617723. pdf。

③ CO_2 Emissions in 2023，https：//www. iea. org/reports/co2-emissions-in-2023.

374 亿吨，比上一年增长了 1.1%，增量相较于 2022 年的 4.9 亿吨有所降低。根据全球碳计划（Global Carbon Project）发布的最新《全球碳预算报告》，预计 2024 年全球二氧化碳总排放量（包括化石燃料和土地利用排放）也将创下新高，达到 416 亿吨。

值得注意的是，2023 年全球的异常干旱气候导致了水力发电量减少，一些国家不得不依赖化石燃料来弥补能源缺口，这是全球碳排放量增长的原因之一。2023 年，全球煤炭需求增长了 2.6%，达到了 87 亿吨的历史新高，其中，中国增长约 6%，约 2.76 亿吨；印度增长 9.2%，约 1.05 亿吨；欧盟下降 22.5%；美国下降 17.3%①。电力和非电力部分的煤炭需求均有增长，其中煤电增加了 1.9%，达到 10690 太瓦时，创下新纪录。钢铁行业是最大的工业煤炭消费部门。2023 年，中国一次能源消费总量为 57.2 亿吨标准煤，煤炭消费量增长 5.6%，但随着能源消费绿色低碳转型的加快，煤炭消费量占一次能源消费总量的比重有所下降，达到 55.3%。

2023 年，全球可再生能源领域经历了显著的发展和扩张，装机容量增长了近 50%，达到了近 510 吉瓦（GW），这是连续第 22 年刷新纪录②。预计到 2028 年，全球可再生能源装机容量将达到 7300 吉瓦，但如果要实现 2030 年前全球可再生能源装机容量增加 3 倍的目标，目前的增长速度还不够。在中国，可再生能源发电装机规模持续增长。2023 年，全国太阳能发电装机容量约 6.1 亿千瓦，同比增长 55.2%；风电装机容量约 4.4 亿千瓦，同比增长 20.7%③。截至 2024 年 8 月，全国新增发电装机容量 20995 万千瓦，其中，新增风电装机容量 3361 万千瓦，新增太阳能发电装机容量 13999 万千瓦，二者之和占前 8 个月全国新增发电装机容量的比例超过 80%④。全球清洁

---

① Coal Mid-Year Update - July 2024，https：//www.iea.org/reports/coal-mid-year-update-july-2024.

② Renewables 2023，https：//www.iea.org/reports/renewables-2023.

③《国家能源局发布 2023 年全国电力工业统计数据》，https：//www.nea.gov.cn/2024-01/26/c_ 1310762246.htm。

④《前 8 月全国新增发电装机容量超 2 亿千瓦其中新增风电太阳能发电装机占比超八成》，http：//www.nea.gov.cn/2024-09/27/c_ 1212400558.htm。

能源领域投资规模大幅增长，2023 年约 1.8 万亿美元，增速达 17%左右，全球可再生能源领域投资约 6380 亿美元，创历史新高。

截至 2024 年 8 月，全球可再生能源制氢行业表现出积极的发展态势，预计电解制氢需求将大幅增长。2023~2028 年，预计全球用于氢基燃料生产的可再生能源装机容量将增长 45 吉瓦。中国、沙特阿拉伯和美国作为推动可再生能源制氢产能增长的主要国家，2028 年其可再生能源制氢产能之和将占到全球的 75%以上。到 2050 年电解制氢占比可能高达 95%，同时成本有望进一步下降。由于缺乏承购方和生产成本上升，尽管不断有新的项目和计划宣布，但均进展缓慢。

尽管全球可再生能源迅猛发展，但全球能源绿色低碳转型仍面临严峻的挑战。一方面，基本能源获取方面仍存在问题。《追踪可持续发展目标 7：2024 年能源进展报告》① 显示，全球仍有 6.75 亿人无法获取电力，仍有 23 亿人依赖有害的燃料做饭，未处于实现可持续发展目标 7 的正轨上。另一方面，化石燃料在 G20 能源结构中的比例保持不变，煤炭和石油消耗继续增加，导致二氧化碳排放量上升了 1.7%，碳减排速度仍不能满足将温度上升幅度控制在 2℃以下的目标要求。这表明全球在减少温室气体排放方面仍有较大差距。

（二）主要国家和地区气候政策走向

2024 年是大选之年，全球将有超过 50 个国家和地区举行大选，覆盖全球近一半人口，尤其是美国、俄罗斯等大国的选举牵动着世人的神经。政府更迭往往会影响一国气候政策，增加全球气候治理的不确定性。

美国气候政策将出现重大调整。作为全球最大的经济体之一，美国的气候政策对全球气候行动具有重要影响。美国民主党、共和党两党在气候变化问题的立场上存在明显分歧，民主党倾向于推动更为积极的气候行动，鼓励清洁能源发展，而共和党则更侧重于经济增长和能源独立，对气候政策的支

① Tracking SDG7：The Energy Prosgress Report 2024，https：//trackingsdg7. esmap. org/data/files/download-documents/sdg7-report2024-0611-v9-highresforweb. pdf.

持程度相对较低。美国气候政策经常会受国内选举的影响而摇摆不定。2024年11月5日，共和党特朗普在与民主党哈里斯的竞选中大胜，赢得了美国总统大位，共和党也在参议院和众议院掌控了多数席位，这将使得2025年上任的特朗普政府推行的政策具有了更强的执行力。特朗普长期以来一直否认气候变化所带来的风险，优先考虑提高国内化石燃料生产的经济效益。特朗普政府上台后势必要对拜登政府的气候政策作出重大调整，甚至可能再次退出《巴黎协定》。有美国智库评估，与拜登推行的计划相比，特朗普上台后所实施的政策可能会使美国到2030年的碳排放量增加40亿吨，造成金额超9000亿美元的全球气候损害。[①]

欧洲气候政策存在模糊性。2024年，欧洲议会选举结果对欧盟的气候政策产生了深远影响。尽管欧洲长期以来一直是应对气候变化的领导者，但选举结果可能导致欧洲气候政策的执行力度和方向出现模糊性。一方面，绿党和自由派政党可能会推行更为严格的减排目标，进一步推动可再生能源的发展；另一方面，保守派和民族主义政党可能会质疑这些政策，强调国家主权和经济利益。这种政治分歧使得欧洲的气候政策在短期内可能难以达成一致，影响其在国际舞台上的统一行动。

与欧美不同的是，中国正以“双碳”目标驱动新质生产力发展，展现出应对气候变化的强大决心，开展了一系列实实在在的行动。2024年7月，党的二十届三中全会强调要深化生态文明体制改革，加快经济社会全面绿色转型[②]。随后，中央和地方有关全面绿色转型的政策密集出台，如《关于加快经济社会发展全面绿色转型的意见》《加快构建碳排放双控制度体系工作方案》《数字化绿色化协同转型发展实施指南》《能源重点领域大规模设备更新实施方案》等。这些政策的出台带来了多方面的影响。一是扩大投资规模，

---

① Carbon Brief: Analysis: Trump Election Win Could Add 4bn Tonnes to US Emissions by 2030, March 6, 2024, https://www.carbonbrief.org/analysis-trump-election-win-could-add-4bn-tonnes-to-us-emissions-by-2030/.

② 《中共中央关于进一步全面深化改革　推进中国式现代化的决定》，求是网，http://www.qstheory.cn/yaowen/2024-07/21/c_1130182461.htm。

例如，《能源重点领域大规模设备更新实施方案》提出 2027 年能源重点领域设备投资规模较 2023 年增长 25%以上，据估算能源重点领域设备投资规模将达到 1.87 万亿元。二是引导投资方向，既包括传统能源改造，即所谓“三改联动”（煤电机组节能改造、供热改造和灵活性改造），也包括发展新能源，即输配电、风电、光伏、水电等领域的设备更新和技术改造。三是提升产业发展的技术水平，如《数字化绿色化协同转型发展实施指南》倡导数字产业低碳化发展，以及通过数字化为九大行业低碳转型赋能。数字化、绿色化“双化协同”，将大大提升相关产业的技术水平。四是健全绿色低碳发展的制度体系，例如《加快构建碳排放双控制度体系工作方案》指出，“十五五”时期要在全国范围实施碳排放双控。碳排放双控是加快推进绿色低碳转型的关键机制。中国政府坚定不移地加快新质生产力发展，推动经济结构的转型升级。中国在可再生能源、电动汽车、绿色建筑等领域取得了显著进展，同时通过碳排放交易市场等机制促进碳减排。此外，中国还积极参与国际气候合作，通过“一带一路”倡议等，推动发展中国家的绿色发展。中国的气候政策显示出了明确的方向性和连续性，为全球气候治理贡献了积极力量。

在全球气候治理中，除美国、欧洲和中国之外，其他国家或地区的气候政策也值得关注。例如，非洲国家面临着气候变化带来的干旱、洪水和粮食安全问题等，许多非洲国家开始重视气候适应和韧性能力建设，寻求国际社会的支持和合作。再如，拉丁美洲国家利用其丰富的自然资源，发展可再生能源，减少对化石燃料的依赖。然而，这些国家或地区的气候政策往往受到经济发展水平、政治稳定性和国际合作等因素的影响。

三　全球气候治理的进展与展望

（一）国际气候谈判形势

1. COP28谈判的主要进展

《联合国气候变化公约》第二十八届缔约方大会（COP28）于 2023 年

12月13日在阿联酋迪拜落下帷幕。COP28即迪拜气候大会通过密集磋商，就全球盘点、减缓、适应、资金、公正转型、单边措施等问题达成共识，形成“阿联酋共识”。

第一，全球盘点问题。根据《巴黎协定》第十四条，“作为本协定缔约方会议的《公约》缔约方会议应定期盘点本协定的履行情况，以评估实现本协定宗旨和长期目标的集体进展情况（称为“全球盘点”）”，“作为本协定缔约方会议的《公约》缔约方应在2023年进行第一次全球盘点，此后每五年进行一次，全球盘点的结果应为缔约方以国家自主的方式根据本协定的有关规定更新和加强它们的行动和支助，以及加强气候行动的国际合作提供信息”。《巴黎协定》还要求全球盘点“以全面和促进性的方式开展，考虑减缓、适应以及执行手段和支助的方式问题，并顾及公平和利用现有的最佳科学”。第一次全球盘点活动在2021年底格拉斯哥第26届缔约方大会（COP26）上启动，在2023年底迪拜第28届缔约方大会（COP28）上完成，开展了多轮技术性对话和案文谈判，最终达成21页共196段的共识案文，包括了“背景和跨领域考虑因素”“根据公平原则和现有最佳科学，在实现《巴黎协定》的宗旨和长期目标方面取得集体进展”“国际合作”“指导方针和前进方向”4个部分，涵盖了“减缓”“适应”“支持措施”“能力建设”“损失损害”“应对措施”“单边措施”等多个要点，对《巴黎协定》实施以来全球气候治理取得的成效进行了梳理，对未来需要开展的工作进行了部署。总体来看，第一次全球盘点在形式、内容、程序安排等方面为后续盘点工作确立了工作模式，也取得了被缔约方认可的谈判成果。

第二，减缓问题。在迪拜气候大会上各缔约方在减缓问题上就一系列减缓行动达成了共识。这些共识主要表现为全球盘点决定中减缓部分取得的谈判成果和减缓工作方案议题下取得的成果两方面。会议重申了2023年G20领导人宣言中关于1.5°C目标以及2030年在2019年基础上全球温室气体减排43%的表述，会议决定文件还“呼吁”各缔约方为“到2030年，全球可再生能源容量增加两倍，全球能源效率提高一倍”等全球努力作出贡献，并“以公正、有序和公平的方式实现能源系统脱离化石燃料的转型”。会议决定文件纳入了可再生能源装机、能效和化石燃料转型脱离等表述，进一步细化了《巴黎协定》在减缓方面的行动路径。由于决定文件只是就“全球努力”而非“全球目标”达成共识，各缔约方并未就如何为发展中国家提供资金、技术、能力建设等方面的支持以及开展行动的路线图、实施方案等内容进行磋商；重申的全球温室气体减排目标也没有与各国减排目标和行业减排目标相联系。

第三，适应问题。根据格拉斯哥气候大会的授权，全球适应目标（GGA）需要在COP28上完成谈判，因而其受到各国高度关注。适应议题所取得的主要成果集中在适应议题决定文件的第九段和第十段，也就是基于关键领域包括水、粮食、健康、生态系统、基础设施、文化传统等领域的全球适应目标和基于实施行动框架的工作目标。全球适应目标的谈判和研究都还处于起步阶段，可以看到目前决定文件中关键领域的目标还主要是描述性目标，缺乏具体量化目标，因而还需进一步细化。此外，对促进实现全球适应目标的国际合作与支持机制也需要在未来的谈判中予以进一步明确。

第四，资金问题。气候资金机制总体来看可以分为《联合国气候变化框架公约》下的资金机制和《联合国气候变化框架公约》外更加广义的气候资金机制。《联合国气候变化框架公约》和《巴黎协定》下的资金机制更强调资金的公共属性，出资主体是发达国家，国际社会所熟知的发达国家应向发展中国家提供每年1000亿美元的资金支持就属于《联合国气候变化框架公约》下的资金机制。《联合国气候变化框架公约》之外还存在更广义的气候资金机制，如产业部门的投融资机制、政策性银行的资金机制、“公正能源转型伙伴关系（JETP）”以及南南合作等气候资金机制。这些资金机制从出资主体、资金性质看，针对的可以是政府的资金也可以是私营部门的资金。总体来看，随着全球气候意识的提升，流向气候治理的资金呈现上升趋势，但与发展中国家的资金需求还有巨大差距，存在大幅提升空间。COP28就运行损失与损害基金达成共识，并推动损失与损害基金的承诺注资规模超过7亿美元。迪拜气候大会期间，绿色气候基金也得到35亿美元的注资，总量已达128亿美元。然而，目前的资金规模与发展中国家需要的万亿级的资金需求相比，仍然存在巨大差距。根据授权，新集体量化资金目标应于 2024 年完成谈判，该目标是对当前发达国家向发展中国家提供每年 1000 亿美元气候资金支持目标的升级和替换，也是国际社会高度关注的核心议题，但目前南北国家立场分歧还较大，2024 年将开展多轮艰苦博弈。

第五，公正转型问题。公正转型议题是《联合国气候变化框架公约》授权开展谈判的新议题，备受各方关注。由于是新议题，各方在认知和谈判诉求方面还存在明显的分歧。通过多轮磋商，各方就公正转型工作方案的工作范围、工作方式以及工作机制安排等达成初步共识，该成果也被命名为《阿联酋公正转型工作方案》。公正转型是各国正在开展或有意愿开展的工作，虽然各方尚未就国际层面的资金合作机制开展具体磋商，但 COP28 也达成了“给予公正转型相应的资金、技术和能力建设支持”的共识。公正转型议题是《巴黎协定》后下一个新的谈判议题，COP28 决定文件明确了 2024 年的公正转型工作规划，以及推进公正转型议题谈判和开展具体工作的安排。

第六，单边措施问题。由于欧盟碳边境调节机制（CBAM）进入实施过渡期，各方尤其是发展中国家对单边措施问题的关注度迅速上升。由于当前单边措施的代表措施主要是 CBAM 等贸易措施，因此在气候谈判中单边措施问题又被称为与气候变化相关的贸易问题。在 1992 年《联合国气候变化框架公约》的谈判进程中，谈判各方就已预估到，在气候治理进程中，部分国家可能会以气候治理的名义构建贸易壁垒，影响正常的国际贸易秩序。因此《联合国气候变化框架公约》第三条第五款要求“各缔约方应当合作促进有利的和开放的国际经济体系”，“为应对气候变化而采取的措施，包括单边措施，不应当成为国际贸易上的任意或无理的歧视手段或隐蔽限制”。《巴黎协定》谈判中，单边措施相关表述虽然也被提及，但在最后案文中没有得到体现。在 CBAM 已经实施的背景下，谈判各方尤其是发展中国家希望通过在相关议题下建立和强化新的工作机制，以探讨如何规范和约束单边措施的实施及降低其负面影响。迪拜气候大会之初，基础四国（巴西、南非、印度、中国）向会议主席提议增设单边措施议题。经多方协商，会议主席决定在全球盘点议题下的国际合作部分讨论该事项。迪拜气候大会

上，各方经过多轮磋商，就单边措施问题基于《联合国气候变化框架公约》第三条第五款达成相对弱化的案文表述，将单边措施问题再次带入《巴黎协定》后续谈判进程。

2. COP29热点难点问题和前景展望

《联合国气候变化框架公约》第二十九届缔约方大会于2024年11月在阿塞拜疆首都巴库召开，本届大会按照巴黎大会决议授权将通过谈判确立2025年后新的资金目标即新集体量化资金目标（NCQG）。为推动在NCQG方面达成共识，各方已经开展多轮磋商，2024年已经举行包括部长级会议在内的4次磋商会议，NCQG成为COP29最核心的议题。除此之外，根据COP29主席对外公布的信息来看，本届会议将围绕“增强行动”（Enabling Action）和“增强雄心”（Enhancing Ambition）两个方面，重点推进相关议题谈判工作。

NCQG是COP主席在增强行动中列出的3项优先工作事项中的最优先的事项。哥本哈根气候大会上，发达国家承诺至2020年每年为发展中国家筹集气候资金1000亿美元，这个资金目标相对于《坎昆协议》明确的300亿美元“快速启动资金”而言，在谈判中被称为“长期基金”。2021年格拉斯哥会议将发达国家的1000亿美元气候资金义务延长到2025年，2025年之后《巴黎协定》下气候行动资金的总量、来源、使用方式等都需要通过进一步谈判来确立。随着极端天气气候事件的频发，全球减排目标和各国行动目标水平快速提高，各国尤其是发展中国家应对气候变化的经济成本和开展气候行动的资金需求也在快速上升。然而，发达国家越来越强调所有缔约方责任、义务趋同，其供资意愿快速下降。从资金规模来看，大范围、快速、深度减排所需要的资金规模也在加速扩大，非洲集团呼吁发达国家到2030年每年至少提供1.3万亿美元的气候资金，印度提出了每年1万亿美元的资金需求。但从每年1000亿美元都难以实现的现状来看，各方未来气候资金需求和发达国家出资总体规模的差距还很大。在出资主体方面，发达国家希望模糊出资责任，要求所有国家共同出资，与发展中国家认为按照《联合国气候变化框架公约》和《巴黎协定》规定发达国家应承担出资责任和义务，形成鲜明的立场分歧。资金是联合国气候谈判和全球气候治理中最关键的要素之一，影响着各方行动力度、信心和相互信任。各方在出资主体、出资规模等问题上的分歧，是 COP29 谈判面临的重要挑战。只有高效的资金机制才能保障积极的全球集体行动和《联合国气候变化框架公约》及《巴黎协定》目标的实现。增强行动中另外两项优先工作事项，是市场机制和损失损害基金运行的谈判。COP29 力求推动结束市场机制下所有未决问题的谈判转而进入全面实施阶段；损失损害基金方面，COP29 主席希望在 COP27 和 COP28 基础上取得历史性进展，让资金尽快运行，为受到损失损害的国家提供其所急需的资金。

在“增强雄心”方面，COP29 将重点推进落实国家自主贡献目标（NDCs）和提高减缓目标、落实适应资金以及双年透明度报告等方面的工作。各方将于 2025 年 2 月提交国家自主贡献目标，目前各国都在积极准备自己的国家自主贡献方案。COP29 将鼓励各方将 COP28 1 号决定第 28 段所列目标，如到 2030 年，将全球可再生能源装机容量增至 3 倍、全球年平均能效提升速度翻一番、加快努力逐步减少未加装减排设施的煤电等，反映到新的国家自主贡献目标中，以国家自主的方式落实全球盘点成果。在适应资金方面，COP29 主席曾表示，“我们需要有效、高效和快速的支持来实现适应目标。在全球盘点中，缔约方认识到适应资金必须大幅增加，达到 COP26 商定的两倍，以支持发展中国家加快适应和建立气候韧性”。COP29 将在“推动发达国家在 2025 年前将适应资金至少翻一番”方面取得进展，并强调需要平衡适应和减缓行动的资金分配。透明度是《联合国气候变化框架公约》进程中相互信任的核心，各国及时提交双年透明度报告对于跟踪各方减排承诺进展、评估减排差距和资金需求至关重要。COP29 将推动各国和国际社会进一步关注透明度问题，促进缔约方及时和高质量地提交透明度报告。[①]

---

① COP29 在延期 30 多个小时后闭幕。大会就落实《联合国气候变化框架公约》《京都议定书》《巴黎协定》通过 20 余项决定，达成了“巴库气候团结契约”一揽子平衡成果，特别是达成了 2025 年后气候资金目标及相关安排，设立了到 2035 年发达国家每年至少 3000 亿美元的资金目标及每年至少 1. 3 万亿美元的气候融资目标，用于支持发展中国家气候行动，同时就推动国际碳市场运行的相关细则达成一致。

（二）气候公约谈判之外值得关注的新动向

1. 国际海洋法法庭涉气候变化的咨询意见

2024 年 5 月 21 日，国际海洋法法庭就小岛屿国家气候变化和国际法委员会提交的涉气候变化咨询请求发表了咨询意见。这是首起由全球性司法机构处理的气候变化案件，引起了国际社会的高度关注，共有 34 个缔约国及 9 个国际组织向法庭提交书面意见，33 个缔约国及 3 个国际组织作了口头陈述。各方对于该咨询意见存在较大的争议①，争论焦点一是法庭是否具有全庭咨询管辖权，二是温室气体是否构成海洋污染物，三是《联合国海洋法公约》与其他相关国际法规则在应对气候变化对海洋影响方面的关系。中方通过书面意见和口头陈述阐明了立场，一是阐明我国在习近平生态文明思想指引下，切实履行《联合国气候变化框架公约》体系下的义务，以及应对气候变化的政策法律、举措和成就。二是重申反对法庭享有全庭咨询管辖权。三是指出《联合国气候变化框架公约》是应对气候变化的主渠道，具有基础和首要地位，《联合国海洋法公约》只能发挥辅助作用。反对将温室气体定性为海洋环境污染，反对将《联合国海洋法公约》的国家责任制度应用于处理气候变化的损失损害问题。

事实上，国际司法机构涉气候变化咨询意见案是国际气候变化治理外溢的结果。随着气候变化形势日益严峻，国际气候治理平台除《联合国气候变化框架公约》外，还外溢到其他领域，与其他国际法律制度产生交叉重叠。这一趋势日益明显，“气候变化+贸易”“气候变化+海洋”“气候变化+安全”“气候变化+人权”等议题不断涌现。

2. 联合国环境大会（UNEA）越来越关注气候变化问题

联合国环境大会成立于 2012 年，为各国讨论和决策全球环境问题提供

---

① 《（中文）国际海洋法法庭涉气候变化咨询案：中国的立场和观点——马新民司长在亚洲国际法律研究院“2024 年国际法论坛”上的视频致辞》，https：//mp. weixin. qq. com/s/pDTbSVO-_ vBrbUbz_ t86bg。

了平台。近年来，UNEA 对于气候变化问题的关注度逐渐提升①。2024 年召开的 UNEA-6 对太阳辐射干预（SRM）技术问题的讨论引起国际社会的高度关注。SRM 技术是通过减少到达地面的太阳辐射来缓解地球升温的一类技术，包含一系列不同的创新技术方案，如平流层气溶胶注入（SAI）、增加云层反照率、增加地表反照率等，其中 SAI 技术最具代表性，也最受关注。在 UNEA-6 的讨论中，尽管各方都认为 SRM 技术尚不成熟，具有高度的不确定性，可能带来多重风险，不能替代减缓行动，但各方对于是否应将该议题纳入 UNEA 议程存在分歧。

近年来，全球增温持续，气候危机日趋严重，传统减排措施不足以快速给地球降温，作为理论上可以快速降温但又可能引发新风险的“双刃剑”，SRM 技术受到越来越多的关注。一部分专家因其可能带来风险，主张完全禁止使用；一部分专家认为即使有风险，也需要加强 SRM 技术研究。作为未来应对气候变化的一个选项，SRM 技术应与减缓、适应、碳移除等一并纳入全球气候治理体系②。由于各方对于以 SRM 为核心的科学、技术、政策和治理问题存在严重分歧，未来对 SRM 的关注和争论还将持续。

四　结语

展望未来，全球气候变化还将持续威胁自然生态系统和人类社会的可持续发展。实现碳中和既是全球为应对气候变化而树立的雄伟目标，也是人类发展方式的深刻革命，其挑战与机遇并存。一方面，日新月异的科技进步令人欣喜；另一方面，人类社会面临的危险也在不断积聚。应对气候变化这一全球性挑战，需要加快全球绿色低碳转型的步伐，国际合作的重要性不言而

① 《UNEA-6 的六个关键时刻》，https：//mp. weixin. qq. com/s/_ OtooLBScWTjaCINfVwBZQ。

② Climate Overshoot Commission，Reducing the Risks of Climate Overshoot，September 2023，https：//www. overshootcommission. org/_ files/ugd/0c3b70_ bab3b3c1cd394745b387a594c9a68e2b. pdf.

喻，然而局部冲突不断，甚至愈演愈烈，令世界经济和国际关系动荡不安，这使得国际合作变得越来越困难。2024 年 11 月，二十国集团（G20）领导人峰会在巴西里约热内卢举办，全球 20 个最大经济体的国家元首、政府首脑等齐聚里约热内卢，气候变化是重要的讨论议题之一。无论如何，沟通对话都好过对抗冲突，应对气候变化进程依然在艰难坎坷中不断前行。

气候变化科学新认识

G.2

地球系统边界（ESB）评估进展

黄 磊　杨 啸*

摘　要： 2024年9月，地球委员会在《柳叶刀-星球健康》上发布了关于地球系统边界（Earth-system Boundaries）的评估报告，深入探讨了人类活动对地球环境的影响，量化了安全和公正的地球系统边界，并进一步评估了其空间分布。人类已经越过了8个地球系统边界中的7个，包括气候变化和生态系统功能完整性等。本文综述了地球系统边界的评估背景、概念演变及内涵，强调了全球经济和人口增长导致的环境压力以及人类维护地球系统平衡的重要性，探讨了地球系统边界与人类世的关系，揭示了人类活动在地球环境变化中的作用，提出应借鉴地球系统边界和人类世的概念与研究方法，关注不同空间范围、不同时间尺度上人类活动对地球环境的影响事实和影响机制，为保护宜居地球、促进人与自然和谐共生作出贡献。

关键词： 地球系统边界　可持续发展　人类世

* 黄磊，博士，国家气候中心气候变化战略研究室主任，研究领域为气候变化与应对政策；杨啸，博士，国家气候中心工程师，研究领域为气候变化政策。

2024 年 9 月 11 日，地球委员会（Earth Commission）在《柳叶刀-星球健康》（The Lancet Planetary Health）杂志上发表了《安全星球上的公正世界：地球委员会关于地球系统边界、转变和转型的评估报告》①，这个报告是地球委员会继 2023 年在《自然》杂志上发表《安全、公正的地球系统边界》② 综合评估报告后的又一重磅评估成果。地球委员会在定义 8 个地球系统边界（气候变化、自然生态系统面积、生态系统功能完整性、地表水、地下水、氮、磷和大气气溶胶）的基础上，进一步量化了安全和公正的地球系统边界，评估了人类保持尊严和摆脱贫困所需的最低自然资源量，并进一步评估了安全和公正的地球系统边界的空间分布。本文综述了地球系统边界的评估背景、概念演变及内涵，地球系统边界与人类世的关系等重要评估进展，提出了相关思考建议。

一　评估背景

近半个多世纪以来，随着世界经济和人口的迅速增长，人类社会面临着全球环境变化带来的严峻挑战。过去 50 年来世界经济快速发展，全球 GDP 由约 2 万亿美元增长至约 100 万亿美元，增加了近 50 倍；20 世纪 60 年代全球人口约为 30 亿人，此后以每十几年增加 10 亿人的速度增长，到 2024 年全球人口总数已接近 80 亿人，增加了一倍多。同时，由于全球医疗卫生条件的改善，人均预期寿命也得到了显著提高，世界人均预期寿命从 20 世纪 60 年代的不到 50 岁增加到当前的接近 70 岁，预计到 21 世纪中叶世界人均预期寿命将会超过 75 岁。1900 年之前世界上只有 1/10 左右的人口居住在城市，到 21 世纪初城镇人口已达到世界总人口的一半以上。

---

① Gupta J. , Bai X. , Liverman. D. M. , et al. , "A Just World on a Safe Planet: A Lancet Planetary Health-Earth Commission Report on Earth-system Boundaries, Translations, and Transformations", *The Lancet Planetary Health*, 2024, https: //doi. org/10. 1016/S2542-5196 (24) 00042-1.

② Rockström J. , Gupta J. , Qin D. , et al. , "Safe and Just Earth System Boundaries", *Nature*, 2023, 619 (7968) .

随着人类经济社会的快速发展，人类征服自然环境的足迹遍布全球，人口的增加和城市化进程使人类在自然界中无限扩张领地，造成生态破坏、其他物种栖息地减少，带来了资源消耗的加剧、生存空间的紧张，各种新化学物质和材料的不断问世也给环境造成了难以消除的污染。联合国开发计划署（UNDP）的报告指出，20 世纪全世界有半数湿地消失；全世界约有 9%的树种濒临灭绝，每年有 13 万平方公里以上的热带森林遭到破坏；全世界约有 20%的淡水鱼种类灭绝或濒临灭绝。人类活动排放的温室气体也造成了全球气候系统的持续变暖，2023 年的全球近地表平均温度比 1850~1900 年的均值升高了 1.45±0.12℃，未来还将以每 10 年约 0.2℃的速率继续上升；即便人类社会立刻停止全球温室气体排放，工业化时代以来累积的人为温室气体排放造成的温室效应仍将在百年到千年的尺度上继续影响全球气候。

在此背景下，2009 年国际科学界提出了“地球边界”（Planetary Boundaries）的概念，认为只有守住这些边界，人类才有可能在地球上安全地生存和发展。随着人类社会对环境公平与正义的日益关注，科学界也越来越意识到每个人（尤其是脆弱群体）都有权利享受相应的资源与环境。2019 年国际社会成立了地球委员会，召集全世界顶尖的科学家开展综合评估，目标是为地球生命支持系统（如水资源、陆地、海洋、生物多样性等）设定类似于《巴黎协定》的目标（即“把全球平均气温升幅控制在工业化前水平以上低于 2℃之内，并努力将气温升幅限制在工业化前水平以上 1.5℃之内），以确保人类的地球家园处于稳定的安全状态。经过 3 年多的努力，地球委员会于 2023 年 5 月底在《自然》杂志上发布了旗舰评估报告《安全、公正的地球系统边界》，报告指出人类现在需要考虑破坏地球家园稳定的真正风险，因为人类需要一个能够为所有人的福祉提供基础支撑的地球；地球生命支持系统存在一定的边界，只有守住这些边界不逾矩，人类才有可能安全地存在和发展。地球委员会在评估报告中定义了 8 个地球系统边界：气候变化、自然生态系统面积、生态系统功能完整性、地表水、地下水、氮、磷和大气气溶胶，选择这些要素是因为它们涵盖了地球系统的主要组成部分（大气圈、水圈、岩石圈、生物圈和冰冻圈）及其相互关联的过程（碳循环、水循环和营养物质循环等），这些要素能够对地球上的人类福祉产生影响。报告指出，在这8个地球系统边界中，人类已经越过了7个，并且至少有2个地球系统边界已经在全球超过一半的陆地面积上被人类越过。2024年9月，地球委员会在《柳叶刀-星球健康》杂志上发表的《安全星球上的公正世界：地球委员会关于地球系统边界、转变和转型的评估报告》进一步量化了安全和公正的地球系统边界，评估了人类保持尊严和摆脱贫困所需的最低自然资源量，并进一步评估了安全和公正的地球系统边界的空间分布。

二　地球系统边界的概念演变及内涵

地球系统是指一套相互联系的物理、化学、生物和人类过程系统，该套系统内的物质和能量以复杂、动态的方式循环。人类活动也是地球系统功能的一个重要组成部分。也就是说，地球是一个系统，在星球尺度上有自己内在的动力学特性，并受到人类活动的影响。人类活动对地球表面的陆地、海洋、大气以及生物多样性所产生的影响不亚于大自然的影响，因此地球系统从某种意义上来看也是一个由物理、化学、生物和人类过程所组成的独特的、可自我调节的系统，各组分之间存在着复杂的相互作用和反馈机制。地球系统动力学的特点是存在临界阈值和突变现象，地球系统的变化很可能是不可逆的，并将危害人类及地球上其他形式的生命体。

地球系统科学的各分支学科，如大气科学、海洋科学、地理科学、地质学、生态学等，都分别对地球系统的某一组成部分进行分门别类的研究，并形成了各自的研究方法和技术体系。随着科学研究的深入，科学界对循环、反馈等重要过程的系统研究越来越成熟，但仍需要从多种角度研究地球系统各组分之间的相互关系和相互影响，并在更大的空间范围和时间尺度内研究它们的演化规律及相互作用，特别是人类活动对于地球系统所产生的影响。20世纪中叶以来，地球系统科学各分支学科的快速发展和各种观测手段技术的提高，特别是1957~1958年国际地球物理年整合了全球几十个国家的研究力量开展对地球各圈层的研究，使得科学界对于地球系统的认识水平大幅提高。

1972 年在瑞典斯德哥尔摩召开的联合国人类环境会议上，英国经济学家 B. 沃德和美国微生物学家 R. 杜博斯作了“只有一个地球”的报告，报告从整个地球的发展前景出发，从社会、经济和政治的不同角度评述了经济发展和环境污染对不同国家产生的影响，呼吁各国人民重视并保护人类赖以生存的地球环境。同年，英国气象学家洛夫洛克提出了“盖亚假说”，认为地球是一个类似生物的有机体，这个有机体拥有一个全球规模的自我调节系统。1983 年美国国家航空航天局（NASA）成立了地球系统科学委员会，并于 1988 年出版了《地球系统科学：更近的视角》（*Earth System Science*：*A Closer View*）① 评估报告，报告揭示了大气、海洋、生物圈之间在物理过程和生物地球化学循环中的相互作用，并指出人类活动通过三种作用（二氧化碳排放、污染物排放和土地使用变化）与地球系统其他部分相互作用，同时认识到人类活动是地球系统变化的重要驱动力。2001 年，国际科学界组织全球环境变化四大科学研究计划［分别是，世界气候研究计划（WCRP）、国际地圈-生物圈计划（IGBP）、国际全球环境变化人文因素计划（IHDP）和国际生物多样性计划（DIVERSITAS）］联合组建了地球系统科学联盟（ESSP），目的是促进对地球系统变化的集成研究，进而为全球环境变化背景下政治、经济、社会决策提供支持。

进入 21 世纪以来，全球多个研究中心将研究重点转向对地球系统科学和全球可持续发展的研究，如德国波茨坦气候影响研究所（PIK）、瑞典斯德哥尔摩恢复力研究中心（SRC）、国际应用系统分析研究所（IIASA）等。2009 年，瑞典斯德哥尔摩大学的 Johan Rockström 等科学家在《自然》杂志上发表了《人类的安全操作空间》（A Safe Operating Space for Humanity）②，提出了“地球边界”的概念，定义了 9 个地球边界，分别是气候变化、生

① National Research Council, *Earth System Science*: *A Closer View*, Washington D. C.: The National Academies Press, 1988.

② Rockström, J., Steffen, W., Noone, K., et al., “A safe operating space for humanity”, *Nature*, 2009, 461 (7263).

物多样性损失、氮/磷循环、平流层臭氧消耗、海洋酸化、淡水、土地利用变化、化学污染以及大气气溶胶变化。论文指出，在上述9个地球边界中，人类已经越过了3个边界，分别是气候变化、生物多样性损失和氮/磷循环；有4个边界也接近被越过的临界点。地球委员会进一步将地球边界的概念扩展为地球系统边界，评估对象从原来的9个凝练为8个，并指出人类已经越过了7个地球系统边界。

以气候变化为例，2009年的研究以两项指标定义气候变化的地球边界，一项是全球大气中二氧化碳的平均浓度（边界值为350 ppm），另一项是人类活动造成的辐射强迫值（边界值为1瓦/米^2）。当时全球大气中二氧化碳平均浓度为387 ppm，人类活动造成的辐射强迫值为1.5瓦/米^2，均已超过边界值。2009年底召开的哥本哈根气候大会就控制全球温升水平不超过工业化前2℃达成共识，2015年底巴黎气候大会达成的《巴黎协定》进一步明确了全球长期温升控制目标，提出将全球温升水平控制在不超过工业化前2℃并为控制在不超过工业化前1.5℃而付诸努力。地球委员会的评估报告也将气候变化的安全边界定为全球温升水平不超过工业化前1.5℃，并提出公正边界为不超过工业化前1℃。从历史上看，自进入第四纪以来地球气候维持着10万年左右的变化周期，这主要是由地球轨道参数的变化造成的；全新世（Holocene）以来，地球进入温暖的间冰期，全新世的大部分时期，全球近地表平均温度都高于工业化前的平均水平，但不超过1℃。正是在这一气候环境下，人类文明开始繁荣发展，距今8000年前后，全球各地陆续出现了人类文明（如中华文明、美索不达米亚文明、埃及文明、印度文明、玛雅文明等），这些人类文明都是在全新世气候适宜的条件下出现的，维持全新世的气候环境对人类文明的发展至关重要。同时，进入全新世以来，人类也开始通过农业革命改变地表形态，逐渐成为全球气候系统变化不可忽视的驱动力，工业革命后，人类则逐渐成为全球气候系统变化的最主要驱动力。目前，人类活动已经影响了至少3/4的陆地表面面积，并对生物多样性、土壤和生态环境都造成了重大影响。

2018年8月，由瑞典科学家威尔·史蒂芬领衔，澳大利亚国立大学、瑞典斯德哥尔摩大学、丹麦哥本哈根大学和德国波茨坦气候影响研究所等研究机构的科学家共同撰写的文章[①]在《美国科学院院刊》（PNAS）上发表。文章指出，在全球变暖的过程中，地球系统存在不少的临界点，如果超过这些临界点，容易引起多米诺骨牌式的正反馈过程；如果突破一个个临界点，将会使地球气候系统脱离冰期-间冰期的循环，最终导致地球系统不可避免地滑入“热室地球”的深渊。在“热室地球”的状况下，全球平均气温较工业革命前高4℃~5℃，这将造成海平面上升10~60米。即使全球平均气温超出工业化前1℃~3℃，也将引起北极海冰消融、格陵兰岛冰盖消融、阿尔卑斯山冰川消亡、南极西部冰盖消融。地球气候系统本身包含着众多的正、负反馈机制，如果人类活动的强度持续提高，地球气候系统本身自然过程的作用就有可能发生逆转。例如，大规模热带雨林的存在能够调整湿度和降水分布，即使地球系统短暂脱离平衡，其也可以通过自身的调整恢复过来，从而达到新的平衡。然而，如果气温持续升高，这种机制作用会慢慢变弱，一旦全球升温幅度达到3℃，40%的亚马孙雨林可能会顶梢枯死，这一过程一旦开启就无法逆转，热带雨林会逐渐退化成稀树草原；同时，在这一过程中会释放出大量的碳元素，进一步加剧温室效应，造成进一步的全球气候变暖。再例如，冰冻圈在地球气候系统中发挥着重要的反馈作用，南、北极冰盖和海冰的存在反射了80%以上的太阳短波辐射，调控着进入地球系统的能量，如果全球变暖导致冰盖和海冰融化、消失，太阳辐射会直接进入陆地和海洋，使陆地和海洋温度升高，更大幅度的升温会进一步造成更为严重的冰雪消融，并通过冰雪-辐射的正反馈机制加剧全球变暖。在俄罗斯、加拿大和欧洲北部等地区，多年冻土中也封存有大量的甲烷和二氧化碳等温室气体，一旦全球平均气温持续升高，多年冻土融化会导致封存的甲烷和二氧化碳释放到大气中。随着全球变暖的加剧，高纬度地区的野火发生频次也会进一步增加，大面积土地过火也可能引起冻土融化并释放出大量的甲烷和

① Steffen W., Rockström J., Richardson K., et al., “Trajectories of the Earth System in the Anthropocene”, *Proceedings of the National Academy of Sciences*, 2018, 115 (33).

二氧化碳，造成更强的温室效应。因此，人类需要考虑破坏地球家园稳定的风险，因为这是一种生存风险，人类需要一个能够维持生命并为所有人提供基础福祉的地球。

三 地球系统边界与人类世

随着各种观测工具和研究方法的快速发展，地球系统科学也催生了新的概念和理论，改变了过去的传统认识，其中最具影响力的是由诺贝尔化学奖获得者、荷兰大气化学家克鲁岑（Paul Crutzen）提出的“人类世”（Anthropocene）概念。克鲁岑指出：“在过去的3个世纪里，人类对全球环境的影响不断升级；由于人为二氧化碳的排放，全球气候可能在未来几千年内严重偏离自然轨迹，将‘人类世’这一概念赋予目前这个在许多方面由人类主导的地质年代是合适的。”人类世概念的提出在国际上产生了很大影响，2009年国际地层委员会下属的第四纪地层分委会成立了“人类世工作组”（Anthropocene Working Group，AWG），包括克鲁岑在内的30余位跨学科的科学家共同开展工作，力图推动人类世的概念获得国际社会的认可。2016年，在南非开普敦召开的国际地质大会（IGC）上，AWG正式建议地质学界接纳人类世的概念。2019年5月21日，AWG内部举行了投票，33位参加投票的委员以29∶4的比例通过了两项决议，一是认可了人类世的存在，二是确定人类世开始的时间为20世纪中期。2023年7月11日，AWG发布了一项提议，将位于加拿大安大略省的克劳福德湖作为人类世的“金钉子”。如果该提议获得批准，人类世将成为一个新的地质年代。克劳福德湖面积约2.4万平方米，深29米，底层水很少和上层水混合。每当夏季温度升高时，湖水沉淀的碳酸钙进入底部沉积物，因而环境的长期变化得以被记录。对采集到的湖泊沉积物的分析显示，沉积物清楚地记录了1950年起氢弹爆炸带来的钚元素含量的飙升及《禁止核试验条约》生效后钚元素含量下降的过程。此外，沉积物中还存在煤电站的灰烬、重金属、塑料碎片等标志着人类活动的地质元素。

在地质学的概念背景下，人类世是全新世之后的一个新的地质时代；而在地球系统科学的概念背景下，人类世则是与相对稳定的全新世截然不同的新环境。人类世概念的真正价值不在于它能改变地质学教科书，而在于承认了人类活动对地球环境变化的巨大影响。人类世不是一个人类受制于自然变化的时期，也不是一个人类破坏自然环境的时期，而应是一个人与自然和谐发展的时期。在人类世，人类对地球环境的影响已经远远超过自然因素的作用，人类活动不断改变着地球系统并创造了新的地质历史。人类世概念的核心思想是人类活动对地球环境的影响已经大大超过了自然因素的影响，尤其是自工业革命以来，人类在土地利用、建坝挖河、水资源利用等方面的活动极大地改变了地球表面的样貌和环境；更为重要的是，人类活动也改变了大气成分，化石燃料的燃烧造成大气中温室气体浓度持续上升，并进一步造成全球气候变暖，使地球环境的历史演变进入了新阶段。与地球系统边界的概念类似，人类世的概念也提供了人与自然关系研究的新视角，在人类世中如何实现人与自然的和谐共生，或许地球系统边界的相关研究可以指引人类经济社会的发展走向安全和公正的未来（Safe and Just Future）。

四　结语

地球系统边界和人类世的概念警示我们，人类活动既是自然环境变化的重要组成部分，也对自然环境产生了深刻影响。在工业革命以前，人类活动虽然对自然环境造成了一定程度的破坏，但人与自然的矛盾还未充分显露；工业革命以来，人类在创造巨大物质财富的同时也对自然环境造成了严重破坏，导致人与自然的关系失衡。恩格斯曾指出："我们不要过分陶醉于我们人类对自然界的胜利。对于每一次这样的胜利，自然界都对我们进行报复。"① 人类应该尊重自然规律，协调好人与自然的关系，尊重、顺应、保

① 中共中央马克思恩格斯列宁斯大林著作编译局编译《马克思恩格斯全集（第二十六卷）》，人民出版社，2014。

护自然，实现人与自然的和谐发展。2022年党的二十大报告明确指出，中国式现代化是人与自然和谐共生的现代化，要围绕推动绿色发展，促进人与自然和谐共生。报告指出，要站在人与自然和谐共生的高度谋划发展，推进美丽中国建设。当前自然环境变化在全球和区域尺度上都被或多或少打上了人为影响的标记，我们需要借鉴地球系统边界和人类世的概念与研究方法，关注不同空间范围、不同时间尺度上人类活动对自然环境的影响事实和影响机制；特别是在气候变化对人类社会带来巨大挑战的大背景下，全球范围内实现碳中和的共识与行动标志着传统工业时代趋于落幕、绿色低碳发展时代正在开启，这将彻底改变人类社会传统的生产生活方式，引起广泛而深远的经济社会系统变革。当前我国经济已由高速增长阶段转向高质量发展阶段，需坚定不移贯彻创新、协调、绿色、开放、共享的新发展理念，坚定不移走生态优先、绿色低碳的高质量发展道路，为全球低碳发展转型提供中国智慧，为保护宜居地球、促进人与自然和谐共生作出积极贡献。

G.3
海洋负排放国际大科学计划

刘纪化　骆庭伟　焦念志*

摘　要：　本文概括了海洋负排放国际大科学计划的实施背景、目标、实施路径和国际合作进展。全球气候变化的严峻形势及其对生态系统和人类社会的深远影响，促使各国在减少温室气体排放和实现碳中和目标方面达成国际共识。海洋是地球上最大的活跃碳库，海洋负排放国际大科学计划创新性地提出了生物碳泵、碳酸盐反泵、微型生物碳泵和溶解度泵“四泵集成”的海洋储碳机制科学原理和协同效应，拟通过建设海水养殖区、污水处理厂尾水碱化和海上牧场等示范工程开展海洋碳汇策略研究，探索其在提高海洋储碳效率、缓解气候变化方面的实际应用前景。中国科学家牵头发起了海洋负排放国际大科学计划，该计划特色鲜明，在国际合作方面取得了系列进展，拓展了与多个研究机构和国际组织的合作，推动了全球海洋负排放研究网络的建立以及国际标准和规范的制定。海洋负排放国际大科学计划的实施，将进一步深化碳汇理论研究、推动负排放技术创新和更加广泛的国际合作，为全球气候治理和可持续发展提供新质生产力支撑。

关键词：　海洋负排放　微型生物碳泵　气候变化

---

* 刘纪化，山东大学海洋研究院副院长，教授，研究领域为海水碱化增汇及其生态环境效应；骆庭伟，厦门大学碳中和创新研究中心副主任，正高级工程师，研究领域为海洋微型生物生态学；焦念志，中国科学院院士，海洋负排放国际大科学计划首席科学家，研究领域为海洋碳汇与负排放理论。

引　言

全球气候变化已成为当今世界最严峻的挑战之一。工业革命以来，人类活动导致大气中二氧化碳（CO_2）浓度显著提高，引发温室效应，全球气温升高、极端天气频发、冰川融化和海平面上升等环境问题。联合国政府间气候变化专门委员会（IPCC）多次强调，如果不采取有效措施减少温室气体排放，气候变化将对生态系统和人类社会造成不可逆的影响。碳中和已成为全球共识，是应对气候变化、实现可持续发展的关键战略。

海洋是地球上最大的活跃碳库，在调节气候变化中起着关键作用。各国正在加快推进海洋蓝碳技术研究，以实现大规模的 CO_2 去除。2019 年，IPCC 发布《气候变化中的海洋和冰冻圈特别报告》，系统评估了蓝碳的作用，并将“微型生物碳泵”（Microbial Carbon Pump，MCP）理论纳入其中。2021 年，“微型生物碳泵”理论及相关技术被纳入联合国教科文组织政府间海洋学委员会（IOC）白皮书。同年 12 月，美国国家科学院等机构发表了《基于海洋的 CO_2 去除战略报告》，指出海洋碱化是最具应用前景的碳去除技术（CDR）。2023 年，美国国家海洋与大气管理局（NOAA）发布《二氧化碳去除研究战略》报告，分析了海岸带蓝碳和海洋碳去除技术的进展与战略发展路径。

中国科学家在海洋碳汇研究领域作出突出贡献。早在 1991 年，我国科学家就开始了对海洋碳汇关键指标“新生产力”的研究，并提出了“海洋初级生产力结构”的概念。通过多年的积累和系统的研究，2010 年我国科学家提出了“海洋微型生物碳泵”原创性理论框架，揭示了海洋碳汇新机制，并被 *Science* 杂志评论为“巨大碳库的隐形推手”。2013 年，我国科学家自发成立了全国海洋碳汇联盟（China Ocean Carbon Alliance，COCA）。基于 MCP 理论近十年的发展，2017 年，全国海洋碳汇联盟在海洋生态经济国际论坛上发起了《实施海洋负排放 践行碳中和战略倡议书》，引发了科学界的广泛关注。

在此背景下，由我国科学家牵头的海洋负排放国际大科学计划（Ocean Negative Carbon Emissions Program，以下简称“ONCE 计划”）应运而生。ONCE 计划基于 MCP 理论，凝聚国内外科研力量，通过多学科交叉实现理论创新和技术突破，引领打造海洋负排放新范式。2022 年，经联合国教科文组织政府间海洋学委员会（IOC）批准，ONCE 计划正式被纳入联合国十年倡议计划框架下的“联合国海洋科学促进可持续发展十年”行动计划；同年，科技部宣布同意由科学界发起 ONCE 计划。2023 年，党中央、国务院批准 ONCE 计划正式立项。ONCE 计划旨在增强海洋科技创新能力，引领国际碳中和技术发展，推出应对气候变化的海洋负排放方案，推出国际标准。

一　海洋负排放国际大科学计划的意义与任务目标

（一）意义

ONCE 计划旨在应对气候变化，基于 MCP 海洋储碳新机制，服务国家碳中和目标和全球气候治理需求。通过凝聚国内外智力，跨学科协同攻关，实现对海洋碳汇理论和负排放技术的突破，提升我国在气候变化领域的国际影响力，践行人类命运共同体理念。

（二）任务目标

1. 理论创新

在气候变化海洋调节机制的认识上实现突破，建立生物碳泵（Biological Carbon Pump，BCP）、碳酸盐反泵（Carbonate Counter Pump，CCP）、微型生物碳泵（Microbial Carbon Pump，MCP）和溶解度泵（Solubility Carbon Pump，SCP）“四泵集成”的海洋综合储碳理论体系。通过古今结合，解析 MCP 的双向调节机制，阐明多泵耦合机制、时空分异和环境影响，为技术突破奠定理论基础。

2. 平台建设

建设国际领先的海洋负排放研究模拟体系与观测平台，开展多学科交叉的海洋负排放过程研究。整合现有科技基础设施，并结合自主研发新技术，建设面向海洋负排放的时间序列立体观测平台。

3. 增汇示范

建立海洋负排放国际示范基地，打造 BCP、CCP、MCP、SCP“四泵集成”的综合性海洋负排放生态工程新范式。通过建设污水处理厂尾水碱化、海水养殖区和海上牧场等示范工程，兼顾海洋负排放和环境修复，打造符合“三可”（可测量、可报告、可验证）标准的地球生态工程最佳实践。

4. 合作交流

构建“总部+基地+全球分中心”海洋负排放国际合作网络，积极拓展和深化国际科技合作，推动在华成立海洋负排放国际科技组织，建设厦门海洋负排放研究中心（总部基地）以及欧洲分中心、泛美分中心、亚洲分中心，以及覆盖非洲、大洋洲等全球各地的交流合作与科学教育基地。

5. 国际标准

推动确定海洋负排放国际标准，制定相关的技术方法和操作规范。推动国际标准化组织（ISO）设立“海洋负排放与碳中和”国际工作组，发布若干项海洋负排放国际标准，提升国际话语权。

二　海洋负排放国际大科学计划的国际引领作用

目前，ONCE 计划已有来自 33 个国家 79 所科研机构的科学家和国际组织签约加盟，并涵盖了 30 余个国内合作单位，形成了“总部+基地+全球分中心”的国际合作模式。ONCE 计划通过打造综合性海洋负排放生态工程新范式，为国家碳中和战略提供海洋支撑，对于积极参与全球治理以及提升国际影响力具有重要意义。ONCE 计划主要在下述几个方面展示了其国际引领作用。

（一）海洋负排放国际大科学计划的前沿理论创新

海洋是地球上最大的活跃碳库，具有巨大的碳汇潜力。已知的海洋储碳机制包括 SCP、BCP 和 CCP。其中，SCP 通过冷空气和强风使表层海水降温，增加 CO_2溶解度；CCP 通过碳酸盐沉积将溶解碳带到深海，但同时释放 CO_2；BCP 通过颗粒有机碳（POC）沉降实现长期碳封存。而 MCP 则是 ONCE 计划提出的海洋储碳新机制，通过微型生物将有机碳转化为惰性溶解有机碳（Recalcitrant Dissolved Organic Carbon，RDOC），储碳周期长达千年，亦能通过碳酸盐凝结核效应和涂层效应提高 BCP 和 CCP 效率，形成多泵协同储碳效应。

微生物介导的惰性溶解有机碳积累，是海洋巨大有机碳库形成的关键。借助现代分析工具和组学技术，ONCE 计划揭示了微生物与溶解性有机物（DOM）分子之间复杂的网络关系，展现了微生物群落与 DOM 之间的相互作用及其在时空维度上的动态演变。

气候变化和环境差异显著影响微生物介导的储碳过程。例如，温度、光照、营养盐和溶解氧等环境因子是调控海洋微生物活性及 RDOC 分布的关键变量。微生物对 DOM 分子的转化作用随着环境梯度（如氧气、温度和营养物质）的变化而动态调整，化能自养过程对深海 RDOC 的积累与去除也受到复杂调控机制的影响。

在地球历史上，微生物驱动形成的 RDOC 被认为是应对气候变化的双向调节器。通过增强 MCP 与其他海洋储碳机制（BCP、CCP 和 SCP）的协同作用，有望实现海洋系统的最优人为碳封存。基于这一前沿理论，ONCE 计划提出了综合调控策略，包括减少陆地营养盐输入，降低河口和近海呼吸作用及水体酸化程度，增加 RDOC 生产和碳埋藏；通过人工上升流有效增加 BCP 的碳输出和埋藏，同时改善底层水质；通过提高污水处理厂尾水碱度，驱动 SCP 强化 CCP 储碳作用，使污水处理厂尾水中的有机碳经 MCP 转化形成 RDOC，封存在海洋系统中；通过铁-铝施肥，缓解浮游植物生长的铁限制，提高光合作用固碳效率，促进 POC 沉降，提升 BCP 效能。作为海洋负排放国际大科学计划的核心理论框架，以微型生物碳泵为核心的多泵协同储碳理论不仅为科学界提供了新的研究视角，还为全球应对气候变化贡献了创新研究范式。

（二）海洋负排放国际大科学计划的技术示范突破

1.“四泵集成”（BCMS）的海洋负排放生态工程

通过全面考量海洋碳储存涉及的各个过程，结合四泵调控的环境条件，ONCE 计划提出在海水养殖区、海上牧场开展基于 BCP、CCP、MCP 和 SCP“四泵集成”（BCMS）的综合性海洋负排放生态工程新范式。

（1）利用人工上升流优化营养和无机碳供需平衡，增强固碳能力

利用人工上升流将养殖区深部富含营养盐的海水输送至表层，促进初级生产者发挥光合作用。利用太阳能智能化驱动人工上升流调控营养盐和无机碳的供需平衡，白天促进初级生产者生长，夜间停止运行以避免将富含无机碳的底层海水带到表层，防止 CO_2 释放。同时，在养殖区抛撒橄榄石，利用其低 pH 值环境加速橄榄石溶解，提高水体碱度，增加 CO_2 储存。

（2）综合运用生物与理化手段，有效控制和利用藻华，增加碳封存

在浮游植物大量繁殖时，采用生物与理化手段提高 BCP 和 MCP 效率。例如，利用羟基自由基灭活技术仅破坏微藻 DNA 但仍保持其细胞完整性，避免有机质释放；采用改性黏土絮凝微藻，促使微藻沉降至海底，提高 BCP 效率，并抑制沉积物中无机磷释放，协同促进 MCP 效率提升。

（3）四泵集成，实现海洋负排放效应最大化

应用橄榄石等碱性矿物提高海水碱度，促进 CO_2 吸收，驱动 SCP。SCP 提供的碳源和橄榄石等矿物能为藻类提供营养盐，增强光合作用，提升综合固碳能力。海藻养殖区增强的光合作用有助于维持高 pH 值环境，MCP 产物可成为碳酸盐凝结核，这些有利因素使 SCP 转变为可操纵的海洋负排放技术，将 CCP 从“反泵”变为“正泵”。在海底，沉积物中微生物代谢活动强化 MCP，提高碳酸氢盐碱度，促进碳酸盐沉积，此过程与 BCP 沉降作用相结合，形成“生物-非生物”过程耦合，有望最大化海洋负排放效应。

2. 污水碱化增汇

海水碱化（Ocean Alkalinity Enhancement，OAE）能通过促进碱性矿物的风化溶解，提高表层海洋碱度，促进大气中CO_2的溶解和封存。模型评估显示，OAE 每年可净去除 0.5 Gt CO_2。然而传统 OAE 方法依赖于粉碎碱性岩石并将其抛撒入海洋，效果有限且成本较高。为解决这一问题，ONCE 计划创新性地提出了基于污水处理系统的碱化增汇方案。该方案通过优化污水处理工艺，提高污水出水碱度，并利用地表径流和沿岸洋流，将碱度扩散至表层海洋，缓解沿海酸化问题，同时提升大气CO_2的溶解度，增强近海系统的储碳潜能。

生物处理后的污水具有低 pH 值、高CO_2分压和高有机酸浓度的特征，能够显著促进碱性矿物的溶解。通过在排放前提升污水碱度，不仅能有效缓解沿海酸化问题，还能通过河流和洋流扩散碱度，增强表层海洋储碳能力。全球每年产生的生活和城市污水中约 89.6%被直接排放或经处理后排放，实施该方案可实现大规模负排放效应。通过实施示范工程，将形成可操作的海水碱化增汇工程方案，制定污水碱化增汇的相关国际标准。

3. 陆海统筹增汇

陆海统筹旨在全面考虑资源、环境和经济等因素，以最大限度提高综合效益，平衡环境和资源效能。

（1）减少陆地施肥，提高海洋固碳增汇能力

当前，过量的陆源营养盐被直接输入近海，导致环境富营养化和生态问题加剧，尤其是大量陆源有机碳的输入使高生产力海域成为CO_2排放源。ONCE 计划提出通过科学节制施肥，减少农田氮磷化肥用量，减少河流营养盐流入海洋，从而缓解近海富营养化和赤潮问题。此举不仅能够降低陆源有机碳的降解速率，还可提高惰性溶解有机碳的保存率，进而实现碳储量最大化。这一低成本、高效益的方案已被纳入 IPCC 2019 年的《气候变化中的海洋和冰冻圈特别报告》[①]，彰显了其在全球气候治理中的重要地位。

① IPCC, Special Report on the Ocean and Cryosphere in a Changing Climate, 2019.

（2）大型海藻饲喂反刍动物减少甲烷排放

研究发现，海藻饲喂反刍动物可显著减少甲烷（CH_4）排放。CH_4是仅次于CO_2的第二大温室气体，其短期温室效应是CO_2的约80倍。当前60%的CH_4排放来自人类活动，其中反刍动物CH_4排放量占人为CH_4排放量的近1/3。ONCE计划根据前期研究结果，创新性地提出通过饲喂反刍动物以大型藻类（如褐藻门、红藻门和绿藻门）作为饲料添加剂的饲料，抑制反刍动物胃肠道CH_4排放。体外培养实验表明，在畜牧饲料中添加低剂量（基础饲料的0.2%~2%）的Asparagopsis Taxiformis，可使反刍动物胃肠道CH_4产量减少超过90%技术。ONCE计划扩展的此项示范技术，有望成为未来畜牧业甲烷减排的关键技术。

（三）海洋负排放国际大科学计划的国际合作进展

ONCE计划致力于凝聚海洋负排放国际共识，扎实推进全球行动，持续拓展海洋负排放国际合作。

2023年11月，第二届海洋负排放开放科学大会在厦门成功举办，吸引了来自国内外多所高校、科研院所及机构的专家学者，围绕“落实负排放方案、推动可持续发展”主题，共商应对气候变化的海洋解决方案。

在2023年12月举办的《联合国气候变化框架公约》第二十八次缔约方大会（COP28）上，“海洋负排放助力碳中和”中国角边会和“减缓气候变化的海洋负排放方案”海洋角边会顺利召开。联合国秘书长海洋事务特使Peter Thomson和2025年联合国海洋大会主席Jean-Pierre Gattuso全程参会，讨论了海洋负排放的科学与技术、实施方案及国际合作与教育等话题，达成了重要共识。

2024年4月，ONCE计划联合美国海洋愿景研究中心（Ocean Visions）和德国亥姆霍兹基尔海洋研究中心（GEOMAR），在联合国“海洋十年大会”（2024 Ocean Decade Conference）上共同主办了主题为“基于海洋的碳汇技术：海洋十年框架下的科学与合作”的卫星边会，为全球海洋负排放技术研究、应用和管理体系建设建言献策。同时，ONCE计划与法国总统联合国海洋大会特使交流了在 2025 年联合国海洋大会期间举办系列边会的规划。

2022 年 4 月，ONCE 计划首席科学家焦念志院士受邀参加联合国经济与社会事务部在希腊伊兹拉岛举行的海洋务虚会（Ocean Retreat），来自全球的 50 位特邀代表探讨了未来的海洋行动纲领。ONCE 计划提出了“链接气候变化和可持续发展、链接污水处理与海洋负排放、链接海洋与陆地、链接科学与政策、链接科技研发与资金投入”的“五个链接”倡议，得到国际社会热烈响应。

三　海洋负排放国际大科学计划面临的机遇与挑战

（一）把握历史机遇，推动全面变革

1. 全球气候治理的战略机遇

全球气候变暖已成为影响人类生存的重大挑战，世界各国积极探索增汇减排的碳中和路径。中国科学家牵头发起并主导的海洋负排放国际大科学计划，是应对全球气候变化的重要举措。通过创新负排放核心理论、引领相关领域发展，中国能够在国际气候治理中发挥关键作用，保障国家经济发展和国际话语权。凭借改革开放以来形成的综合国力和杰出科学家的理论优势，中国在推进“双碳”目标和科技创新方面拥有重要窗口期，应抓住全球气候变化带来的新机遇，抢占技术创新和规则制定的制高点，持续凸显中国在全球气候治理中愈发重要的国际地位。

2. 积累牵头国际大科学计划的经验优势

中国作为国际大洋发现计划、人类基因组计划等国际大科学计划的参与者，积累了丰富的经验，推动了基础理论研究和关键技术突破。随着经济实力的提升，中国积极探索以本国为主的国际大科学计划运作模式。海洋负排放国际大科学计划基于科学影响力，直面全球重大科学难题，致力于推动实现多方共赢，在气候变化、碳汇理论和负排放技术等方面形成了国际合力，

有望成为中国模式的典范。

3. 引领国际海洋科学前沿

海洋负排放理论引领国际海洋科学前沿，为 ONCE 计划提供了持续的内生动力。中国是海洋大国，建设海洋强国是国家战略。中国科学家基于“微型生物碳泵”原创性理论框架，运用地球系统科学思维和多学科交叉手段，系统认知海洋调节气候的过程机制，实现了重大理论创新和技术理念突破。ONCE 计划引领了全球“海洋应对气候变化”的创新方向，其所提出的大科学设施、监测站和示范基地获得了国际社会的普遍认同。我国必须抓住这一难得的窗口期，加大对海洋负排放国际大科学计划的政策支持力度，以进一步创造性地发挥中国科学家在国际舞台上的正面影响力。

4. 以科技支撑外交，为经济发展护航

加快推进 ONCE 计划，充分利用其全球溢出效应，实现科技支撑外交，以海洋负排放技术培育新质生产力，促进经济发展。ONCE 计划将推动海洋养殖、海洋能源、海洋装备、碳交易等产业的系列变革，打造气候经济新业态，形成经济发展新动力，促进全球可持续发展。

（二）海洋负排放国际大科学计划面临的挑战

国际大科学计划需要长时间的酝酿、规划和实施。在当前的国际环境下，机遇和挑战并存，且挑战日益严峻。海洋负排放国际大科学计划在应对全球气候变化、促进可持续发展的过程中，面临的挑战颇多。

1. 全球协同组织模式的挑战

ONCE 计划不同于大科学工程，它需要建立一个高效、协同的组织模式，以确保凝聚最大共识和实施顺利推进。不同国家的法律、文化、经济水平等存在差异，在差异中建立协同一致的组织模式，需要具备高超的智慧和一定的灵活性。此外，国际政治经济形势的不确定性，亦会影响合作的稳定性和连续性。如何在快速变化的国际局势中保持稳定的组织架构，且使组织架构具备一定的延续性，是国际大科学计划面临的关键挑战。

2. 新型组织模式与全球示范应用的挑战

海洋负排放国际大科学计划采用“总部+基地+全球分中心”的新型国际合作组织模式，评估各参与方的贡献并非易事。各参与方在资源分配、技术共享和决策权等方面存在不同的期望和需求，这要求 ONCE 计划具备高超的协调能力和符合国际惯例的决策机制，同时考量各出资方的诉求，持续提升运营管理水平。

海洋负排放技术的研究与开发涉及多学科交叉融合，研究成果的转化需要跨学科团队的紧密合作。要在特定区域建立现场示范点，展示技术的示范效益。现场示范点不仅是展示窗口，更是教育和培训基地。协调科学与科普的边界，让各方持续关切与参加，不仅仅需要科学家的智慧，更需要主导国家政府的政策支持。

3. 国际公约对科学研究限制的不确定性

理论上海洋负排放现场示范需遵循国际公约框架，以确保不会对海洋环境造成不可逆转的损害。然而，国际公约众多，且部分参与方并未签署国际公约，在科学研究上存在先后差异。如何确保各参与方在同一个规则框架下开展科学研究和环境影响评估，如何通过国际合作项目共享研究成果，共同制定技术标准和指南，确保技术的有效性和环境友好性，具有相当的不确定性。

4. 基于公共产品的地域限制挑战

海洋负排放技术通过自然过程吸收和储存大气中的二氧化碳，具有显著的环境效益，符合公共产品的定义，具有非排他性和非竞争性。然而，技术推广和应用面临地域限制的挑战，推广和应用效果因地理位置和海洋环境的不同而不同。如何建立国际认可的标准和认证机制，确保相同的技术在不同国家和地区达到质量和效果标准，是 ONCE 计划必然面对的挑战。

5. 经济和科研力量的保障

气候变化是全球性、长期性且复杂性极高的问题，需要各参与方的共同努力和持续资金投入，包括但不限于支持科研、技术开发和基础设施建设。科研贡献和投入评估是一个复杂的过程，依赖于各参与方的自主决策和自我

承诺，同时更容易受到国际政治形势和经济波动的影响。如何保障资金的长期稳定支持，是 ONCE 计划面临的重大挑战之一。

应对气候变化需要跨学科的知识和技能，涉及环境科学、工程学、经济学、社会学等。如何提供有吸引力的职业发展机会，广泛吸引全球顶尖人才，完善全球语言教育和培训体系，推动跨学科教育模式变革，是 ONCE 计划面临的长期挑战。

四 未来展望

海洋负排放国际大科学计划秉持开放合作、创新引领的理念，深化与全球科学界的合作，推动多领域、多层次的技术交流与协同创新，打造海洋支撑碳中和全球共识的新质生产力。未来，ONCE 计划将进一步加强海洋碳汇理论机制研究，重点推进海洋负排放技术示范应用，尤其是在海水养殖、污水处理厂尾水碱化和海上牧场等方面，加速从实验室研究向示范工程的过渡。在国际合作方面，ONCE 计划将积极引导开展更多国际海洋科学会议和合作项目，提升中国在全球海洋科学领域的话语权和影响力。同时，通过与各参与方的共同努力，推动制定海洋负排放领域的国际标准和操作规范。

海洋负排放技术的推广和应用，将助力我国推进实现“双碳”目标，实现经济发展与生态保护的双赢。ONCE 计划将支撑海洋负排放技术产业链的构建，推动气候产业技术的商业化应用，为我国经济的绿色转型提供有力保障。

中国海洋人将通过实施海洋负排放国际大科学计划，在全球气候治理中发挥越来越重要的作用，持续提升科技创新能力，支撑国际合作，进而为应对气候变化提供科学支撑和技术解决方案。

G.4

IPCC第七次气候变化科学评估的新特征与中国参与的政策建议

杨 啸 袁佳双*

摘 要： 联合国政府间气候变化专门委员会（IPCC）第七次评估周期（AR7）已于2023年启动，它将对全球气候治理产生深远影响。IPCC不仅为气候变化科学研究提供了权威依据，也推动了国际气候政策的发展。AR7将在此基础上继续深化评估工作，计划发布多个重要的评估产品，包括气候变化与城市特别报告、短寿命气候强迫因子方法学报告等。这些报告将聚焦城市在气候变化中的关键角色作用，探讨短寿命气候强迫因子的测量与减排技术，为全球气候政策提供科学支持。AR7的评估结论预计将对未来气候谈判、政策制定及全球气候行动产生重要影响。本文针对中国对AR7的深度参与提出了一系列政策建议，以期更好地应对全球气候挑战并提升中国在国际气候治理中的影响力。

关键词： 气候变化 短寿命气候强迫因子 科学评估

联合国政府间气候变化专门委员会（IPCC）自1988年成立以来，逐步发展成为全球气候科学领域的权威机构。IPCC的评估报告通过系统性地分析气候变化的成因、影响及应对策略，揭示了人类活动是导致温室气体排放增加的根本原因，以及气候变化对自然环境和人类社会带来的广泛影

---

* 杨啸，国家气候中心气候变化战略研究室工程师，研究领域为气候变化政策；袁佳双，国家气候中心副主任，正高级工程师，研究领域为气候变化战略与国际气候治理。

响。IPCC 每个评估周期的评估报告均汇聚了气候变化科学的最新研究成果，为气候政策制定和国际气候协议达成提供了重要科学依据，推动了气候政策从科学认知向实际行动的转化。

IPCC 第七次气候变化科学评估即 IPCC 第七次评估周期（AR7）已于 2023 年正式启动，各项评估产品的发布计划和时间线也逐步明晰。随着全球气候治理格局的演变，IPCC 评估得出的科学结论与国际政治的互动日益紧密，IPCC 本身也逐渐成为国际政治博弈中的重要组成部分，全球各国对 AR7 的评估结果寄予了厚望。在此背景下，IPCC 第七次气候变化评估的新特点及其对全球气候行动的潜在影响值得深入探讨。本文从 IPCC AR7 主要产品及其发布时间线出发，剖析 AR7 评估产品的新特点，探讨其对全球气候政策的潜在影响，并为中国深度参与 AR7 提出针对性的政策建议。

一　IPCC 第七次评估周期的主要产品和发布时间安排

IPCC 将在 AR7 内发布一系列评估最新气候变化科学的报告。在 IPCC 第 60 次全会（IPCC-60）上，各国政府一致同意延续以往的“三个工作组报告+综合报告”方案，即第一工作组的气候变化科学基础报告，第二工作组的影响、适应和脆弱性报告，第三工作组的气候变化减缓报告；AR7 的综合报告将在工作组报告完成后发布，预计在 2029 年底前发布[①]。

此外，在 AR6 中，IPCC 已经决定编写关于气候变化与城市的特别报告和关于短寿命气候强迫因子（SLCFs）的方法学报告。在 IPCC-60 上还决定在 AR7 内发布一份关于二氧化碳移除技术与碳捕集、利用和封存（CDR/CCS）的方法学报告。另外，IPCC 在 AR7 内还将修订和更新 IPCC 关于影响和适应的 1994 年技术指南，涉及适应的指标、衡量标准和方法学等，修订和更新后的技术指南将作为一份单独的产品与第二工作组报告同时审议并发布。

① IPCC, Decisions Adopted at the 60th Session of the IPCC, https://www.ipcc.ch/site/assets/uploads/2024/02/IPCC-60_decisions_adopted_by_the_Panel.pdf.

(一)《气候变化与城市》特别报告

2016 年于肯尼亚内罗毕举行的 IPCC 第 43 次全会（IPCC-43），决定将气候变化与城市特别报告（以下简称“城市特别报告”）的编制纳入 IPCC 的第七次评估周期。该报告将是 IPCC 在第七次评估周期内发布的唯一特别报告，由第一、第二和第三工作组共同编制，第二工作组技术支持小组提供支持。随着城市化进程加速，城市已经成为人类活动与环境影响的“熔炉”。城市特别报告将突出城市在国际气候话语中的关键角色作用，关注城市环境及其与气候变化的关系，为城市政策制定者和从业者提供科学信息，以指导减缓和适应行动。

城市特别报告预计将在 2027 年完成。为了确定报告的范围和主要研究领域，IPCC 邀请科学家和学者在 2024 年 4 月于拉脱维亚里加举行的规划会上确定内容和方向，并起草报告大纲。规划会的结果于 2024 年 7 月在保加利亚索非亚召开的 IPCC 第 61 次全会上提交并获得批准。

城市特别报告将对城市与气候变化的关系进行系统性的探讨，报告由 5 个主要章节组成（见表 1）①。

表 1　气候变化与城市特别报告大纲

章节标题	主要内容
第一章　气候变化背景下的城市报告框架	概述报告的整体结构，定义城市系统，探讨城市在气候变化中所扮演的多重角色。强调城市的多维特征及其在应对气候变化方面的脆弱性与潜力，介绍报告采用的评估方法
第二章　气候变化中的城市：趋势、挑战和机遇	分析全球和城市层面的气候变化趋势和挑战，讨论城市化和城市发展对气候变化的影响。探讨城市在碳排放和风险管理中的角色并强调城市与全球和区域气候动态之间的相互作用

① IPCC, Decision on the Outline of the Special Report on Climate Change and Cities, https：//www.ipcc.ch/site/assets/uploads/2024/08/Decision_ Cities.pdf.

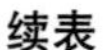

续表

章节标题	主要内容
第三章　减少城市风险和排放的行动与解决方案	提出城市在减排和适应方面的具体措施,涵盖城市规划、能源、建筑等领域。评估城市应对气候变化的有效性,探讨如何将这些措施融入可持续发展和公正转型中
第四章　如何促进和加速变革	讨论推动气候行动的创新方法,包括治理、技术和社会系统的变革。强调规划和决策中的不确定性,提出实现去碳化和气候恢复力城市的策略
第五章　按城市类型和区域分类的解决方案	综合不同类型城市和区域的气候解决方案,涵盖地理位置、发展阶段和气候条件等因素。提供案例研究,展示在不同背景下实施可持续发展和气候应对策略的具体方法

大纲强调城市在不同发展阶段的作用，平衡适应和减缓的方案、策略，并讨论公平、公正等话题。同时，大纲延续了 AR6 报告中的“损失和损害”(Losses and damages)，引入“常见和情境特定”的减缓与适应措施，确保策略适应不同城市和地区的需求。大纲还探讨了循环经济、健康系统和预警系统等在应对气候变化中的重要性。

（二）短寿命气候强迫因子方法学报告

在 2019 年 5 月的 IPCC 第 49 次全会上，IPCC 决定请国家温室气体清单专题组（TFI）编制一份关于短寿命气候强迫因子（SLCFs）的方法学报告。SLCFs 指对全球变暖有贡献但在大气中存续时间较短的气体和气溶胶颗粒，减少这些排放物可以带来即时的气候和健康效益。该方法学报告的编制自 IPCC 第六次评估周期开始，并将在第七次评估周期继续进行。

2024 年 2 月，TFI 在澳大利亚布里斯班召开 SLCFs 方法学报告规划会议，讨论和形成了报告的工作范围、内容大纲和计划，并提交 IPCC 第 61 次全会审议。报告的官方名称为《2027 年 IPCC 短寿命气候强迫因子清单方法学报告》，核心内容围绕《2006 年 IPCC 国家温室气体清单指南》进行编写。报告限定认为一次排放、国家水平、每年、每一物种以质量为单位等。

报告涵盖 7 种 SLCFs：氮氧化物（NOx）、一氧化碳（CO）、非甲烷挥发性有机化合物（NMVOCs）、二氧化硫（SO_2）、氨（NH_3）、黑炭（BC）和有机碳（OC）[1]。虽然甲烷（CH_4）和卤化物也是重要的 SLCFs，但其已在《2006 年 IPCC 国家温室气体清单指南》、《2006 年 IPCC 国家温室气体清单指南 2013 年增补：湿地》以及《2006 年 IPCC 国家温室气体清单指南》（2019 年修订版）中得到了充分的讨论和处理，所以本次方法学报告不再涉及。

会议还讨论了 SLCFs 种类是否应包括氢气和细颗粒物（$PM_{2.5}$），最终决定暂不将这些物质纳入报告中。报告结构与现有清单指南保持一致，包括总论和部门方法指南，并根据来源和特性将 SLCFs 分为不同类别分章节进行讨论，包括能源，工业过程和产品使用（IPPU），农业、林业和其他土地使用（AFOLU），以及废弃物处理。方法学报告将经历两次专家评审和政府评审，预计于 2027 年底前完成。

（三）负排放技术方法学报告

AR6 第三工作组报告指出，实现二氧化碳或温室气体净零排放需要部署负排放技术以抵消难以消除的剩余排放。IPCC 决定对《2006 年 IPCC 国家温室气体清单指南》进行审查，并在 IPCC-60 上要求国家温室气体清单专题组开发一份关于二氧化碳移除技术与碳捕集、利用和封存的方法学报告[2]。该报告将讨论多种技术的碳汇或碳源估算方法，包括直接空气二氧化碳捕集与封存（DACCS）、生物能源碳捕集与封存（BECCS）等。

IPCC 决定在 2024 年 10 月召开该方法学报告的规划会，会议重点讨论技术和方法，包括二氧化碳的捕集、运输、注入、封存，以及利用二氧化碳增强油气和煤层气回收、生产化学品等技术。会议还讨论二氧化碳移除和封存技术的全球应用，为实现净零排放目标提供统一的估算方法。会议结果即

---

① IPCC, Decision on the Outline of the 2027 IPCC Methodology Report on Inventories for Short-Lived Climate Forcers, https://www.ipcc.ch/site/assets/uploads/2024/08/Decision_SLCF.pdf.

② IPCC, Decisions Adopted at the 60th Session of the IPCC, https://www.ipcc.ch/site/assets/uploads/2024/02/IPCC-60_decisions_adopted_by_the_Panel.pdf.

方法学大纲将于2025年初交由IPCC全会进行审议，整体的方法学报告预计于2027年底前完成，这份报告将为各国在气候变化背景下的低碳发展提供参考依据。

（四）工作组报告和综合报告

IPCC-60决定在AR7中沿用之前评估周期的报告结构安排，即发布三个工作组报告和一份综合报告。三个工作组报告将分别聚焦气候变化科学基础，影响、适应与脆弱性，以及减缓策略。会议未就报告发布时间达成一致，讨论的焦点在于是否要在第二轮全球盘点（GST-2）之前完成所有工作组报告，目的是确保报告能够全面覆盖气候变化的各个方面，并为GST-2提供详尽的信息和支持。全球盘点是《巴黎协定》机制的一部分，要求缔约方定期评估集体进展情况，识别差距，并考虑制定加速气候行动的措施。

尽管在IPCC-61上进行了激烈讨论，各方对于报告的时间安排仍然存在争议。小岛屿发展中国家和最不发达国家强烈希望尽早完成报告，以确保它们能够为GST-2提供充足的材料，并准确反映它们面临的特殊挑战和需求。这些国家担心如果报告延迟，会影响它们在全球气候政策制定中的声音和立场。与此同时，一些代表主张报告完成时间应根据IPCC的内部需求来安排，而非单纯依赖国际进程的时间框架。他们认为，IPCC需要更多时间以确保报告的科学性和全面性，因此应优先考虑报告质量，而非时间压力。

下次全会将继续讨论和协调工作组报告的时间安排，从而平衡各方意见和建议，以确保报告能满足全球气候行动的需要，兼顾不同国家和地区的实际情况。IPCC致力于在保证报告质量和科学性的同时，尽量满足各方对报告时间的期望，实现科学评估与政策需求的有效对接。

在此背景下，IPCC计划于2024年12月召开跨领域专家会议，讨论工作组报告的草案大纲①。基于规划会议对工作组内容的细化成果，IPCC期

① Strategic Planning Schedule for the Seventh Assessment Cycle, https://apps.ipcc.ch/eventmanager/documents/87/160720240616 - Doc.%2010%20 -%20Strategic%20Planning%20Schedule.pdf.

望能够为进一步讨论报告的时间安排和内容提供坚实的依据，确保报告在科学性和政策需求之间找到最佳平衡点。

二　IPCC 第七次气候变化科学评估的新特点

（一）总体逻辑框架的变化

在 IPCC AR7 中，总体逻辑框架既保留了 AR6 及其之前评估周期的一贯模式，又在政治形势、科学进展等的推动下产生了区别于之前评估周期的变化，反映了气候科学研究的进展，也体现了全球政治形势的复杂性和多样化需求。AR7 的总体逻辑框架在科学层面进行了更新，也在内容安排和结构设计上作出了调整，以更好地应对当前全球气候治理的多重挑战。

在政治博弈的推动下，IPCC 保持了原有的工作组报告和综合报告形式，以满足各国对全面科学评估的需求；同时推出了少量特别报告和方法学报告来回应特定问题。本周期唯一的一份特别报告“气候变化与城市”专门针对城市化进程中的气候变化挑战开展研究，体现了 IPCC 对特定领域的深入关注，确保了 IPCC 报告的广泛性和深度，也为特定的全球气候治理议题提供了及时和有针对性的科学支持。

此外，AR7 在整体结构上对报告的重点进行了重新分配。与之前的报告相比，AR7 更加注重对风险评估和应对策略的讨论，反映了国际社会对气候变化的不确定性和潜在威胁的高度关注。与此同时，各国在气候变化问题上的立场和利益不同，也促使 AR7 在平衡不同国家和地区的需求方面作出更大努力。发达国家通常更加积极地推动减排目标实现和技术转让，而发展中国家则更关注气候变化适应和资金支持。多样化的诉求导致报告必须在各个议题上保持平衡，以确保其广泛的接受性和实际操作性。

（二）重点关注领域变化趋势

在 IPCC AR7 中，一些重点关注领域正在逐步形成，尽管这些概念并非全新，但在 AR7 目前的大纲中得到了更为系统和全面的强调，为全球气候行动提供了新的视角和策略。

城市特别报告大纲强调城市处于不同的发展阶段，需要考虑具体的区域、城市经验以及背景。不同阶段的城市在气候变化应对中具有不同的需求。处于初级发展阶段的城市通常面临基础设施不完善、城市化进程迅速以及资源管理不足等问题。这些城市往往需要优先关注基础设施建设、能源供应和碳排放的控制，以应对快速增长带来的环境压力。而成熟城市通常已经具备一定的基础设施和技术条件，因此可以着重考虑如何通过创新和技术改造来提升气候恢复力。城市特别报告将更加关注城市间的不平等现象，推动更加差异化和有针对性的气候行动策略的制定。

大纲在多处体现了促进气候恢复力的提升。城市特别报告将探讨如何在可持续发展的框架下，通过系统性思维和全面规划，增强城市的韧性。报告将展示全球各类城市在气候恢复力发展方面的最佳实践和成功案例，为其他城市提供经验借鉴。此外，报告还涉及在存在不确定性的背景下进行规划的新方法，以及城市气候系统可能出现的临界点，反映面对潜在的急剧、不可逆变化时，在气候行动中具有前瞻性思维和提前规划的重要性。

城市特别报告还将强调气候公正性与社会包容性的理念，关注气候变化对不同社会群体的差异化影响，特别是对脆弱群体和发展中国家的影响。对气候公平的讨论与 UNFCCC COP28 中的公正转型议题密切相关。在 UNFCCC COP28 上，公正转型成为各国关注的焦点之一，旨在确保在向低碳经济转型的过程中，不同社会群体和国家能够公平地分享经济和社会效益，并减少不平等现象。AR7 未来将通过更详细的科学分析，为这类政策提供理论支持，特别是通过明确脆弱群体的保护需求，推动国际社会在气候行动中更多地关注社会正义。

在科学创新方面，AR7 将探讨除甲烷和卤化物外多种 SLCFs 的核算方法，将准确核算这些物质的排放量及其对气候的影响，从而完善现有的温室气体排放清单，还可能重新定义未来的研究方法与核算标准。方法学报告可为制定科学、精准的气候政策提供新的依据，使政策制定者能够更全面地理解和应对 SLCFs 对气候系统的复杂影响，有助于深化对 SLCFs 在气候系统中的多重作用的理解，同时促使各国在温室气体管理中逐步纳入对短寿命气体的考量，在全球减排和健康效益上取得更大成果。

（三）应对气候变化理念与行动的变化

AR7 不仅仅是对气候变化科学的评估，更是在理念与行动层面推动了全球应对气候变化策略的演变。AR7 在延续前几次评估周期报告的核心理念的同时，在应对策略上进行了更为细致和具体的规划。

大纲涵盖了需求侧减缓措施，提出通过改变消费者行为和需求模式来实现减排，并平衡处理减缓和适应气候变化问题。报告关注城市在减少温室气体排放方面的贡献，深入探讨如何增强城市的适应能力，以应对不断加剧的气候变化影响。

在讨论气候变化的“损失和损害”方面，AR7 延续了第六次评估周期报告中的相关概念。IPCC 所讨论的“损失和损害”广泛涵盖了气候变化所带来的实际影响和预期风险，包括生态系统、经济、社会和文化层面的损失。而在 UNFCCC 框架下，损失和损害则更侧重于成为国际气候谈判中的议题，特别是与资金、保险机制以及应对和补偿策略相关的政治讨论。通过区分这两个概念，AR7 继续明确科学评估与政策辩论之间的界限，揭示气候变化实际影响的复杂性，以及全球治理在应对这些影响时所面临的挑战。

在应对策略的具体规划方面，AR7 提出了多项针对当前气候挑战的前瞻性建议。例如，AR7 提到的循环经济等策略，有助于减缓气候变化，增强社会经济的恢复力。要对现有的减缓和适应措施进行优化，探讨新技术和新政策框架在未来气候行动中的应用潜力。

在政策实施与全球气候治理方面，各国之间的博弈愈加明显，尤其是在如何将 IPCC 的科学评估与全球政策行动、GST-2 相衔接的问题上。一些国家希望将 IPCC 的评估报告与 GST-2 的时间安排挂钩，确保在全球盘点之前发布所有工作组报告，从而为谈判提供科学依据。然而，另一些国家则坚持认为，IPCC 作为一个科学评估平台，必须保持其公正性、客观性和独立性，

不应受制于外部的时间压力。这种博弈揭示了在应对气候变化的理念和行动上，各国之间存在的分歧和挑战。AR7 在理念与行动上的变化，反映了全球应对气候变化策略的不断演变和深化。在未来的气候治理过程中，AR7 的科学评估和政策建议将继续为各国应对气候变化提供重要的指导。

（四）交叉融合的趋势

气候变化问题的复杂性要求在应对过程中必须开展跨学科、跨领域的合作与融合。AR7 延续了前几次评估中跨学科的整合方式，还在跨领域的融合上迈出了更大的步伐。

AR7 在三个工作组之间进行了更为紧密的协同规划。推动三个工作组在各自领域内进行深入评估，并通过城市特别报告、三个工作组跨组合作的方式提高整体报告的科学性和综合性。在规划阶段加强协同处理一方面可以提升评估工作效率，另一方面能够促进不同学科研究人员之间的知识交流和方法共享，从而为全球气候治理提供更为全面的科学依据。

AR7 强调与可持续发展目标（SDGs）的协同评估。气候变化与可持续发展目标之间有着密切的联系，AR7 将关注气候变化的直接影响，探讨气候变化对社会经济发展的间接影响。例如，报告会深入分析气候变化对贫困、健康和性别平等等领域的影响，并提出通过循环经济和资源管理等来增强城市韧性的策略。跨领域融合将使 AR7 的评估更加全面，为政策制定者提供多维度的应对策略。

三　我国深度参与 IPCC 第七次气候变化科学评估的政策建议

随着我国在国际气候议程中的影响力不断增强，如何深度参与 IPCC 第七次评估周期的工作，推动中国气候科学与政策的有效对接，成为当前急需关注的重点。以下一系列政策建议，有助于加强我国对 IPCC 气候变化科学评估工作的支持与参与，提升我国在国际气候科学领域的话语权与影响力，同时推动我国国内气候战略的深入研究与技术创新。通过国际国内协调，能够强化中国在全球气候治理中的领导地位，确保国家利益在国际气候合作中得到有效维护。

（一）深入掌握 IPCC 气候变化科学评估工作流程

熟悉 IPCC 工作机制。为在 IPCC 第七次评估周期中发挥更加积极的作用，我国相关部门和专家应全面了解并熟练掌握 IPCC 的工作流程与程序。IPCC 的评估工作具有高度的技术性和复杂性，涉及多个工作组、跨学科的合作以及严格的评审机制。系统、深入地学习 IPCC 评估报告的编制流程，理解专家选拔标准、数据收集与分析方法、审查程序以及最终报告发布的各个环节，有助于我国更有效地参与国际气候科学的讨论和决策过程。

坚持科学性和政策中立性原则。IPCC 评估报告的重要性除了体现在其对气候科学前沿的综合性评估上，还体现在其政策相关性上。因此在参与 IPCC 的评估工作时，我国应坚持科学性和政策中立性原则，确保参与的专家具有独立的学术立场和公正的科学态度。通过严格遵循科学评估标准来确保评估报告的可信度和权威性，这一方面有助于提升我国在国际气候科学界的声誉，另一方面可为全球气候政策提供可靠的科学依据，进一步巩固我国在国际气候治理中的地位。

（二）加大对 IPCC 气候变化科学评估工作的支持力度

提供充足的资源支持。积极参与 IPCC 第七次气候变化科学评估工作，是展示我国气候研究成果的重要渠道，也是维护和拓展国家利益的关键途径。要确保我国科学家在这一国际评估中发挥专业作用，应在资源配置上为其提供全方位支持。通过设立专项基金，提供必要的资金、技术设备及高质量的数据资源，帮助科学家更好地专注于科学研究。完善科学家参与国际活动的激励机制，进一步提高他们在 IPCC 框架下的积极性和贡献度，为全球气候治理提供更有力的中国声音。

积极参与规划与审查。参与 IPCC 评估报告的规划和审查工作是提升我国在国际气候科学领域影响力的重要途径。应组织国内顶尖专家积极参与IPCC AR7的报告编写、规划以及审查工作，确保我国在全球气候变化科学评估中的声音得到充分体现，包括积极参与报告的编写过程，在IPCC工作组和全会上提出建设性意见，推动我国在气候变化领域的科学研究成果和政策需求被纳入国际评估框架。通过与其他国家专家的交流与合作，吸取多元化的经验，进一步提升我国科学评估的质量和深度。

强化分析与解读。IPCC评估报告发布后，及时、准确地解读和分析其内容对于我国制定和调整气候政策具有重要意义。为此，应建立由政府、科研机构和高校组成的跨部门、跨学科团队，对IPCC评估报告进行深入分析和解读。定期发布国内解读报告，帮助政府和相关部门及时掌握国际气候变化的最新科学信息，并为制定有效的气候政策提供科学依据。此外，通过广泛的科普活动，将气候变化科学知识传递给公众，提升全民的气候意识，从而为国内气候行动奠定坚实的社会基础。

（三）加强对应对气候变化战略的研究和关键技术的研发

加强战略研究。面对气候变化挑战，需要加大对气候变化战略的研究力度，制定涵盖减排、适应、技术创新等方面的长期战略规划。战略规划不仅要符合我国的国情，还需与全球气候治理目标相协调。建议紧密跟踪全球气候科学和政策的发展趋势，系统研究全球气候政策、国际谈判动态和科学进展，提供深入的政策分析和战略建议，为我国制定和调整气候政策提供科学依据。

推进技术研发。技术创新是应对气候变化的重要抓手，我国在减排技术、可再生能源、碳捕集与封存等领域拥有巨大的潜力和发展空间。为破解关键技术瓶颈，有必要在这些领域加大投入，设立国家级研究项目和创新平台，鼓励科研机构与企业开展联合攻关。推动开展绿色技术领域的国际合作，积极参与全球技术创新网络，提升我国在气候技术领域的国际竞争力。通过建立有效的技术转移机制，可以将先进的应对气候变化技术推广至南南合作、共建“一带一路”国家，进一步展现我国在全球气候治理中的领导力。

讲好中国故事。中国在应对气候变化领域的经验和成就，不仅在国内具有重要意义，也值得在国际社会上广泛传播。通过国际交流与合作，加强与其他国家特别是发展中国家的合作，推动气候行动的全球化。积极分享中国在绿色发展、可再生能源利用和生态修复等方面的成功案例，进一步扩大我国在全球气候治理中的影响。借助国际会议、学术交流和媒体平台，展示中国在气候变化领域的创新成果与贡献。

（四）加强国际国内沟通与协调

加强国际沟通。在全球气候治理的背景下，我国与其他发展中国家的合作至关重要。深化南南合作、“一带一路”建设和区域合作，推动发展中国家为维护共同利益而形成更加紧密的战略联盟，共同在国际气候谈判中发声。与其他发展中国家协力提出解决方案，更有效地引导国际社会关注并支持发展中国家的诉求。

加强国内协调。气候变化问题的复杂性要求国内各部门之间保持高度协调。建议建立和完善跨部门协调机制，设立国家级气候变化应对领导小组，统筹各部门的工作，确保政策的制定和实施更加一致和高效。定期召开部门联席会议、建立信息共享平台，进一步提升各部门之间的协同能力，减少政策执行中的矛盾与冲突。强化各部门对 IPCC 评估工作的重视和参与，在国际气候决策中更好地体现我国的利益。

维护国家利益。在国际气候谈判中，必须始终将国家利益置于首位。积极参与 IPCC 与《联合国气候变化框架公约》及其附属机构的各项工作，确保我国在全球气候治理中的地位和利益得到有力维护。在谈判中，坚持科学与政策并重的策略，以赢得国际社会对我国立场的理解与支持。加强科学研究和政策制定，提升我国在全球气候变化应对中的主导权和话语权，确保在维护全球环境利益的同时，保障我国的可持续发展。

G.5
气候变化背景下中国北方沙尘灾害性天气的趋势演变及影响

杨明珠　石　英　潘红星　闫宇平　竺夏英*

摘　要： 近几十年来，中国沙尘天气活动频率降低、强度也呈现减弱的态势。然而近年来平均沙尘天气日数增多引发关注。大气环流和沙源地植被状况的变化是引起沙尘天气发生变化的两个主要因素。全球气候变暖背景下欧亚中高纬度冷空气活动减弱，造成沙尘天气的大气环流输送动力减弱，加之近几十年来中国防沙治沙工作取得显著进展，中国北方沙尘天气持续减少。然而随着气候变暖进一步加剧，蒙古国南部的干旱程度加重，恶化的地表状况不仅影响了蒙古国，还通过沙尘跨国界输送造成中国北方沙尘天气增多。未来在全球气候变暖背景下，中国北方沙尘天气将以偏少为主要特征，但中亚、西亚和东亚北部等亚洲干旱、半干旱地区，沙尘浓度将增加。为应对气候变化所导致的沙尘暴加剧风险，中国仍需巩固防沙治沙成果，筑牢北方生态安全屏障，同时继续加强国际防沙治沙合作，并完善沙源地监测站网体系建设，提高沙尘天气科学分析预报预警能力。

关键词： 沙尘天气　气候变化　大气环流　沙源地

* 杨明珠，博士，国家气候中心副研究员，研究领域为气候变化监测及沙尘短期气候预测；石英，博士，国家气候中心研究员，研究领域为气候变化预估及动力降尺度模拟；潘红星，国家林草局荒漠司二级巡视员，研究领域为防沙治沙和石漠化治理；闫宇平，博士，国家气候中心研究员，研究领域为气候变化及气候变化应对战略；竺夏英，博士，国家气候中心高级工程师，研究领域为气候监测及服务。

引 言

沙尘天气是干旱、半干旱地区冬、春季常见的一种灾害性天气现象。由于沙尘天气具有较大的危害，对全球自然、经济与社会有着极为重要的影响，自 2017 年以来，世界气象组织（WMO）每年都发布《浮尘公报》。据 WMO 发布的信息，近年来全球高影响的严重沙尘暴灾害频发，例如，2020 年 6 月来自撒哈拉沙漠的强沙尘暴跨过太平洋影响到加勒比海地区和美国中西部；2021 年 3 月中旬，源于蒙古国的特强沙尘暴给蒙古国带来严重灾害，并影响了中国华北大部分地区及韩国、日本；2023 年春季，沙特阿拉伯、卡塔尔等海湾国家遭遇大风和沙尘暴袭击，东亚、墨西哥北部、美国西南部等地也遭遇强沙尘暴；等等。严重的局地沙尘暴往往造成不良的社会经济影响，甚至造成人员伤亡。据估计[①]，每年大约有 20 亿吨沙尘排放到大气中。

沙尘天气的主要沙尘来源是干旱、半干旱地区的沙漠及其周边的荒漠化区域。从世界范围看，荒漠集中分布在赤道两侧的亚热带至温带地区，其中自北非的撒哈拉，经西亚和南亚的阿拉伯半岛、伊朗、印度北部、中亚到中国西北和蒙古国的辽阔干旱荒漠带，东西长达 13000 公里，几乎连续不断，面积占世界荒漠面积的 67%。中国北方，在西起塔里木盆地西缘、东至辽河干流、北达内蒙古高原东北端海拉尔河、南抵共和盆地南缘的区域，相互独立的 11 个沙漠、7 个沙地构成了一个近似弧形的沙漠带[②]。

除自然形成的荒漠地外，还有因人类过度放牧、乱砍滥伐、矿业开采等，地面结构被破坏而形成的荒漠地。人类不可持续的土地利用和水资源管理所造成的生态破坏往往会形成大面积沙漠化土地，会加剧沙尘

---

① WMO, Airborne Dust Bulletin, 2017.

② 国家林业局：《中国沙漠图集》，科学出版社，2018。

天气灾害并造成极其严重的影响。例如，20世纪30年代美国持续近10年的沙尘暴造成数千万亩农田被毁，几十万人背井离乡。这场生态灾难的产生，主要就是由于人们在美国西部连续多年开垦草原和粗放耕作破坏了植被①。

IPCC评估报告②指出，全球变暖导致气候带出现偏移，干旱、半干旱区扩展，极地气候区收缩，许多区域的干旱频率和强度增加。干旱和半干旱区植被覆盖度减少③使得区域环境恶化。2000~2020年，美国西部大平原由于干旱频繁和农田面积扩大，沙尘天气更加常见和强烈，一些研究甚至担心会出现20世纪30年代的情况④；澳大利亚连续13年受干旱影响，悉尼在2022年9月遭遇特强沙尘暴。因此，作为一种灾害性天气现象，沙尘天气的变化已经成为气候变化的一个显著标志。

近年来中国北方地区沙尘天气突然增多、增强，尤其2021年“3·15”北京沙尘暴天气，引起了社会各界的广泛关注。2023年6月习近平总书记在内蒙古考察时强调，党中央高度重视荒漠化防治工作，把防沙治沙作为荒漠化防治的主要任务，但这两年受气候异常影响，中国北方沙尘天气次数有所增加，荒漠化防治和防沙治沙工作形势依然严峻。⑤ 正确认识气候变化背景下沙尘天气变化的特征和原因具有重要意义。本文将分析中国沙尘天气近几十年减少及近年又反弹的原因，并讨论未来随着全球气候变暖进一步加剧，中国沙尘天气将有怎样的变化以及该如何应对等问题。

---

① 王雪琴：《美国20世纪30年代的沙尘暴及其治理》，《生态经济》2003年第10期。

② IPCC Special Report on Climate Change and Land, https：//www. cma. gov. cn/2011zwxx/2011ztzgg/201711/P020171130734354231449. pdf

③ 《第四次气候变化国家评估报告》编写委员会编著《第四次气候变化国家评估报告》，科学出版社，2022。

④ Lambert A., Hallar A. G., Garcia M., et al.. “Dust Impacts of Rapid Agricultural Expansion on the Great Plains”, *Geophysical Research Letters*, 2020, 47.

⑤ 《习近平在内蒙古巴彦淖尔考察并主持召开加强荒漠化综合防治和推进“三北”等重点生态工程建设座谈会》，求是网，2023年6月6日，http：//www. qstheory. cn/yaowen/2023-06/06/c_ 1129674330. htm。

一 中国沙尘天气变化特征

（一）中国沙尘天气变化特征

1961~2020年春季中国平均沙尘天气日数分布呈现北多南少、西多东少的特点，沙尘天气主要发生在中国北方地区。沙尘天气多发的区域是沙漠及其周边的荒漠化地区，在塔里木盆地及其周边区域的极旱荒漠带沙尘天气最为频繁，平均沙尘天气日数可达到30天以上；河套及以西的中国西北地区沙尘天气也十分频繁，平均沙尘天气日数可达到10~30天，内蒙古中部的干草原带及华北、黄淮地区平均沙尘天气日数为5~10天，另外科尔沁沙地也是一个沙尘天气多发区。

由春季中国北方地区平均沙尘天气日数序列来看（见图1），春季中国北方地区平均沙尘天气日数呈明显的减少趋势。逐十年比较来看，1971~1980年沙尘天气最为活跃，平均沙尘天气日数为17.1天，20世纪80年代至90年代明显减少，2011~2020年是沙尘天气最少的十年，平均沙尘天气日数为5.0天。在90年代沙尘天气总体偏少的背景下，2000~2002年又出现短暂反弹，2003年以来平均沙尘天气日数总体少于2000年之前。2021年之后中国平均沙尘天气日数又出现增加的状况。

从时空分布特征来看，中国北方地区平均沙尘天气日数总体具有减少的趋势，进入21世纪之后总体以偏少为主，尤其是2001~2010年中国北方大部减少趋势十分显著；2011~2020年，中国西北地区大部仍进一步减少，但中国河套以东的华北地区、内蒙古中东部及东北地区等出现了沙尘天气增多的趋势，局部区域的增多趋势比北方地区更加明显。例如，北京地区在2023年、2024年春季平均沙尘天气日数超过了2000年初，甚至超过了20世纪80年代（见图2）。

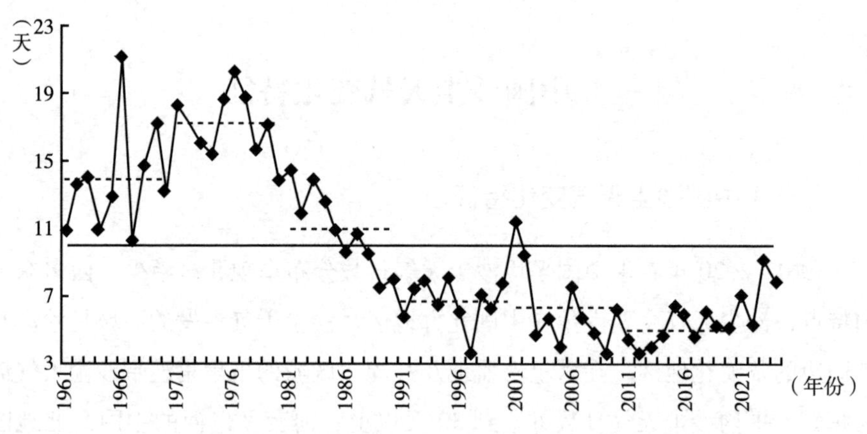

图 1　1961~2024 年春季中国北方地区平均沙尘天气日数序列

注：实线为 1961~2020 年的平均值；虚线从左到右分别为 1961~1970 年、1971~1980 年、1981~1990 年、1991~2020 年及 2011~2020 年的 10 年平均值。

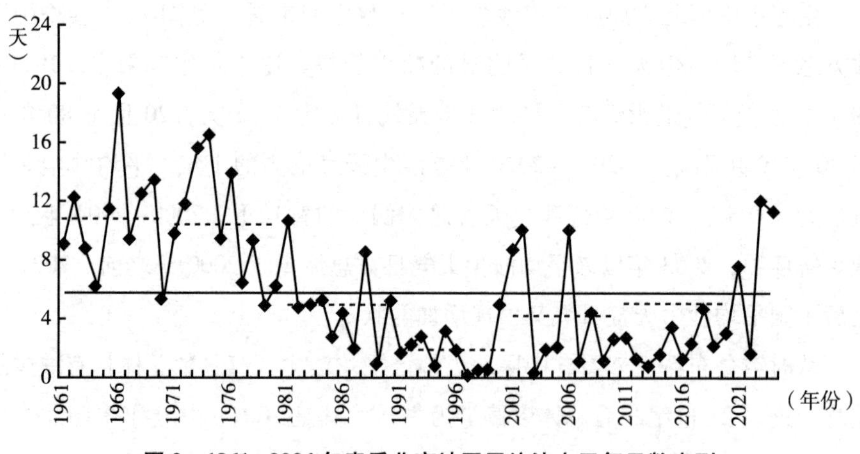

图 2　1961~2024 年春季北京地区平均沙尘天气日数序列

注：实线为 1961~2020 年的平均值；虚线从左到右分别为 1961~1970 年、1971~1980 年、1981~1990 年、1991~2020 年及 2011~2020 年的 10 年平均值。

（二）中国沙尘天气的主要影响因子

沙源地植被状况和大气环流是沙尘天气的主要影响因子。

1. 沙源地植被状况

沙尘天气的发生首先需要丰富的沙源。除中国主要荒漠化区域外，蒙古国南部的戈壁沙漠也是中国北方地区沙尘天气的重要沙源地[①]。研究显示，根系和残留植株具有抑制起沙作用，因此荒漠化区域生长季植被生长的好坏对于次年春季沙尘的扬起具有重要的作用，在中纬度干旱、半干旱区域，植被生长主要集中在夏季，例如蒙古高原植被生产力的 70% 以上在夏季形成[②]。由 2001~2020 年平均夏季归一化植被指数（NDVI）来看，中国北方地区的西部区域和蒙古国南部、西部的 NDVI 明显较低，沙漠及其周边荒漠化区域裸露的地表是重要的沙源地，这些荒漠化区域的地表状况对于沙尘天气的发生具有重要影响。

2. 大气环流

沙尘天气不仅发生在沙源地，还会随着大气环流活动影响到其他区域。沙尘在沙源地被大风扬起，随着气流的上升运动被输送到高空并随着大气环流活动被向东、向南输送，在沉降时影响下游区域。统计显示，冷锋和蒙古气旋是造成沙尘天气过程的最重要的天气系统，二者常常同时发生并造成沙尘天气，2000~2024 年春季中国北方沙尘天气过程共计出现 269 次，影响其发生的天气系统主要为冷锋（237 次）和蒙古气旋（161 次）。相关分析也表明，中国北方沙尘天气的发生与欧亚大尺度环流具有密切的关系。以华北地区为例，春季沙尘天气与同期环流的相关分布表现为在中国北方地区的东部至蒙古国上空显著的高度场负相关区以及气旋式环流相关矢量，即当蒙古国上空位势高度偏低时，有利于冷锋和蒙古气旋活动，当西北、偏北气流增强时，沙尘天气容易多发，这一相关特征在不同的年代中均有体现。

---

① Zhang X. Y., Gong S. L., Zhao T. L., et al., "Sources of Asian Dust and Role Climate Change Versus Desertification in Asian Dust Emission", *Geophysical Research Letters*, 2003, 30 (24).

② Bao G., Chen J., Chopping M., et al., "Dynamics of Net Primary Productivity on the Mongolian Plateau: Joint Regulations of Phenology and Drought", *International Journal of Applied Earth Observation and Geoinformation*, 2019, 81.

二 气候变化对中国沙尘天气变化的影响

IPCC 第五、第六次报告[①②]全球地表温度变化趋势分析显示，欧亚内陆中、高纬度区域是升温十分显著的区域，中国所处的东亚地区具有明显的升温趋势[③]，1961~2020 年春季中国北方地区平均沙尘天气日数与同期中国北方地区气温的负相关系数达-0.69，即随着气温升高中国北方地区沙尘天气显著减少，尤其是在 2000 年之后减少趋势非常明显。下文将讨论上述现象产生的原因，并分析近年来春季中国北方地区平均沙尘天气日数出现反弹的原因。

（一）环流的变化

从 2001~2020 年北半球中高纬度环流与北半球 500hPa 高度场正距平频次及距平来看，春季乌拉尔山附近上空位势高度场偏低，表明乌拉尔山高压强度偏弱，从中亚至东亚中北部均为明显的正距平控制，贝加尔湖附近的位势高度场偏高更加显著对蒙古气旋活动有抑制作用，欧亚中高纬度环流系统偏弱。2011~2020 年全球变暖现象更加显著，这种环流特征也更加显著。沙尘天气的发生与近地面大风具有密切的关系。对春季中国北方地区平均气温与平均大风（≥10.8m/s）天气日数进行分析发现，伴随着气温升高，中国北方地区平均大风天气日数显著减少，春季平均气温与同期平均大风天气日数的相关系数高达 0.946。因此变暖背景下东亚冬季风和欧亚中高纬度环流整体上呈减弱态势，将沙尘从沙源地向远程输送的大

---

① IPCC, Summary for Policymakers, Climate Change 2013: The Physical Science Basis. Contribution of Working Group I to the Fifth Assessment Report of the Intergovernmental Panel on Climate Change, 2013.

② IPCC, Summary for Policymakers, Climate Change 2021: The Physical Science Basis. Contribution of Working Group I to the Sixth Assessment Report of the Intergovernmental Panel on Climate Change, 2021.

③ 中国气象局气候变化中心编著《中国气候变化蓝皮书（2024）》，科学出版社，2024。

尺度环流总体偏弱，中国北方地区风速明显减弱，沙尘天气发生的环流条件偏弱。

（二）中国主要沙源地气候及生态环境要素的变化

在近年气候变暖，尤其是2000年以来升温加速的背景下，影响中国主要沙源地的气候及生态环境要素是如何变化的？

1. 降水变化

对于荒漠化区域而言，生长季自然降水情况直接决定了植被的长势，降水对沙漠面积变化具有直接的影响①，同时残余植株和根系在来年春季对地表固定沙尘具有很好的作用②。此外，春季沙源地的降水还可以增加同期土壤湿度，这对于抑制沙尘扬起也具有一定的作用。2001~2020年春季降水数据显示，蒙古国南部区域以及东、西部区域降水略有减少。中国北方地区降水变化的差异比较大。河套及其以东的区域降水以减少为主要特征，浑善达克沙地是离京津冀最近的沙源地，其降水具有增加趋势。西北地区降水总体表现出增加趋势，尤其是青海和甘肃等地的降水增加较为明显。夏季，中国西北大部和蒙古国大部降水呈现出明显的增多趋势，大部分区域降水可以达到每十年增多20~50mm，表现出向暖湿化转变的趋势。

2. 土壤湿度变化

通常降水对土壤湿度等下垫面特征具有重要和直接的作用。2001~2020年春季土壤湿度数据显示，除了青海中部、内蒙古中部地区变湿，中国北方大部和蒙古国大部均以变干为主，蒙古国大部变干尤其明显。春季的土壤湿度中国西北地区除局部地区外，总体表现出变干的趋势。中国西北地区春季降水增多与土壤湿度降低的变化趋势不匹配，这与温度上升后水分蒸发量加大有关系。夏季，中国西北地区大部湿度有所增加，尤其是甘肃、青海等降

① 陈瑶、鹿化煜、吴会娟等：《全球沙漠变化的气候影响》，《中国科学》2023年第5期。

② Bao G., Chen, J., Chopping M., et al., "Dynamics of Net Primary Productivity on the Mongolian Plateau: Joint Regulations of Phenology and Drought", *International Journal of Applied Earth Observation and Geoinformation*, 2019, 81.

水偏多的区域土壤增湿明显。中国河套区域北部变干、南部略有变湿；浑善达克沙地区域变化趋势不明显或略有变干；科尔沁沙地具有变湿的趋势。值得注意的是，尽管蒙古国大部降水是增多的，但除了蒙古国东北部地区土壤湿度增加，蒙古国中西部地区变干趋势明显，南部地区土壤湿度变化不大或略有增湿趋势。

分析显示，中国西北地区近20年来呈现暖湿化趋势，而中国河套北部区域呈现干热化趋势。对于蒙古国而言，无论是在沙尘天气多发的季节（春季），还是在植被主要生长季（夏季），其南部和西部地区均是即使降水增多也仍然在变干。

3. 植被变化

沙源地植被的多少直接关系到沙尘从地面被扬起的容易程度，从而对沙尘天气的发生产生影响。由2001~2020年夏季归一化植被指数（NDVI）变化情况来看，中国西北地区东南部、河套地区及其以西的华北地区西部和北部、科尔沁沙地及其附近区域的NDVI具有明显上升的趋势，蒙古国东北部区域植被也有变好的趋势。而蒙古国南部和内蒙古西部区域，植被变化趋势不明显，部分地区还有变差的趋势。

沙源地地表状况的改变除受气候的影响外，还受人类对于生态环境的保护或破坏的影响。黄土高原尤其是其东部区域NDVI显示出明显的上升趋势，而实际上该区域夏季降水具有明显减少趋势，土壤湿度变化不大；蒙古国南部降水具有增多趋势，土壤湿度略有增大，NDVI变化不大；蒙古国中西部地区降水增加幅度较南部明显，但土壤湿度是在降低的。选取黄土高原区域（区域1）及阴山以北至蒙古国中南部（95~105°E，42~46°N）区域（区域2），对这两个区域平均的NDVI及距平（与2001~2020年平均值的差值）进行比较，可以看到，区域1的下垫面植被状况比区域2的状况明显要好，NDVI平均值区域1是区域2的近5倍。从距平序列来看，区域1的NDVI增长趋势十分明显，表明生态明显改善；而区域2的NDVI总体呈现年际波动趋势。

中国1978年启动了“三北”防护林体系建设工程，2019年中国北方八大沙漠、四大沙地的土壤风蚀总量较2000年下降约40%，风沙危害明显减轻，固沙能力明显增强[①]。数据显示，中国沙化土地和荒漠化土地面积自2004年第三次监测至2019年第六次监测，连续四次减少，2019年，全国荒漠化土地面积257.37万平方公里，占国土总面积的26.81%，沙化土地面积168.78万平方公里，占国土总面积的17.58%。与2014年相比，2019年全国荒漠化土地面积净减少37880平方公里，减少了1.45%；沙化土地面积净减少33352平方公里，减少了1.94%[②]。中国沙化土地和荒漠化土地面积的减少对于中国北方地区沙尘天气的发生具有很好的抑制作用。

而从蒙古国来看，截至2017年，蒙古国土地退化面积占其国土总面积的76.8%，其中严重退化的占22.9%。除气候变化造成的干旱加剧土地退化外，过度放牧及矿产资源开发也对地表造成了严重的破坏影响[③]。监测数据显示，近年来，尤其是2021年和2023年来源于蒙古国的沙尘暴天气对中国北方地区产生了严重的影响[④]。兰州大学的一项研究也表明，2023年3~4月中国频发的沙尘天气事件中蒙古国跨境输送的沙尘贡献占42%[⑤]。

三　未来中国沙尘天气的变化趋势

近几十年来全球变暖背景下副热带对流层大气稳定度增加，将推动大气不稳定边界和中纬度急流向两极移动[⑥]，观测显示，Hadley环流随着气候变

① 国家林业和草原局：《三北防护林体系建设五期工程（2011-2020）评估报告》，中国林业出版社，2021。

② 国家林业和草原局：《中国荒漠化和沙化状况公报（2019）》，2022。

③ Wang J., Wei H., Cheng K., et al., "Spatio-Temporal Pattern of Land Degradation from 1990 to 2015 in Mongolia", *Environmental Development*, 2020, 34.

④ Wu C., Lin Z., Shao Y., et al., "Drivers of Recent Decline in Dust Activity over East Asia", *Nature Communications*, 2022, 13.

⑤ Chen S., Zhao D., Huang, J., et al., "Mongolia Contributed More than 42% of the Dust Concentrations in Northern China in March and April 2023", *Advances in Atmospheric Sciences*, 2023, 40.

⑥ Chan D., Wu Q., "Significant Anthropogenic-Induced Changes of Climate Classes Since 1950", *Science Reports*, 2015, 5.

暖发生调整，具有向两极方向扩张和极地环流缩小的趋势①，这一方面使得中纬度环流活动产生影响，另一方面使中纬度干旱区域产生向极地扩张的趋势，从而影响沙漠及荒漠化区域范围。温度升高使得海洋水汽蒸发量增大，大气中湿度的增加可能导致更多的降水从而使得全球沙漠面积总体缩小，但由于温度升高蒸发加速，内陆一些区域向干旱化发展或者干旱化程度加重，导致这些区域的沙漠面积增大②。未来中国沙尘天气将具有怎样的变化趋势？

（一）未来主要沙源地变化情况

第六次国际耦合模式比较计划（CMIP6）的分析结果显示，在全球变暖背景下，未来中国主要沙源地气温均将呈现明显上升趋势，降水呈不同程度的增加趋势，其中西部和北部沙源地的降水增幅较为明显，中国沙源地表层土壤湿度也呈增加趋势，同时多数沙源地地表风速呈现微弱下降趋势。未来蒙古国夏季降水具有增加趋势。

IPCC AR6 指出，大气蒸发需求的变化不仅是对气候变化的一种响应，还作为干旱变化的驱动因子，影响植被的生理过程从而对生态系统产生影响。在气候变化背景下蒙古国发生的极端高温事件让土壤水分蒸发严重，Zhang 等在《科学》杂志上发表的研究论文通过对近 26 年来蒙古国的温度和土壤湿度记录进行分析，揭示了这一区域在近 26 年来出现的前所未有的极端高温、干燥天气频发的倾向③，这与上述我们的分析结果一致，即这个区域降水增多，但土壤湿度仍然具有变干趋势。未来在 RCP8.5 情景下，2070~2100 年，除中国的华北地区北部、南疆盆地周边区域不再是高温干旱区，蒙古国南部、内蒙古中部和西部、新疆北部等地区将进入稳定的干旱状

① Hu Y., Huang H., Zhou W., "Widening and Weakening of the Hadley Circulation under Global Warming", *Science Bulletin*, 2018, 63.

② 陈瑶、鹿化煜、吴会娟等：《全球沙漠变化的气候影响》，《中国科学》2023 年第 5 期。

③ Zhang P., Jeong J-H, Kim H., et al., "Abrupt Shift to Hotter and Drier Climate over Inner East Asia beyond the Tipping Point", *Science*, 2020, 370.

态，同时由高温引起的干旱区在上述区域周边还会进一步扩张，或增加内部非高温干旱区。[①]

（二）中国沙尘天气未来变化趋势

CMIP6 的分析结果显示，在不同经济社会发展情景下，未来东亚沙尘浓度将呈下降趋势，而中亚和西亚沙尘浓度呈增加趋势。在低排放情景（SSP1-2.6）下，沙尘浓度增加的区域主要分布在中亚和西亚，中国主要沙源地沙尘浓度将减少；在中等和高排放情景（SSP2-4.5 和 SSP5-8.5）下，沙尘浓度增加较为显著的地区主要集中在西亚、东亚北部的蒙古南部至内蒙古中部一带，中国其他主要沙源地的沙尘浓度以减少为主。即在全球变暖背景下，未来中国主要沙源地沙尘天气变化将以减少为主。

但要注意，尽管未来蒙古国夏季降水具有增加趋势，但高温使得蒸发加速、土壤湿度降低，蒙古国地区的夏季气候将长期处于干热状态，未来可能使半干旱的蒙古高原进入永久干旱的状态，将导致这个区域乃至包括中国在内的下游的东亚区域出现更多的沙尘天气。

四　中国沙尘治理的政策建议

尽管中国数十年来持续不断地植树造林，建立防沙固沙屏障，但仍需警惕由气候变化导致的生态压力及脆弱性，因为这有可能使几十年来的生态修复和环境保护成果毁于一旦。影响中国乃至东亚地区的一个重要沙源地是蒙古国。蒙古高原土壤湿度急剧下降可能超过气候系统临界点，使该地区进入永久干旱状态，这无疑将对当地生态系统产生重大影响。近年来，蒙古国沙尘暴频频发生，尤其是 2021 年的东亚沙尘暴引起了国际社会对蒙古国几十年来生态问题的关注，这表明在气候变化背景下，没有一

---

① Schlaepfer D. R., Bradford J. B., Lauenroth W. K., et al., "Climate Change Reduces Extent of Temperate Drylands and Intensifies Drought in Deep Soils", *Nature Communications*, 2017, 8.

个国家可以独善其身。针对沙尘来源治理及灾害性天气风险应对，建议主要采取以下举措。

（一）巩固防沙治沙成果，筑牢北方生态安全屏障

“三北”地区生态极为脆弱，防沙治沙是一项长期的历史任务。习近平总书记强调：“力争用10年左右时间，打一场‘三北’工程攻坚战”，“要突出治理重点，全力打好三大标志性战役”。[①] 在气候变暖的背景下，中国北方干旱、半干旱区增温幅度大，会加大蒸散发量。新的气候背景下，降水呈现新的分布特征。同时，科尔沁和浑善达克沙地、黄河“几字弯”、河西走廊-塔克拉玛干三大治沙区，自然地理、气候、生态等条件各不相同，应根据气候演变情况，因地制宜，科学并及时调整治理策略，巩固防沙治沙成果，进一步推进北方生态安全屏障建设。

（二）继续加强防沙治沙国际合作

近年来，东亚的沙尘突然增加表明，治理沙尘暴绝非任何一个国家能够独自完成的任务。中国从荒漠化防治的探索者，成长为全球荒漠化防治事业的重要推动者和构建人类命运共同体的战略引领者。中国北方与蒙古国南部边界线漫长，气候相似，为两国生态建设与治理合作提供了基础。支持蒙古国防沙治沙工作，履行防治荒漠化的责任并开展国际合作，是中国义不容辞的责任和担当。通过签署防沙植树合作框架文件、建立植树防沙大型示范区、开展培训项目、安排蒙古国代表团到中国学习“绿进沙退”经验，并合作实施蒙古国中南部退化草地修复、矿区生态恢复和生态产业项目，以及开发利用太阳能、开展沙漠生态旅游、发展设施农牧业和促进植物资源利用等，加强中蒙荒漠化防治务实合作，推动双方合作共赢，促进区域可持续发展。此外，还应积极推进东亚及其他“一带一路”

---

① 《习近平在内蒙古巴彦淖尔考察并主持召开加强荒漠化综合防治和推进“三北”等重点生态工程建设座谈会》，求是网，2023 年 6 月 6 日，http：//www. qstheory. cn/yaowen/2023-06/06/c_ 1129674330. htm。

相关国家以及联合国相关机构共同努力，积极应对气候变化所造成的荒漠化和沙尘天气等灾害。

（三）完善沙源地监测站网体系建设，提高沙尘天气科学分析预报预警能力

加强沙尘灾害性天气自动监测和多源遥感沙尘天气监测，提高对蒙古国和中国北方地区沙源地地表和起沙状况的定量监测能力，科学系统地评估蒙古国和中国西北地区的起沙及传输路径关键区状况。推动多部门多领域联合攻关，加强中国沙尘天气主要影响系统以及沙尘起源、沙尘输送动力学等机理研究和沙尘数值模式预报等技术研发，提高对沙尘天气的早期识别能力和预报预警能力。

G.6

面向环境、社会、治理的气候信息披露

吴焕萍　任玉玉　祝　韵　巢清尘　张思齐　何晓贝*

摘　要：　本文首先介绍了气候信息披露的源起、政策、相关研究机构和国内外最新进展，分析了我国加强气候信息披露的必要性和紧迫性，梳理了气候风险种类和气候风险传导机制、气候物理风险和转型风险的量化方法等。我国对气候信息披露的研究与应用尚在初始阶段，亟须在政策、技术、标准与服务等多方面进行深入研究。本文最后提出了完善气候信息披露服务体系、组织与机制，加快气候信息数据支撑能力建设，强化面向行业的精细化风险评估方法研究，构建气候信息披露服务示范平台与相关技术标准，加强跨领域学科技术研究与团队协同发展等建议，为我国解决气候风险披露的关键问题、构建面向ESG的气候信息披露体系、增强企业气候风险管理能力、提升气候变化适应能力提供参考。

关键词：　环境、社会和治理　气候风险量化评估　信息披露　气候服务

引　言

气候变化背景下气候风险不断加剧，已经覆盖了当前社会经济的多个领

---

* 吴焕萍，博士，国家气候中心系统室主任，研究员，研究领域为气候信息技术与气候服务；任玉玉，博士，国家气候中心研究员，研究领域为气候与气候变化；祝韵，北京大学国家发展研究院宏观与绿色金融实验室原研究专员；巢清尘，国家气候中心主任，研究领域为气候风险评估及气候变化政策；张思齐，博士，国家气候中心高级工程师，研究领域为气候与气候变化；何晓贝，博士，北京大学国家发展研究院宏观与绿色金融实验室副主任。

域，成为影响经济、金融安全稳定的重要因素。近 30 年来，全球 90%以上的重大自然灾害，接近 70%的人员死亡，超过 80%的经济损失是由气象及其衍生灾害引起的。气象灾害每年造成超过 5000 亿美元的经济损失，给社会、企业、家庭及个人带来巨大的系统性风险。全球还在经历快速的气候变暖。IPCC 第六次评估报告指出，2011~2020 年全球平均温度比工业革命前高 1.09℃。高气候变率状态下极端气候灾害发生的时间、区域、强度、频率都将发生显著变化。

为应对气候变化，减缓、管理和适应气候风险，联合国负责任投资原则组织（PRI）、联合国气候变化框架公约（UNFCCC）、联合国政府间气候变化专门委员会（IPCC）、国际标准化组织（ISO）、金融稳定委员会（FSB）、国际可持续发展准则理事会（ISSB）等国际组织提出了一系列的可持续发展目标、任务、标准以及评估的框架和技术指南。2004 年联合国提出了环境、社会和治理（Environment，Social and Governance，ESG）倡议，从环境、社会和治理 3 个维度评估组织、企业经营的可持续性及其对社会价值观念的影响，强调要注重环境保护，评估管理气候风险，及时披露相关信息，履行社会责任，提高治理水平。

一　面向 ESG 的气候信息披露进展

ESG 中的环境信息披露包括了企业的温室气体排放目标、气候变化风险评级、节能减排和应对气候变化风险措施的财务估算与行动计划等多个方面。气候变化背景下的气候信息，尤其是变化风险或者气候相关风险（以下简称“气候风险”）已经逐渐成了面向 ESG 的重要信息披露内容。目前国内外在相关政策研究、规范和制度制定等方面取得了一定进展。

（一）气候信息披露政策与制度

2015 年以来，国际组织和监管机构开始呼吁并要求进行气候信息披露。2015 年 12 月，FSB 成立了气候相关财务信息披露工作组（Task Force on

Climate-Related Financial Disclosures，TCFD），2017 年提出了相应的信息披露框架，包括了治理、战略、风险管理、指标和目标四大核心要素，详细规定了披露气候相关财务风险与机遇的流程。2023 年 6 月，ISSB 发布了国际可持续披露准则，即可持续相关财务信息披露一般要求（S1）和气候相关披露（S2），S2 采纳了 TCFD 所有披露建议并进行了细化和升级。总体来看，气候信息披露的治理方面要求明确企业机构的监督职责；战略方面要求企业信息披露体现行业特性和气候韧性；风险管理方面要求企业识别、评估和管理气候风险，包括但不限于温室气体排放、极端天气事件等可能对企业财务状况和运营产生的影响；指标和目标方面要求设定与气候相关的关键绩效指标（KPI）和目标。2023 年 12 月，TCFD 将气候相关财务信息披露工作组的监督职责移交给了 ISSB，全球离统一、强制的可持续信息披露时代越来越近了。

2015 年，法国和欧盟等开始强制性地要求企业披露气候信息，评估气候风险造成的损失，防范可能出现的系统性实体经济和金融风险。气候风险评估与管理被澳大利亚和新西兰列为国家适应气候变化战略的重要组成部分。随后美国、英国、日本等很多国家都制定了强制性披露的路线图。2020 年，新西兰政府强制性要求一定规模以上的上市公司、银行以及投资者和保险公司披露气候信息。

中国政府高度重视气候变化的风险防控和管理，2016 年发布的《关于构建绿色金融体系的指导意见》提出要“就环境和气候因素对机构投资者（尤其是保险公司）的影响开展压力测试”。2018 年，中国证监会提出上市公司要逐步进行环境、社会及公司治理披露。2024 年 4 月，在中国证监会指导下，上海、深圳和北京 3 家证券交易所公布了可持续发展报告指引，要求上证 180、科创 50、深证 100、创业板指的样本公司及境内外同时上市的公司最晚于 2026 年首次披露 2025 年度的可持续发展报告，其余上市公司自愿披露。香港交易所则要求上市公司从 2025 年 1 月开始披露企业的气候风险信息。2024 年 5 月，财政部立足我国国情制定可持续披露准则体系，发布《企业可持续披露准则——基本准则（征求意见稿）》，该文件与 ISSB

国际可持续准则的披露要求总体保持一致。同年11月，沪、深、北3家证券交易所同时出台《可持续发展报告编制指南（征求意见稿）》，以期进一步规范报告的形式和内容。

（二）气候信息披露研究机构

《适应气候变化——脆弱性、影响和风险评估指南》和IPCC给出了气候信息中最为关键的气候风险评估的一般方法和流程。IPCC在2012年发布的《管理极端事件和灾害风险推进气候变化适应》（SREX）特别报告中提出了气候变化风险评估框架，将由气候变化导致的灾害、暴露度和脆弱性联系在一起，评估气候变化对社会和生态系统造成的潜在后果，第六次评估报告中还改进提出了以一组影响社会或生态系统的气候因子（Climatic Impact-Driver，CID）为基础的气候变化评估框架。

世界银行、英国绿色投资银行等发达国家的政策性银行、众多的国际多边/双边金融机构、Linux开源基金会等大型国际组织都在研究气候财务风险。摩根士丹利的Carbon Delta、麦肯锡的Planetrics以及荷兰的Ortec Finance和美国的Verisk等机构均提出了相应的方法来估算特定投资期限内，经营实体、投资或金融市场受气候变化影响产生的损失，量化评估极端气候灾害所带来的财务影响。2020年9月，Linux开源基金会创立开源项目OS-Climate[①]，安联、高盛、毕马威、亚马逊、微软、红帽等金融或科技企业参与了该项目。项目采用开放合作与集成的模式，目标是突破目前的技术与数据难题，助力决策者将气候变化影响纳入投资决策与风险管理中，包括数据共享、物理风险、转型风险、情景分析工具、投资组合调整等内容。

国内，国家气候中心、中国社会科学院、清华大学、北京大学、中央财经大学等科研院所、高校及一些公司或组织近年来也开展了相关探索，形成了一些初步的分析方法。

---

① Trademark Policy, Privacy Policy, Antitrust Policy, et al., Physical Risk&Resilience Framework. Open Source Breakthrough for Climate-Aligned Investing, https://os-climate.org.

（三）中国气候信息披露进展

2020 年，我国提出了“双碳”目标，政府部门、证券交易所陆续出台相关信息披露政策和规范规定，编制并发布 ESG 披露报告的热度持续上升。越来越多的中资机构根据 TCFD 等框架，从治理、战略、风险管理、指标和目标等方面，将气候风险纳入企业的风险管理体系中，加强气候相关的信息披露，研究“双碳”工作方案，制定绿色低碳战略，优化投融资结构，在促进绿色低碳转型方面进行了深入探索和实践。2023 年 1 月，紫金矿业发布的《应对气候变化行动方案》，被认为是中国首份完整遵循 TCFD 框架的报告。截止到 2023 年 5 月，TCFD 在中国地区仅有 74 家支持机构，其中金融机构 31 家。因此，我国企业气候相关风险披露总体还处于起步阶段。

近些年，各种 ESG 组织和研究机构蓬勃发展，先后出现了中国 ESG 投资研究中心、中国上市公司 ESG 创新联盟、中央企业 ESG 联盟、中国保险资产管理业协会责任投资（ESG）专业委员会、亚布力中国企业家论坛等，它们积极推动了行业发展。2023 年近 300 家 A 股上市公司发布了 2022 年度 ESG 报告，ESG 在中国逐渐主流化。

二　气候风险评估与披露技术进展

气候相关信息披露中，最为重要和核心的任务就是准确合理地识别、量化气候风险及其相关影响。气候风险的量化通常是首先建立气候风险指标，确定资产或者企业对这些风险的暴露度、脆弱性，量化气候风险对资产价值或生产的影响，计算风险敞口，如风险暴露度、违约概率、违约损失率、风险加权资产等指标，明确评估重点，最后提出风险管理与适应等方法。

（一）气候风险分类与风险传导机制

气候风险是指极端天气气候事件、全球变暖等气候和气候变化因素以及社会向可持续发展方向转型对经济和金融活动产生的影响。TCFD 和 ISSB 根据风险性质分类，将气候风险分为物理风险（Physical Risk）和转型风险（Transition Risk）。

物理风险是指由极端天气气候事件和气候变化引发的风险。根据事件发生的时间长度，物理风险可分为急性物理风险和慢性物理风险。急性物理风险通常由风暴、洪水、火灾或热浪等极端天气气候事件引起，可能会破坏生产设施并损害价值链。而慢性物理风险则通常由长期气候变化导致，如温度变化、海平面上升、水资源短缺、生物多样性丧失以及土地沙化等。转型风险是指为应对气候风险，在从原有经济模式向低碳经济转型的过程中，由气候政策、技术创新、投资者偏好、消费者偏好变化而带来的风险[①]。

气候变化风险直接伴随着财务风险。物理风险主要通过对企业、家庭、银行和保险公司的资产负债表产生影响，引发宏观经济和财务的不稳定。而转型风险则通过影响企业和资产估值，带来经济或财务风险。例如，气候政策风险会通过企业成本渠道影响企业盈利预期和违约风险，以及高碳资产的估值，从而影响金融机构的资产质量，最终导致金融风险增加。技术进步和清洁能源的广泛应用也会对传统煤炭和石油企业产生冲击，而碳税增加则会提升碳密集型企业的经营成本。

（二）气候物理风险量化方法

气候物理风险量化的基本思路是根据已有研究或者历史记录，找出影响生产和资产的气候事件，建立气候事件与损失的量化关系。IPCC 将风险拆分为灾害（Hazard）、脆弱性（Vulnerability）、暴露度（Exposure）以及适应（Response）四要素。因此，可以将气候物理风险转化为由定量可比的危险性指标以及资产或生产活动对气候风险的暴露性、脆弱性和修复性指标共同决定的财务损失。首先从起因，也就是影响资产或生产的某一气候事件的

---

① NGFS, Overview of Environmental Risk Analysis by Financial Institutions, https: //www. ngfs. net/sites/default/files/medias/documents/overview_ of_ environmental_ risk_ analysis_ by_ financial_ institutions. pdf.

危险性出发，分析事件的极端性或者变化幅度。然后分析该气候事件作用于社会、经济的程度，或者说资产、生产活动等暴露在风险下的程度。最后再分析资产、生产活动对该气候风险的脆弱性，也即在气候事件的影响下，资产、生产的定量变化，例如，洪水淹没深度对设备损毁价值的影响、高温强度造成的劳动生产率下降的比例等。如果从微观和宏观层面进一步分析组织机构财务绩效指标的下降情况，我们可以获得气候物理风险的金融量化结果。进行物理风险评估通常需要确定以下几个方面：物理风险的类别、目标实体的暴露程度、脆弱性和应对能力、价值链的范围、时间范围、其他不确定性因素的范围，以及核心气候灾害的风险和财务影响模型。

英国剑桥大学可持续发展研究院针对房地产投资组合的风险评估提出了一个名为 Climate Wise 的物理风险量化框架。该框架建立在自然灾害模型基础上，结合了风险量化模型和财务指标，能够被视为一种典型的物理风险量化模型。气候事件或者灾害危险性一般用极端气候事件发生频次、强度来表示。脆弱性或灾害强度与资产损失率之间的关系可以通过统计或者理论推演确定灾损曲线进行分析。对未来气候物理风险的披露，首先使用气候模式预估企业所在地未来的气候状况，进而获取未来灾害强度。结合对企业未来生产经营或资产分布的预估，通过企业灾损曲线对未来损失值进行估算，使用恢复指数和适应指数进行校正，得到企业未来气候物理风险预估值。

北京绿色金融与可持续发展研究院开发了一套集成了巨灾风险模型和财务风险模型的物理风险分析框架，并评估了未来不同情景下台风对我国沿海地区房贷违约率的影响。巨灾风险模型涵盖了气候变化对台风强度的影响、历史灾害数据、暴露程度和脆弱性等核心分析模块，可用于直接经济损失及间接经济损失评估[①]。财务风险模型则包括银行贷款违约率计算模型、保险

① 马骏、孙天印：《气候转型风险和物理风险的分析方法和应用——以煤电和按揭贷款为例》，《清华金融评论》2020 年第 9 期。Sun Tianyin, Ma Jun, Quantifying the Impact of Physical Risks on Probabilities of Bank Loan Defaults, NGFS Occasional Paper: Case Studies of Environmental Risk Analysis Methodologies, 2020; Ma Jun, Sun Tianyin, Zhu Yun, Assessing the Impact of Climate-Related Transition on Default Probabilities of Thermal Power Companies, NGFS Occasional Paper: Case Studies of Environmental Risk Analysis Methodologies, September 2020。

定价和准备金的精算模型，以及企业资产和盈利的估值模型等。

国家气候中心在气候变化观测与高精度未来物理情景预估数据基础上，针对企业物理风险量化，发展了从气候风险识别、评估到预期损失率的一套完整分析框架，包括量化的指标和风险传导模型。目前已经在我国商业和中小银行的风险压力测试中得到应用。

（三）气候转型风险量化方法

转型风险的主要量化方法是情景分析。其中，只考虑极端情景的分析被称为压力测试。具体而言，转型风险分析的步骤的包括情景设置、承压因素选择、企业财务影响评估等；若是分析银行的转型风险，需要根据银行持有资产（例如企业贷款）的风险敞口计算相应的信用风险、预期信贷损失，及其对银行资本充足率的影响。

情景设置是转型风险分析的第一步。目前大部分机构的气候风险压力测试都采用央行与监管机构绿色金融网络（NGFS）开发的气候情景。NGFS 气候情景综合了气候变化、气候政策和技术变化趋势等因素对未来的影响，提供了具有可比性、一致性的气候情景参考对象。NGFS 气候情景主要从五个关键叙事假设入手，即气候政策力度、政策反应时间、跨部门政策的一致性、技术革新速度和固碳除碳技术的可用度。NGFS 情景中，碳价作为反映转型风险即政策强度的代理变量，其含义隐含着所有碳中和政策对机构施加的成本。在不同气候情景下，NGFS 综合了气候综合评估模型、地球系统模型、气候影响模型、自然巨灾模型和宏观经济模型，并开发了相应的模型工具，用于输出相关变量结果并计算相关影响。例如，气候综合评估模型用于测算在不同气候情景下的碳价走势和能源结构变化等关键指标，测算结果可作为宏观经济模型的输入变量，由宏观经济模型根据碳价和能源结构变化预测不同气候情景对关键经济指标的影响，包括碳排放量、能源消费量、电力成本、影子碳价、总产出、投资、消费等。企业或金融机构，一般以自下而上的方式基于这些经济变量，预测不同气候情景的财务影响。例如，企业会考虑在不同的气候情景下，经济和社会指标变量对企业产品需求、产品价格、资本支出等的影响以及对企业利润指标的影

响，进而衡量不同气候情景为企业带来的财务损失或收益。对于金融机构来说，同样可以基于承压情况分析客户的财务变化，进而衡量气候情景对金融机构本身的影响。

银行等金融机构根据其所持有的高碳行业的资产评估其风险暴露程度，因为高碳行业普遍面临更高的转型风险。例如在我国，火电、石化、化工、建材、钢铁、有色、造纸、民航等行业是被纳入全国碳市场的重点排放行业。各银行采用不同的方法评估其风险敞口。例如，欧洲央行 2022 年气候压力测试以 NACE 二级代码为基础，根据碳排放高低，重新将经济活动分为 22 个行业；香港金融管理局在 2021 年的银行业气候风险压力测试中选择了能源、公共事业、金属及采矿、制造、建筑、房地产开发、交通运输等行业作为高碳行业。

金融机构的气候压力测试主要关注气候因素对于传统金融风险指标（信用风险、市场风险等）的影响。通常，在信用风险方面，银行将气候因素转化成企业或行业的财务表现关键指标，再通过逻辑模型或莫顿模型等违约率模型，将其转换成企业或行业的违约概率。在市场风险方面，银行将气候因素纳入资产定价模型来评估其所持有的股权类资产和债券价值的变化，从而评估气候因素对银行资产负债表的影响。

气候风险的一个特点是，物理风险和转型风险并非相互独立的，而是相互影响的，因而在量化分析中，也应关注两者的结合。在短期内，两种风险均可能是上升的，因为频率越来越高的气候灾害事件促使政策制定者出台更多的减缓气候变化的措施，导致转型风险随之升高。长期而言，物理风险和转型风险存在此消彼长的关系，如果气候政策效果显著、气候转型进展迅速，物理风险将受到遏制，但转型风险将上升；如果气候政策迟迟未有进展，那么转型风险较低但物理风险持续上升①。目前，NGFS 等组织在进行气候情景设计时将两类风险同时考虑在内，国外气候风险工具开始逐步整合

① 何晓贝、祝韵：《气候风险压力测试的若干难点》，《气候政策与绿色金融》（季报），2023 年第 4 期。

物理风险和转型风险，也在努力提高工具方法的数据可用性和透明度、工具界面的用户友好性以满足信息披露需求。

三 气候信息披露问题分析与政策建议

随着我国“双碳”目标的提出和推进落实，财政部、中国证监会等相继发布相关的可持续发展披露指引或者准则，我国企业在气候变化的认知和气候信息披露方面已经取得了一定进展，但高质量的气候信息披露，尤其是从定性阶段迈向定量阶段，仍然有很多问题需要重点解决。

（一）完善气候信息披露服务体系、组织与机制

气候信息披露涉及政策、法规、标准、数据、技术与方法等诸多方面，需全方位深入调研和分析，全面构建包括规范管理和政策保障、数据基础设施、科技创新、人才培养、服务市场培育等内容的服务体系和能力框架。推动相关职能部门创建协同机制，明确信息披露主体和主管与监控部门，为中国企业气候信息披露的开展提供保障支撑。

（二）加快气候信息数据支撑能力建设

面向气候信息披露与风险管理的科研和业务所需的数据种类多、性质和来源差异大，因此相关数据在一致性、标准化、稳定性、集成整合与开放共享等方面存在困难。应尽快建立包括气候变化监测检测、预估、气候风险指标产品、行业经济、温室气体排放等多源数据的综合数据库信息共享平台，强化多圈层观测、人工智能等新技术的应用，精确高效地填补数据空白，分行业和领域构建相关数据集产品，逐步完善底层数据和多维度中间层数据，提高数据质量、精细度、可用性和可比较性，为建模、情景分析和风险管理提供数据支撑。

（三）强化面向行业的精细化风险评估方法研究

科学合理地量化企业和行业所面临的气候风险是信息披露的关键。尽管

我国在气候和气候变化监测预测评估等方面积累了丰富的成果，但在企业及气候相关风险信息分析与披露方面的研究仍然不足。因此，需要在深入研究ESG以及ISSB等相关框架、方法和工具的基础上，探索我国不同地区和行业的气候相关风险传导路径和机制，并根据中国的具体情况提出相应的分析和应用框架。借助气候部门气候风险和极端事件监测评估经验，改进气象灾害精细定量化模型，研究定量化物理风险指标体系与损失模型，开发适用于中国的精细、定量的模型和方法。探索我国"双碳"目标下的情景模型建立、温室气体核算方法，研发对应风险包括财务影响的量化评估指标体系和方法。

（四）构建气候信息披露服务示范平台与相关技术标准

气候信息披露涉及大量数据分析处理、信息可视化与专题报表输出等内容，并且需要以相对科学的图文并茂的形式加以呈现。因此，需要一个高效、精准、流程全覆盖的专业化、数字化、智能化平台。基于气候风险量化评估等成果，面向ESG气候信息披露，需要加快构建面向气候变化相关科研业务单位的分析平台和面向企业及应用的在线综合服务示范平台。同时，研究制定气候信息披露相关数据收集整理和分析评估方法的应用规范或标准，带动整个行业的发展。

（五）加强跨领域学科技术研究与团队协同发展

全面精准的气候信息披露涉及气候、经济、信息等多个学科与行业。同时，需要人工智能、大数据等相关科学领域提供更高效便捷的方法技术。因而，应联合国内外的研究机构、大学、企业，吸收各领域的人才，针对关键科学、技术问题，开展联合攻关研究，提升整体科学研究与服务能力，合作研发气候相关风险披露的标准、数据、模型、方法、平台等，并为我国企业气候风险披露提供科学研究、应用指导、培训和咨询服务。

G.7

人工智能在气候与气候变化领域的应用

沈鹏珂　陆 波*

摘　要：　2023 年以来，人工智能（AI）大模型发展呈火爆状态。GraphCast、Pangu-Weather、“伏羲”、“风乌”等全球 AI 气象大模型推动天气和气候预测进入智能化新阶段。当前，气候变化是全人类面临的共同挑战，人工智能为助力解决全球气候变化问题带来了极大机遇。本文详细梳理了人工智能在气候领域的应用现状，对目前全球主流的 AI 气象大模型进行了归纳总结，进而介绍次季节-季节气候预测模型发展。特别是 2024 年 6 月中国气象局发布的“风顺”大模型，对于全球气候异常预测技巧显著优于传统数值预报模式预测技巧。此外，人工智能在气候变化领域的应用及发展潜力巨大，涵盖了资料同化与气候模式改进，人工智能气候预测与预估，智能气候治理、减缓和适应，能源管理优化、碳排放监测，极端灾害预警、防灾减灾决策等多方面。在全球气候变化与智能时代大背景下，我们应当提前布局“1+N”AI 新技术研发，探索 AI 减缓与适应气候变化新型智能治理模式，为我国新一代 AI 发展与推动全球气候治理提供战略支撑。

关键词：　人工智能　气候变化　发展潜力

* 沈鹏珂，国家气候中心气候变化影响适应室副研究员，研究领域为城市气候变化影响与适应；陆波，国家气候中心气候变化影响适应室主任，研究员，研究领域为短期气候预测和气候变化。

引　言

气候变化是全人类面临的共同挑战。2024年世界气象组织（World Meteorological Organization，WMO）发布最新报告指出，未来5年中，至少有一年全球平均气温超出工业化前水平1.5℃的可能性高达80%。根据2015年《巴黎协定》（The Paris Agreement）提出的温控目标，至21世纪末，应将全球平均气温较工业化前水平升幅控制在2℃之内，并为升幅控制在1.5℃以内而努力。科学界一再警告，人为导致的全球变暖正在加速，而且升温超过1.5℃、2℃很可能引发更为严重的极端天气气候事件。

人类社会一直试图理解客观世界和预测未来。传统的两大类方法——线性统计传统方法和动力数值模式预报，受限于复杂的非线性关系以及资料同化初始条件不确定性等因素而难以得到更广泛应用①。人工智能（Artificial Intelligence，AI），作为新一轮科技革命和产业变革最具引领性的技术，为人类应对全球气候变化问题带来极大机遇。许多国际学者认为气象与气候领域非常适合应用人工智能②。特别是人工智能在应对气候变化领域也具备很大应用潜力，如利用人工智能预测全球温升超过工业化前水平1.5℃的时间与利用气候模式得到的预估时间非常吻合（2033~2035年）③。2024年，第四届地球系统观测和预测机器学习研讨会在意大利召开，研讨会提出人工智能领域正在完成“由地球系统观测和预测机器学习（ML4ESOP）向人工智能目的地地球（AI4DestinE）”的飞越。当前，国际、国内对于人工智能研究及气象大模型的研发呈现火爆状态。

本文聚焦人工智能与气候变化前沿领域，先简要介绍人工智能概念及发

---

① 杨淑贤、零丰华、应武杉等：《人工智能技术气候预测应用简介》，《大气科学学报》2022年第5期。

② Dueben P. D.，Baue，P.，“Challenges and Design Choices for Global Weather and Climate Models based on Machine Learning”，*Geoscientific Model Development*，2018，11.

③ Diffenbaugh N. S.，Barnes E. A.，“Data-driven Predictions of the Time Remaining until Critical Global Warming Thresholds are Reached”，*Proceedings of the National Academy of Sciences*，2023，120.

展，然后重点解析人工智能在气候及气候变化领域的应用状况，为未来人工智能在气候变化减缓、适应等各层面逐渐发挥重要作用提供科学参考。

一 人工智能概论

1956 年，美国科学家 McCarthy 等人首次提出“人工智能”概念，认为机器学习是实现人工智能的主要方法，主要算法分为监督学习算法、非监督学习算法和强化学习算法。最常见的人工智能定义有两个：一是人工智能是一门科学，是使机器做那些人需要通过智能来做的事情；二是人工智能是关于知识的科学，即研究知识的表示、知识的获取和知识的运用的科学①。

经历过两次发展浪潮（1956~1974 年、1980~1987 年）与两个低谷期（1974~1980 年、1987~1993 年）之后，近十几年来人工智能再次形成发展浪潮，展现出蓬勃发展之势，其已经在语音、图像识别等实际应用上取得了重大成就，在医疗、教育、娱乐、金融等多个领域与行业中发挥了重要作用。人工智能涉及领域十分广泛，通常来讲，如果将人工智能技术和知识应用于某一领域，即形成“AI+”新学科。

发展人工智能具有重大的战略意义。第四次工业革命浪潮已经涌动，主要由人工智能、生命科学、量子科技、能源科学等新兴技术推动。其中，人工智能为最具代表性与引领性的技术，或许在未来几十年内将推动世界科技发展和社会变革。

2018 年 10 月 31 日，习近平总书记主持中共中央政治局第九次集体学习时强调：“加快发展新一代人工智能是我们赢得全球科技竞争主动权的重要战略抓手，是推动我国科技跨越发展、产业优化升级、生产力整体跃升的重要战略资源。”②

① 赵克玲、瞿新吉、任燕：《人工智能概论——基础理论、编程语言及应用技术》，清华大学出版社，2021。

② 《习近平在中共中央政治局第九次集体学习时强调：加强领导做好规划明确任务夯实基础推动我国新一代人工智能健康发展》，人民网，https://jhsjk.people.cn/article/30374719。

二　人工智能在气候领域的应用现状

（一）应用前期探索

近十几年来，人工智能逐渐在天气与气候预测方面得到应用。其一是智能网格预报，即采用大数据分析技能，对大量天气数据进行全方位挖掘与探析，并通过智能网格体系，使天气预报变得较为准确；其二是模型分析技术，如依据近百年气象资料及科学方法建立的 TempRiskApollo 模型，将当前气候条件与模型数据进行对比分析，从而提高预测准确率并延长时间。但是，人工智能在前期预报模型应用中也存在具有不可解释性的薄弱环节[①]。

国际与国内学者对人工智能在气候领域的前期应用开展了较多探索。例如，英国顶级 AI 研究机构 Deep Mind 与英国气象局合作发表于 *Nature* 杂志的论文，介绍了采用雷达的深度生成模型进行熟练的降水临近预报，开发出一种名为 DGMR 模型的深度学习法，可基于过去雷达测量数据预测未来，既能捕获未来大规模事件，也能同时生成许多代替的雷达场景（即集合预测），从而提高降水预测准确性，实现提前两小时预测降水数量、时间和地点[②]。清华大学黄小猛团队提出基于随机森林与深度神经网络的 WRF 模式预报结果订正方法，从而提升了预报精度，并验证了机器学习方法进行场预报的优越性[③]。

2023 年以来，以数据驱动为主的全球 AI 气象大模型取得了突破性进展，进一步推动了临近天气预报与次季节-季节气候预测新进程。

（二）全球 AI 气象大模型

1. GraphCast

GraphCast 是由 DeepMind、Google 研究人员联合开发的一种基于数据驱

---

① 余剑坷：《探析天气预报中的人工智能技术》，《信息记录材料》2021 年第 6 期。

② Ravuri S. , Lenc K. , Willson M. , et al. , "Skilful Precipitation Nowcasting Using Deep Generative Models of Radar," *Nature*, 2021, 597.

③ 许立兵、王安喜、汪纯阳等：《基于机器学习的海洋环境预报订正方法研究》，《海洋通报》2020 年第 6 期。

动的全球天气预报模型。该模型提供全球关键天气指标的中期预报，空间分辨率为0.25°，可在1分钟内完成10天尺度的天气预报，其准确性超过业界公认的高标准的欧洲中期天气预报中心（ECMWF）高分辨率天气模拟系统（HRES）。与基于 MachineLearning 的天气预报模型相比，GraphCast 模型将252个目标的准确率提高至99.2%。GraphCast 模型对天气预报的持续表现优于已存在几十年且耗资巨大的传统模型，而且准确性和速度表现更优。

2. Pangu-Weather

盘古气象大模型（Pangu-Weather）由华为云提出，是首个预报精度超过传统数值预报的 AI 大模型，而且计算速度比传统模型计算速度提升10000倍以上，同时具备较高的预报准确性（1小时至7天预测精度均高于传统数值预报方法），为天气预报与人工智能结合创立了新的范式。2023年发表于 *Nature* 杂志上的研究表明，Pangu-Weather 仅需1.4s即可完成未来24小时全球气象预报，涵盖位势、湿度、风速、温度、海平面气压等要素，其空间分辨率达到0.25°×0.25°，覆盖13层垂直高度，时间分辨率为1小时，可精准地预测细粒度气象特征①。在热带风暴预测任务中，Pangu-Weather 预测精度显著超过 ECMWF 的高精度预报。*Nature* 正刊审稿人给予高度评价："华为云盘古气象大模型让人们重新审视气象预报模型的未来，模型的开放将推动该领域发展。"

3. NowcastNet

2023年7月，清华大学联合中国气象局研发的融合短中期预报的大模型 NowcastNet，是采用近6年雷达观测资料完成模型训练的极端降水临近预报大模型，空间分辨率为20km×20km，可以逐10min生成3h降水预报。研究显示，NowcastNet 预报效果稳定超过"盘古气象大模型"②，并经过全国62位气象预报专家实测检验，确认该模型所用方法的预报效果显著领先于

① Bi K., Xie L., Zhang H., et al., "Accurate Medium-Range Global Weather Forecasting with 3D Neural Networks", *Nature*, 2023, 619。

② Zhang Y., Long M., Chen K., et al., "Skilful Nowcasting of Extreme Precipitation with Nowcast Net", *Nature*, 2023, 619.

国际上同类方法的预报效果。目前，该大模型已被部署于中国气象局的短临预报业务系统（SWAN 3.0），为全国极端降水天气短临预报业务提供技术支撑。

4. “伏羲”

“伏羲”为气候气象大模型，基于 AI 算法提出更加高效的 U-Transformer 结构，并通过 Cascade 方式级联模型，提升预报精度与时长。“伏羲”模型拥有 45 亿参数，水平分辨率为 0.25°×0.25°，而且首次将 AI 天气预报时长提升至 15 天，可实现间隔 6 小时对于 5 个地表变量、5 个大气变量进行全球预报。结果显示，“伏羲”大模型对于 0~9 天预报结果优于 ECMWF 集合平均（EM），对于 15 天预报有 53.75%~67.92% 的变量优于 EM。该大模型还融合了人工智能技术与气候气象科学，是行业内首个次季节气候大模型，有助于解决和应对气候变化这一全球性问题。2024 年 6 月，复旦大学发布首个面向气象导航的全球 AI 大模型——“伏羲”2.0，在新能源、航空运输等行业中的应用取得了重要突破。

5. “风乌”

2023 年 4 月，上海人工智能实验室联合多所高校和研究机构开发并发布全球中期天气预报 AI 大模型“风乌”。它是基于多模态和多任务深度学习方法构建的，可实现高分辨率尺度（0.25°×0.25°）上对于核心大气变量的超 10 天预报，可每间隔 6 小时为 4 个地表变量、5 个大气变量进行 14 天预报，其中 80% 的评估指标预报效果超过 GraphCast 模型。此外，“风乌”仅需 30s 即可生成未来 10 天全球尺度高精度预报，其效率大幅高于传统模型①。

除以上大模型以外，还有一些新兴的 AI 气象大模型，例如 Zeus AI、MetNet-3 等。

利用大数据学习的优势，人工智能为天气预报改进和技术革命提供了新

① Chen K., Han T., Gong J., et al., “FengWu: Pushing the Skillful Global Medium-range Weather Forecast beyond 10 days Lead”, arXiv: 2304.02948, 2023, https://doi.org/10.48550/arXiv.2304.02948.

的可能，其在天气预报中的应用不断拓展，特别是在提高预报准确性、增强预警能力以及优化预报模型等方面均发挥了重要作用。当前，卷积神经网络（Convolutional Neural Network，CNN）和循环神经网络（Recurrent Neural Network，RNN）等深度学习方法已被广泛应用于预报模型开发，有效提高了短期与中期天气预报的准确性。

人工智能还可以提供个性化天气预报服务，减少人工劳动，提高工作效率。其中，在中短期天气预报方面的优势及价值体现在以下方面：①自动化处理大规模数据；②强大的泛化能力（衡量算法性能的指标，在面对新数据时能提供准确预测）；③自主学习能力强（通过不断接收新数据、调整模型参数，实现自我优化与改进，提高性能水平，使得系统更具适应性，能够应对非线性与动态问题）①。

2023 年，中国气象局印发《人工智能气象应用工作方案（2023—2030 年）》，全面布局人工智能气象应用技术体系建设，统筹模型研发、产业转化与应用推广。目前，中国气象局正在加快建设“1+N”人工智能气象预报大模型体系——牵头打造 1 个自主可控的人工智能气象预报基础大模型，发展面向暴雨、强对流、台风等灾害性天气预报的 N 个专业适配模型，形成“人工智能+气象”智联未来的新技术、新模式。

（三）次季节–季节气候预测模型

相比全球气象临近预报大模型，对于未来气候尺度的预测犹如“雾里看花”。2022 年，国家气候中心团队将深度学习的图像超分辨率技术与专业气候知识相结合，研制出能够突出地形等局地因素作用，而且对极端气温、降水过程的预测误差明显小于传统方法，可高精准地刻画局地性暴雨天气过程的气候预测模型，其空间分辨率达 25km。当前，该模型已应用于我国次季节–季节多模式集合 1～12 候的智能网格预测，相关技术产品已陆续实施

① 黄建平、陈斌：《人工智能技术在未来改进天气预报中的作用》，《科学通报》2024 年第 17 期。

制作。

此外，国际上ECMWF动力模式对热带大气季节内振荡（MJO）的预报水平公认度最高，其预测时长是27天。2022年，国家气候中心、吉林大学研发出一种深度学习模型DK-STN，其独立预报技巧达到28~29天，并初步超过ECMWF动力模式的预测效果。有研究报道：次季节-季节FuXi（Subseasonal-to-Seasonal，FuXi-S2S）大模型可提供长达42天的全球日平均预报，其中包括13个气压层的5个大气变量及11个地表变量[①]。FuXi-S2S基于ECMWF ERA5再分析数据进行训练，在降水量、外向长波辐射的集合平均值、集合预报结果上皆优于ECMWF，显著提高了全球降水量预报效果。FuXi-S2S还将MJO熟练预报时长从30天延至36天。

2024年6月18日，中国气象局发布人工智能全球次季节-季节气候预测模型“风顺”（CMA-AIM-S2S-Fengshun）（由国家气候中心、复旦大学、上海科学智能研究院联合研发）。该模型的创新性在于它引入海-气相互作用与集合扰动智能生成技术，实现对次季节-季节尺度的全球要素及环流场的预测。结果显示，基于自主再分析与观测资料驱动的“风顺”模型对于MJO的预测技巧高达32天，对于15天以上全球候平均降水的预测技巧提升约21%，显著优于传统数值预报模式预测技巧。此外，“风顺”模型的在次季节尺度预测极端天气气候事件方面具备很大潜力，如对2020年长江流域“暴力梅”、2022年巴基斯坦降水事件等，均展现出非常出色的预测技巧。“风顺”大模型已在中国气象局智算平台上完成业务部署，形成面向未来60天全球基本气象要素、极端事件的确定性与概率预报测试产品。“风顺”模型填补了中国人工智能在次季节尺度业务预测中的空白，弥补了现有大模型与深度学习方法的不足。该模型的发布标志着人工智能在气候预测领域的应用取得重要进展。

---

① Chen L., Zhong X., Li H., et al., “A Machine Learning Model that Outperforms Conventional Global Subseasonal Forecast Models”, *Nature Communications*, 2024, 15, https://doi.org/10.1038/s41467-024-50714-1.

三　人工智能在气候变化领域的应用和发展潜力

（一）资料同化与气候模式改进

资料同化，通俗来讲就是把各种异构数据经由一系列处理，最终实现综合运用的方法。传统的资料同化方法主要有最优插值法、逐步订正法、卡尔曼滤波和变分方法。而基于机器学习的资料同化方法比传统方法更具优势，因为它不仅能取代原来的同化方案，显著提升运算速率，而且能降低气候预测系统初始场中不可避免的误差。

在气候模式模拟上，人工智能可利用深度学习和卷积神经网络等技术对海量数据进行快速处理与分析，再根据强化学习等技术，将动力模式与人工智能模型有效融合。因此，对于利用传统物理方程或统计方法构建的气候模式，可结合 AI 技术对其进行进一步优化及改进，从而大幅提高计算效率、降低模式误差和系统偏差，通过实现数字地球精准模拟气候变化，为人类应对气候变化提供科学决策支持。

（二）人工智能气候预测与预估

随着气候变化及其负面影响的日益加剧，提高气候预测的能力变得愈发重要。AI 技术对于气候变化的预测需要海量优质数据。过去 40 年，地球系统观测数据、全球大气再分析产品及数值模式模拟数据的存储量越来越大，数据类型也愈加丰富。特别是第五、第六阶段国际耦合模式比较计划（CMIP5、CMIP6），为基于 AI 技术进行全球和区域尺度气候变化、预测以及预估的研究提供了海量的数据资源。

与此同时，在高性能计算机、先进算法及大数据基础支撑下，AI 技术的飞速发展可为气候预测、预估技巧提供新思路与新契机，使得 AI 在该方向上的应用规模逐步扩大。目前，在气候智能预测与预估的特定领域，人们已意识到 AI 技术的引领能力与其所能带来的巨大利益，以及取代（甚至增强）传统模式各种要素模拟效果的巨大潜力。

（三）智能气候治理、减缓和适应

气候变化是当下人类面临的最艰巨的挑战之一，AI 在助力应对气候变化方面具有巨大潜力。波士顿咨询公司（BCG）合伙人、气候专题负责人 Charlotte Degot 指出，AI 在治理全球气候问题方面具有突破性潜力。美国科学家利用 AI 技术对全球变暖时间曲线进行预测，计算出全球升温超 1.5℃的时间窗口与 2022 年联合国政府间气候变化专门委员会（IPCC）报告结论一致，该成果于 2023 年发表在《美国科学院院刊》（PNAS）上。因而，基于气候系统当前状况，利用全新 AI 技术去预测未来走势，得到的研究结果与科学家认知相吻合，这或许是对专家认知的精准“学舌”①。

AI 在气候治理方面的应用也体现在减缓和适应两个方面。在减缓方面，AI 协助人们搭建平台，通过平衡电力供需来解决弃风弃光问题；通过反映企业或个人碳足迹来降低日常生活碳排放，即以较低碳排放增进人民生活福祉。在适应方面，AI 技术可快速提升人们适应气候变化的能力，例如我国“东数西算”工程，引入 AI 以后能更好地布局规划，降低模型运算碳强度。此外，AI 还能帮助人类监测冰山融化的位置和速度、绘制森林砍伐地图、回收废品、清洁海洋等；生成式 AI 可生成文本、图像和计算机编程等信息，未来或可应用于药物设计、建筑和工程等领域。

（四）能源管理优化、碳排放监测

能源管理对于国家和全球经济发展意义重大。相比传统能源管理，AI 与大数据技术融入后的智能化能源管理能有效实现能源资源的自主化、智能化和高效化，被应用到电力、建筑、交通、工业、水、燃气等各领域。AI 技术在智能化能源管理中的应用主要包括对能源资源的监控和预测（实时

① 周宏春：《人工智能赋能气候治理的思路与重点任务》，《中国发展观察》2023 年第 6 期。

状态、基于机器学习算法的供求变化预测)、能源消耗的优化和控制(能源消耗分析、对应优化措施)、能源网格的智能化管理(聚类分析、主成分分析等机器学习算法),以及能源资源的交易和市场机制建设(预测市场价格与供需关系、交易风险及收益)。

AI 还可帮助人类监测和量化碳排放,全面深刻理解碳足迹。如在占全球温室气体排放量 10%~15%的农业领域,AI 可将计算机视觉应用于卫星图像和传感器数据,自动估算农业过程中碳排放与储存状况,在提高农业生产效率、减少碳排放的同时,还可提高粮食产量。Charlotte Degot 团队的研究阐释了 AI 帮助企业减少碳排放的具体路径与行动策略。经测算,目前全球温室气体排放总量约为 530 亿吨二氧化碳当量(CO_2e),若要实现《巴黎协定》1.5°C 温控目标,各国需在 2030 年前减少 50%的碳排放,使用 AI 可能会减少 26 亿~53 亿吨的 CO_2排放①。

值得一提的是,AI 的应用既可助力减少全球碳足迹,又因自身能耗增长而导致碳排放增加。据统计,当下全球运行大模型需要数百万个专用处理器,而处理器需被放置于配备强大冷却系统的专用数据中心。研究显示,2023 年安装的人工智能处理器每年耗电 7~11 太瓦时,约占全球用电量的 0.04%;AI 导致的温室气体排放量占全球排放总量的 0.01%②。预计 2027 年全球与 AI 相关的能源消耗约为 2023 年的 10 倍,可能导致数据计算中心所在区域的温室气体排放量于短期内大幅增加。因此,围绕 AI 发展及应用的相关决策需充分考虑其可持续性,特别是应制定一套标准的 AI 驱动排放方案。

(五)极端灾害预警、防灾减灾决策

在应对极端天气气候事件方面,AI 数据挖掘及分析技术可迅速识别事

① Degot C., Duranton S., Frédeau M., et al., "Reduce Carbon and Costs with the Power of AI", 2021, https://www.bcg.com/publications/2021/ai-to-reduce-carbon-emissions.

② Luers A., Koomey J., Masanet E., et al., "Will AI Accelerate or Delay the Race to Net-zero Emissions?", *Nature*, 2024, https://doi.org/10.1038/d41586-024-01137-x.

件发生概率、强度、时间、地点等重要参数，有助于开展监测预警和制定防灾减灾应急决策。例如，AI 技术的大数据分析以及机器学习等先进算法，有望被应用于地震前兆预警，帮助人们采取相应逃生与防范措施。AI 技术可用于台风预警，通过对气象数据与卫星图像进行大数据分析，快速对台风发展轨迹与强度变化作出精准预测，以减少台风带来的损失。AI 在洪水预警中也具有重要意义。通过大数据分析和水文建模，预测洪水发生概率及水位变化，指导居民安全撤离和采取应急措施。谷歌研究院 Grey Nearing 及其团队利用 5680 个测量仪样本训练了一个 AI 模型，该模型可实现对流域 7 天内日径流的预测，且其准确率比全球洪水预警系统（GloFAS）更高[①]。谷歌公司 Hydronet 智能水资源解决方案帮助印度和孟加拉国准确识别重大防洪漏洞，从而减轻自然灾害威胁。波士顿咨询公司 GAMMA 团队帮助澳大利亚锁定面临森林大火威胁的脆弱区域，评估和制定个性化应急措施与减灾预案。斯坦福大学 Trok 等人还将 AI 技术应用到极端天气事件归因预测中，分析了近年来全球变暖在多大程度上促成美国及其他地区的热浪事件[②]。该方案可能会改变科学家研究和预测极端灾害以及防灾减灾的应对方式。

四　结论

人工智能发展迅速，引起了国际与国内各行业、各领域的普遍关注，尤其是它的先进算力以及巨大应用前景让人们充满期许与关切，也为突破当前气象预报和气候变化预测的瓶颈提供了新思路与新契机。特别是随着观测手段和研究数据量的不断增多，基于理论驱动的气候动力模型与基于数据驱动的人工智能模型不断融合拓展、互为补充，全球人工智能气象大模型呈现飞速发展态势。目前，人工智能在气候领域已取得较好的应用成效，在应对气

① Nearing G., Cohen D., Dube V., et al., "Global Prediction of Extreme Floods in Ungauged Watersheds", *Nature*, 2024, 627.

② Trok J. T., Barnes E. A., Davenport F. V., et al., "Machine Learning-based Extreme Event Attribution", *Science Advances*, 2024, 10.

候变化领域具有广泛应用潜力，未来人工智能将在气候变化减缓、适应等各层面逐渐发挥愈加关键的作用。人工智能与气象学科的融合定能激发未来发展新活力，为应对全球气候变化、提升气候预测与预估准确性提供强大科技支撑。

在人类社会步入智能时代的大背景下，对于人工智能模型发展及在气候变化领域的应用，我们应当提前布局“1+N”人工智能新技术与新模式研发，将应对气候变化列入人工智能技术研发与应用的优先领域。瞄准世界科技前沿，加快提升人工智能领域科技创新、人才培养和国际合作交流等能力，为我国新一代人工智能发展提供战略支撑。有序推进大模型研发和敏捷治理，建立气象人工智能创新开放生态；并加强对人工智能在气象领域应用的科学普及，提高公众的应用意识。人工智能是引领未来科技的有力工具，其发展带来的机遇与挑战并存。这需要政府、企业、科研机构和社会各界共同努力，通过技术创新、伦理规范、政策引导等多种手段，推动人工智能健康、可持续、负责任地发展。

G.8

气候生态品牌创建示范活动的探索和实践

崔 童 李修仓 李 威 高 荣 贺 楠 范晓青*

摘 要： 气候生态品牌创建示范活动的开展旨在提高公众对气候资源价值的认识，促进气候资源合理保护利用，是推动气候资源的科学评估以及生态文明建设和经济社会发展的战略规划和重要实践的统一。自2016年以来，气候生态品牌创建示范活动先后经历了前期探索、复盘总结、规范管理、快速推进、宣传推介、经验总结和效益评估几个发展阶段。截至2023年，全国累计543个县（区、市）或区域获评气候生态品牌。基于案例分析发现，早期的创建地区充分利用品牌效应在生态保护、旅游繁荣和文化传播等领域取得了创新发展。作为气候生态产品价值实现的重要实践活动之一，气候生态品牌创建示范活动凭借以下经验做法不断发挥其增益作用：一是以科学客观的评价体系为基础，二是以地方政府的高度重视为前提，三是以品牌与产业的深度融合为根本，四是以多措并举宣传推广为关键。这些经验做法不仅提升了地区的经济增速和城市知名度，在助力生态环境改善的同时也为可持续发展提供了气候解决方案。

关键词： 气候生态品牌 气候资源 生态产品价值实现

* 崔童，国家气候中心气候服务室高级工程师，研究领域为气候及气候服务；李修仓，国家气候中心气候服务室副主任，正高级工程师，研究领域为气候及气候服务；李威，国家气候中心办公室主任，正高级工程师，研究领域为气候监测诊断分析与气候服务；高荣，国家气候中心副主任，正高级工程师，研究领域为气候影响评估及气候服务；贺楠，中国气象局公共气象服务中心生态服务室高级工程师，研究领域为特色生态气候资源评估；范晓青，中国气象局公共气象服务中心生态服务室主任，正高级工程师，研究领域为特色生态气候资源评估与气候生态产品价值实现。

引　言

气候是人类赖以生存和发展的基础条件，也是经济社会可持续发展的重要资源，充分挖掘各地独特气候条件的价值，利用不同区域具有积极影响和比较性优势的气候资源，助力地方政府在生态、旅游、康养和文化等领域推进绿色低碳发展，是开展气候生态品牌创建示范活动（以下简称“创建示范活动”）的宗旨和目标。自2016年起，中国气象局先后开展了“中国天然氧吧”“中国气候宜居城市（县）”“避暑旅游目的地”三个品牌的创建。创建示范活动经历了前期探索、复盘总结、规范管理、快速推进、宣传推介、经验总结和效益评估等发展阶段，建立并不断完善工作流程，制定并反复改进技术规范，逐步成为推进气候生态产品价值实现的重要举措之一。

一　气候生态品牌创建示范活动的指导原则、根本目标及发展历程

创建示范活动的开展旨在提高公众对气候资源价值的认识，促进气候资源合理利用和保护，是推动气候资源的科学评估以及促进生态文明建设和经济社会发展的战略规划和重要实践的统一。

（一）指导原则

坚持科学性、公益性和公开、公正、公平是创建示范活动的指导原则。活动通过科学的评估方法，对气候资源进行系统的普查和评估。由国家气候中心、中国气象局公共气象服务中心等专业机构负责开展评价工作。创建示范活动依据《创建示范活动管理办法（试行）》[①] 和《中国气象局气候生

① 《中共中央办公厅　国务院办公厅印发〈创建示范活动管理办法（试行）〉》，https：//www.gov.cn/zhengce/2022-04/28/content_5687832.htm。

态品牌创建示范活动管理办法》等相关规定，制定了明确的标准和流程，确保评价的规范性和科学性。在评价过程中，不仅考虑了气候资源本身的特点，还综合考虑了与之相关的生态环境、气候景观、气候风险等因素，以全面评估某地区的气候资源和禀赋。气候生态品牌的创建不是一次性的，而是一个持续的过程。持续的监测评估，可使创建示范活动保持科学性和适应性，也利于及时调整和优化品牌建设策略。创建示范活动鼓励公众参与，通过科普推介、体验式活动等方式，提高公众对气候资源价值的认识，增强公众参与气候生态保护的意识和能力。

（二）根本目标

充分挖掘并发挥地方气候资源优势，发挥气候趋利作用，打造国家级气候生态品牌，助推美丽中国建设和地方经济社会发展是创建示范活动的根本目标。具体有以下四点：一是健全气候生态服务体系，提升气象保障民生、服务经济社会高质量发展的能力。二是推动地方经济社会发展，同时保护和改善生态环境，实现可持续发展。三是有效提升政府部门的气候意识，推动地方政府将保护和开发利用气候资源、践行绿色可持续发展理念列入政府国民经济发展规划和系列重点工作任务中。四是结合实际情况，将气候生态品牌所体现的气候优势与区域人文要素融合，与本地旅游、康养、文化、体育等产业发展融合。这些目标体现了中国气象局在推动气候生态产品价值实现、促进生态文明建设和经济社会发展方面的长远规划和战略部署。

（三）发展历程

2017 年，中国气象局印发《中国气象局关于加强生态文明建设气象保障服务工作的意见》[①]，首次提出以打造国家气候标志为抓手，发挥气象服务绿色发展的保障作用。2018 年，国家气候中心启动“气候宜居类”“气候

---

① 《中国气象局关于印发〈中国气象局关于加强生态文明建设气象保障服务工作的意见〉的通知》，https：//www. cma. gov. cn/zfxxgk/gknr/wjgk/qtwj/201806/t20180615_ 1711964. html。

生态类”“气候品质类”国家气候标志评定工作。浙江建德等获评气候宜居类国家气候标志；同年“中国天然氧吧”创建示范活动被写入《国务院办公厅关于促进全域旅游发展的指导意见》[①]。2020年，中国气象局印发《中国气象局国家气候标志评价工作管理办法（试行）》，对国家气候标志评价的组织分工、工作授权及工作流程等方面作出明确规范；同年，“避暑旅游目的地”“中国天然氧吧”创建示范活动被全国评比达标表彰工作协调小组列入第二批《全国创建示范活动保留项目目录》[②]。2021年，中共中央办公厅、国务院办公厅印发《关于建立健全生态产品价值实现机制的意见》[③]，明确提出依托洁净水源、清洁空气、适宜气候等自然本底条件，拓展生态产品价值实现模式。同年，“中国气候宜居城市（县）”国家气候标志评价工作快速发展。重庆奉节等31个县（区）获评“中国气候宜居城市（县）”国家气候标志。2022年，“中国气候宜居城市（县）”入选《全国创建示范活动项目目录》[④]，国家气候标志也更名为气候生态品牌。

二　气候生态品牌创建示范活动的分类

创建示范活动是围绕气候资源的开发、利用和保护，采取必要的推动措施，动员组织相关地区或者单位开展品牌创建，通过评估、验收等方式，对符合标准的对象以通报、命名、授牌等形式予以认定，总结推广经验做法，发挥引领示范作用的活动。其包含“中国气候宜居城市（县）”“避暑旅游目的地”“中国天然氧吧”三个子品牌。

① 《国务院办公厅关于促进全域旅游发展的指导意见》，https：//www.gov.cn/zhengce/content/2018-03/22/content_ 5276447.htm。

② 《关于公布第二批全国创建示范活动保留项目目录的通告》，https：//www.mohrss.gov.cn/SYrlzyhshbzb/rdzt/bzjl/cxgs/202009/t20200918_ 386430.html。

③ 《中共中央办公厅　国务院办公厅印发〈关于建立健全生态产品价值实现机制的意见〉》，https：//www.gov.cn/zhengce/2021-04/26/content_ 5602763.htm。

④ 《全国创建示范活动项目目录》（2022年7月），https：//www.mohrss.gov.cn/xxgk2020/fdzdgknr/bzjl/gsgg/202207/t20220718_ 476187.html。

（一）中国气候宜居城市（县）

“中国气候宜居城市（县）”是对区域气候资源及与之相关联的宜居环境等开展科学评估的活动。这项活动于2022年被全国评比达标表彰工作协调小组列入《全国创建示范活动项目目录》，于同年被纳入国务院印发的《气象高质量发展纲要（2022—2035年）》（以下简称《纲要》）[①]，是气象部门服务民生、推进生态文明建设的重要举措之一。

“中国气候宜居城市（县）”品牌从气候宜居条件、气候不利条件和气候生态环境等方面考评城市（县）资源禀赋和创建成效[②]。气候宜居条件选取气温、降水、湿度、风、日照、气压以及人体舒适度指数等指标；气候不利条件选取高温、寒冷、强风、沙尘、强对流等指标判别气候宜居风险；气候生态环境选取大气环境、植被、水环境、气象景观、地形地貌景观等指标，利用多源气象观测资料精细化评价优质气候生态资源禀赋。

（二）避暑旅游目的地

“避暑旅游目的地”是对区域避暑旅游气候资源及与之相关联的生态环境、气候景观、气候风险、交通和配套设施等进行科学权威评估的气象服务。其旨在充分挖掘并发挥地方避暑气候资源优势，融合旅游产业助推地方暑期经济发展。这项活动于2020年被列入第二批《全国创建示范活动保留项目目录》，并于2022年被纳入《纲要》。

“避暑旅游目的地”品牌从避暑旅游目的地吸引物、避暑旅游目的地环境以及气候不利条件三方面考评地方气候资源禀赋和创建成效[③]。吸引物选取气温、降水、湿度、风、人体舒适度以及景观、风景区、地方特色等指

---

① 《国务院关于印发气象高质量发展纲要（2022—2035年）的通知》，https：//www.gov.cn/gongbao/content/2022/content_ 5695038. htm。

② 中国气象局：《气候资源评价　气候宜居城镇》（QX/T 570-2020），2020，第4~6页。

③ 赵珊珊等：《省级避暑旅游目的地评价指标体系的构建研究》，《气象与环境学报》2024年第1期。

标；环境选取环境空气质量、河流水库水质、林草覆盖率等指标；气候不利条件选取高温、强降水、大风、强对流等指标判别气候风险，利用多源气象观测等资料精细化评估夏季气候生态避暑资源禀赋。

（三）中国天然氧吧

“中国天然氧吧”是气象部门服务生态产品价值实现的重要创新实践之一，旨在践行“绿水青山就是金山银山”的发展理念和国家生态文明发展战略，通过评价旅游气候及生态环境质量，保护和利用高质量的旅游憩息资源，倡导绿色生活理念，发展生态旅游、健康旅游。创建对象为全国气候舒适，生态环境质量优良，配套设施和服务完善，适宜旅游、休闲、度假、养生的区域，包括县（市、区、旗）级行政区或面积不小于200平方千米并设有管理委员会的旅游区。“中国天然氧吧”于2020年被列入第二批《全国创建示范活动保留项目目录》，于2022年被纳入《纲要》。

“中国天然氧吧”评价指标有两个维度①。一是空气负离子浓度、气候舒适度、空气质量、水质、森林覆盖率等生态资源禀赋相关评价指标。二是基础观测能力、区域发展规划、旅游接待能力、交通便捷性、特色荣誉等创建工作效能评价指标。

三　气候生态品牌创建示范特色案例

截至2023年，全国累计97个县（市、区）获评“中国气候宜居城市（县）”称号，69个县（市、区）获评“避暑旅游目的地”称号，377个地区创建了中国天然氧吧。早期创建的县市或地区旅游人数、旅游收入大幅增加，品牌带来的经济、社会、生态效益已经初步显现。

① 范晓青等：《基于气候生态产品价值实现的气象服务模式与发展思考》，《气象科技进展》2024年第1期。

（一）“绿色发展转变之路”——南川区打造重庆生态宜居后花园

重庆市南川区属亚热带湿润季风气候，气候温和湿润，雨量适中，平均风速适宜，太阳辐射较弱，多云雾，少霜雪；空气清新，全域森林覆盖率达56%；地貌类型以山地为主，具有多种景观，立体气候特征显著。南川具有较明显的气候宜居优势，生态宜居“家底”深厚。2021 年，南川区荣获“中国气候宜居城市”称号。

从理念之变到生态之变。过去，南川区以煤炭和铝土矿为主导产业，不惜牺牲环境换取经济增长，这是南川繁荣的基础，但也带来了环境问题。随着对可持续发展认识的提升，南川开始寻求经济发展与环境保护的平衡。特别是党的十九大之后，“绿水青山就是金山银山”的理念深入人心，南川通过重新评估气候生态资源的价值，将良好的生态环境视为最宝贵的财富和品牌，推动了转型发展取得突破性进展。近年来，南川区坚定不移走生态优先、绿色发展之路，“绿色家底”日益丰厚。如金佛山作为国家 5A 级景区和世界自然遗产地，通过划定红线管控区域，使得生态系统和生物多样性得到了有效保护，空气质量和水质显著改善，森林覆盖率提升。实施创新驱动，南川区在新能源汽车、页岩气、中医药等领域取得了长足进步；通过打造国际绿色发展示范基地等措施有效推动了生态产业体系构建。此外，南川深化文旅融合，发展了冰雪运动、民宿、露营等新业态，推动了康养产业的发展，山地特色高效农业和都市休闲农业等特色产业效益显著提升。

2023 年南川全区人口 67. 49 万人，累计实现地区生产总值 433. 7 亿元，同比增长 5. 3%。凭借优良气候资源和良好生态环境，南川正逐步成为重庆“生态宜居+康养休闲”的后花园，人民群众生态环境获得感显著增强，全面建成小康社会的绿色底色和质量成色日益彰显。

（二）避暑旅游助力夏日经济增长——内蒙古兴安盟“避暑+旅游”新模式

兴安盟地处温带大陆性季风气候区，夏季避暑气候资源禀赋优势显著，夏季平均气温 20.9℃，昼夜温差大，降水、湿度适中，风环境舒适；高温、大雨、强风、静风、强对流天气较少，避暑气候不利条件各指标水平低。兴安盟植被资源丰富，林草覆盖率达到 71%，植物物种多样；大气环境优良，空气质量优良天数占比高达 98%，是夏季避暑养生的理想地。2022 年，兴安盟获得“避暑旅游目的地”称号。

作为避暑旅游目的地，兴安盟凭借其独特的气候条件、丰富的旅游资源以及政府的大力支持和推广，取得了显著的发展成效。近三年兴安盟旅游投资规模不断扩大，累计实施 89 个重点旅游项目，重点推进 10 个旅游拳头项目；持续培育那达慕大会、夏季乡村文化旅游节等多个特色旅游品牌，不断充盈避暑旅游产品序列。依托优质的气候条件推动旅游业科学发展，开发系列特色康养度假旅游产品，如阿尔山的“中国气候生态市”，不仅促进了气候资源的有效利用，也实现了旅游产业的持续发展。

兴安盟充分发挥“避暑旅游目的地”的显著优势，持续开展旅游专题招商，深耕主要旅游客源地，以东北三省、环渤海地区为主，并辐射江浙、珠三角等远距离客源市场，加强区域合作。2023 年全盟累计接待国内游客 2266.38 万人次，实现旅游收入 202.52 亿元，均创历史新高。

（三）天然氧吧天台山，养心养肺“森”呼吸——浙江天台深入“氧吧”建设助力全域旅游

天台县属于中亚热带季风气候，四季分明，降水丰富，热量充足；四周山体环绕，中间低平，因而小区域气候特征显著。全县森林覆盖率达 70.4%，空气质量优良率达 99.4%，年均负氧离子达 1206 个/厘米^3。云海、雾凇、冰雪等旅游资源丰富。在季节养生气候类型中，天台涵盖了四季分明与四季温和气候类型；在疗养养生气候类型中，天台包含日光疗养这一气候类型；在游赏养生气候体系中，天台包括体验怡养和游赏乐养气候类型。2020 年，天台县空气质量优良率为 100%，是名副其实的氧吧，并于同年获“中国天然氧吧”称号。

天台深入践行“绿水青山就是金山银山”理念，依托“中国天然氧吧”

品牌，深入挖掘神山秀水的旅游资源、佛宗道远的文化资源、诗心自在的生态资源等优势，推动以全域旅游引领乡村振兴。依托“中国天然氧吧”品牌效应，天台全域争创氧吧品牌，构建了由上及下、由点带面的“县-镇-村”三级氧吧品牌，氧吧品牌成为生态良好、绿色发展的乡村康养环境标志。依托“中国天然氧吧”品牌建设深化，全域旅游核心竞争力得到加强。天台统筹谋划推动旅游业高质量发展，发挥佛道文化、唐诗文化、“和合”文化资源优势，打造了集观光、休闲、康养、旅居于一体的产业发展体系。依托“中国天然氧吧”品牌知名度，全域气候景观旅游宣传阵地得到优化提升。天台雪景、杜鹃美景等多次“美”上媒体，天台得天独厚的环境、生态和旅游资源得到多渠道多形式的传播。依托“中国天然氧吧”品牌影响力，推动生态、文旅资源与氧吧延伸产业链融合。全面构建全域旅游开发大格局，积极探索发展大健康产业，以康养运动项目为引领，连续举办了世界女子围棋锦标赛、美丽乡村马拉松等一批有影响力的国内外赛事。

四　气候生态品牌创建示范活动发挥增益作用的经验做法

作为贯彻落实习近平生态文明思想的重要实践，创建示范活动不断发挥增益作用，成为地方发展绿色经济的重要“推进剂”。创建示范活动发挥增益作用的经验做法主要体现在以下几方面。

（一）科学客观评价是挖掘气候生态价值的基础

优质的气候资源是独特的天然禀赋，其不以人的意志为转移。创建示范活动要对区域优质的气候资源条件进行充分的挖掘，通过多类指标量化优势，是一项极具科技含量的工作。评价过程中，依据全国 2400 个国家级及部分可靠区域气象观测站资料、气候图集、参考文献、标准规范等确定了气候禀赋、气候不利条件、气候生态环境、气候舒适性和气候景观等各类指标阈值，建立了较为综合的评价指标体系。在工作流程方面，建立和完善了动员组织、申报、资格审查、推动创建、评审、公示和发布等一系列环节，确保创建示范活动的客观、公正。同时，强化对获得荣誉的地区的动态监督管理，建立了每5年一次的定期复查制度，确立管理和监督机制。这些措施确保了活动的科学权威和公平公正。

（二）地方政府高度重视是品牌效益发挥的前提

气候生态品牌效益的发挥主要取决于地方政府推动品牌应用的意识和工作措施，地方政府将气候生态品牌融入经济发展规划、城市建设规划、生态文明建设规划中，是品牌综合效益发挥的前提。从问卷调研和实地调研结果来看，反馈调查问卷的26个县（市、区）有19个将气候生态品牌应用列入政府国民经济发展规划和年度重点工作任务中，这对提升经济增速、城市知名度、改善生态环境等均起到了良好的促进作用。例如，重庆酉阳在国民经济、文旅产业和乡村振兴等“十四五”规划和2035年远景规划中强调做精乡村旅游，打造国际养生度假胜地，吸引旅游投资17亿元，品牌群众满意度达98.4%。新疆阿勒泰出台多项规划方案开拓“冰雪+气候生态品牌”发展模式，每年设立专项资金推进品牌应用，2022~2023年雪季旅游人数、GDP同比增长40%以上。云南永德“563”发展计划将“中国气候恒春之城”作为当地招牌，主体定位为“绿色山水、宜居永德”，助推人均收入突破3万元，也带动了政府对气象事业的投入。黑龙江鹤岗市提出依托气候生态旅游等优势资源，打造“产业转型示范城、生态和谐宜居城”，市政府大力实施多元化避暑文旅活动，不断刷新“鹤岗印象”。2023年1~9月接待游客393.49万人次，同比增长43%，旅游收入同比增长26%，2023年不动产外埠人口购房量较上年提高33.8%。

（三）深度融入旅游、康养产业和地区全面发展是品牌效益发挥的根本

气候生态品牌的创建是对城市或地区优质气候资源的科学权威认定。品牌本身并不产生和创造价值，品牌必须与产业发展融合才能体现其价值。通

过调研发现，开展创建示范活动的地区大部分能够将品牌所体现的气候优势与区域人文要素相融合，与本地旅游、康养、体育等产业发展相融合，且相辅相成、互相促进。内蒙古阿尔山将气候生态品牌融入旅游、体育、餐饮等产业发展中，着力打造杜鹃节、冰雪节、国际森林音乐节等四季旅游品牌，相继举办中国自行车联赛、首届全球华人羽毛球国际邀请赛、国家山地越野赛等活动，并打造“山野十二味”“西口十八碗”美食 IP，举办资源推介会、摄影大赛，多渠道全方位营销助力阿尔山的国际知名度提升。新疆温泉旅游发展规划围绕“温泉度假、生态康养”定位，推动“旅游+”新业态有序发展，促进旅游与文化、体育、农业、交通、商业等领域深度融合，累计实施重点旅游项目 181 个，完成投资 40 亿元。2022 年全县旅游人数 510 万人次，旅游收入 40. 8 亿元，同比分别增长 62. 3%和 124. 2%。江苏高淳制定了气候生态品牌应用专项方案，强化统一管理和授权，以气候生态品牌助推旅游、农产品品牌建设，大力发展与绿水青山和谐相生的外源性产业，基本形成了医药健康、汽车零部件两个百亿级产业集群。重庆奉节深入推进“品牌强县”战略，在主要景区加挂气候宜居标识牌并播放宣传片，在农产品包装上印制气候宜居标识，助推了产业发展和人民增收。2021~2022 年居民可支配收入涨幅均在 10%左右，旅游人数和收入增长超过 11%。同时还带动了大批人才回归，吸引本科及以上学历优秀人才 2000 多人，产业人才约 2. 5 万人。

（四）多措并举宣传推广是实现品牌价值的关键

从获评地的区位特征来看，大部分获评地处于相对偏远的地区，有些地区的优质气候资源还属于“养在深山无人识”的状态。通过创建示范活动开展，各地结合实际情况，因地制宜地宣传推介，对提升城市知名度、招商引资、人才引进及旅游经济发展等起到了重要作用。浙江建德市通过在高铁、高速公路、公交车站等关键交通节点以及日常办公用品上打出“宜居气候”标签，通过开设宜居气候主题专列、打造《江清月近人》实景演出等，将气候宜居的元素融入高标准的文体活动中，有效地推动了文化旅游、体育和健康养生产业的发展。广东连山壮族瑶族自治县充分利用户外广告等媒介宣传渠道，调动各级媒体增加曝光度，在旅游节和招商会上展示当地的民族文化及独特旅游资源，成功吸引文旅投资约50亿元。四川攀枝花市通过加强品牌宣传、出版图书《中国气候宜居城市 阳光康养攀枝花》等方式，大力宣传自身的康养旅游资源和宜居宜业气候环境。2022年康养产业产值约151.2亿元，占GDP的12.4%，吸引了12.3亿元的文旅项目投资。贵州安顺市扎实推进“21℃的城市360度的人生”城市IP品牌在全国亮相，在国内外各大媒体发布1000多条原创信息，累计获近2.3亿的播放阅读量。2023年全市旅游人次、旅游总收入、游客人均花费分别较2019年增长4.9%、10.3%、5.1%，带动避暑房产销售增长40%以上。

五　以气候生态品牌创建示范活动支撑气象高质量发展的建议

打造气候生态品牌是建立气候生态产品价值实现机制的重要抓手，也是生态系统保护修复气象服务的基本实践。其一，对推进气候生态资源开发利用、提升城市或区域绿水青山“颜值”、实现金山银山价值具有综合推动作用。其二，对促进地方政府转变发展观念、重视自然生态环境保护和修复起到显著推动作用。其三，对各地旅游、定居人数与税收的增加，以及地方经济社会文化等发展起到了明显的带动作用。未来，建议围绕以下几个方面加强研究和应用。

一是建立综合的品牌效益评价指标体系，强化品牌效益量化评估。按照体现通用性、不同区域特性的要求，秉承“综合评估、全面引导、以评促建”的理念，构建形成“创建-行动-示范”全过程综合指标体系。针对气候生态品牌效益评估短板，加强定量化评价以指导未来工作。

二是加强跨部门、多领域开放合作，建立效益评价综合数据库。打破部门壁垒，实现共参共享联合管理机制。近年来，“中国天然氧吧”品牌每年发布品牌效益数据报告，但仍然存在数据种类单一和时间尺度较短等问题，而其他两个品牌尚未有相关数据披露，明显制约了品牌示范带动作用的发挥。

三是加强气候变化科学研究，细化评估各地气候资源，识别并挖掘气候资源的独特性与潜在价值。目前气候资源禀赋、生态环境等评价多采用主客观指标结合的方法，在气候变化和社会经济快速发展的背景下，与时俱进地充分挖掘气候不利条件相对明显区域的优势资源是未来需探索的方向，如南方地区的“清凉”避暑和冰雪资源、北方地区的“舒适”宜居资源等。

四是优化完善气候生态产品价值实现机制和产业链条。开发符合当地实际的气候生态产品，逐步构建以独特气候资源为核心的产业链；促进气候资源与旅游、文体、健康等相关产业的融合发展，形成多元化的气候生态产品体系，擦亮地方优势气候生态资源的“金名片”。

国际气候进程

G.9
2030年可再生能源装机容量增至三倍面临的挑战和路径探索

时璟丽*

摘　要：　可再生能源电力已成为推动全球能源转型的主力。2023年下半年以来，全球范围内对2030年可再生能源装机容量增至三倍基本达成共识，但在不到十年的时间内持续保持可再生能源的高规模增长，各国和地区均面临程度不同的挑战，美欧等力图构建本土产业链以重塑可再生能源制造业格局也增加了复杂性。本文分析了可再生能源发展特点和基础，总结了国际可再生能源署等机构提出的三倍可再生能源装机路径，分析其与我国实现非化石能源占比目标的匹配度、我国可能的作用和贡献，剖析全球和我国面临的挑战，提出：2030年全球实现三倍可再生能源装机的核心是风光发展，挑战重点在能源和电力基础设施，贸易壁垒是需要克服的障碍。无论是推动实现三倍可再生能源装机，还是国内能源绿色低碳转型和支撑健康产业发展，中国风光等可再生能源市场都需要持续保持高规模，电源发展和建设模式要

* 时璟丽，国家发展和改革委员会能源研究所研究员，研究领域为能源经济。

多元化，应合理配置灵活性资源，提升电网消纳和调控能力；在政策机制上应保障国内可再生能源项目规模，同时降低贸易壁垒影响，推进我国制造业为全球三倍可再生能源装机和能源转型作出贡献。

关键词： 可再生能源 风电 光伏

引 言

大力发展可再生能源成为全球能源革命和应对气候变化的主导方向和一致行动。自 2019 年底欧盟率先提出气候中和目标以来，大部分欧洲国家以及美国、日本、中国等 130 多个国家和地区提出了碳中和或气候中和的宣示或目标，以风电、光伏发电为代表的可再生能源呈现技术水平和产能快速提高、经济性持续提升、应用规模加速扩张的态势，形成了可再生能源加快替代传统化石能源的潮流。

2023 年 12 月《联合国气候变化框架公约》第 28 次缔约方大会（COP28）期间，100 多个国家签署了《全球可再生能源和能源效率承诺》，明确支持 2030 年全球可再生能源电力装机容量增至三倍[①]的目标。虽然可再生能源电力市场形成了一定的规模，经济性和成本竞争力有了大幅度提升，产业链供应能力增强，但风电和光伏发电的间歇性、波动性也对电力系统提出了更高的要求。在不到十年的时间内持续保持高规模增长，对于各国和地区来说面临程度不同的挑战，既需要在项目投资、政策机制上予以支持和保障，更需要打破国际贸易壁垒，通力协作，促进全球可再生能源产业健康发展。

---

① 本文中“增至三倍”是指全球可再生能源电力累计装机容量到 2030 年达到基础年份累计装机容量的三倍，后文简称“三倍可再生能源装机”。

一　三倍可再生能源装机的提出及核心

（一）2030年实现三倍可再生能源装机基本成为全球共识

近一年来，多个重要国际宣言提出2030年可再生能源电力装机容量增至三倍的目标。“三倍”议题最初来源是2023年6月国际可再生能源署（IRENA）的年度旗舰报告之一——《2023年世界能源转型展望：1.5℃之路》，报告指出，到2030年可再生能源电力新增装机容量必须增至三倍，也即每年新增至少10亿千瓦的可再生能源电力装机，才能将能源转型保持在1.5℃轨道上。根据此报告，2023年9月，在印度新德里召开G20峰会，通过了《二十国集团领导人新德里峰会宣言》，同意到2030年将全球可再生能源电力装机容量增加两倍，成员国将根据各国国情，到2030年，努力将全球可再生能源容量提高两倍。2023年11月，中美两国发表的《关于加强合作应对气候危机的阳光之乡声明》中也支持了三倍可再生能源装机的目标，提出“在21世纪20年代这关键十年，两国支持二十国集团领导人宣言所述努力争取到2030年全球可再生能源装机容量增至三倍，并计划从现在到2030年在2020年水平上充分加快两国可再生能源部署，以加快煤油气发电替代，从而可预期电力行业排放在达峰后实现有意义的绝对减少”。需要注意的是，该声明中三倍可再生能源装机的基年是2020年。

在2023年10月底COP28预备大会上，IRENA和全球可再生能源联盟共同发布了《三倍可再生能源装机与两倍能效：2030年迈向1.5℃的关键步骤》。其中提出要实现1.5℃情景的具体量化指标，全球可再生能源装机容量必须从2022年的33.82亿千瓦提升至2030年的111.74亿千瓦。2023年12月，COP28正式会议完成了《巴黎协定》后首次全球盘点，第一次明确出现了针对化石能源的表述共识“转型脱离化石能源”，被评论为标志着“化石能源时代走向终结的开始”，并形成了一系列能源转型措施。其间，100多个国家签署了《全球可再生能源和能源效率承诺》，支持三倍可再生能源装机的目标。在联合声明的草案中，出现了“2030 年全球可再生能源装机容量达到 110 亿千瓦左右”的表述，即三倍装机的基年是 2022 年。虽然 COP28 上各国最后签署的联合声明中，只提了要实现三倍可再生能源装机的目标，删除了相关定量的装机容量目标，并且对于基年是 2020 年还是 2022 年也未做明确表示，但是 2030 年实现三倍可再生能源装机基本已经成为全球共识。

（二）2030年实现三倍可再生能源装机的核心是风光发展

《三倍可再生能源装机与两倍能效：2030 年迈向 1.5℃的关键步骤》报告提出了 2030 年的细化目标。可再生能源电力装机容量占总装机容量的比例，从 2022 年的 40%提升至 2030 年的 77%，风光等波动性可再生能源的装机容量占比从 23%提升至 62%；可再生能源发电量所占全部发电量的比重从 2021 年的 28%提升至 2030 年的 68%，风光等波动性可再生能源的占比从 10%提升至 46%。

按照 IRENA 提出的量化指标，从 2023 年到 2030 年的八年期间，全球年均新增可再生能源装机容量要达到 9.7 亿千瓦，其中风电年均新增装机容量需要达到 3.3 亿千瓦，是近年来年均新增装机规模的 3 倍左右，光伏发电年均新增装机容量要达到 5.5 亿千瓦，是 2022 年新增装机容量的 2 倍以上，是 2023 年新增装机容量的 1.2 倍。无论是全部还是部分实现了上述目标，未来全球可再生能源市场都将有较大的增长。

此外，国际能源署（IEA）在 2023 年上半年提出的净零排放路线图则是基于 2022 年可再生能源装机容量增至 2.5 倍左右，在 10 月更新的路线图中也将净零方案的可再生能源装机容量增至三倍。

表 1 和图 1 分别对 1.5℃情景目标下不同年份的电力装机情况进行了对比。

表 1　1.5℃情景目标下 2022 年和 2030 年电力累计装机容量对比

单位：吉瓦

类别	2022 年	2030 年
水电（不含抽蓄）	1255	1465
陆上风电	836	3040
海上风电	63	494

续表

类别	2022 年	2030 年
光伏发电	6.6	197
光热发电	1055	5457
生物质发电	151	343
地热发电	14.6	105
海洋能发电	0.5	72
全部可再生能源电力	3382	11174

资料来源：IRENA。

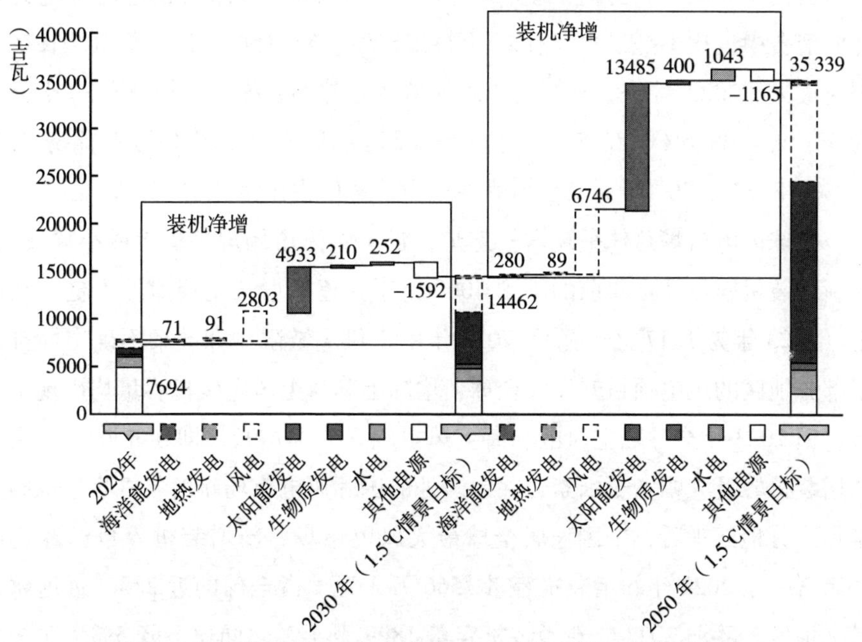

图 1　1.5℃情景目标下 2030 年和 2050 年电力装机结构和变化

资料来源：IRENA。

二　实现三倍可再生能源装机的基础和条件

（一）可再生能源电力成为推动全球能源转型的主力

2016~2020 年，全球风光水等可再生能源在新增发电装机容量中占比约

70%，在发电量增量中占比约60%，2021～2023年这两个数据分别提升到85%以上和70%以上。[①] 可再生能源电力成为推动全球能源转型的主力，而光伏发电和风电则是可再生能源电力增量的主体。

根据国际机构21世纪可再生能源政策网络（REN21）在2023年发布的《2023全球可再生能源报告》，可再生能源（不包括生物质能的传统利用）在全球终端能源消费中的比例从2011年的8.8%稳步提升至2021年的12.6%，其中可再生能源供热占比4.9%，水电占比3.6%，非水可再生能源电力占比3.0%，可再生能源交通燃料占比1.0%。非水可再生能源电力在能源消费中占比不是最多，有采用终端能源消费统计的原因，但其增长量和增速最大。2022年，全球终端能源消费中，热力、燃料、电力的占比分别为48.7%、28.6%、22.7%，可再生能源在这三个领域中的占比分别为9.9%、3.7%、30.0%，其中风光在电力消费中占比达到12.0%。

全球风电市场总体呈现增长态势，近十年来市场规模扩大或小幅波动，年新增装机容量从十年前的不到4000万千瓦逐渐增长至峰值的1亿千瓦以上（2023年为1.17亿千瓦）。2022年由于供应链限制和政策不确定性打击了部分地区的风电项目开发，全球新增陆上和海上风电装机容量均出现了下降，但2023年全球陆上风电和海上风电均又转为增长，即使扣除中国风电新增装机容量大幅增长因素，除中国外的国际风电市场新增装机容量也同比增加。分地区来看，中国稳居全球最大风电市场，新增装机容量已经连续16年第一，2023年新增装机容量7566万千瓦，占全球的近2/3，远远超过其他地区。欧洲2023年新增装机容量1829万千瓦，同比下降5%，在全球占比16%。美国2023年新增装机容量640万千瓦，同比下降24%，但新增装机规模仍保持世界第二。美欧装机容量下降但全球新增装机总容量上升，意味着2023年风电市场扩展到更多国家和地区（见图2）。截至2023年底，全球风电累计装机容量突破10亿千瓦（达到10.2亿千瓦），累计装机容量排名前五的国家分别是中国（4.41亿千瓦）、美国（1.50亿千瓦）、德国

---

① REN21, Renewables 2023 Global Status Report: Collection Demand, 2023.

（0.69 亿千瓦）、印度（0.45 亿千瓦）、巴西（0.30 亿千瓦）。[1] 随着供应链逐渐恢复以及政策落地，主要国家预计将恢复快速增长，风能产业将迎来繁荣期。全球风能理事会（GWEC）预测，未来几年内全球风电新增装机容量预计将保持在 1 亿千瓦以上。

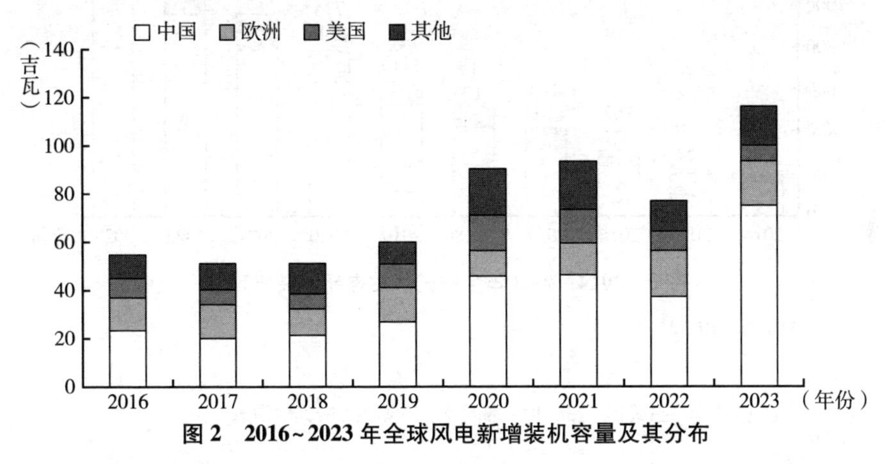

图 2　2016~2023 年全球风电新增装机容量及其分布

资料来源：GWEC。

光伏发电是全球近十年增速最快、成本下降也最快的清洁能源。根据 REN21 报告，2023 年全球光伏发电新增装机容量高达 4.1 亿千瓦，同比上年增长 62.5%，全球累计装机容量也突破 15 亿千瓦，达到 15.9 亿千瓦（见图 3、图 4）。中国光伏发电市场规模最大，新增装机容量 2.16 亿千瓦，其次是欧盟、美国、巴西和印度。欧盟 2023 年新增装机容量 5580 万千瓦，过去三年保持新增装机容量同比增长超过 40%。在贸易问题和待并网积压项目的双重影响下，美国 2022 年新增装机容量只有 1860 万千瓦，低于 2021 年的 2700 万千瓦，但 2023 年开始市场反弹至 3240 万千瓦。印度 2022 年新增装机容量达到 1810 万千瓦，增长态势明显，但 2023 年又降至 1000 万千瓦。巴西 2023 年增长速度可观，新增 1080 万千瓦，但其累计装机容量仅为 3600 万千瓦[2]。

① GWEC, Global Wind Energy Report, 2024.

② 中国光伏行业协会：《2023—2024 年中国光伏产业年度报告》，2024。

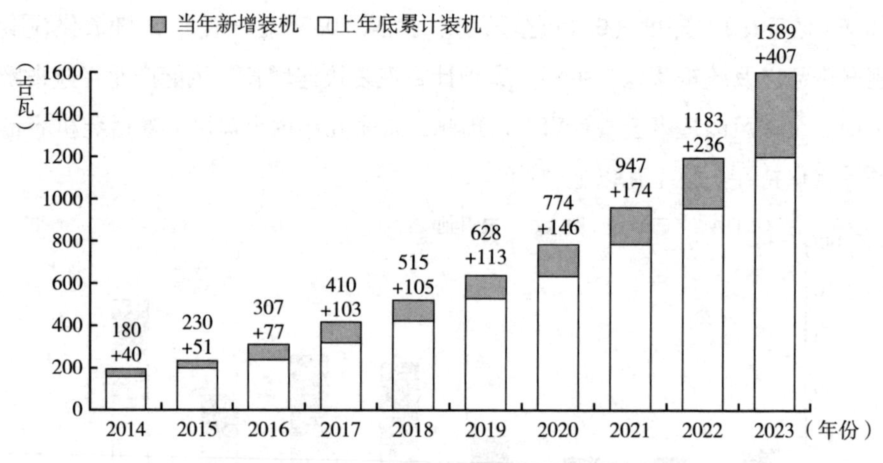

图 3　2014~2023 年全球光伏发电新增装机容量

资料来源：REN21。

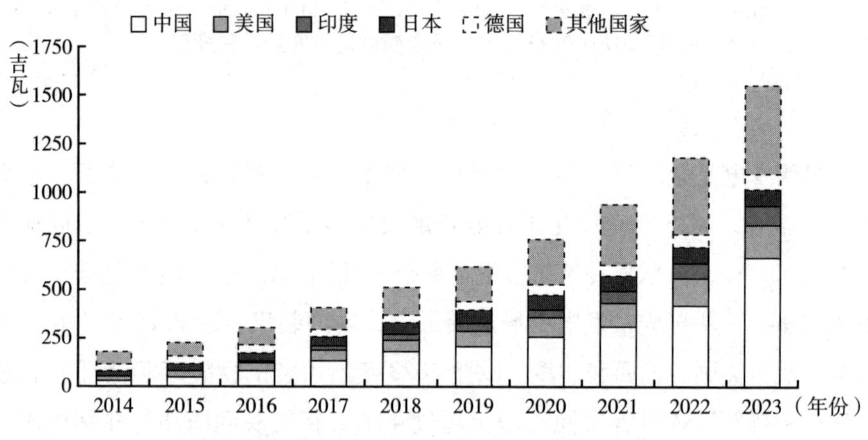

图 4　2014~2023 年全球光伏发电累计装机容量

资料来源：REN21。

（二）全球对可再生能源及相关电网总投资超过化石能源

根据 IEA 发布的《世界能源投资报告 2024》，2020 年以来全球对以可再生能源、电动汽车、核电、电网、储能、低排放燃料、能效改进和热泵为主的清洁能源投资增幅显著，碳减排目标、可再生能源技术进步、强化能源安全、主要经济体对新产业加强战略布局以刺激清洁能源产业发展并抢占更强大市场地位等因素起到了主要作用。2023 年，全球对可再生能源及配套电网的总投资超过 1.2 万亿美元，首次超过化石燃料（约 1.1 万亿美元）。IEA 预期 2024 年全球能源投资总额将首次超过 3 万亿美元，其中清洁能源和基础设施方面的投资有望达到 2 万亿美元。就细分发电技术领域来看，近期全球投资主要集中在光伏发电领域，虽然单位投资快速下降，但极大激励了项目建设和投资注入，预计 2024 年全球光伏发电投资将增长到 5000 亿美元，继续超过其他发电技术的投资总额。全球可再生能源投资的另一个特点是地区间不平衡，仅中国、欧盟与美国在清洁能源领域的投资总额就占到全球的 2/3 以上（2023 年全球清洁能源投资额为 1.8 万亿美元，其中中国、欧盟、美国分别占比 38%、19%、17%），除中国外的新兴经济体和发展中经济体等仅占比 15%左右。

（三）风光单位投资和度电成本持续下降

根据国际可再生能源署在 2023 年 9 月发布的《全球可再生能源发电成本报告》，在技术进步、产业升级、应用规模扩大等因素的共同作用下，全球可再生能源单位投资和度电成本在过去十几年内不断下降，2021 年风电和光伏发电在全球超过一半的地区低于化石能源发电。从 2010~2022 年的变化趋势来看，光伏发电降本速度最快，全球加权平均平准化成本（LCOE）从 0.445 美元/千瓦时下降到 0.049 美元/千瓦时，下降了 89%；陆上风电下降了 69%，从 0.107 美元/千瓦时降至 0.033 美元/千瓦时；海上风电从 0.197 美元/千瓦时下降至 0.081 美元/千瓦时，下降了 59%；光热发电从 0.38 美元/千瓦时下降到 0.118 美元/千瓦时，下降了 69%；生物质发电和地热发电成本经历了一定程度的波动，2022 年分别为 0.061 美元/千瓦时和 0.056 元/千瓦时；水电成本呈现相反的增长态势，从 0.042 美元/千瓦时上升到 0.061 美元/千瓦时，增长了 45%。从近期情况来看，2023 年光伏发电成本继续降低，其他变化不大，从目前到 2030 年，主要可再生能源仍有一定比例的成本下降空间，但度电成本绝对量上的下降空间有限。风光的成本优势是使其能够在全球更广地区应用、推进全球能源转型的基础。

三 实现三倍可再生能源装机的挑战

（一）挑战重点在能源和电力基础设施

根据前面发展基础分析，风电达到这样的新增装机规模面临比较大的挑战，主要是项目场址、网架条件、产业规模、产业链布局等均面临一定的限制因素。发达国家有网架支撑和电力需求的场址有限，如欧洲主要致力于海上风电尤其是深远海风电。由于贸易壁垒因素，欧美风电机组价格和投资水平与国内存在很大差距，国外风电的经济性没能足够体现，其他发展中国家和新兴经济体的风电市场总量规模仍有限，市场规模有提升潜力但会是渐进的，也存在前述障碍因素。光伏发电方面，截至 2023 年底全球多晶硅料产能可以支撑约 8 亿千瓦直流侧装机，硅片、电池片、组件产能则均可支撑 10 亿千瓦左右的装机容量，且美欧印等也在企图重塑产业链格局。因此，原料和产能不是限制因素，度电成本也有经济性，但长达数年保持高规模装机，电力基础和配套设施将是挑战，如根据 IEA 最新的净零排放路线图报告，到 2030 年，全球输配电电网每年需要扩大约 200 万千米，以满足净零排放情景的需求。相应地，2030 年全球输电线路建设需要的投资达到每年 6000 亿美元，是目前全球输电线路投资水平的两倍，发展中国家和新兴经济体市场需要考虑相应的成本增加因素。此外，如按照报告推进净零步骤，如果风电装机容量达不到预期，光伏发电装机容量的额外增长需要超过风电装机容量不足带来的缺口。

（二）贸易壁垒不利于全球可再生能源发展

从全球政策态势来看，一方面，100 多个国家和地区陆续提出碳中和或气候中和的目标或宣示，发展可再生能源成为能源转型的重要抓手，各国纷纷提出以可再生能源为核心的能源供应转型目标和路径。尤其是欧盟，近年来持续强化以可再生能源为主体的能源转型雄心和行动。2014 年，欧盟制定了 2030 年可再生能源在能源消费中占比 27%的目标，2018 年将这一目标提升到 32%，并使其成为有法律约束力的指标；在 2019 年底提出 2050 年气候中和后，2021~2023 年能源价格高位加剧了欧盟能源安全供应的紧张局势，因此欧盟考虑加快应对气候变化和保障能源安全的能源转型步伐，2021 年将可再生能源 2030 年的占比目标第二次提升到 40%；2022 年欧盟公布了预期投资 2100 亿欧元、名为“REPowerEU”的能源转型新战略，提出将欧盟“减碳 55%”的组合政策中的 2030 年可再生能源占比目标又一次提高到 45%，并提出大幅度提高风光开发规模，2025 年光伏发电量在 2021 年基础上翻倍，可再生能源装机容量从 2021 年的 5.11 亿千瓦增加到 2030 年的 12 亿千瓦。目标水平的数次提升彰显了欧盟强化以可再生能源为主体的能源转型的雄心，并通过各国的具体政策落实在行动上。

但另一方面，全球可再生能源贸易壁垒已持续十多年时间，近两年来美欧等又进入新一轮力图构建本土产业链以重塑可再生能源制造业格局的周期。在可再生能源具备成本竞争力的形势下，近年来欧洲、美国、印度等国家和地区从供应链安全、占领技术先机角度出发，越来越注重本土可再生能源产业链建设或期翼产业回流，并通过贸易壁垒、关税、碳边境调节税、扶持本土企业经济政策等手段影响阻挠可再生能源产业的全球化。各种贸易壁垒将不可避免地推高全球能源供应转型成本，这不利于全球可再生能源发展进程的推进。

2023 年欧盟委员会推出以提高欧洲净零工业的竞争力、加快绿色转型步伐为目的的《绿色协议工业计划》（*The Green Deal Industrial Plan*），其后发布两大基石法案——《净零工业法案》（*Net-Zero Industry Act*）和《关键原材料法案》（*Critical Raw Materials Act*）提案，前者旨在扩大清洁能源技术的制造规模，并设定了到 2030 年至少 40%的清洁技术在本土部署等目标，后者确定了绿色转型中重要的关键原材料和战略材料。

美国近年动作和影响比较大的是 2022 年出台的《通胀削减法案》

（IRA），该法案以高额补贴本土新能源产业方式制造贸易壁垒等，提出未来10年美国将投入3690亿美元，以实现2030年全美减少40%的碳排放（以2005年水平为基准），同时延续《重建美好法案》对风电生产税抵扣和光伏投资税抵扣政策期限和补贴税率。IRA不仅使得美国光伏制造业的本土产能大幅扩张，而且使得美国本已建立成熟产业链的本土风电产业链也都积极宣布扩产。此外，美国持续以“双反”和贸易关税的形式限制我国产品的出口，尤其在光伏制造业领域，2012年以来限制我国产品直接出口已有12年时间，在国内企业将部分产能放在海外后，美国针对中国企业的东南亚产能又启动了反规避调查，主要目的是打压中国制造业，阻碍产业链的进一步发展，这也将影响全球光伏市场发展。

四　中国可发挥的作用及可再生能源展望

（一）中国风光等可再生能源市场需要持续保持高规模和高质量发展

我国在2020年明确碳达峰碳中和后，陆续提出2025年、2030年、2060年非化石能源在能源消费中分别占比20%、25%、80%以上的近中远期目标。在推动2030年全球可再生能源装机容量增至三倍的几个国际性文件中，虽然没有明确各国的承诺或目标，但理性分析可再生能源发展基础条件和潜力以及与我国既定目标的匹配度是有必要的。

2020年、2022年我国可再生能源累计装机（含抽蓄）容量分别为9.34亿千瓦、12.13亿千瓦[①]，达到三倍分别约为28亿千瓦、36亿千瓦，考虑到水电和生物质发电等装机规模预期相对固定，风电和太阳能发电的装机规模分别需要达到约22亿千瓦和30亿千瓦。前者是以2020年为基数，考虑到2023年底我国风光累计装机容量已经达到10.5亿千瓦，需要在此基础上翻倍再有所增加，但七年的时间内实现年均1.64亿千瓦的新增装机规模，

① 国家发展和改革委员会能源研究所：《2023年全国能源统计信息》，2024。

难度不大，且考虑到我国近期能源转型增长需求，这样的发展规模可能还低于实现非化石能源占比目标对新能源装机容量的需求（一方面，“十四五”我国能源消费增长快于预期，2023 年一次能源消费总量为 57.2 亿吨标准煤[①]，已超过“十四五”初期诸多机构对“十四五”末期的预期；另一方面，“十四五”前三年半水电来水欠佳，2023 年甚至呈现出装机容量增加但电量不增反降的情况，鉴于上述一升一降的态势，要实现近中期非化石能源占比目标，就需要其他清洁能源补齐“缺口”，而风光新能源是补齐“缺口”的主力）。后者以 2022 年为基数，则面临很大挑战，需要我国的制造业能够满足需求且也需要国内有这样规模的市场为制造业提供支撑，但在八年内保持每年 2.5 亿~3 亿千瓦的新增风电和光伏这样的波动性电源装机容量，消纳条件和场地保障（包括新能源项目用地和网架增扩用地）方面挑战巨大，且可能短期内快速推升系统运行成本。虽然风光还有一定的降本空间，但由于目前已经实现低价上网，会呈现降本空间比例高、度电降本的绝对量有限的情况，难以解决系统运行费用上升问题。综上，我国风光等可再生能源市场需要持续保持高规模和高质量发展，至少在近中期，业内预期实际达成装机容量和电量贡献可能在前述两种情景之间。

（二）统筹规划，明确发展路径并提前布局实施

可再生能源电源发展和建设模式要多元化。我国已明确集中式和分布式并举的风光项目开发路径。沙漠戈壁荒漠基地化开发是近中期陆上集中式风光开发重点，需要结合源网荷储项目建设、产业向西部转移等进行超前规划和布局。东中部是我国电力负荷集中地区，“电从远方来”和“电从身边来”缺一不可。

未来风光连续多年大规模、高比例发展，对灵活性资源提出了更高的要求。根据不同地区情况，各类灵活性资源，包括抽水蓄能、光热发电、煤电灵活性改造和运行、电化学和压缩空气等各类新型储能、燃气发电，都有各

① 国家统计局编《中国统计摘要 2024》，中国统计出版社，2024。

自的发展需求和空间。近期从系统安全、清洁化和经济性角度，建议重视发挥抽水蓄能、光热发电、煤电灵活性、电化学储能以及需求侧响应的作用，通过电力市场价格信号，将这些灵活性资源和需求侧灵活调节能力充分发挥，为实现三倍可再生能源装机提供有效支持。绿氢及氨醇等其延伸链条，是重要的长时储能技术手段，但近期因技术经济性方面的因素难以有大规模应用场景，先期建议做好商业模式探索和示范试点。

网络建设是风光等新能源消纳的基础。2024 年 2 月，习近平总书记在中共中央政治局第十二次集体学习时强调，要适应能源转型需要，进一步建设好新能源基础设施网络，推进电网基础设施智能化改造和智能微电网建设，提高电网对清洁能源的接纳、配置和调控能力。[①] 建议充分挖掘既有外送通道能力，提升效能，解决新增输送通道建设的土地问题，结合工业园区建设、电动汽车推广、乡村振兴等，合理有序提升配电网基础设施。

（三）健全政策体系，保障可再生能源项目规模

在主要可再生能源电力已实现低价上网的情况下，政策体系建设应以可再生能源消纳为抓手，有效且持续增加全社会对可再生能源电力的需求。一方面营造新的增长空间，另一方面切实解决风光等波动性电源的消纳问题。建议重点落实非化石能源消费量不纳入能源消耗总量和强度控制，加强可再生能源绿色电力证书交易与节能降碳政策衔接，将可再生能源电力消纳责任权重分解至重点用能单位和工商业用户等。

在支持政策上，美欧为维持和扩大可再生能源市场持续提供支持，如美国延长生产税抵扣和投资税抵扣政策实施时间，欧洲通过有效的市场机制和政策设计保障可再生能源项目投资收益。在近期推进电力市场化进程加快的形势下，我国风光等可再生能源电力参与市场已成定势。稳定可再生能源发展规模和投资的关键是使可再生能源项目成本收益有一定的可预见性。建议

---

① 《习近平在中共中央政治局第十二次集体学习时强调：大力推动我国新能源高质量发展 为共建清洁美丽世界作出更大贡献》，中国政府网，2024 年 3 月 1 日，www.gov.cn/yaowen/liebiao/202403/content_ 6935251.htm。

发挥政策保障和市场机制工具作用，统筹设计可再生能源参与电力市场的体系与机制，积极稳妥、平稳有序推动可再生能源全面参与电力市场，探索建立政府授权差价合约，保障风光新能源项目的基本收益。

（四）降低贸易壁垒影响，推进我国制造业为全球能源转型作出贡献

我国风光等制造业发展及其促进的成本下降实质是为全球的能源清洁转型作出了贡献，在全球三倍可再生能源装机的实现路径上，我国制造业的源头产业贡献不可缺位。在近期贸易壁垒的不利态势下，更需要及时作出调整。制造业要以全球化的产业链布局方式赢得全球市场，在贸易政策方面，应通过双边和多边平台，持续深化国际多边和双边产业合作；在国际贸易谈判中，为风电光伏产业发展争取有利条款，利用 WTO 等机制挑战美国等国家的本地化保护条款，力求争取到更有利于我国企业的条件，包括公平获得当地补贴等。此外建议制定新能源产品碳足迹核算方法，完善数据库，推动中外在可再生能源产品碳足迹方法论上的互认，在产品设计、生产制造等方面加强绿色、高效、节能、降耗等材料和技术的应用，降低碳排放水平，提升产品绿色竞争力，以破解绿色软性贸易壁垒。

G.10

“阿联酋共识”中的能源转型：方向、路径和相关实践*

朱松丽**

摘　要：　能源转型是COP28达成的“阿联酋共识”中最重要的内容，通过对其形成过程、磋商焦点、内容要点和意义进行评述和分析，发现“阿联酋共识”实现了几个突破：①明确提出能源转型的原则，即公正、有序和公平；②首次覆盖所有化石能源，释放出明确的全球告别化石能源的信号；③首次提出全球可再生能源和能效发展目标，对能源市场有积极引导意义；④肯定末端治理技术的意义，同时在一定程度上限定应用场景。此外，以中英为案例，对基于国情的能源转型实践进行了简要分析，指出中国采取“先立后破”策略，英国“立”“破”并举，进入以“破”为主的阶段，都有其必然性和合理性，都为“阿联酋共识”的形成提供了支持。本文最后指出，由于国情各异，各国能源转型的步伐可能不同，但发展方向应该与“阿联酋共识”保持一致。中国应适时从“先立后破”的路径选择过渡到“立破并举”。

关键词：　“阿联酋共识”　能源转型　气候治理

---

* 资助项目：国家社会科学基金重大项目“双碳目标下中国社会经济转型的关键风险和应对战略研究”（课题编号：22AZD098）子课题“双碳目标下中国能源转型的关键风险和应对策略研究”。

** 朱松丽，中国宏观经济研究院能源研究所研究员，研究领域为全球气候治理和减缓政策分析。

引　言

在2023年11月30日至12月13日召开的《联合国气候变化框架公约》（以下简称公约）第28次缔约方大会（COP28）上，缔约方就《巴黎协定》（以下简称协定）第一次全球盘点（GST）、适应、损失和损害基金，以及公正转型等多项议题达成一致，形成“阿联酋共识”。其中GST是协定生效以来的首次试水，经过公约内外多轮技术准备和COP28上艰难政治磋商之后，通过了包含196段、长达20多页的决定，总结了全球在减缓、适应、资金、技术转移和能力建设等领域的集体进展，识别了当前的挑战与障碍，并为未来行动指明了方向[①]。在这份决定中，关于全球能源转型（Energy Transition）的共识备受关注（集中在第28段和第29段），预期对各国能源发展和国际能源市场将有显著影响。

能源活动是最大的温室气体排放源，2021年化石能源在全球能源结构中的比例依然高达80.3%，在中国达到89.5%（IEA数据，与中国统计口径有所不同）。在气候治理科学和政策研究，例如联合国政府间气候变化专门委员会（IPCC）组织的科学评估中，能源转型始终是研究重点，而在公约气候治理渠道下，能源转型一直隐身其后，从未正式出现在成果文件中，因而出现了气候治理与能源转型看上去各行其是、分而治之的现象。这一问题在COP26上才得以出现转机，关注煤炭和煤电，到COP28实现了“化石能源”全覆盖。进展是可喜的，但在关键措辞上的纠结继续彰显着全球能源转型的难度。

本文将通过对GST谈判进程的分析、COP28能源转型决定内容的解读来探讨“阿联酋共识”的意义、能源转型普遍规律/总体路径和不同国情下的具体选择。

---

① UNFCCC, Outcome of the First Global Stocktake, https://unfccc.int/sites/default/files/resource/cma5_auv_4_gst.pdf.

一　能源转型磋商的关键问题及其“前世今生”

（一）COP26上的能源转型

如前所述，能源转型是 COP28/GST 的谈判焦点，相关磋商延续了 COP26 以来的争论，即能源转型的必要性已经被广泛接受，关键是转型的步伐和路径如何设定。在 COP26 达成的“格拉斯哥气候协议”中，最终形成的关键表达是这样的：向低排放能源系统转型，包括“快速扩大清洁发电技术和能源效率措施规模，特别是加快‘逐步减少’未加装减排设施煤电的努力（accelerating efforts towards the phasedown of unabated coal power）[①] 和‘逐步淘汰’低效化石能源补贴（phase-out of inefficient fossil fuel subsides）”。

对于能源转型首先聚焦煤电煤炭当时并无太多争议——毕竟煤炭的排放强度显著高于油气——最终的争议出现在 phasedown（逐步减少）和 phase-out（逐步淘汰）这两个关键词上。闭幕会议召开之前公布的版本并没有 phasedown 这个表述，统一使用 phase-out，印度代表临场举牌，要求将与煤电连用的 phase-out 修改为 phasedown；部分缔约方表示，虽然对临场修改严重不满，但无意重开谈判。大会主席沙马（Alok Sharma）“含泪”接受了修改。

从“语文”的角度看，phasedown 指代过程，phase-out 更侧重结果，它们所蕴含的下降速度十分不同，后者需要更快一些，以期更快实现淘汰和“相变”，因此其对国际社会释放出的信号强度非常不同。

（二）COP27上的能源转型

在 COP26 之后的气候治理进程中，随着气候危机的不断蔓延，国际社

---

① UNFCCC, Glasgow Climate Pact (para. 76 of Decision 1/CMA. 3), https://unfccc. int/sites/default/files/resource/cma3_ auv_ 2_ cover%20decision. pdf.

会的普遍诉求是将约束对象从煤电扩展到所有化石能源，同时呼吁恢复对 phase-out 措辞的使用。沙姆沙伊赫气候大会（COP27）并没有实现这两个目标，虽然将"能源"作为一个单独的篇章列出，但相关表述几乎延续了 COP26 的表述[①]。

但在 COP27 的谈判和决定中，另一个问题浮出水面：清洁能源的范围。COP27 一号决定首次出现了专门的能源篇章，共有三小段文本，强调了能源转型的急迫性、能源危机背景下能源转型的特殊意义、优化能源结构的重要性。在中间版本中，在论及转型路径时，特别强调可再生能源的作用；在最后版本中，相关论述变成了"低排放和可再生能源"（low-emission and renewable energy），拓展了清洁能源的范围——理论上可以包括天然气、核能、碳捕获和封存（CCS）技术[②]。天然气被视为过渡能源的地位得到某种程度的默认。

（三）COP28大会上的能源转型

关于 phasedown 和 phase-out 以及管控范围的争论仍在持续。在 COP28 开幕之前（2023 年 10 月），公约秘书处发布了 GST 技术对话综述报告，文本中反复出现的均为 phase-out of unabated fossil fuels（逐步淘汰未加装减排设施的化石燃料）[③]；COP28 候任主席苏尔坦·阿尔·贾比尔（Sultan Al Jaber）在不同场合刻意强调管控"所有化石燃料"，超越煤炭煤电范围。因此，GST 面对的能源转型问题依然一脉相承：一是涉及范围是否扩展（煤电/煤炭还是所有化石燃料），二是涉及对转型速度的表述（phasedown 还是 phase-out）。词语选择问题的一再出现让 COP28 俨然成为 COP26 的续集。

---

① UNFCCC, Sharmel-Sheikh Implementation Plan, https://unfccc.int/sites/default/files/resource/cp2022_10a01_E.pdf.

② 朱松丽：《从全球气候治理看 COP27 得失》，《可持续发展经济导刊》2022 年第 12 期。

③ UNFCCC, Views on the Elements for the Consideration of Outputs Component of the First Global Stocktake: Synthesis Report by the Secretariat, https://unfccc.int/sites/default/files/resource/SYR_Views%20on%20%20Elements%20for%20CoO.pdf.

新的问题还在不断进入讨论日程。这一次是关于温室气体的末端处理技术，也就是对 abated（加装末端技术）与 unabated（未加装末端技术）的立场。二氧化碳（CO_2）末端减排技术通常指碳捕获、利用和封存（CCUS），这种技术应用到何种程度才算真正加装了减排设施？如果去除率只有 10%，算不算 abated？在 IPCC 第六次评估报告（AR6）第三工作组决策者摘要（SPM）中，科学家们提供了 abated 的量化标准，即对于电厂 CO_2 排放，捕集率不应低于 90%；对于能源系统甲烷（CH_4）逃逸排放，捕集率应为 50%~80%①。无奈这些量化标准并没有引起足够关注，对这两个词语的使用有泛滥趋势，例如在 COP26 和 COP27 的决定文件和一般性辩论中。

（四）COP 28谈判进程焦点：关于 phasedown 和 phase-out 的“斗争”

对于这个老问题，各方的观点依然泾渭分明。会议期间路透社发布石油输出国组织（OPEC）声明，OPEC 表示其不支持任何关于淘汰化石能源的表述，而最先受到气候灾害影响的小岛屿国家坚决反对不温不火的 phasedown。二者的矛盾看上去不可调和。闭幕前两天，完整的决定草案终于出炉②，其关键措辞让会场一片哗然：对于化石能源的态度，文本刻意回避了 phasedown 和 phase-out，而是选择了“减少”，看上去力度似乎更弱了，这立刻引发了广泛批评。大会没能在 12 月 12 日按期闭幕。经过挑灯夜战，12 月 13 日上午，最后一版案文出炉，回避了 phasedown 和 phase-out，而是选择了“转型远离”（transitioning away），力度看上去虽然不及 phase-out，但方向性很强，向国际社会传递出比较强烈的“告别化石能源”的信号。案文最终在全会中通过，与其他成果共同形成“阿联酋共识”（UAE Consensus）。

---

① IPCC，*Climate Change* 2022：*Mitigation of Climate Change*，Contribution of Working Group Ⅲ to the Sixth Assessment Report of the Intergovernmental Panel on Climate Change，Cambridge University Press，2022.

② UNFCCC，Draft Text on CMA Agenda Item 4 First Global Stocktake under the Paris Agreement，https：//unfccc. int/sites/default/files/resource/GST_ 2. pdf.

二 能源转型谈判成果简要解读：指明了方向和路径

经过多轮艰难磋商之后，最终达成的COP28/GST1成果对能源转型进行了力所能及的平衡表述，重点内容包括2030年全球可再生能源发展和能效提升目标、能源系统零碳和低排放技术选择、甲烷减排、道路交通减排等。详细阐述和分析可见参考文献①。

总而言之，关于能源转型，“阿联酋共识”实现了若干突破：①明确提出能源转型的原则，即公正、有序和公平，这对发展中国家很关键；②首次覆盖所有化石能源，释放出明确的全球告别化石能源的信号，而不是片面聚焦煤炭煤电，对煤耗量较大的发展中国家也是公平的；③首次提出全球可再生能源和能效发展目标（到2030年全球可再生能源装机容量达到三倍、全球能源效率年提升速度达到两倍），虽然只是鼓励性质的，但对能源市场有积极引导意义；④肯定末端治理技术（例如CCUS）的意义，同时在一定程度上限定应用场景——应该用于“难减排部门”而非减排技术比较成熟的电力生产。同时不难发现，文本中依然存在的“不公平”也是一如既往的，即对煤电的固有歧视、对天然气发电（以“过渡能源”的面目出现）的网开一面②。

乐观地看，“阿联酋共识”明确了全球能源转型的方向、路径和关键措施：方向为实现“净零排放能源系统”；路径为“立破并举”，即一方面，能源效率要持续提升、可再生能源要大发展（是为“立”），另一方面，要告别化石能源（是为“破”）。在“立破并举”基础上，强调能源安全和过渡能源，重点领域从电力扩展到道路交通以及CH_4减排，具体措施包括取消化石能源补贴、进行道路电气化基础设施建设。

---

① 朱松丽、惠婧璇、胡珮琪：《第一次全球盘点成果中的能源转型》，《中国能源》2024年第Z1期。

② Michael Hoder，COP28：What was Agreed at the UN Climate Summit in Dubai? https：//www.businessgreen.com/analysis/4156476/cop28-agreed-climate-summit-dubai.

特别应注意的是，成果文件只是“呼吁”（call on）各缔约方以国家自主的方式，为实现净零排放能源系统的“全球努力”作出“贡献”，这一共识不是“敦促”（urge），也不是“要求”（require），更不是“决定”（decide），几乎不具有法律约束力，缔约方是否以及如何努力贡献，以何种途径和方法行动，还要结合各国国情。此外，如小岛屿国家、非政府组织和观察家指出的，决定中存在不少“漏洞”，正如对能源的“非能源利用”的模糊（文本将“转型远离”限定在“能源系统”，让人不得不怀疑是否暗中放过了化石燃料的“非能源利用”）、过渡能源的“空降”（最后一版案文才出现）、对末端技术的倚仗不利于能源转型加速等。此外，在闭幕全会上，小岛屿国家代表的发言表明文本的通过存在程序问题（缺席通过），它的合法性或许会受到质疑①。

综上所述，虽然有各种缺憾，但“阿联酋共识”中关于能源转型的决定既显示了力度、广度，也展现了灵活姿态，应该被认为是能够达成的“不错成果”。

三 基于国情的能源转型实践：中国和英国

气候安全下的能源转型方向是确定无疑的，以零碳和碳中性的非化石能源替代含碳的化石能源，争来争去还是转型的节奏安排。“阿联酋共识”要求全球能源转型“立破并举”“转型远离化石能源”，由于国情不同，各国能源转型的速度可能不同，但方向应该和“阿联酋共识”保持一致。尽管在目前技术水平、发展预期以及地缘政治冲突、全球化有所退化的背景下，实现《巴黎协定》所确认的长期目标难上加难②，但气候危机之下各国仍应该参考科学结论，根据国情尽最大努力探索能源转型之路，夯实全球绿色发展大势。

① 朱松丽：《COP28 主席的危机公关》，《世界环境》2023 年第 6 期。

② Bertram C., Brutschin E., Drouet, L. et al., “Feasibility of Peak Temperature Targets in Light of Institutional Constraints”, *Nat. Clim. Chang.*, 2024, 14.

这里选择中国和英国作为典型案例进行分析。之所以选择英国是因为该国能源转型起步较早、成效相对明显，就"立""破"关系而言已经进入了另外一个阶段，具有借鉴意义。

（一）中国：先立后破

中国能源转型中长期目标非常明确：2030年非化石能源（可再生能源+核能）比例达到25%左右，终端用能中电力比重达到35%，风光发电装机容量达到12亿kW以上；到2060年，全面建立清洁低碳安全高效能源体系，能源利用效率达到国际先进水平，非化石能源消费比例达到80%以上。这些目标行动将支撑实现"2030年单位GDP碳排放比2005年下降65%以上"和"2030年前碳达峰、2060年前碳中和"总体目标。同时，习近平总书记在2023年全国环境保护大会上指出，我们承诺的"双碳"目标是确定不移的，但达到这一目标的路径和方式、节奏和力度应该由我们自己做主，决不受他人左右。[①]

为实现以上目标，中国确定了一系列重点任务：要一以贯之坚持节约优先方针，更高水平、更高质量地做好节能工作；大力发展可再生能源，科学合理设计新型电力系统建设路径，在新能源安全可靠替代的基础上，有计划分步骤、逐步降低传统能源比重；健全适应新型电力系统的体制机制，推动加强电力技术创新；立足中国生态文明建设已进入以降碳为重点战略方向的关键时期，进一步优化完善能耗双控政策，逐步转向碳排放总量和强度双控制度，完善优化调控方式。特别针对化石能源作出原则部署，要求加快煤炭减量步伐，"十四五"严控煤炭消费增长、"十五五"逐步减少；统筹煤电发展和保供调峰，严控煤电装机规模，加快现役煤电机组节能升级和灵活性改造；逐步减少直至禁止煤炭散烧；石油消费"十五五"时期进入峰值平台期；加快非常规油气资源规模化开发；强化风险管控，确保能源安全稳定

① 《习近平在全国生态环境保护大会上强调：全面推进美丽中国建设 加快推进人与自然和谐共生的现代化》，新华网，2023年7月18日，http：//www. news. cn/politics/leaders/2023-07/18/c_ 1129756336. htm。

供应和平稳过渡。

在以上目标、政策和行动的引导下，中国在非化石能源发展、能效提升和交通电气化方面作出了长足的努力，“立”的成效十分亮眼，虽然“破”功尚不足，甚至还可能经历一个“以退为进”的短期过程，但正因为如此，中国在新旧两个能源系统的“立”“破”关系方面提出了更多主张。从发展阶段和水平来看，中国工业化和城市化尚未完成，依然是发展中国家，能源需求依然处在上升阶段，新增零碳能源并不能完全替代新增能源需求，同时新能源系统还有现阶段难以克服的技术弱点，储能技术发展还需假以时日。诸多现实原因使得现有化石能源系统依然在发挥着中流砥柱的作用，而且还要持续相当长的一段时间，不能轻易“远离”“告别”。特别是新型电力系统，现阶段煤炭/天然气对可再生能源具有不可或缺的备用和调节功能，并不是非此即彼的对立关系。因此，虽然“先破后立”“不破不立”很理想，“立破并举”很积极，但在目前阶段，对中国而言，“先立后破”可能是更加现实的选择。这也是我国从 2020 年“双碳”目标提出后，经历一段时间的波折才确定的实践路径。对国情类似的其他发展中国家（如印度）具有示范作用，也促进了 GST1 决定增加了能源安全、公正转型内容。①

（二）英国：“立”“破”并举，进入以“破”为主的阶段

作为工业革命的主要策源地，2022 年英国温室气体排放总量比 1990 年降低 50%②，初步估算 2023 年减排幅度进一步达到 52.7%③，这个进展在所有发达国家中算拔得头筹了，按照坊间评价，“碳中和进程过半”。如果说

① 高翔：《中国对〈巴黎协定〉第一次全球盘点的贡献》，《世界环境》2023 年第 6 期。

② Helena Horton, UK's Emission Fell Slightly in 2022 but Transport and Homes Still Biggest Emitters, https://www.theguardian.com/environment/2024/feb/06/uks-emissions-fell-slightly-in-2022-but-transport-and-homes-still-biggest-emitters.

③ Department for Energy Security & Net Zero, 2023 UK Provisional Greenhouse Gas Emissions, https://assets.publishing.service.gov.uk/media/660445fce8c442001a2203d0/uk-greenhouse-gas-emissions-provisional-figures-statistical-summary-2023.pdf.

2010年前的减排以“煤改气”为主（一种相对意义上的“破”），那么之后天然气也进入总体下降阶段，基本走向以可再生能源发展为主的路径，化石能源整体萎缩，进入了以“破”为主的进程。

根据英国官方统计[①]，2022年英国本土煤炭产量65.1万吨，比2021年下降38%，只相当于2000年的2%左右，2023年产量进一步降低至50.6万吨[②]。煤炭生产以露天开采为主，占90%。2022年依然登记在册的煤矿数量不到20座，依然报告产出的煤矿只有9座，而2000年英国还拥有约90座煤矿。从消费端来看，2022年英国煤炭消费量为610万吨，相比2021年下降了14%，占总能源消费的2.4%（而2000年的比重为16%）；2023年煤炭消费下降至447.1万吨。煤炭进口量在2013年达到峰值（5061万吨），之后快速下降，2022年和2023年分别仅为2013年的12%和6.9%。南非、美国和俄罗斯是英国主要的煤炭进口国，2022年8月，英国禁止俄罗斯煤炭进口。煤炭消费大户分别为发电（38%）、供热和炼焦等加工转换过程（38%）和工业生产（18%）。2022年仅有4座煤电站在运，煤电在总发电量中的比重已经降低到1.7%；到2024年10月，英国煤电站已经全部关闭，提前实现了2025年前淘汰煤电的计划。[③] 除发电行业外，钢铁行业是用煤大户。

与之相伴的是，20世纪90年代以来英国天然气消费持续上升，2010年达到峰值，之后显著下降，到2022年和2023年分别比2010年下降28%和36%，在能源结构中的比例降低到40%以下[④]，2023年为37.8%。同时，非化石能源比重从2010年的10.1%上升到2022年的20.9%、2023年的25%。

---

① Chris Michaels, Chapter 2: Solid Fuels and Derived Gases, https://assets.publishing.service.gov.uk/media/64c1159590b545000d3e8364/DUKES_2023_Chapter_2.pdf.

② DUKES, Supply and Consumption of Coal, https://assets.publishing.service.gov.uk/media/66a7a178ab418ab055592ee3/DUKES_2.2.xlsx.

③ Frankie Mayo, The UK's Journey to a Coal Power Phase-out, https://ember-energy.org/app/uploads/2024/10/The-UKs-journey-to-a-coal-power-phase-out_12092024.pdf.

④ Alice Heaton, Chapter 4: Natural Gas, https://assets.publishing.service.gov.uk/media/64f1fc589ee0f2000db7bdd7/DUKES_2023_Chapter_4_Gas.pdf.

在电力生产中，十几年间化石能源发电量降低了55%以上，非化石能源增长了5倍[1]。

在"立""破"竞争的过程中，英国的能源消费和电力消费总量处于平稳和下降阶段，为结构改善提供了好的背景条件：2010~2022年能源消费总量降低了23.1%，2000~2023年人均电力消费降低了32%（IEA数据）。这种变化既和发展阶段以及越来越温和的冬季相关，也和相对成熟的市场和价格机制相关。以2022年为例，由于天然气价格快速上升（并引发电价上涨），终端用户的消费行为发生改变（例如热泵在居民部门热销，天然气消费量同比下降了7.9%，而2021~2022年的能源消费总量略有上升）。

在可再生能源发展中，海上风电是英国的强项，仅2022年一年其装机容量就同比上升了24%，远超陆上风电（2.4%）和光伏发电（5.3%）。

在中国一直被强调的可再生能源波动性太强、必须依靠火电调节甚至短期内需要同步发展的技术问题，在英国（和欧洲）似乎并不突出。这个问题值得进一步深究。这里只简单分析价格机制和新能源体系下消费者行为或多或少应有所调整（也就是需求侧响应）的重要性。英国是国际上较早成功引入电力市场的国家，经过几轮改革之后，电力市场的组织架构、产品体系、交易体系和交易机制、监管制度等趋于完善，政府较少对市场价格进行干涉[2]，因此价格对于供需的调节作用一直稳定在线。在面向绿色低碳发展的第四轮电力市场改革中，经济手段依然居主导地位，包括碳价机制、差价合约、容量市场等。此外，单纯从技术角度看，以气电为主的化石电力体系的深度调节能力好于煤电，也为英国新型电力市场发展提供了些许便利。特别重要的是，为了适应绿色电力的发电规律，需求侧管理不断创新发力，例如英国第一大电力公司、第二大燃气公司（Octopus）通过电价减半等措施

---

① Vanessa Martin，Chapter 5：Electricity，https：//assets. publishing. service. gov. uk/media/64c23a300c8b960013d1b05e/DUKES_ 2023_ Chapter_ 5. pdf.

② 荆朝霞：《从电力市场体系的设计看英国电力批发市场》，《中国电力企业管理》2024年第10期。

鼓励居民在夏季周末（Summer Sundays）11am~3pm 多用电[①]，通过“精准匹配”为绿电生产企业、电力消费者量身定制绿电消纳和消费计划[②]；另一家能源供应公司（OVO）采用类似经济激励政策，鼓励用户避开 4pm~7pm 的用电高峰。从这个意义上看，电力生产者和消费者的良性互动是建成新型电力系统的必要条件。

四 结论

“阿联酋共识”是巴黎会议以来以公约为主渠道的全球气候治理体系的最重要产出之一，其核心内容对全球能源转型的方向、路径、重点领域和具体措施都作出了安排，兼具力度、广度和灵活性，是主要缔约方都能接受的“不错的成果”。相关成果对全球各国的能源转型具有指导意义。中国在“双碳”目标引领下的能源转型是全球能源转型的重要组成部分，优良实践和有理有据的立场为达成平衡有利的成果作出了贡献。

转型总是艰难的。在能源转型的下一阶段征程中，对内，中国要紧盯碳达峰碳中和目标，心无旁骛地严格执行既定方针政策，“十四五”后期和“十五五”对能源消费总量和强度进行有效管控，重点控制煤炭等化石能源消费，切实实施有序减量替代；加快构建新型电力系统，保持可再生能源发展势头，集中式大基地建设和分布式并重；要深刻认识到电力/能源消费增长过快将“折损”能源转型速度，因此特别需要加大能源消费端、需求侧管理力度，持续深化重点领域节能，更充分地发挥市场和价格机制对理性消费的引导作用。加强对甲烷控排技术、绿色氢能、CCUS 技术的创新研发和试点示范以及规模化应用。对外，坚持大多边主义，倡导公正转型，观察和

---

① James Murray，Summer Sundays：British Gas Launches Incentives to Boost Green Power Demand，https：//www. businessgreen. com/news/4118694/summer - sundays - british - gas - launches - incentives-boost-green-power-demand.

② James Murray，Coffee Chain Becomes Energy Giant's Largest Business Customer，after Signing up to ‘ElEctric Match’ Clean Power Tariff，https：//www. businessgreen. com/news/4350625/caffe - nero-octopus-energy-brew-major-green-energy-deal.

适时参与COP28通过的能源相关倡议（例如针对油气甲烷、氢能、空调等的倡议）的讨论，不排除加入部分倡议的可能性，加强能源科技科研合作，同时针对欧美国家采取的与能源转型要求背道而驰的贸易政策、碳关税政策，站在人类命运共同体的高度采取坚决反对态度。

G.11

第六届联合国环境大会关于气候变化议题的进展与未来趋势

魏 超 李 路*

摘 要： 本文探讨了联合国环境大会关于气候变化议题谈判的最新进展，指出气候变化议题在全球环境治理中正在成为重要的核心议题。本文聚焦2024年召开的第六届联合国环境大会所关注的气候变化议题，即“太阳辐射干预”和“迈向气候正义的有效、包容和可持续的多边行动”，分析了谈判焦点和挑战，以及主要国家或集团的谈判立场。最后，本文分析了联合国环境大会谈判成果对推动全球气候治理的影响，指出未来联合国环境大会气候变化议题谈判可能具有凸显多边合作、关注新兴科技、强化气候正义以及重视技术创新等新特点，建议我国积极参与联合国环境大会气候变化议题谈判，重视科技和工具创新在应对气候变化中的重要作用，加强公众教育与宣传，更好地发挥联合国环境大会国际气候治理平台作用。

关键词： 地球工程 气候正义 气候治理

引 言

气候变化是当今全球面临的最严峻的挑战之一，对自然环境、社会经济系

* 魏超，国家气候中心工程师，研究领域为气候安全和气候变化风险；李路，国家应对气候变化战略研究与国际合作中心助理研究员，研究领域为全球气候治理。

统，以及人类健康和福祉产生深远影响。[1] 联合国环境大会（United Nations Environment Assembly，UNEA）作为全球最高级别的环境事务平台，逐渐将气候变化议题作为其核心议题，为全球气候治理提供了重要的多边对话机制。第六届联合国环境大会于2024年2月26日至3月1日在肯尼亚内罗毕召开。本届大会以“采取有效、包容和可持续的多边行动，应对气候变化、生物多样性丧失和污染”为主题，吸引了来自180个联合国成员国和主要利益攸关方团体、有关联合国机构、政府间组织、国际公约等5500余名代表参会。本届大会主要有两个气候变化议题，一是瑞士等国提议的“太阳辐射干预”，二是斯里兰卡提议的“迈向气候正义的有效、包容和可持续的多边行动”。经过多轮磋商，这两个议题最终都因各国分歧较大而未获得通过。

一　联合国环境大会背景

（一）联合国环境大会中气候变化议题的发展

联合国环境大会自2014年正式设立，每两年召开一次，为全球环境问题提供讨论与决策的平台。[2] 气候变化在UNEA中逐渐从边缘议题演变为核心议题。

1. UNEA-1（2014年）：气候变化议题的确立

首届联合国环境大会的主题为“可持续发展目标和2015年后发展议程，包括可持续消费和生产”。大会通过的决议鼓励各国强化应对气候变化的努力，并呼吁全球通过《巴黎协定》设立明确的气候目标。此次会议中，气候变化议题主要集中在气候适应、减缓气候变化对贫困国家的影响以及推动

① IPCC，*Climate Change 2021：The Physical Science Basis*，Contribution of Working Group I to the Sixth Assessment Report of the Intergovernmental Panel on Climate Change，Cambridge University Press，2021.

② UNEP，Proceedings of the United Nations Environment Assembly of the United Nations Environment Programme，2014.

全球合作等方面。

2. UNEA-2（2016年）：推进全球气候行动

第二次UNEA会议召开时，《巴黎协定》已经通过（2015年12月），为全球气候治理提供了法律框架。大会主题为“落实《2030年可持续发展议程》中的环境目标”，各国继续推动将《巴黎协定》的目标落实到实际行动上。此次大会通过了多个与气候变化相关的决议，包括加强气候适应、推动低碳技术的发展等内容。

3. UNEA-3（2017年）：减少污染与应对气候变化协同

第三届大会主题为“让地球免受污染”，尽管议题主要聚焦污染问题，但气候变化内容仍被广泛讨论，相关议题包括气候变化与污染的关联、气候变化对健康的影响、资金与技术支持以及实施《巴黎协定》，特别是在减少污染与减缓气候变化的相互作用及全球合作应对方面取得了重要进展。

4. UNEA-4（2019年）：气候变化与可持续发展

第四届大会进一步提升了气候变化议题的重要性，将其与可持续发展目标（SDGs）深度结合。此次大会提出了“创新解决方案”的主题，强调气候变化与生物多样性保护、资源利用和经济发展紧密相关。会议期间，各国政府讨论了技术创新、绿色经济转型对应对气候变化的贡献，特别是在推动循环经济、清洁能源发展等方面。

5. UNEA-5（2022年）：气候变化与绿色复苏

第五届大会正值全球面临新冠疫情的持续影响时期，因此气候变化议题与绿色复苏相结合成为讨论焦点。大会主题为“加强自然行动以实现可持续发展目标”，各国代表在此次大会中就如何将气候变化政策与经济复苏政策相结合展开了深入探讨。UNEA-5强调了基于自然的解决方案和绿色经济复苏在应对气候变化中的关键作用，同时呼吁全球加强合作与气候融资支持。

6. UNEA-6（2024年）：气候变化与多重环境挑战协同

第六届大会重申了应对气候变化挑战的紧迫性，以及气候变化与其他全

球性挑战的密切关联。大会的总体主题为“采取有效、包容和可持续的多边行动，应对气候变化、生物多样性丧失和污染”。各国代表探讨了如何加强全球气候行动，包括增进包容性和团结、优化科技创新应用、提升对发展中国家的支持，强调通过可持续的发展和生活方式，以及全面综合的解决方案，协同应对多重全球环境挑战。

（二）联合国环境大会与联合国气候变化大会的关系

联合国环境大会与联合国气候变化大会（COP）是两个在环境治理与应对气候变化方面具有重要影响的国际会议，它们之间存在密切的关系，但各自的定位和侧重点有所不同。UNEA 由联合国环境规划署（UNEP）主办，是最高环境决策机构，旨在通过全球环境治理推动可持续发展。UNEA 聚焦广泛的环境问题，包括污染、生物多样性、气候变化与可持续发展等。COP 则是《联合国气候变化框架公约》（UNFCCC）下的缔约方会议，专门针对全球气候治理，讨论减缓、气候适应、资金、技术和能力建设等具体问题和机制安排。

UNEA 与 COP 的工作相辅相成。UNEA 提供了一个更广泛的环境治理框架，而 COP 则在气候变化领域内推动具体的国际协议和行动。两者结合有助于实现可持续发展目标并加强气候行动的综合性。在气候变化和可持续发展问题日益紧密相关的背景下，UNEA 和 COP 之间的协调变得越来越重要。UNEA 的决策可为 COP 提供政策参考，而 COP 的成果在 UNEA 中能够得到进一步讨论和落实。因此，UNEA 和 COP 都是全球环境治理体系中不可或缺的一部分，它们通过相互协作来推动全球应对气候变化和实现可持续发展的目标。

二　第六届联合国环境大会气候变化议题谈判分析

（一）太阳辐射干预

太阳辐射干预（Solar Radiation Modification，SRM）是一种地球工程

（或气候工程）技术，旨在通过人为手段减少地球接收到的太阳辐射量，从而降低全球气温。SRM 的主要方法包括向平流层注入硫酸盐气溶胶以反射部分阳光、增加云层反射率或利用空间反射器等[①②]。这项技术被视为应对气候变化的一种潜在补充手段，但并不能替代温室气体减排。SRM 技术存在技术和环境风险，包括气候系统可能发生不可预见的副作用、区域气候影响不均以及生态系统和社会伦理问题[③④]。

该议题提案国为瑞士、几内亚、摩纳哥、塞内加尔，主要由瑞士和欧盟推动。主要内容包括以下几个方面。一是加强科学研究。强调了对太阳辐射干预技术的科学研究和环境影响评估的重要性。二是建立国际治理框架。呼吁建立一个透明和负责任的国际治理框架，以确保 SRM 技术的研究和应用符合全球气候治理的原则，防止可能的不当使用和环境风险。三是推动国际合作。国际社会需要加强在 SRM 技术方面的合作，包括资金支持和技术转移，特别是帮助发展中国家提升其应对气候变化的能力。四是重视伦理考量。强调对 SRM 技术的伦理和社会影响进行评估，确保技术应用不会对脆弱社区和生态系统产生负面影响。

在 UNEA-6 上，关于太阳辐射干预的议题引发了各国代表的激烈讨论。各方均认为 SRM 技术尚未成熟，不能替代温室气体减排，但对于 SRM 国际治理进程以及是否应在 UNEA 进程下评估 SRM 分歧明显，同时也反映出各方对 SRM 技术看法不一。美国、欧盟和非洲集团等国家和组织的立场尤为鲜明，我国持谨慎立场，强调 SRM 技术存在很大的不确定性，需谨慎对待，应加强技术和社会经济风险的影响研究，推动建立公平的国际治理机制，避

---

① Keith D. W.，“Geoengineering the Climate：History and Prospect”，*Annual Review of Energy and the Environment*，2020，25.

② Shepherd J. G.，“Geoengineering the Climate：Science，Governance and Uncertainty”，Ocean Challenge，2020，1.

③ Parker A.，Geden O.，“No Favourable Winds for Solar Radiation Management Governance”，*Nature Climate Change*，2016，6（6），574-576.

④ 陈迎、徐岩：《地球工程及其治理体系的建立：现状、挑战与对策》，《中国人口·资源与环境》2015 年第 10 期。

免产生意想不到的环境后果。①美国：对 SRM 技术持相对积极的态度，认为这种技术可以作为应对气候变化的一个补充选项，但反对将 SRM 国际治理纳入 UNEA 决议，强调应加强科学研究，以更好地理解 SRM 技术的潜在影响，并促进相关技术的发展。②欧盟：对 SRM 技术采取谨慎立场，主张在实施任何相关技术之前，必须进行深入的科学评估和风险分析，强调需要建立严格的国际治理框架，以确保技术的透明性和负责任地使用。③非洲集团及发展中国家：对无限制地发展 SRM 技术持反对态度，强调应确保 SRM 技术的公平性和透明性，充分考虑发展中国家的能力不足问题，并建议 UNEA 推动建立关于禁止 SRM 试验的协议。

此外，关于 SRM 的讨论还涉及其可能的负面影响以及对现有国际协议的潜在冲突。许多国家强调，SRM 技术可能对气候系统产生不可预测的副作用，尤其是在缺乏足够科学数据支持的情况下。此外，部分代表指出，SRM 技术的实施可能与《联合国气候变化框架公约》及《巴黎协定》的目标相冲突，特别是因为 SRM 并不减少温室气体排放，只是通过技术手段短期内降低地球温度。各国在讨论中还提及了技术专利和技术垄断问题，担心发达国家可能借助 SRM 技术的研究和应用进一步巩固其在气候治理中的主导地位，这将对发展中国家的利益产生不利影响。

（二）迈向气候正义的有效、包容和可持续的多边行动

气候正义（Climate Justice）是全球气候治理中的热点问题，其主要关注如何在应对气候变化的集体行动中，公平地分配责任与利益，并关注弱势群体和国家的权利与需求。气候正义的核心在于承认不同国家和群体在历史排放和应对能力上的差异，发达国家应对其历史排放承担更多责任，并为发展中国家提供资金、技术和能力建设支持，以帮助发展中国家适应和减缓气候变化的影响，实现可持续发展。气候正义还特别关注气候变化对贫困社区、小岛屿国家等易受影响群体的巨大冲击，倡导在制定和实施气候政策时考虑这些脆弱群体的特殊需求，确保气候行动的公平性和包容性。

该决议提案国为斯里兰卡，旨在呼吁加强气候正义，强调发达国家向发

展中国家提供支持的义务，呼吁通过赠款、减债等方式帮助发展中国家获取更多资金资源，增强其应对气候变化的能力。提案主要内容包括：一是强化气候正义的重要意义，要求在制定全球气候治理规则时应考虑最脆弱国家和社区的需求与利益，确保这些群体在应对气候变化中获得应有的支持；二是倡导建立多边合作机制，以推动实现气候正义，促进各方进行经验交流，帮助发展中国家识别面临的挑战、困难和需求，促进气候融资、技术转移和能力建设等方面的合作；三是强调加快减排行动，尤其是发达国家应提升温室气体减排雄心，同时应加强国际合作。

在 UNEA-6 上，关于“迈向气候正义的有效、包容和可持续的多边行动”的决议讨论激烈，各方虽然均体现了对包容性、可持续性和公平性的全球气候治理体系的共同期望，但不同国家也显示出对于“气候正义”概念的理解差异，以及在应对气候变化的责任划分上的显著分歧。发展中国家普遍认为，发达国家在历史上排放了大量温室气体，应承担相应责任，率先大幅度减排，并为发展中国家提供更多的资金和技术支持。而发达国家则认为，所有国家都应该在应对气候变化中作出积极贡献，尤其是一些快速增长的发展中国家也需要承担相应的减排责任，强调通过推动各国提升气候雄心，强化全球气候行动。这种分歧导致了谈判的复杂化和难以达成一致。①发展中国家：坚持“共同但有区别的责任”原则，要求发达国家兑现出资和自身减排承诺，指出气候变化往往对发展中国家造成更严重的影响，强调资金和技术对于发展中国家提升气候韧性、开展气候行动、落实应对气候变化目标的重要性，呼吁更多的国际支持。②发达国家：虽然承认对气候变化负有历史责任，愿意支持帮助发展中国家提高应对气候变化的能力，但强调应推动各国提升减排雄心，加强全球集体行动，并提出随着世界经济格局演变，各国发展水平和地位有所变化，部分发展中国家应承担更多责任。③小岛屿国家和最不发达国家：强调小岛屿国家等排放贡献最小、损失损害最严重，由于气候变化带来的海平面上升和极端天气事件，气候脆弱国家面临生存危机，迫切需要国际社会提供支持并加快全球减排，呼吁在气候决策过程中充分考虑小岛屿国家的特殊需求，强化气候正义。

气候资金也是本次谈判中的焦点。许多发展中国家，特别是小岛屿发展中国家和非洲国家，强烈呼吁建立可靠和可预测的气候资金机制，以确保资金及时到位并用于最需要的地方，但发达国家对于气候资金的讨论缺乏意愿。此外，提案国斯里兰卡等建议建立一个国际性的“气候正义平台”，主要作用包括推动明确气候正义的具体含义和原则，促进国际社会各方支持并参与“气候正义”行动，提升和调动气候资金、损失损害基金等支持手段作用，并考虑在极端天气事件时对受到影响的国家实施债务减免。虽然这一建议得到了部分国家的支持，但也有国家对此类机制的有效性以及与现有资金机制的重复性表示担忧。

三　未来趋势分析与建议

（一）UNEA 谈判成果对推动全球气候治理的影响

联合国环境大会作为全球环境治理的主要平台，在推动全球气候变化治理方面发挥了重要作用，尤其在加强多边对话与合作、制定全球气候政策和促进技术创新等方面。其影响和作用体现在以下多个方面。一是提供全球性讨论平台。UNEA 为各国政府、国际组织、非政府组织、企业和公众提供了一个多边讨论的平台，使各方能够共同交流气候变化相关的问题和解决方案。二是引导气候政策制定。通过制定具有显示度或约束力的决议，推动气候治理政策进一步完善。这些决议通常涉及气候融资、减排目标、可持续发展等多个方面，可指引各国在应对气候变化时的行动方向。三是促进各利益相关者的参与。UNEA 积极鼓励民间社会、地方社区和企业等各方参与到气候治理中，确保各利益相关者的声音能够在决策过程中被听到，进而提高政策的有效性和可操作性。四是强化国际合作与协调。UNEA 通过推动建立国际合作机制，促进了各国在气候行动上的协调与合作。通过建立伙伴关系和合作项目，UNEA 有助于各国共享资源、知识和经验，以便更有效地应对气候变化。

（二）UNEA 气候变化议题未来谈判趋势

面对全球气候治理的复杂性和应对气候变化的紧迫性，未来联合国环境大会气候变化议题谈判预计将更加复杂多样化，可能呈现出以下新的特点。一是鼓励建立多边合作机制，包括国际机构间的合作、环境条约间的协同以及国家间的合作，其不仅限于融资和技术转移，还可能包括科学研究、经验分享、最佳实践和能力建设等方面。还可能涉及区域性平台的建立，推动提升区域内国家的联合应对能力，特别是在应对极端气候事件和区域气候变化适应方面，通过共享技术和信息来增强整体抗风险能力。二是关注新兴技术和科学概念，例如地球工程、气候临界点等。这要求在气候治理中应具备前瞻性，探索前沿技术、措施和政策，以应对未来可能出现的各种气候风险。同时，随着气候科学和政策的不断进步，未来的谈判可能会引入更多关于新技术和新方法的实践讨论，如碳捕集与封存（CCS）、基于自然的气候解决方案等，以制定更有效的温室气体减排和适应策略。三是更加强化气候正义，特别是小岛屿国家和最不发达国家的特殊需求。随着气候变化影响的加剧，国际社会对公平分担减排责任和加强气候融资的呼声愈加强烈。未来的谈判将可能会越来越多地探讨创新融资工具、气候与债务互换等问题，确保发展中国家在应对气候变化过程中获得公平的支持。四是技术创新与合作将继续扮演关键角色。低碳零碳技术的创新与普及是实现气候目标的关键。可预见 UNEA 将继续推动新能源、节能减排技术、智能农业等方面的国际合作，特别是帮助发展中国家获取新技术，以提高其气候变化应对能力。五是引导非政府组织和私营部门的参与，释放低碳技术、绿色金融和国际气候合作等积极导向信号，动员私营部门的资金和技术优势推动实施可持续和低碳项目。

（三）更好地发挥 UNEA 国际气候治理平台作用的应对建议

一是积极参与 UNEA 气候变化议题谈判。加强国际多边合作。充分发挥 UNEA 与 COP 在气候变化议题谈判中的不同作用，在 UNEA 上积极倡导实现 2030 可持续发展目标，推动气候变化与环境领域协同治理。倡导加强

全球环境和气候治理的多边合作，通过联合国及其他国际组织，积极参与全球治理机制的建设，在发展中国家鼓励加强南南合作。通过区域性合作平台，如“一带一路”倡议，促进不同国家在气候行动中的合作，特别是在可再生能源、绿色基础设施建设等方面加强合作。

二是重视科技和工具创新在应对气候变化中的重要作用。加强气候变化相关领域的基础科技研发，推进跨学科跨领域的交叉学科建设，推动气候变化减缓和适应等新技术的开发和应用。通过国际合作与技术转移，帮助发展中国家提高其在低碳技术领域的能力，同时支持科技与政策的结合，以推动低碳创新在全球范围内的普及。推动绿色金融的发展，创新金融工具，如绿色债券、碳市场、气候保险等，以提供充足的资金支持各国的气候行动。尤其是在发展中国家，绿色金融可以为清洁能源、绿色交通、适应性基础设施等提供必要的资金保障，帮助这些国家更好地应对气候变化。

三是加强公众教育与宣传。增强公众对气候变化及环境问题的认识，提高社会对环保的重视程度，鼓励公众参与环境治理和气候行动。通过教育和宣传活动，增强公众对气候变化影响的了解，增强应对气候变化的社会意识，鼓励绿色生活方式，推动公众在减排和环保行动中发挥更大作用。鼓励地方层面的创新和实践，推动社区级别的适应行动，提高社会各阶层对气候变化的应对能力。同时，应在国际层面对中国在应对气候变化方面的正面形象加强宣传，展示中国在清洁能源、气候适应等方面的成就。

G.12

全球碳市场连接的最新进展与现实挑战

孙永平　蔡正芳*

摘　要： 全球各单一碳市场的广泛建立和《巴黎协定》“自下而上”的减排合作机制为全球碳市场连接提供了现实需求和制度支撑。本文梳理了碳市场连接的形式和现状，从地理邻近性、经济可行性、政治可行性、气候政策差异、环境完整性5个方面探究了碳市场连接的现实挑战，并针对现实挑战提出对策建议，以推动碳市场的顺利连接、保障连接市场的有效运行。本文建议为碳市场连接提供支持性政治环境，开展分阶段碳市场连接，加强碳市场制度体系协调，突破碳市场连接的法律限制，确保连接后的环境完整性。

关键词： 碳市场连接　减排合作　气候变化

碳市场是一种基于市场机制的减排政策工具，是有效控制和减少温室气体排放、应对全球气候变化的重要举措。当前，全球共有36个碳排放权交易体系正在运行，覆盖39个国家，且有14个体系正在规划中。[①] 随着全球各单一碳市场的广泛建立，许多国家和地区开始关注建立全球连接的碳市场。现实中，已有3个国际连接的碳市场正在运行，并且越来越多的单一碳市场正在寻求国际连接伙伴。本文将聚焦全球碳市场连接的最新进展，深入

---

* 孙永平，华中科技大学“华中卓越学者”特聘教授，全球气候治理研究中心主任，研究领域为气候变化经济学、碳市场；蔡正芳，华中科技大学经济学院博士后，研究领域为国际贸易、碳市场。

① ICAP, Emissions Trading Worldwide: Status Report 2024, 2024.

探究连接的现实挑战，并提出相应的对策建议，为提高碳市场连接的可行性和有效性提供参考和借鉴。

一　全球碳市场连接的进展

（一）全球碳市场连接的背景

1. 全球碳市场连接的现实需求

第一，控排企业有降低履约成本的需求。碳市场连接允许控排企业使用连接伙伴的配额来履约，从而降低了控排企业的总体减排成本。履约成本的降低是欧盟和瑞士碳市场连接的主要推动力之一①。

第二，各单一碳市场有提高市场流动性和价格稳定性的需求。碳市场连接通过扩大市场规模、增加交易者的数量、提高交易活跃度来增加碳市场的流动性，从而防范市场垄断风险②，并减少了价格的日常波动③。

第三，各单一碳市场有防止碳泄漏的需求。防止碳泄漏是维护碳市场有效性、保证环境完整性的重要手段。碳市场连接有助于碳价的趋同，拉平了不同碳市场间的排放成本，能够有效降低碳泄漏的可能性，为不同国家的控排企业创造公平的竞争环境④。

2. 全球碳市场连接的制度支撑

《巴黎协定》第六条第二款和第六条第四款允许缔约方以可国际转让的减缓成果（ITMO）和国际碳减排信用来履行本国的国家自主贡献（NDCs），为全球碳市场连接提供了制度支撑。

---

① EDF, Switzerland: An Emissions Trading Case Study, 2015.

② Fershtman C., Zeeuw A., "Possible Inefficiencies in a Duopoly Trading Emission Permits", *Strategic Behavior and the Environment*, 2013, 3 (4).

③ Doda B., Quemin S., Taschini L. "Linking Permit Markets Multilaterally", *Journal of Environmental Economics and Management*, 2019, 98.

④ "Carbon Leakage: Theory, Evidence, and Policy Design", Partnership for Market Readiness Technical Note, No. 11, 2015.

第一，《巴黎协定》第六条第二款为基于双边和多边协议的全球碳市场连接奠定了规则基础[①]。通过碳市场连接实现跨国流通的碳配额是一种ITMO，被具有法律约束力的国际条约《巴黎协定》认可。同时，《关于〈巴黎协定〉第六条第二款所述合作方法的指导》（简称《PA 6.2 指导》）规定了 ITMO 的签发与管理、报告与审评、记录和跟踪、保障和限制以及NDCs 相应调整等内容[②]，确立了 ITMO 全球交易的基本框架，也为基于双边和多边协议的全球碳市场连接的制度体系设计提供了参考和借鉴。

第二，《巴黎协定》第六条第四款为碳信用的国际交易建立了一个由联合国专门机构监管的机制，简称可持续发展机制（SDM），可持续发展机制下产生的碳信用单位被称为 A6. 4ER[③]。SDM 突破了《京都议定书》对非附件一国家只可作为清洁发展机制（CDM）项目东道国的规定，赋予了发展中国家和发达国家平等地参与碳信用市场的资格。《根据〈巴黎协定〉第六条第四款所建立机制的规则、模式和程序》（简称《PA 6.4 细则》）从监督机构、参与责任、交易规则和程序、登记和注销规则、收益分配规则、避免重复计算等方面制定了 SDM 的实施细则[④]，为基于项目的全球碳市场连接提供了制度保障。

（二）碳市场连接的形式

1. 直接连接

（1）完全连接

完全连接也称双向连接，指两个碳市场互相认可对方的配额，控排企业可使用对方碳市场的配额履约。完全连接意味着配额在两个市场之间流动，

---

① 曾文革、党庶枫：《〈巴黎协定〉国家自主贡献下的新市场机制探析》，《中国人口·资源与环境》2017 年第 9 期。

② 《联合国气候变化框架公约》，https：//unfccc. int/sites/default/files/resource/cma2021_L18C. pdf。

③ 孙永平、张欣宇、施训鹏：《全球气候治理的自愿合作机制及中国参与策略——以〈巴黎协定〉第六条为例》，《天津社会科学》2022 年第 4 期。

④ 《联合国气候变化框架公约》，https：//unfccc. int/sites/default/files/resource/cma2021_L18C. pdf。

能够增加交易者数量和交易量，进而提高市场流动性，但也可能导致一国的政治、经济以及碳市场的制度设计受到其他国家的影响。

（2）有限连接

有限连接是指双方对配额的完全互认施加一定限制。限制方法包括限制配额的类型和数量，或者对来自对方市场的配额施加一定的兑换率或折扣率。单向连接是有限连接的特殊形式。在单向连接的碳市场中，一方碳市场认可另一方碳市场的配额，但反之不可行，因此配额只能单向流动。

部分国家将有限连接当作完全连接的过渡措施。例如，挪威在完全连接欧盟碳市场之前，曾与欧盟碳市场建立单向连接，挪威的控排企业可以使用欧盟碳市场的配额进行履约。另一种更普遍的单向连接是履约碳市场与自愿碳市场的连接。全球多个碳市场曾与 CDM 连接。

2. 间接连接

间接连接是指两个碳市场分别与第三方碳市场建立直接连接，从而形成间接连接。第三方碳市场可以是自愿碳市场，也可以是履约碳市场。目前的间接连接以前者为主，例如，新西兰碳市场和欧盟碳市场通过共同接受 CDM 信用而实现了间接连接。

（三）碳市场连接的现状

1. 已开展的碳市场连接

已开展的 5 个碳市场连接中，有 2 个连接是在不同国家之间达成的，1 个连接是跨越不同国家的两个区域间建立的，还有 2 个连接则是在同一国家的不同区域间实现的，如图 1 所示。

2. 规划中的碳市场连接

（1）奥地利、德国碳市场与欧盟的新碳市场（ETS 2）连接

2023 年，欧洲议会批准为交通和建筑行业创建一个单独的新交易体系（ETS 2），ETS 2 预计将在 2027 年全面运行①。奥地利和德国已经分别于

① ETS 2: Buildings, Road Transport and Additional Sectors, https://climate.ec.europa.eu/eu-action/eu-emissions-trading-system-eu-ets/ets2-buildings-road-transport-and-additional-sectors_en.

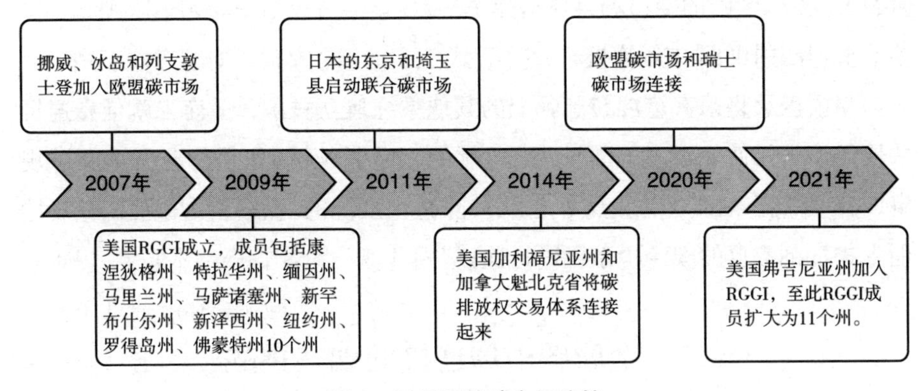

图 1　已开展的碳市场连接

2021 年和 2022 年在交通和建筑行业实施碳市场，随着欧盟 ETS 2 的全面运行，这两个碳市场最终将与欧盟 ETS 2 实现完全连接。

（2）华盛顿州碳市场的连接

《气候承诺法案》允许华盛顿州碳市场在一定条件下进行连接。2024 年 3 月，华盛顿州长签署了华盛顿碳市场与加利福尼亚州-魁北克省碳市场连接的法案[①]。

（3）墨西哥碳市场与北美碳市场连接

近年来，墨西哥为与北美碳市场连接开展了一系列合作活动。墨西哥在 2014 年与美国加利福尼亚州签署了谅解备忘录[②]，2015 年与加拿大魁北克省签署了一项协议[③]，内容均涉及排放交易方面的合作。2016 年 8 月，墨西哥、魁北克省和安大略省发表了关于碳市场合作的联合声明[④]。2017 年 12 月，墨西哥与其他四个国家和七个地方政府一起发布了《美洲碳定价巴黎

① Carbon Market Linkage Bill Signed into Law，https：//senatedemocrats. wa. gov/nguyen/2024/03/28/carbon-market-linkage-bill-signed-into-law/.

② https：//business. ca. gov/wp-content/uploads/2023/05/5-MOU-CA-Mexico. pdf.

③ Mexico Interested in Learning from Québec ETS，https：//icapcarbonaction. com/en/news/mexico-interested-learning-quebec-ets.

④ Mexico，Ontario and Québec Agree to Advance Carbon Markets，https：//unfccc. int/news/mexico-ontario-and-qu%C3%A9bec-agree-to-advance-carbon-markets.

宣言》，为地区间的碳市场合作搭建了平台①。

3. 考虑中的碳市场连接

英国表示将来有可能与国际上的其他系统建立联系，但尚未就优先连接的伙伴作出任何表态。英国与欧盟签署的《欧盟-英国贸易与合作协议》规定，各司法管辖区“应认真考虑以保护这些系统的完整性并增强其有效性的方式，将各自的碳定价系统进行连接”②。

二　全球碳市场连接的现实挑战

各单一碳市场有连接的现实需求，同时，《巴黎协定》第六条也为全球碳市场连接提供了制度支撑。然而，许多碳市场至今尚未连接。例如，加利福尼亚州和魁北克省碳市场没有与 CDM 连接，而欧盟碳市场也没有与任何北美碳市场连接。为什么有些碳市场选择不连接？碳市场连接的现实挑战仍是需要探究的问题。

（一）地理邻近性

1. 信息不对称

地理邻近有助于不同碳市场之间交流和分享信息，从而降低信息不对称。在邻近的碳市场之间，信息传递的速度和效率更高，有助于政策制定者及时了解市场动态、政策变化以及市场需求等信息，从而更加精准地制定碳交易连接策略。地理邻近还有助于碳市场的监管工作，监管机构可以更加便捷地进行现场检查和监督，并加强合作和协调，确保碳交易活动的合规性和公平性。

---

① Paris Declaration on Carbon Pricing in the Americas, https: //www. gob. mx/cms/uploads/attachment/file/279823/Declaration_ on_ Carbon_ Pricing. pdf.

② Post-Brexit agreements, https: //www. consilium. europa. eu/en/policies/eu-relations-with-the-united-kingdom/post-brexit-agreements/.

2. 国际贸易的区域化

碳市场连接的区域化与国际贸易区域化存在着密切的关系。地理邻近减少了国家之间的运输成本和物流时间，提高了贸易的便利程度，促进了贸易规模的扩大。当前全球贸易格局形成了亚太、欧洲和北美三大区域性贸易体系[①]。控排企业会更加支持与邻近的贸易伙伴国实施碳市场连接，以保持自身在区域贸易中的竞争力。

3. 文化相似

文化相似的国家更容易在碳市场连接问题上进行有效的沟通和交流。由于连接谈判时需要对翻译术语进行仔细审查，相似的价值观、习俗和官方语言可以在谈判、协议制定和执行等过程中减少误解和冲突，从而加速碳市场的连接进程[②]。文化相似性还有助于各国在碳市场连接问题上建立共识和信任。同时，拥有相似文化背景的国家更愿意分享经验、技术和资源，从而促进碳市场的共同发展。

（二）经济可行性

1. 价格传导

由于流动性水平的提高，价格波动和经济冲击可能会通过连接进行传导，这就尤其增加了小型碳市场系统性风险的暴露度。例如，2011 年，由于碳市场上配额过剩，欧盟对来自特定项目类型的 CDM 信用实施了限制，而新西兰碳市场允许无限制使用 CDM 信用，导致该类碳信用纷纷涌入新西兰市场，造成新西兰的碳价下降。随后，新西兰政府也对该类 CDM 信用实施了限制[③]。

---

① 鞠建东、余心玎、卢冰等：《全球价值链网络中的“三足鼎立”格局分析》，《经济学报》2020 年第 4 期。

② Evans S., Wu A., “What Drives Cooperation in Carbon Markets? Lessons from Decision-Makers in the Australia-EU ETS Linking Negotiations”, *Climate Policy*, 2021, 21 (8).

③ Diaz-Rainey I., Tulloch D., “Carbon Pricing and System Linking: Lessons from the New Zealand Emissions Trading Scheme”, *Energy Economics*, 2018, 73.

2. 财富转移

连接碳市场的碳价差异将引发财富重新分配。对于高价国家（地区）而言，财富的流失将导致政治问题，引发政府的反对①。对于低价国家（地区）而言，买家的增长可能造成本市场碳价上涨。如果碳市场的配额价格已经足够彰显国家（地区）自身的减排雄心，那么配额价格的上涨可能引发控排企业的反对②。尽管配额上涨能带来财富的流入，但这些财富很难补偿给控排企业。

3. 绿色竞争力

连接碳市场的碳价差异还可能降低高价国家（地区）的绿色竞争力。控排企业从低价碳市场购买配额，实际上是在为国外的减排活动提供资金，而不是在国内进行减排创新和开展减排行动③。这种“外包”减排抑制了净买家的减排激励，导致落后技术锁定在本国（地区），使其在减排上面临更大的挑战和困难。

（三）制度可行性

1. 制度相似性

在碳市场连接过程中，制度相似性能够降低连接难度。在相似的制度框架下，两个国家的碳市场更容易形成统一的市场标准、交易规则和价格机制，使碳市场的连接更加顺畅。在连接碳市场的后续运行和管理中，制度相似性可以提高市场的稳定性。在相似的监管规定下，企业更容易理解并遵守连接市场的规则。同时，相似的制度可以形成共同的价值观和利益基础，从而增强碳市场之间的信任和合作意愿，提高市场的稳定性。

2. 法律限制

缺乏法律支撑可能是限制连接的一个挑战。各国法律普遍限制地方政府

① Verde S., Galdi G., Borghesi S., et al., “Emissions Trading Systems with Different Levels of Environmental Ambition: Implications for Linking”, LIFE－DICET Report for the Carbon Market Policy Dialogue, 2020.

② Jaffe J., Ranson M., Stavins R., “Linking Tradable Permit Systems: A Key Element of Emerging International Climate Change Architecture”, *Ecology Law Quarterly*, 2009, 36 (4).

③ Fershtman C., Zeeuw A., “Possible Inefficiencies in a Duopoly Trading Emission Permits”, *Strategic Behavior and the Environment*, 2013, 3 (4).

直接与外国签订具有约束力的协议。

第一，法律限制了地方碳市场之间的国际连接。美国宪法禁止各州在未经国会同意的情况下与“外国”签订任何“协议或契约”[①]；而加拿大各省被允许开展准外交活动[②]。因此，两个地方碳市场以谅解备忘录的形式签订连接协议，而不是采用具备法律约束力的国际条约，以避免违背美国宪法。

第二，法律限制了地方碳市场与国家碳市场之间的连接。尽管地方碳市场之间的国际连接受到法律限制，但加利福尼亚州和魁北克省碳市场已经连接在一起，为地方碳市场的国际连接提供了示范。然而，当前还没有任何一个地方碳市场与国家碳市场建立连接的案例，正如加利福尼亚州空气资源委员会主席玛丽·尼科尔斯所说，“一个州与一个主权国家建立联系存在一些法律挑战，这些挑战很难解决”[③]。

各国之间的法律兼容性也是碳市场连接的挑战。加利福尼亚州和魁北克省碳市场之间的连接必须考虑到两种不同的法律体系的差异，即魁北克省的民法和加利福尼亚州的普通法[④]。同样，欧盟和瑞士也需要调和各自不同的保密规则，包括欧盟的碳市场信息分类政策、瑞士的《信息保护条例》和《联邦数据保护法》[⑤]。

（四）气候政策差异

1. 减排目标

不同减排目标将给碳市场连接带来困难。一方面，减排目标上的差异会反映在碳价上，导致财富转移和绿色竞争力重塑，这些经济上的挑战阻碍了

---

① Becklumb P., Federal and Provincial Jurisdiction to Regulate Environmental Issues, 2013.

② Gouvernement du Québec, Act Respecting the Ministère Des Relations Internationales, 2018.

③ Debra Kah, E. U. Market Troubles will Prevent Emissions Trade Linkage - Calif. Air Chief, https://subscriber.politicopro.com/article/eenews/1059979761.

④ Benoit J., Côté C., "Essay by The Québec Government on Its Cap-and-Trade System and the Western Climate Initiative Regional Carbon Market: Origins, Strengths and Advantages", *UCLA Journal of Environmental Law and Policy*, 2015, 33 (1).

⑤ Santikarn M., Li L., La Hoz Theuer S., et al., A Guide to Linking Emissions Trading Systems, 2018.

碳市场连接。例如，加利福尼亚州碳市场因为欧盟碳市场价格较低而不与其连接[①]。同样，由于 RGGI 价格的疲软，RGGI 和加利福尼亚州碳市场之间也没有实施连接[②]。另一方面，为了防止财富转移到减排目标低的国家（地区），减排目标高的国家（地区）可能会降低自身的减排雄心，这会损害碳市场的减排功能，甚至从整体上抵消连接带来的减排成效。

2. 碳交易制度体系

注册登记制度的差异可能导致重复计算的问题。MRV 规则的差异可能降低各连接方对彼此的信任。若连接前碳市场的抵消机制、储存和预借等交易规则存在差异，那么连接后，这些交易规则会自动对齐，进而影响连接市场的稳定性。减排目标的严格程度的可比性是连接的先决条件，只有各连接方认可彼此的减排努力水平，碳市场才有连接的可能。减排目标是总量控制目标还是碳强度目标，这种差异也是阻碍碳市场连接的因素。而纳入门槛、覆盖范围和配额分配方法的差异可能引发竞争力担忧，从而阻碍连接。

制度体系兼容要求各连接方要调整自身碳市场的制度体系，甚至在关键的制度要素上作出妥协。然而，这些调整和妥协可能导致政府对碳市场失去控制权，扰乱原先的环境目标，并且引发国内利益相关者对碳市场连接的不满。这些变化的性质和规模可能会超过连接带来的总体效益。

（五）环境完整性

1. 碳信用质量

自愿碳市场的碳信用额缺乏严格的规则和标准，导致碳信用质量存在不确定性，从而阻碍了履约碳市场与自愿碳市场的连接。作为全球最大的碳信用交易体系，CDM 就因其项目的额外性有限而引发了碳信用质量问题。一个最典型的例子是，基于减少氢氟碳化合物（HFC）排放的 CDM 项目造成

---

① Debra Kah, E. U. Market Troubles will Prevent Emissions Trade Linkage - Calif. Air Chief, https://subscriber.politicopro.com/article/eenews/1059979761.

② Burtraw D., Palmer K., Munnings C., et al., "Linking by Degrees: Incremental Alignment of Cap-and-Trade Markets", https://media.rff.org/documents/RFF-DP-13-04.pdf.

部分企业为了获得碳信用，建设了额外的HFC生产工厂，导致全球HFC排放并未减少，破坏了环境完整性[①]。2013年，欧盟碳市场停止接受此类项目的碳信用。

2. 重复计算

碳市场连接将造成配额的跨国界交易，这可能会与各国核算的NDC产生重复计算问题。《巴黎协定》第六条要求确保跨国流动的排放量只计入一个NDCs的实现，即配额转移到的国家，而不是减排发生的国家。如果减排量被两个国家重复计算，重复计算的减排量就会削弱本就不足的NDCs，从而导致全球整体减排力度下降[②]，破坏环境完整性。

三　全球碳市场连接的对策建议

针对全球碳市场连接的现实挑战，本部分从提供支持性政治环境、开展分阶段碳市场连接、加强制度体系协调、突破连接的法律限制、确保环境完整性5个方面提出对策建议。

（一）提供支持性政治环境

1. 建立友好的双边政治关系

双边政治关系是影响碳市场连接的核心因素，包括双方是否属于同一政治联盟或经济联盟、签署了相关的贸易协定、达成了一定的环境倡议等。友好的双边政治关系是碳市场连接的政治推动力，如欧盟和挪威、冰岛、列支敦士登的碳市场连接在《欧洲经济区协定》的基础上开展[③]。《2022中国气

① Delay T., Grubb M., Willan C., et al., "Global Carbon Mechanisms: Emerging Lessons and Implications", https://www.researchgate.net/publication/336676293_Global_carbon_mechanisms_emerging_lessons_and_implications.

② 孙永平、张欣宇、施训鹏：《全球气候治理的自愿合作机制及中国参与策略——以〈巴黎协定〉第六条为例》，《天津社会科学》2022年第4期。

③ Verde S., Borghesi S., "The International Dimension of the EU Emissions Trading System: Bringing the Pieces Together", *Environmental and Resource Economics*, 2022, 83.

候融资报告》也认为东盟自贸区、《区域全面经济伙伴关系协定》（RCEP），以及中国与东盟达成的《中国-东盟环境保护合作战略》《中国-东盟环境合作行动计划》等合作协议，均为未来双方在碳市场方面的合作奠定了基础①。

2. 签署双边或多边连接协议

尽管连接协议对于碳市场的连接及其运行并不是必要条件，但作为一份政治文件，连接协议是各方承诺碳市场连接的象征，有助于巩固合作关系，提高各方对共同目标及其未来协调方式的理解②。

连接协议的形式有两种，一种是国际法约束下的国际条约，另一种是非约束性的谅解备忘录（MoU）。欧盟与瑞士连接以及欧盟与挪威、冰岛、列支敦士登连接属于两个或多个政治实体之间签订的国际条约，具有较强的法律约束力。而北美的连接则属于几个司法管辖区之间的松散约定，其中，加利福尼亚州-魁北克省连接以及 RGGI 签署的是谅解备忘录。

（二）开展分阶段碳市场连接

1. 初期选择有限连接

政策制定者可以考虑将有限连接作为连接的初步方案。有限连接提高了政策制定者对碳市场的控制权，也能部分实现连接带来的政治、经济和环境效益。有限连接包括三种主要方式。第一，设置数量限制，以控制允许履约的其他碳市场的配额类型或数量。第二，设置兑换率，将连接伙伴配额的单位价值按特定的系数调整，兑换率需要对称设置。兑换率的大小决定了连接碳市场的减排和降低成本的效果。第三，设置折扣率，其工作方式与兑换率类似，但可以不对称设置。

2. 逐步过渡到完全连接

在有限连接的基础上，连接方进一步协调和对齐各项碳市场制度要素，

---

① 中央财经大学绿色金融国际研究院：《2022 中国气候融资报告》，2022。

② Santikarn M., Li L., La Hoz Theuer S., et al., "A Guide to Linking Emissions Trading Systems", https://www.researchgate.net/publication/335928926_A_Guide_to_Linking_Emissions_Trading_Systems.

逐步过渡到完全连接。逐步连接的相关研究提出了评估各项制度要素对齐顺序的三个标准①。第一，对齐的容易程度决定了连接方谈判的难度和协调的耗时程度，因此，连接方应该先对齐最容易对齐的要素。第二，尽管完全对齐困难，但对碳市场运行起到关键作用的要素应该在早期实现最低限度的对齐，以保证连接市场的运行。第三，即使连接市场能够有效运作，未对齐的要素也可能产生分配问题或环境完整性问题。因此，连接方也应该考虑率先对齐关键要素，以缓解碳市场制度差异引发的政治和经济问题。

（三）加强制度体系协调

1. 评估双方制度体系分歧点

评估工作有助于各方在确定连接之前了解分歧点及其潜在的影响。即使事前评估在预测未来发展方面的效果有限，但评估仍然可以为政策制定者制定风险防范策略提供信息和数据支撑。加利福尼亚州和魁北克省签署的《关于减少温室气体排放的碳排放交易计划协调和整合协议》规定，“在发现连接方的某些制度要素存在差异的情况下，连接方应确定这些要素是否需要协调和对齐，如果确定需要协调，连接方应就协调办法进行协商”②。该协议还详细规定了抵消规则、登记和拍卖制度、MRV 规则等方面分歧点的协调标准。

2. 共同开发交易体系要素

对于单独建立后寻求连接的碳市场来说，对齐碳市场制度体系是一项复杂且耗时的工作。因此，碳市场在设计和建立时期就可以考虑与连接伙伴共同开发交易体系要素。美加西部气候倡议（WCI）和 RGGI 为参与者开发兼容的碳市场提供了指导。2010 年发布的《WCI 区域计划的设计》（*Design*

---

① Burtraw D., Palmer K., Munnings C., et al., “Linking by Degrees: Incremental Alignment of Cap-and-Trade Markets”, https://media.rff.org/documents/RFF-DP-13-04.pdf.

② Agreement Between the California Air Resources Board and the Gouvernement Du Quebec Concerning the Harmonization and Integration of Cap - And - Trade Programs For Reducing Greenhouse Gas Emissions, 2013.

for the WCI Regional Program）从上限设置、配额互认、抵消机制、拍卖机制、监管系统等方面为参与者开发兼容的碳市场提供了指南①。RGGI 模型规则（RGGI model rule）为参与者开发各自的碳交易体系提供了框架②，使碳市场在建立时就已经为与特定的伙伴连接而预留了空间。

3. 统一碳排放核算标准和规则

统一的核算标准和规则可以确保不同国家和地区的碳排放数据具有可比性，减少交易双方在数据核查方面的成本，是连接碳市场公平交易的基础。首先，连接方各自要建立可信、权威、完善的碳排放核查机制。各连接方应以法律形式明确 MRV 规则中的相关要件，推动碳排放核查的法治化，将核查机构资质、核查标准制度、核查责任要求等内容纳入制度建设。其次，连接方应当统一碳排放核算标准和规则，避免因核查方法互异而导致核算质量参差不齐。最后，连接方可以共同设立认证机构，对各方碳排放核算方法和数据进行审核和认证，加强 MRV 程序的透明性和一致性，并加强数据监管。

（四）突破连接的法律限制

1. 以谅解备忘录的形式推动碳市场连接

国际条约和谅解备忘录是碳市场连接协议的两种类型。国际条约具备法律约束力，但谈判和修改过程都较复杂，并且不适用于地方政府开展国际碳市场连接。相反，谅解备忘录的法律约束力较弱，但程序简单，并且能为地方政府开展碳市场国际连接提供一个共同框架，统一各连接方诉求③。

首先，谅解备忘录是地方碳市场之间签订国际连接协议的可行选择。加

① Design for the WCI Regional Program，https：//wcitestbucket. s3. us-east-2. amazonaws. com/amazon-s3-bucket/documents/en/wci-program-design-archive/WCI-ProgramDesign-20100727-EN. pdf.

② The Regional Greenhouse Gas Initiative，https：//www. rggi. org/sites/default/files/Uploads/Design-Archive/Model-Rule/2017-Program-Review-Update/2017_ Model_ Rule_ revised. pdf.

③ Borghesi S.，Zhu T.，“Getting Married（and Divorced）：A Critical Review of the Literature on（De）linking Emissions Trading Schemes”，*Strategic Behavior and the Environment*，2020，8（3）.

利福尼亚州和魁北克省的碳市场通过签订谅解备忘录来开展连接，以避免违反美国宪法。

其次，谅解备忘录是地方碳市场与国家碳市场签订国际连接协议的可行选择。墨西哥于2014年与加利福尼亚州签署了谅解备忘录，其中涉及碳市场合作，为未来的碳市场连接搭建平台。

2. 适当允许地方政府开展碳市场连接

在地方政府开展碳市场连接方面，加拿大的法律限制最小。加拿大联邦法律允许魁北克省在获得其省级国民大会和省政府的批准后，谈判、实施和管理完全属于其司法管辖范围内的国际协议①。同时，《泛加拿大清洁增长和气候变化框架》也赋予了各省制定自己的碳定价立法的灵活性②。而美国各州则需要在联邦政府允许的情况下开展碳市场国际连接。

对于大多数国家，美国模式是更为可行的选择。中央政府在一定条件下允许地方政府开展碳市场连接，既符合地方碳市场和控排企业对连接的现实需求，又能对地方碳市场连接进行审核和控制。

（五）确保环境完整性

1. 加强减排雄心的协调

在连接的考虑阶段，连接方可以通过考察连接伙伴的气候目标等指标来评估其减排雄心。在连接的谈判阶段，连接方应积极协商制定相同或相似的配额价格和整体减排目标来协调减排雄心。在已连接阶段，连接方可以采取技术合作和收益分配倾斜等措施来支持减排雄心不足的一方的减排技术进步和能力建设。

2. 加强与《巴黎协定》第六条的协调

第一，避免重复计算。为了实现全球总体减排目标，《PA 6.2 指导》和《PA 6.4 细则》均规定，缔约方 NDCs 范围以外的减排量在进入国际碳市场

---

① Gouvernement du Québec, Act Respecting the Ministère Des Relations Internationales, 2022.

② Becklumb P., *Federal and Provincial Jurisdiction to Regulate Environmental Issues*, Ottawa: Library of Parliament, 2013.

进行交易时应该进行相应调整，这意味着在碳配额由一个碳市场出售给另一个碳市场后，这些碳配额不可以再被用于履行本国在《巴黎协定》下的NDCs义务或者任何其他的合规义务，并应在依据《联合国气候变化框架公约》（UNFCCC）第4条、《巴黎协定》第四条所编制的排放清单和NDCs报告进行相应调减。而碳配额和碳信用的流入国可以将这些配额和信用计入本国的NDCs目标。

第二，统一核算方法。ITMO和A6.4 ER应以"tCO_2e"表示，其核算方法必须遵循IPCC的建议，并经过《巴黎协定》缔约方会议讨论通过，以保证ITMO和A6.4 ER与缔约方NDCs的测算和计量相一致①。如果碳市场连接方希望将流入的碳配额和碳信用计入本国NDCs，那么各连接方的碳排放核算方法应考虑使用与UNFCCC和《巴黎协定》相符合的核算方法。例如，在欧盟-瑞士碳市场连接的协议中，双方同意根据UNFCCC批准的规则对配额的流动进行核算②。

① 王云鹏：《论〈巴黎协定〉下碳交易的全球协同》，《国际法研究》2022年第3期。

② Agreement between the European Union and the Swiss Confederation on the Linking of Their Greenhouse Gas Emissions Trading Systems, https://eur-lex.europa.eu/legal-content/EN/TXT/?uri=uriserv:OJ.L_.2017.322.01.0003.01.ENG&toc=OJ:L:2017:322:TOC.

G.13

气候变化与能源转型下的关键矿产安全*

于宏源　黄　霞　陈宏阳**

摘　要：　随着气候治理的重要性不断上升，全球能源转型势不可挡，可再生能源和能源效率在这一进程中扮演关键角色，由此锂、钴、镍等关键矿产需求增大，使得推动关键矿产安全成为重点议题。美国等西方国家将关键矿产供应链安全提高到国家战略高度，推动供应链“去中国化”，寻求建立全球标准和冲突解决程序。而以“全球南方”为代表的关键矿产资源国成为能源转型中的新兴国家，积极拓展关键矿产产业链，努力实现更高质量的发展。中国作为全球矿产勘探、开发、加工的主要国家，在中游精炼和下游生产等领域占主导地位，但在上游欠缺优势。在此背景下，我国应进一步识别关键矿产供应链中的风险，并提出全球关键矿产供应链风险可能的解决方案。

关键词：　关键矿产　能源转型　全球治理

当今世界正面临着百年未有之大变局，气候危机、生态危机、污染危机、能源危机、经济危机五大危机相互交织，对世界各国构成严峻挑战。随着全球加速向更清洁、更可持续的能源结构过渡，与清洁能源技术相关的各种关键矿产的需求正在激增。《巴黎协定》与联合国零碳竞赛（Race To

* 国家社科基金项目资助。

** 于宏源，上海国际问题研究院公共政策与创新研究所所长，研究员；黄霞，中国地质调查局发展研究中心国际矿业政策研究室副主任、正高级工程师；陈宏阳，上海国际问题研究院硕士研究生。

Zero)[①] 的广泛推进促进了新一轮科技和产业革命带来的加速转型，绿色低碳发展成为世界经济主要选项，能源系统也正转向以电力为主要驱动能源的新格局。能源转型与新矿产资源产业发展趋势不断强化，全球绿色经济风起云涌，国家、地方、企业和社区都成为经济转型的利益攸关方，世界正走在脱碳和实现净零排放的雄心勃勃的道路上。然而能源转型下的关键矿产面临供需、地缘竞争、产业链供应链等方面的挑战[②]。

在气候变化与能源转型背景下，世界正在从化石燃料密集型能源向矿产密集型能源转变。这些矿产包括锂、钴、镍、石墨、稀土元素，以及一系列其他更传统的矿产。与此同时，关键矿产资源在保障全球绿色低碳转型达标中发挥着至关重要的支撑作用。全球能源转型推动了关键矿产资源开发的爆发式增长，也带来了各国对全球关键矿产供应链的关切。大国围绕绿色产业链展开的竞合加剧，新能源、新技术和关键材料高地之争愈演愈烈。到 2030 年，关键减排技术所需的关键矿产具有潜在的供不应求可能性，其原因主要包括历史上对采矿和勘探投资不足、供应链中断而造成的供需缺口，以及勘探与生产间的交货时间长、复杂矿体开采困难且成本高昂等。[③] 根据世界经济论坛 2023 年底发布的《为能源转型提供矿产保障白皮书》，气候变化背景下能源转型加速趋势的持续发展或将导致到 2030 年许多矿产供不应求，危及短期气候目标并推动价格波动。[④] 2021 年国际能源署（IEA）特别报告《关键矿产在清洁能源转型中的作用》强调了气候变化与清洁能源转型条件下的关键矿产需求的紧迫性问题，认为关键矿

① 零碳竞赛（Race to Zero）是联合国发起的全球多利益攸关方的运动，得到了广泛发展，目前由联合国 Climate Champion 团队推动。

② Geopolitics of Critical Minerals，https：//www. nbr. org/publication/geopolitics - of - critical - minerals/.

③ Securing Minerals for the Energy Transition，https：//www. weforum. org/publications/securing - minerals-for-the-energy-transition/.

④ Securing Minerals for the Energy Transition，World Economic Forum （2023），http：// www. weforum. org.

产是清洁能源时代的“石油”，如电动汽车带来的关键矿产需求会增长6倍[①]。2023年国际可再生能源署（IRENA）报告《能源转型的地缘政治——关键矿产》[②]强调关键矿产的地理分布集中度问题，认为能源转型下的关键矿产生产和加工高度集中，对资源安全和地缘政治动态带来了挑战，并会影响气候变化合作与能源转型的可持续性。基于此，本文认为在气候变化危机背景下，国际社会应加强识别和管理关键供应链风险，共同构建更具弹性和可持续的关键矿产治理体系。

一　能源转型与关键矿产地缘政治

能源系统转型是全球趋势，新型电力系统技术、氢能技术、核聚变技术、储能技术为加速淘汰化石燃料的进程提供了新的能源供应方式；CCS/CCUS碳捕获、封存和利用技术则有效减缓了气候变化。国际能源署《2023年能源技术展望》中明确指出，全球能源领域已迈入清洁能源技术制造的新纪元[③]，全球能源发展正显现出四大显著趋势：首先，传统油气资源在能源结构中的地位逐渐削弱；其次，可再生能源正以前所未有的速度进行扩展与普及；再次，电气化水平持续提升，能源利用更加高效清洁；最后，低碳氢能源的应用日益广泛。[④]《巴黎协定》旨在到21世纪末将全球地表温度控制在比工业化前水平高2℃的范围内，这要求到2050年所有经济部门都迅速脱碳。[⑤]然而，部分高碳行业如冶金、重型卡车、航运、航空、钢铁、化工和石化等部门面临较大的转型压力，仅这些部门就占世界能源消耗的约

① The Role of Critical Minerals in Clean Energy Transitions：World Energy Outlook Special Report，https：//www.iea.org/reports/the-role-of-critical-minerals-in-clean-energy-transitions/.

② Geopolitics Of The Energy Transition-Critical Materials，https：//Www.Irena.Org/Publications/2023/Jul/Geopolitics-Of-The-Energy-Transition-Critical-Materials.

③ IEA，Energy Technology Perspectives 2023，2023，.

④ 《〈BP世界能源展望〉2023年版》，https：//www.greenbr.org.cn/cmsfiles/1/titlepic/41252d67-e6a6-4d04-816f-f6ea2deb53b3.pdf。

⑤ IPCC：《全球升温1.5℃》，https：//www.ipcc.ch/site/assets/uploads/sites/2/2019/09/IPCC-Special-Report-1.5-SPM_ zh.pdf。

1/4，二氧化碳排放总量的约1/5。虽然这些行业的全面脱碳需要多种方法的结合，但能源转型仍是最重要的减排途径。[①]

（一）新发展与新特点

当前，在全球气候治理结构转型的背景下，能源转型正展现出新的发展意义与时代特点。第一，能源转型推动全球可持续包容性增长。2019年以来，清洁能源行业为全球各地区增加了近500万个就业岗位。[②] 在1.5℃情景下，到2050年，可再生能源就业岗位可能比2021年的水平增加两倍，达到约4000万个，总计可以创造1.4亿个就业岗位；[③] 而相比之下，传统能源行业的工作岗位预计将从目前的3800万个减少到1900万个。[④] 第二，能源转型引发从传统安全政策向新地缘经济和知识经济的转变。能源转型将重新调整价值链构成，形成由基础设施、生产链和产业集群定义的新空间，并将部门耦合作为未来重点。能源转型带来了减缓全球变暖、解决就业、改善公共健康和减少对进口依赖等积极影响，但也对电网稳定和网络安全造成潜在风险。[⑤] 第三，社会经济发展有助于能源转型的成功。实现能源转型取决于三个基本支柱：物质基础设施、政策和监管推动因素、技能和能力。这些要素相互联系紧密，并与经济和社会结构形成持续的反馈回路。要实现更大程度的公平，就需要加强国际合作和结构改革，以确保能

① IRENA，Decarbonising Hard－To－Abate Sectors with Renewables：Perspectives for the G7，https：//www. irena. org/Publications/2024/Apr/Decarbonising－hard－to－abate－sectors－with－rene wables－Perspectives－for－the－G7.

② IEA，Tracking Progress toward the Paris Agreement Global Energy Transitions Stocktake，https：//www. iea. org/topics/global－energy－transitions－stocktake.

③ IRENA，《加速能源转型可在2050年前为能源行业增加4000万个工作岗位》，https：//www. irena. org/News/pressreleases/2023/Nov/Accelerated－Energy－Transition－Can－Add－40－million－Energy－Sector－Jobs－by－2050－ZH。

④ IAEA，Towards a Just Energy Transition：Nuclear Power Boasts Best Paid Jobs in Clean Energy Sector，https：//www. iaea. org/newscenter/news/towards－a－just－energy－transition－nuclear－power－boasts－best－paid－jobs－in－clean－energy－sector.

⑤ Yang Y.，Xia S.，Qian X.，"Geopolitics of the Energy Transition"，*Journal of Geographical Sciences*，2023，33（4）.

源转型的惠益得到广泛分配。各国在能源转型中的优先事项可能大不相同，但整体方向应统一。

（二）新互动与新博弈

能源转型与地缘政治互动不断增强并推进全球气候治理演进。随着锂、镍和钴等矿产成为清洁能源技术的重要组成部分，世界开采重点逐渐转向以上矿产。然而，开采和加工这些矿产可能对环境和社会产生负面影响。国际能源署预测，到2040年关键矿产需求将增加4~6倍。[①] 新一轮地缘政治博弈正在展开，核心资源为关键矿产，其具体表现在以下三个方面。

第一，关键矿产研究强调基于跨领域的安全风险预警评估。关键矿产的安全变化尤其受到来自气候变化的影响，主要通过物理和转型两种风险影响包含关键矿产在内的碳市场、能源市场以及金属市场的价格波动。[②] 由此导致政策制定者、风险监管者以及市场投资者均需采取对应措施以保证自身利益安全。政策上可以通过制订应急计划以减轻气候事件对“碳-能源-金属”系统的不利影响。在监管风险维度中，不仅要关注传统的低阶矩风险关联，还要防范“碳-能源-金属”系统的高阶矩风险传染，同时也需要时刻重视跨市场风险溢出关系的时变特征。当下极端气候事件频发和全球能源转型引发的气候物理风险和转型风险，已成为影响资产组合风险-收益关系的重要因素，市场投资者更应关注气候风险对投资组合风险-收益的具体影响。与此同时，学界针对关键矿产跨领域的安全评估已经产出了丰硕成果，如战略性矿产资源安全评估方法学。安全评价方法学的演进综合了安全结构的理论发展和表征风险的数据发展[③]。“风险金字塔”模型强调战略资源需求和供

① 于宏源：《关键矿产的大国竞合分化、治理困境和中国选择》，《人民论坛·学术前沿》2023年第15期。

② Zhou Y., Wu S., Liu Z., Rognone L., “The Asymmetric Effects of Climate Risk on Higher-Moment Connectedness among Carbon, Energy and Metals Markets”, *Nature Communications*, 2023, 14 (1).

③ Ashby A., “From Global to Local: Reshoring for Sustainability”, *Operations Management Research*, 2016, 9.

应带来关键资源的变化①。同时，量化背景下的关键矿产研究日益成熟。战略性矿产资源量化风险评估已经成为研究热点，如基于坐标分析关键与非关键矿产风险阈值的量化研究②；针对具体政策提供指导意见，如对当前关键矿产供给风险评价模型建立的政策建议③；以及从关键矿产资源全球贸易网络和产业链投入产出角度出发，基于多层复杂网络理论构建关键矿产资源全球贸易模型对贸易网络突发风险进行仿真分析的具体研究。④ 当下，已经有国际组织针对包含关键矿产在内的自然资源管理作出表率。自然资源治理协会（Natural Resource Governance Institution）发布的报告《资源治理指数》从价值实现、收益管理、政策环境等因素出发，更详细地衡量全球资源治理进展。

第二，关键矿产地缘政治博弈与社会公正、环境保护等全球议题联结。联合国环境规划署（UNEP）报告指出，能源转型矿产既能推动进入清洁能源时代和带来发展机遇，但其需求的紧迫性和规模也可能导致地缘政治、环境保护、公正转型等诸多问题。2024 年 2 月，联合国环境大会第六次会议（UNEA-6）讨论了如何负责任地开采和可持续利用能源转型矿产。⑤ 会议指出当前能源转型矿产市场正在快速增长，根据国际能源署数据，2017~2022 年，锂的需求增加了两倍，镍增加了 40%，钴增加了 70%。⑥ 如果世界全面转向可再生能源并实现温室气体净零排放，到 2040 年，关键矿产使用量需要增加 6 倍，其市场价值将超过 4000 亿美元。尽管能源转型关键矿产市场潜力巨

---

① Johnson W.,“Genetic and Environmental Influences on Behavior: Capturing all the Interplay”, *Psychological Review*, 2007, 114（2）.

② Glöser S., Espinoza L. T., Gandenberger C., et al.,“Raw Material Criticality in the Context of Classical Risk Assessment”, *Resources Policy*, 2015, 44.

③ 吴巧生、周娜、成金华：《战略性关键矿产资源供给安全研究综述与展望》，《资源科学》2020 年第 8 期。

④ 沈曦、郭海湘、成金华：《突发风险下关键矿产供应链网络节点韧性评估——以镍矿产品为例》，《资源科学》2022 年第 1 期。

⑤ The International Resource Panel at UNEA-6, https: //www.resourcepanel.org/news-events/international-resource-panel-unea-6.

⑥ Critical Minerals Market Review 2023, https: //www.iea.org/reports/critical-minerals-market-review-2023.

大，但也面临许多挑战。联合国秘书长古特雷斯警告说，不能重复过去对发展中国家的转嫁污染等负面伤害[1]。不少环保组织指出，能源转型关键矿产行业存在社会公正和社区环境保护等问题。此外，不可持续的采矿行为更会破坏环境，如森林砍伐等问题。基于此，可持续开采能源转型关键矿产的重点在于基于整条价值链制定长期战略，同时确保利益共享。可以通过提高可再生技术的效率并采用循环经济模式减少原始关键矿产开采；同时商业部门应设计可修复和回收的产品，从中回收金属。联合国环境规划署[2]正在推动这一领域的可持续管理，包括支持能源转型关键矿产供应链的转型，促进生产国的长期可持续发展。此外，国际资源小组在联合国环境规划署支持下发布报告，探讨了改善全球矿业治理的路线图。该报告强调，制定长期战略，为生产国和社区创造价值，对增强矿产供应链的复原力至关重要。同时，这些战略应纳入循环经济理念，减少与能源转型相关的污染和生物多样性丧失。[3]

第三，伴随各国能源转型和新能源产业进展，关键矿产资源的全球供应将逐步紧张。据 IEA 估算，在当前政策场景下，至 2040 年，全球关键矿产资源需求将是 2020 年水平的两倍，而在实现 2050 年全球净零排放场景下，资源需求将涨至 6 倍。[4] 而且稀有金属等矿产资源多为伴生矿，其自身开采周期长，由此导致产能扩大滞后于需求增长的状况。目前，中国企业在锂、镍、钴等矿产资源精炼能力上具有一定优势，并通过与海外矿源签订长期合同、入股当地采矿企业等途径稳定国际原材料供应链。但随着美欧发达经济体加快制定升级关键矿产资源战略，并呈现出以地缘政治而非自由贸易逻辑

---

① UN，S/2021/198 * 安全理事会，https：//documents. un. org/doc/undoc/gen/n21/054/08/pdf/n2105408. pdf? token = TjhCKdUSPsQ4iqxn9H&fe = true.

② Managing Mining for Sustainable Development，https：//www. undp. org/sites/g/files/zskgke326/files/publications/UNDP-MMFSD-ExecutiveSummary-HighResolution. pdf.

③ What are Energy Transition Minerals and How Can They Unlock the Clean Energy Age? https：//www. unep. org/news-and-stories/story/what-are-energy-transition-minerals-and-how-can-they-unlock-clean-energy-age.

④ The Role of Critical Minerals in Clean Energy Transitions：World Energy Outlook Special Report，https：//www. iea. org/reports/the-role-of-critical-minerals-in-clean-energy-transitions/. May 2021.

建立排他性矿产资源同盟趋势，未来关键矿产资源供应链的政策风险将进一步提升。例如，加拿大就以国家安全为由，勒令三家中国企业撤出对其锂矿的投资。[①] 尽管国内矿产资源的进一步开发利用将有助于加强新能源供应链韧性，并对开发省份经济增长带来新的动力，但资源开采及加工中的能耗及环境影响仍值得关注，且一些资源富集省份因自身经济及配套基础设施薄弱、人才短缺等，较难推动产业链延长升级，这也制约了当地新能源经济的进一步形成。

二　主要大国或地区的关键矿产战略

（一）美国等西方国家关键矿产战略

以美国为例，美国主导关键矿产资源保障的制度安排，推进关键矿产资源供应链安全审查与风险评估，制定官方清单和进行供应链审查，加强对关键矿产资源供应链的把控。深化全球供应链合作，打造全球矿产资源合作俱乐部[②]。其关键矿产战略突出发展性与竞争性的二元结合。在发展性上，美国关键矿产战略强调与技术、伙伴、规则等细分领域的联系，并且通过自身在经济、影响力等方面的巨大优势推进落实。具体来看，首先，美国政府认识到关键矿产与地缘政治和气候目标之间的联系，优先发展本国资源和矿产加工设施，同时采用新技术解决方案。其次，在私营部门方面，美国政府选择降低采矿业投资者的风险以促进对该行业的投资。同时，国际层面上美国政府则强调通过与盟伴合作，以开发新资源的方式进行发展。美国政府充分利用美加墨三国协议和自身采矿业基础，在国际上建立符合 ESG 的关键矿

① Canada Orders Three Chinese Firms to Exit Lithium Mining，2022，https：//www. reuters. com/markets/commodities/canada-orders-three-foreign-firms-divest-investments-critical-minerals-2022-11-02/.

② 周维富、陈文静：《发达国家提高关键矿产资源供应保障能力的经验与启示》，《自然资源情报》2024 年第 2 期。

产全球标准。[①]除此之外，美国还积极推动设立国际采矿环境标准。国际社会目前存在多种保证协议规范采矿业环境治理绩效以及多种规则制定渠道，而美国正在制定统一方法确定关键矿产矿山的环境和社会绩效。最后，美国还关注关键矿产投资涉及的争端解决问题。投资者与国家争端解决（ISDS）条款旨在提供一个中立和公正的程序来解决国家与外国投资者之间的冲突。然而，美国学界则担心 ISDS 会侵蚀国家主权，美国贸易代表办公室更提出应考虑减少 ISDS 条款。[②]

而在竞争性上，美国关键矿产战略的核心变量始终是中美大国博弈。中美两国作为世界上最重要的两个国家在气候议题下始终坚持开展合作。美国政府旨在将美国的环境行动与全球资源能源治理联系起来。美国总统气候特使波德斯塔负责监督大规模气候融资计划，提升美国在清洁能源方面的全球竞争力。在其与中国气候特使刘振民的会面中，讨论了落实联合协议以减少甲烷排放和促进可再生能源发展的议题[③]。美国政府将关键矿产供应链安全提升到了国家战略高度，重视对关键能源资源通道的控制，通过提高战略认识、强化金融及政治手段等方式实现对全球资源的主导。[④] 美国积极推进战略性矿产资源盟友建设[⑤]，包括通过了《能源资源治理倡议》[⑥]，加强“公正能源转型伙伴关系（JETP）”的发展援助模式等。其中，拜登政府供应链政策强调取得对华竞争的优势和“去中国化”，将对华高度依赖的资源品类列入关键矿产清单。

---

① Wood D.，Helfgott A.，D'Amico M.，et al.，*The Mosaic Approach：A Multidimensional Strategy for Strengthening America's Critical Minerals Supply Chain*，Wilson Center，2022.

② Overcoming Critical Minerals Shortages is Key to Achieving US Climate Goals，https：//www.wri.org/insights/critical-minerals-us-climate-goals.

③ 刘栋：《复杂背景下中美新任气候特使首次会面：落实重建定期高层接触的承诺》，https：//www.cenews.com.cn/news.html？aid=1131576。

④ 陈其慎、张艳飞、邢佳韵等：《国内外战略性矿产厘定理论与方法》，《地球学报》2021 年第 2 期。

⑤ 于宏源、关成龙、马哲：《拜登政府的关键矿产战略》，《现代国际关系》2021 年第 11 期。

⑥ ERGI，https：//ergi.tools/#.

（二）全球南方代表国家的关键矿产战略

拉丁美洲的多数国家作为清洁能源技术所必需的多种关键矿产的老牌生产国，可以在其完善的采矿业基础上实现多元化，开发新矿产，帮助全球经济避免可能威胁清洁能源转型的短缺和瓶颈。具体来看，拉丁美洲占全球铜产量的40%，其中智利（27%）、秘鲁（10%）和墨西哥（3%）居领先地位[①]，该地区已经生产了大量电池所需的锂和铜，足够支撑可再生能源和电力网络的扩张。除此之外，对该领域的持续投资可以为经济增长和多元化开辟新的途径。丰富的清洁能源资源使该地区在建设低碳采矿业方面具有竞争优势。具体来看，2018 年由智利和哥斯达黎加共同主席领导、共 25 个国家通过旨在“保障获得环境信息、公众参与环境决策过程和在环境问题上获得司法公正的权利”的《埃斯卡苏协定》，是南方国家在关键矿产战略中的里程碑式事件。当前，该协定已得到阿根廷、哥伦比亚、智利和墨西哥等 14 个国家的批准。同时，2012 年 1 月，哥伦比亚矿业和能源部通过第 180102 号决议，列出了 11 种对哥伦比亚具有战略意义的矿产[②]；2023 年 3 月，哥伦比亚国家矿业局（ANM）与地质调查局（SGC）联合宣布了哥伦比亚战略矿产建立的指导方针，其中将对哥伦比亚至关重要的 28 种矿产作为能源转型矿产。[③] 由此可以表明该地区有较强的政治意愿采取行动，以解决作为可持续采矿活动核心的 ESG 问题。

三　能源转型下关键矿产的风险识别与解决方案

（一）风险识别

《为能源转型提供矿产保障白皮书》将关键矿产在能源转型中的风险

---

① 《2021 年全球铜生产国排名智利以 27%的产量居首》，https://news.smm.cn/news/102027555。

② 《哥伦比亚外商投资及并购法律指南（下）》，https://www.dehenglaw.com/CN/tansuocontent/0008/028564/7.aspx? MID=0902&AID=。

③ 《哥伦比亚更新战略性矿产目录》，https://geoglobal.mnr.gov.cn/zx/kczygl/zcdt/202312/t20231207_8650596.htm。

总结为两大种类：第一种是与无法缩小供需缺口相关的风险；第二种则是与缩小供需缺口努力相关的风险。[①] 世界经济论坛已经针对这两种风险提出“确保矿产促进能源转型（SMET）”倡议，旨在确定关键矿产供应滞后于需求时将出现的风险，并制定优先风险管理战略。SMET 倡议通过与不同利益攸关方（包括国际组织和来自整个价值链的私营部门公司）开展研讨，在确定风险本身的同时确定优先次序。参与者根据风险因素对生态系统的潜在影响及其发生的可能性进行风险评估。

1. 供需失衡风险

伴随全球绿色低碳革命和电气化需求的增长，锂、钴、镍等新能源金属的勘查投入在 2023 年达到历史最高水平，投入总额为 16.4 亿美元，占全球勘查总投入的 13%。[②] 由于有色金属矿床从勘查发现到正式投产需要 3~9 年，过去几年的高投入在未来 2~4 年内可能面临过剩风险。2023 年，镍价格同比下跌 14%，预计 2024 年将进一步下跌至 18500 美元/吨[③]，这将对新能源金属勘查市场产生负面影响。2023 年，标准普尔公司确定的 568 家锂、钴、镍勘查公司数据显示，新能源金属勘查投入连续三年强劲增长，比 2022 年增长 43%。锂矿全球勘查投入保持高速增长，已然成为仅次于金矿和铜矿的全球第三大重点矿种；同时镍矿全球勘查投入也在稳定上升，钴矿全球勘查投入则在历经低潮后迎来新的复苏。数据显示，2023 年度锂矿勘查投入达到 8.3 亿美元，同比增长 77%；镍矿勘查投入则为 7.32 亿美元，主要集中在大型矿业公司的生产性矿山上；钴矿勘查投入达到 7400 万美元，比 2022 年略有增长。

全球宏观经济动力不足和新能源金属短期内供应过剩，市场看跌情绪持续，导致新能源金属价格回落，预计短期内供应过剩可能抑制勘查增长。锂

---

① WEF, https://www3.weforum.org/docs/WEF_Securing_Minerals_for_the_Energy_Transition_2023.pdf.

② 余韵、杨建锋、马腾、张翠光：《2023 年全球锂、钴、镍电池金属勘查形势与展望》，《中国地质》2024 年第 1 期。

③ 《高盛：下调 2023 年铜和镍价预估》，https://news.smm.cn/news/101977594。

矿供应过剩将持续到 2026 年，2025 年底全球将新增 22 个锂矿项目，预计增加 62 万吨碳酸锂当量，开发支出也随之上升。镍矿同样如此，2023 年底伦敦金属交易所和上海期货交易所的镍库存大幅增加，镍价预计将进一步下跌。钴矿供需缺口加大，2024 年精炼钴产量由 2023 年的 22 万吨增加至 26 万吨①，需求增速远不如供应增速。

2. 其他风险

除此之外，世界经济论坛从关键矿产的供需失衡视角总结了以下四种具体风险。其一是价格风险。原材料价格可能因短缺而大幅上涨，最终提高整个清洁能源技术和解决方案的价格。其二是环境风险。由于缺乏足够的技术来确保转型，能源转型目标可能会被推迟。从本质上讲，供应短缺导致能源转型延迟可能会阻碍实现气候目标的努力。其三是社会风险。如果不能有序及时地将关键矿产纳入环境、社会和治理（ESG）标准，采矿活动则缺乏环境管制，将引起更多的公共利益风险。其四是政治风险。如果由于材料短缺，转型成本增加，政策制定者可能会在面临障碍的情况下降低支持转型的雄心，同时也可能加剧对关键矿产价值链的控制竞争，以确保本国供应安全。

（二）解决路径探析

有效的风险管理需要所有利益相关者共同努力，以降低和适应风险，确保可持续能源未来的平稳过渡。国际社会在管理关键矿产供应风险方面已有努力，但需进一步协调一致并加快步伐。为应对挑战，以下十项战略应被优先考虑。

第一，降低采矿活动的资源强度，提高资源效率和再利用率，通过高效技术和闭环系统减少自然资源消耗。第二，调动国际私人和机构投资，制度化 ESG 标准，通过数字平台连接负责任的投资者与项目，弥合供需缺口。第三，利用替代融资工具降低投资者风险，提高透明度，加强气候融资准备，包括优惠和混合融资、影响力投资和绿色债券。第四，提高供需数据透

---

① CMOC Releases Results for Q1 2024，https：//en. cmoc. com/html/2024/News_ 0430/66. html.

明度，帮助利益相关者作出明智决策，解决潜在短缺或过剩问题。第五，通过稳定的交易关系、对冲策略和长期合同保持价格稳定性，促进现货定价交易，解决价格不确定性。第六，增加当地社区的附加值，减少土地使用和污染，同时提高项目的社会经济效益，创造就业和技能，促进平等和包容。第七，鼓励政策设计对话，营造有利环境，投资能源转型所需矿产，确保公平和长期获取，全面进行全球合作和政策讨论。第八，加快创新步伐，通过提高生产效率和采用尖端技术，增加供应，减少对关键矿产的需求，推动学术界和工业界的合作。第九，解决矿业 ESG 标准不一致的问题，统一区域和国际矿业 ESG 标准，促进负责任地采矿，提高 ESG 指标透明度，确保跨司法管辖区一致管理环境和社会影响。第十，简化采矿项目审批和治理流程，缩短交货时间，加强供应；采用现代化和标准化的许可和审批程序；加强治理和监督，确保遵守法规、社会责任和安全标准。

四　全球关键矿产合作与中国应对

（一）全球合作

全球合作是应对供应链风险和实现可持续能源转型的关键，各利益相关者需共同努力，确保关键矿产的充足和公平供应。通过强调政策对话、投资动员和加速创新，弥补供应链中的 ESG 因素差异。这种高优先级战略和全球合作将建立一个更具弹性和可持续性的采矿业，支持全球未来向可持续能源的转型。其中关键材料成为国际对话和外交活动的焦点，其依赖风险和供应动态与化石燃料有着根本不同，能源转型矿产的储量并不稀缺，但有限的开采和精炼能力可能会导致中短期市场限制。[1] 关键矿产在生产和加工上高度地理集中，对资源安全供应和地缘政治稳定带来潜在挑战，影响能源转型

① Geopolitics of the Energy Transition：Critical Materials，International Renewable Energy Agency，Abu Dhabi，2023.

技术的部署、成本和可持续性，因此需要更多的全球合作。七国集团（G7）作为西方国家最重要的合作机制，应该在响应国际可再生能源署关于加快可再生能源部署步伐和规模扩大的号召上变得更为积极。七国集团需要进一步减少排放并加强能源安全，推动自身经济增长，创造大量就业机会。为此，国际可再生能源机构向七国集团提出了五方面的具体建议，即营造有利的政策环境；快速跟踪基础设施部署和技术采用；推动市场和资金流动；加快培养熟练劳动力；进一步深化利用国际合作。[①]

（二）中国应对

中国的关键矿产供应链安全面临严峻挑战。一方面，拜登政府视中国为关键矿产领域的竞争对手，通过国内投资和采购行动增强竞争力，依靠盟友构筑供应链联盟，推动矿产供应链在岸建设。《通胀削减法案》的出台表明中美关系正向“竞争大于合作”转变。另一方面，如表1数据显示，中国在全球战略矿产精炼中占主导地位。中国的锂电池产业在经过40年的积累和发展后，也已经成为具有全球竞争力的重点行业。截至2021年底，中国动力电池产能约占全球的70%，世界十大锂电池厂家当中，中国占据6席。[②] 同时，中国企业在锂电池相关矿产资源开采、生产等领域也占据一席之地，尤其是负极材料、电解液等材料生产行业中。但实际上中国仍在供应链上游存在明显短板：中国当下的锂、钴、镍元素均依靠进口，其中锂元素不仅是电动汽车电池的关键部件，更催生了“双碳”转型背景下关键性新兴绿色产业。除此之外，中国当下也正处于关键矿产领域的战略机遇期。为实现更清洁和环保的供应链，中国正在执行更严格调查，从而推动供应链地理多样化以及调查要求统一化。

① IRENA，Decarbonising Hard - To - Abate Sectors with Renewables：Perspectives for the G7，https：//www. irena. org/Publications/2024/Apr/Decarbonising- hard - to - abate - sectors - with - rene wables-Perspectives-for-the-G7.

② 《赛迪发布〈中国锂电产业发展指数（遂宁指数）白皮书〉》，https：//www. ccidgroup. com/info/1096/34485. htm。

表 1　部分新能源技术及其所用关键矿产种类

绿色产业链	关键原材料	原材料加工	零部件制造	装配
动力电池	钴、锂、碳、铌、镍、锰、硅、铜、钛、铝、磷、氟、锡、铁矿石等	阴极材料和阳极材料	阴极、阳极、电解质、分离器	锂离子电池
	中国 32%、非洲 21%、拉丁美洲 21%	中国52%、日本31%、欧盟 8%	中国52%、日本31%、欧盟 9%	中国 66%、美国 13%、除中国和日本以外的亚洲 13%
风电	铝、硼、铬、铜、镝、铅、锰、钼、钕、镍、铌、镨、铁矿石等	铝、钕、铁、硼磁体，钢、铜线，碳纤维、玻璃纤维	机舱、叶片	风力涡轮机
	中国 54%、拉丁美洲 29%、除中国和日本以外的亚洲 6%	中国 41%、欧盟 12%、美国 9%	中国 56%、欧盟 20%、美国 11%	欧盟 58%、中国 23%
太阳能光伏	铝、硼、镉、铜、镓、锗、铟、铁、铅、钼、镍、铯、硒、硅、银、碲、锡、锌等	金属硅、多晶硅、铜精炼、铝、碲化镉	晶体硅/非晶硅电池、晶片	硅组件、薄硅膜和非硅组件
	中国 53%、非洲 13%、美国 7%	中国 50%、美国 6%、欧盟 5%	中国 89%、除中国和日本以外的亚洲 1%	中国 70%、除中国和日本以外的亚洲 8%、欧盟 1%

中国在全球战略矿产精炼中占主导地位，生产了占全球 68%的镍、40%的铜、59%的锂和 73%的钴，是能源转型下关键矿产的重要参与者与贡献者①。中国宜从以下几个方面来推进可持续关键矿产安全。首先，加快更新“关键矿产清单”，重点辨识对能源产业转型具有关键作用的矿产种类。加大对锂、钴、镍等关键矿产的持续关注，全力推动国内勘探开发与国外项目合作二元结合发展，形成国内外双循环式的矿产新格局，增强战略矿产资源

① Castillo R. , Purdy C. , “China's Role in Supplying Critical Minerals for the Global Energy Transition: What Could the Future Hold?”, https: //www. brookings. edu/wp－content/uploads/2022/08/LTRC_ ChinaSupplyChain. pdf.

供应韧性。其次，在全球发展倡议基础上，中国应积极推进发展中国家共同的关键矿产治理，和全球南方国家共同协调能源转型和关键矿产发展政策，加强转型矿产开发和投资的南南合作，基于中国先进的循环经济和“尾矿技术”，中国可以在发展中国家开展“绿色矿产”与“资源循环利用”工程，推进发展中国家关键矿产的可持续发展，并联合发展中国家推动全球矿产治理体系转型。最后，应制定国内绿色产业链规则，加强企业碳信息披露立法，统一矿业领域的 ESG 标准，推动实施绿色矿业金融政策，建立健全基于市场的正向激励机制，通过社会监督推动核心企业及上下游的供应链企业共同实现碳减排和零碳目标。

G.14

气候变化对非洲可持续发展的挑战及早期预警应对

刘岫清*

摘　要： 气候变化正以前所未有的速度和规模影响着全球，非洲作为受其威胁最严重的地区之一，近年来气候变化趋势显著、极端天气事件频发、气候灾害加剧。这严重影响了非洲农业生产，导致脆弱人群饥饿和营养不良，加剧水等自然资源的压力，危害公众福祉和社会稳定，给其可持续发展带来了巨大挑战。早期预警系统是应对气候变化、促进可持续发展的有效手段，具有显著的社会经济效益。然而，目前非洲在早期预警系统建设和实施方面还面临着观测能力不足、基础设施落后、科研能力欠缺以及政局动荡等诸多问题，这些问题制约了早期预警有效性的发挥。近年来，在双边、多边工作机制的支持下，非洲早期预警系统建设取得了一定进展，增强了应对气候变化的能力。本文建议进一步强化以人为本的理念，提升人员素质，推动多维预警、智慧预警，不断提升早期预警的能力和水平，从而为实现非洲可持续发展提供坚实的保障。

关键词： 气候变化　非洲地区　可持续发展　早期预警

2015 年 9 月，联合国通过了《2030 年可持续发展议程》，为探索全球化的可持续发展提出了解决方案，可持续发展目标（SDGs）是其核心内容，旨在消除贫困、保护地球、确保所有人享有和平与繁荣。气候变化既是可持

* 刘岫清，中国气象局工作，研究气候变化与可持续发展、早期预警国际合作。

续发展目标之一，也是影响其他目标实现的重要外因，与减少贫困、粮食安全、健康卫生、生态环境等方面产生连锁反应并进一步影响经济发展。为缓解这些风险并保护脆弱人群，2022 年 3 月，联合国发起了全民预警倡议，旨在确保到 2027 年地球上的每个人都能受到早期预警系统的保护。作为极易受到气候变化影响的非洲，在可持续发展的进程中，对早期预警系统的需求比以往任何时候都更加迫切。

一 非洲气候变化的现状

（一）近年来非洲气候变化的总体趋势[①]

非洲的温室气体排放总量仅占全球温室气体排放量的 2%～3%[②]，在全球气候治理中对气候变化的责任最小，但其却是受气候变化威胁最严重的地区之一，遭受的气候变化损失也居首位，世界气象组织（WMO）称其“不成比例地遭受气候变化的影响”。

2022 年，非洲的近地表平均温度比 1991～2020 年平均值高出 0.16℃，比 1961～1990 年平均值高出 0.88℃。非洲各区域与 1960 年之前相比都有温度上升趋势，其中北非的变暖速度最快。1961～1990 年，非洲的平均升温速率为每 10 年 0.2℃，1991～2022 年上升到每 10 年 0.3℃，都略高于全球平均水平。降水有显著的区域性差异，北非地区降水量低于正常水平，西非地区连续两年雨季延迟开始并较早结束。“非洲之角”出现了 40 年来最严重的干旱，马达加斯加、塞舌尔和科摩罗的降水量减少，出现负异常值。1993～2021 年，非洲周围的海平面上升速度高于全球平均水平，上升速度最快的地区是红海沿岸，其次是坦桑尼亚和莫桑比克沿海以及南非东海岸。冰

① 本部分数据如无特殊标明，均来自 World Meteorological Organization, State of the Climate in Africa 2021 和 World Meteorological Organization, State of the Climate in Africa 2022.

② WMO: Climate Change in Africa Can Destabilize “Countries and Entire Regions”, https://news.un.org/en/story/2022/09/1126221.

川退缩速度也快于全球平均水平，乞力马扎罗山的冰川从1912年的11.40平方公里缩小到2011年的1.76平方公里，100年间总共损失了约85%的冰盖。如果这种情况持续下去，赤道雪山奇观预计将于2033年彻底消失①。

（二）极端天气事件和气候灾害

目前非洲处于自1900年有气象记录以来极端天气发生频率最强、强度最大的时期②。《WMO天气、气候和水极端事件造成的死亡和经济损失图集（1970—2019）》数据显示，非洲与天气、气候和水相关的灾害占全球的15%，相关死亡占全球的35%。在这些灾害中，与洪水相关的灾害高达六成，风暴造成的经济损失最大，干旱导致的死亡人数占所有死亡人数的95%。

按致死人数从多到少排序，排在前十位的致命灾害导致的死亡人数占这一时期死亡总人数的95%（6.96万人）。绝大多数人员死亡发生在严重干旱期间，如1973年和1983年的埃塞俄比亚干旱（约40万人）、1983年的苏丹干旱（约15万人）和1981年的莫桑比克干旱（约10万人）。按经济损失从大到小排序，排在前十位的事件导致的损失占全部损失的38%（143.7亿美元），其中有40%的灾害事件发生在过去10年。2019年袭击莫桑比克的热带气旋“伊代”和1990年的南非干旱并列为非洲50年来造成经济损失最高的事件（19.6亿美元）。

二　气候变化给非洲可持续发展带来的挑战

（一）非洲可持续发展目标的总体进展情况

目前《2030年可持续发展议程》的实施已过半，许多非洲国家在减少

① B. Vastag, “The Melting Snows of Kilimanjaro”, *Nature*, 2009, https://doi.Org/10.1038/news.

② Five of Africa's Top 30 Deadliest Weather Disasters Have Occurred Since 2022, https://yaleclimateconnections.org/2023/05/five-of-africas-top-30-deadliest-weather-disasters-have-occurred-since-2022/.

饥饿、改善基础教育、改善卫生水平和推广可再生能源方面取得了重大进展，但同时也面临着前所未有的挑战。

1. 总体进展缓慢

大多数国家可持续发展进程缓慢，有的甚至已下降到 2015 年基线以下①。2023 年，可持续发展解决方案网络（SDSN）对 166 个国家在可持续发展目标方面的表现进行了全面评估（100 分表示所有目标都已实现），其中有数据的 45 个非洲国家的可持续发展指数得分堪忧，按从高到低排列（见表 1），仅排名第 89 的佛得角（得分 68.84 分）和排名第 93 的毛里求斯（得分 67.98 分）的得分略高于全球平均分 67.55 分。其余国家的位次大多集中在后 50 名，在全球排名后 10%的 16 个国家中，非洲占了 14 个。

表 1　非洲部分国家 2023 年全球可持续指数排名及得分

单位：分

排名	国家	得分	排名	国家	得分	排名	国家	得分
89	佛得角	68.84	133	毛里塔尼亚	57.23	149	莫桑比克	52.69
93	毛里求斯	67.98	134	坦桑尼亚	56.83	150	吉布提	52.68
109	纳米比亚	64.28	135	马拉维	56.30	151	刚果	52.63
110	南非	64.00	136	多哥	56.26	153	布基纳法索	52.45
113	加蓬	63.09	137	塞拉利昂	55.67	154	科摩罗	51.73
118	博茨瓦纳	62.74	138	津巴布韦	55.60	155	安哥拉	50.82
119	圣多美和普林西比	62.73	139	喀麦隆	55.15	156	马达加斯加	50.25
120	科特迪瓦	62.26	140	贝宁	55.12	157	利比里亚	49.88
121	塞内加尔	61.83	141	乌干达	55.02	159	刚果	48.58
122	加纳	61.80	142	几内亚	54.89	160	苏丹	48.55
123	肯尼亚	60.91	143	莱索托	54.87	161	尼日尔	48.31
126	卢旺达	60.20	144	埃塞俄比亚	54.55	162	索马里	48.03
129	冈比亚	58.30	145	赞比亚	54.28	164	乍得	45.34
131	马里	57.98	146	尼日利亚	54.27	165	中非共和国	40.40
132	埃斯瓦蒂尼	57.85	147	布隆迪	53.91	166	南苏丹	38.68

① 2024 年 4 月第十届非洲区域可持续发展论坛（ARFSD-10）。

2. 国别和区域差异明显

由于国家整体经济水平和政治环境不同，非洲各次区域的进展情况存在明显差异。从表1可以观察到这些差异，排名最后的南苏丹得分约为排名第一的佛得角的一半，在得分后15位的国家中，东非国家和中非国家分别占40%和33%。在得分前15位的国家中，西非国家和南非国家分别占40%和27%①。在这个指数排名里，西非国家和南非国家可持续发展目标的完成情况优于非洲其他次区域。

3. 目标完成不平衡

《下定决心：秘书长关于联合国工作的报告2023》综合评估了54个非洲国家在推进17个具体目标实现方面的进展（见图1），仅有SDG-12和SDG-13完成情况较为乐观，有超过一半的国家达成目标。其他的15个目标，有近70%的国家面临严重或重大挑战，另有12个目标，有91%的国家面临严重或重大挑战。

（二）气候变化对实现可持续发展目标带来的影响和挑战

气候变化是实现可持续发展目标的最大威胁之一，而非洲是应对气候变化能力最弱的大陆，这显著加剧了气候变化对非洲可持续发展造成的冲击。据估计，非洲国家每年因气候变化的不利影响损失的国内生产总值（GDP）平均为5%②，2020~2030年，非洲因气候问题造成的损失将达到近1.3万亿美元③。本部分重点分析气候变化对SDG-2（零饥饿）、SDG-3（良好健康与福祉）、SDG-6（清洁饮水和卫生设施）、SDG-11（可持续城市和社区）、SDG-15（陆地生物）的影响。

---

① 表1中东非、西非、中非、南非参与统计的国家占该区域国家总数的88%以上，北非国家数据较少，缺乏区域代表性。

② African Development Bank, United Nations Environment Programme and ECA, Climate Change Impacts on Africa's Economic Growth, 2019.

③ 王珩：《开启中非应对气候变化合作新征程》，《当代世界》2023年第3期。

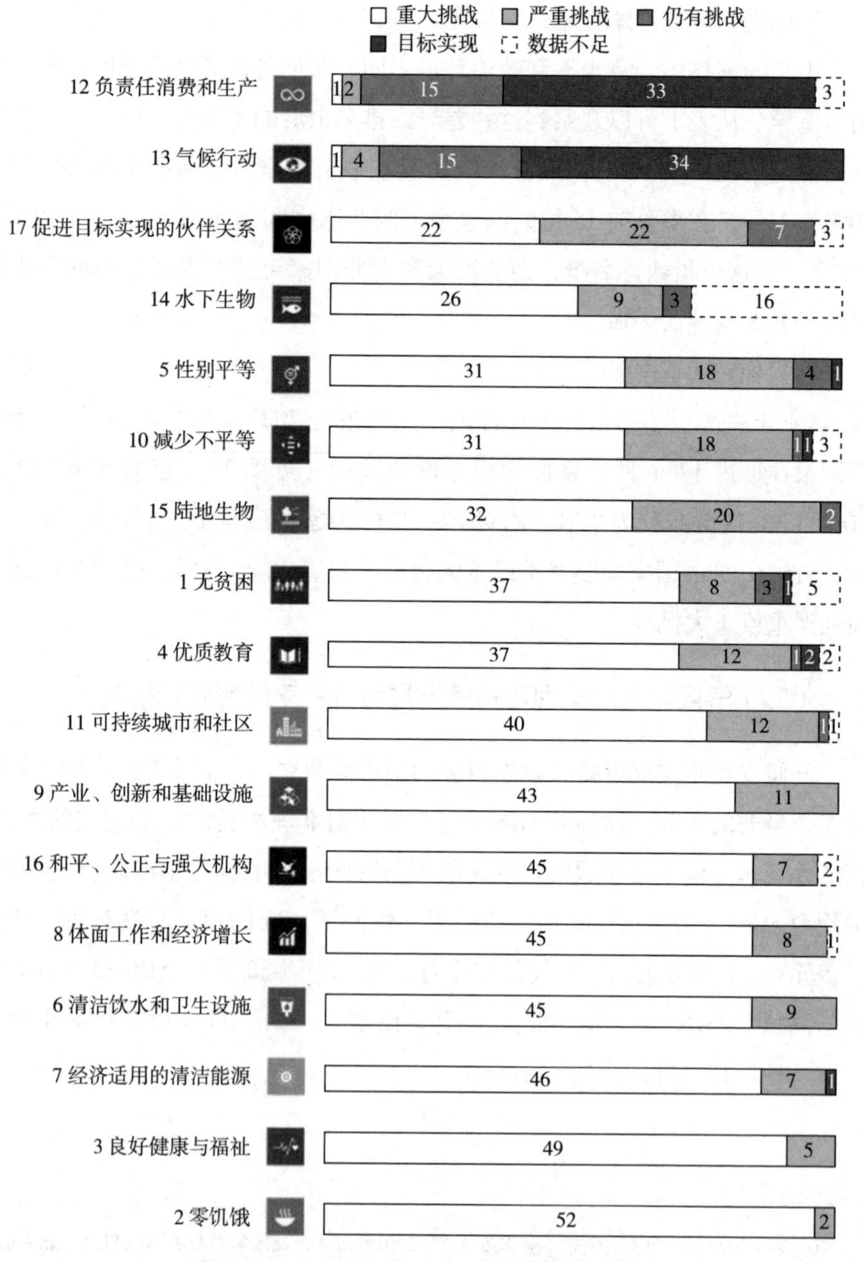

图 1　54 个非洲国家的可持续发展目标情况

资料来源：《下定决心：秘书长关于联合国工作的报告 2023》，https://www.un.org/sites/un2.un.org/files/sg_annual_report_2023_zh.pdf。

1. 气候变化影响农业生产的可持续性

气候变化导致了农作物减产。自 1961 年以来高温导致非洲农业生产力下降了 34%[①]，北非地区 80%以上的作物年产量波动由气候因素引起[②]。在埃塞俄比亚、马拉维、马里、尼日尔和坦桑尼亚，每发生一次洪水或旱灾会使粮食不安全问题发生率增加 5~20 个百分点[③]。2019 年热带气旋“伊代”摧毁了莫桑比克 71.5 万公顷的作物，2021 年肯尼亚长时间少雨导致沿海地区的玉米产量减少 70%，马达加斯加因干旱导致秋行军虫爆发，损失了 60%的作物[④]。气候变化导致了林业和畜牧业受损，2021 年阿尔及利亚 Tizi-Ouzou 地区的火灾使 5000 多公顷果树损毁[⑤]，2022 年非洲之角的严重干旱致使当地牧场约 1/3 的牲畜死亡。气候变化直接影响野生鱼类的数量分布以及水产养殖户的养殖模式，预计全球变暖 1.5℃将使西非一些国家的海洋渔业捕捞潜力下降超过 12%[⑥]。

2. 气候变化导致了饥饿和营养不良

气候变化引发了食品短缺，从而导致了饥饿和营养不良。2020 年非洲面临粮食短缺的人口为 2.82 亿人[⑦]，中度或重度粮食不安全的发生率从 2015 年的 45.4%上升到 2022 年的 60.9%，营养不良（也被视为慢性饥饿的衡量指标）的发生率从 2010 年的 15.1%上升到 2022 年的 19.7%[⑧]。2023 年东非的干旱和洪水加剧了粮食不安全和儿童营养不良，约 1150 万 5 岁以下

---

① IPCC, Climate Change 2022, Impacts, Adaptation and Vulnerability, Summary for Policymakers, 2022。

② 联合国粮食及农业组织等：《2018 年世界粮食安全和营养状况：增强气候抵御能力，促进粮食安全和营养》，2018。

③ World Meteorological Organization, State of the Climate in Africa 2020, 2021.

④ OCHA, Madagascar Grand Sud Humanitarian Snapshot, 2021.

⑤ IFRC, Algeria: Forest Wildfires - Emergency Appeal №: MDRDZ007, https://reliefweb.int/report/algeria/algeria-forest-wildfires-emergency-appeal-mdrdz007.

⑥ IPCC, Climate Change 2022, Impacts, Adaptation and Vulnerability, Summary for Policymakers, 2022.

⑦ FAO, IFAD, UNICEF, WFP and WHO, The State of Food Security and Nutrition in the World 2021, 2021.

⑧ FAO, ECA, African Union Commission and WFP, Africa: Regional Overview of Food Security and Nutrition 2023-Statistics and Trends, 2023.

儿童面临急性营养不良①。

3. 气候变化加剧了非洲的水资源短缺

气候变化会影响降水的时间、地点和数量，河流的流量和湖泊水位的高度，导致地区供水不稳定，饮用水安全遭受威胁。2021 年马达加斯加南部持续干旱导致了河流干涸、水价飙升，该地区 70%的人口无法获得基本的饮用水②。气候变化导致水土流失、土壤盐碱化、草场和森林退化等问题加剧。土地退化影响了非洲 46%的土地和 65%的人口，每年造成该地区 93 亿美元的损失③。2015~2021 年，非洲（不包括北非）的红色名录指数从 0.74 下降到 0.72。

4. 气候变化危害非洲公众健康和福祉

洪水、台风等容易导致与水源有关的传染病。2021 年尼日尔和尼日利亚发生洪水致使饮用水受污染，从而暴发霍乱疫情。沙尘会诱发呼吸系统疾病，非洲每年约有 78 万人因空气污染面临过早死亡的风险，其中大部分是由撒哈拉沙漠的沙尘暴卷挟的微粒物质造成的④。极端天气事件对人类的心理也会产生影响，经历气候变化的负面影响会导致例如恐惧等心理反应，科学家们称之为“生态焦虑”⑤。非洲约有 2/3 的城市面临气候冲击时高度脆弱，2021 年暴雨和洪水使尼日尔超过 12000 座房屋被毁⑥，2022 年尼日利亚、乍得、尼日尔等国的洪灾淹没了大部分城镇和村庄，洪灾导致电力基础设施、公共交通等损坏，从而使公共服务中断，扩大了灾害的影响。预计到 2030 年，非洲将有 1.08 亿~1.16 亿人受到海平面上升的影响⑦，到 2050 年，撒哈拉以

---

① WHO, Situation Report: 1 July - 31 August 2023: Greater Horn of Africa Food Insecurity and Health - Grade 3 Emergency, 2023.

② World Meteorological Organization, State of the Climate in Africa 2022, 2023.

③ United Nations Economic Commission for Africa, Africa Sustainable Development Report, 2022.

④ Katherine Bourzac,《空气污染每年在非洲杀死 78 万人》, https://cen.acs.org/environment/atmospheric-chemistry/cn-Air-pollution-kills-780000-people/97/i17。

⑤《Nature Climate Change: 气候变化与人类健康》, https://mp.weixin.qq.com/s/Ym-y6cdQRi0uSg-fnPOyQ。

⑥ OCHA, West and Central Africa: Weekly Regional Humanitarian Snapshot, 2021.

⑦ IPCC, Climate Change 2022, Impacts, Adaptation and Vulnerability, Summary for Policymakers, 2022.

南国家因海平面上升造成的损失可能占国内生产总值的2%~4%①。

5. 气候变化危害非洲社会稳定

气候变化和极端天气事件使生产和生活环境日益恶化，部分人群被迫迁移，成为气候难民。2020年非洲大陆自然灾害导致的国内流离失所人数达到430万人，占当年非洲国内流离失所总人数的40%②，2022年非洲之角的严重干旱让索马里有120万人流离失所③。气候变化导致对干净的水源、适宜的良田和肥沃的牧场的争夺成为引发非洲地区冲突的主要因素，对气候变化适应性低的国家，同时也是暴力冲突事件频发的国家。农民与牧民之间因争夺土地资源的暴力事件在撒哈拉以南的许多国家呈现出地理集中趋势④，在埃及、布基纳法索和苏丹，60%以上的暴力事件发生在水资源供需高度紧张的省份⑤。

三 早期预警系统在非洲可持续发展中的意义和挑战

（一）早期预警是促进可持续发展的有效手段

减少灾害风险是消除贫穷、缩小不平等差距和实现可持续发展的必要条件。灾害风险管理对于可持续粮食体系、生态系统和人类福祉至关重要。作为灾害管理的前瞻性手段，早期预警系统可以把即将发生的灾害信息及时、准确地传达到社会的各个阶层，特别是最脆弱的人群，并告知政府、社区和

---

① IPCC, Climate Change 2022, Impacts, Adaptation and Vulnerability, Summary for Policymakers, 2022.

② Mo Ibrahim Foundation, The Road to COP27: Making Africa's Case in the Global Climate Debate, 2022.

③ Somalis Abandon Their Homes in Search of Food, Water and Aid as Drought Deepens, https://www.unhcr.org/news/stories/somalis-abandon-their-homes-search-food-water-and-aid-drought-deepens.

④ Brottem L., The Growing Complexity of Farmer-Herder Conflict in West and Central Africa, 2021.

⑤ 朴英姬：《非洲经济在气候冲击下脆弱性加剧》，载于张宏明、安春英主编《非洲黄皮书：非洲发展报告 No. 25（2022~2023）》，社会科学文献出版社，2023。

个人如何采取行动以尽量减少影响，这是一种有效且可行的灾害风险减少和气候适应措施。

在非洲，灾害损失的增加主要是由于对预警系统的投资不足[①]。《2022年全球气候观测系统现状报告》显示，有全面预警覆盖的国家的灾害死亡率比覆盖范围有限的国家低8倍。根据全球气候适应委员会的数据，提前24小时预警灾害事件，可将灾害带来的损失减少30%。在发展中国家，在此类系统上投资8亿美元，每年就能避免30亿~160亿美元的损失。所以早期预警系统是有显著成本效益的解决方案，可以拯救生命、减少经济损失[②]。

（二）非洲早期预警面临的问题

目前全世界有1/3的人口仍然没有得到早期预警系统的覆盖，这些群体主要集中在最不发达国家和小岛屿发展中国家。在非洲，只有40%的地区被早期预警系统覆盖，而且这些系统的运行还未全部达到标准。造成这种现象的原因主要有以下几方面。

1. 观测能力不足

早期预警系统依赖于丰富、准确、及时的气象观测数据，但非洲是所有大陆中天气和气候陆基观测网络最不发达的地区之一，普遍缺乏先进的气象观测、预报和预警设备。根据世界气象组织的报告，由于观测能力不足，仅有60%的非洲国家能为灾害风险减少部门提供气候监测分析，只有不足30%的国家可以提供气候预估服务，仅1/3的国家能提供定制产品。

2. 基础设施落后

非洲的电气化水平不高。根据世界银行2019年的数据，非洲54个国家中有一半的国家通电率低于50%，8个国家低于20%，乍得和南苏丹仅分别为8.4%和6.7%。缺乏稳定的电力供应，导致预警监测设备无法持续运行，

① Multi-hazard Early Warning for All Africa Action Plan（2023-2027）.

② 《全民预警倡议》，https：//www.un.org/zh/climatechange/early-warnings-for-all。

数据采集和传输也受到限制。这不仅影响了实时监测的精确度和及时性，也让应急响应系统难以稳定发挥作用。互联网的覆盖范围有限。国际电信联盟（ITU）指出，非洲18%的人口无法访问任何移动宽带网络[①]。2021年发布的《2021年全球宽带速度联盟》显示，埃塞俄比亚（1.20Mbps）、几内亚比绍（1.24Mbps）和赤道几内亚（1.30Mbps）三国是全球网络速度最慢的国家[②]。互联网覆盖率和传输速率低不仅限制了气象数据的有效交换和预警信息的发布，还影响跨区域的数据整合和分析，阻碍区域合作和信息共享，进一步削弱了早期预警系统的整体效能。

3. 科研能力欠缺

非洲缺乏受过系统培训和教育的专业人员，科研能力相对薄弱，导致其在气象数据收集、分析应用和预警发布方面能力不足。2019年《全球气象水文服务现状报告》指出，非洲的气象和水文服务机构中，约54%面临严重的人员短缺问题。持续稳定的科技研发投入也不足，支持基础研究和科技创新的力度非常有限。2020年，非洲工业化程度最高的埃及和毛里求斯在研究与开发上的支出分别占本国GDP的0.96%和0.42%，而全球的平均水平为2.63%，美国更高达3.45%[③]。科研能力的不足不仅减弱了对灾害的有效应对能力，也削弱了制定和实施相关政策的依据的科学性，从而影响了可持续发展的整体进程。

除上述三方面原因外，非洲部分国家频繁的政治动荡、冲突和政府更迭也是一个挑战，如布基纳法索和马里等国家政府的频繁重组使早期预警缺乏持续的政策支持和稳定的资源投入。同时，政治不稳定还会导致国际合作和技术援助的有效性大打折扣。此外，一些地区的地方政府能力有限，社会动员能力不足，也会影响在灾害发生时的快速响应和救援工作。

---

① ITU, Facts and Figures 2021.

② 2021 Worldwide Broadband Speed League - Internet Speeds Compared in 224 Countries, 2021, https://www.cable.co.uk/broadband/worldwide-speed-league/2021/worldwide_speed_league_press_release.pdf.

③ United Nations Economic Commission for Africa, Africa Sustainable Development Report, 2023.

四　国际合作机制下非洲早期预警进展

鉴于非洲所面临的艰巨挑战和与其他地区存在的显著差距，非洲想要独立实现“2027 年每个人都能受到早期预警系统保护”的目标将十分困难，需要国际合作和多伙伴的广泛参与。在联合国等的倡议下，部分国家和国际组织提供了相关的机制、倡议和项目，使得非洲国家的预警能力得到了显著提升。

（一）多边工作机制

1. 气候风险和早期预警系统（CREWS）

该系统由 WMO、UNDRR、世界银行等建立。CREWS 项目旨在向最易受到气候和极端天气事件影响的最不发达国家和小岛屿发展中国家提供资金，以减少其脆弱性并增强其韧性和适应能力。通过改进水文气象灾害的预测和预报服务，生成基于影响的早期预警，加强信息和通信技术、准备和响应计划以及标准操作程序，促进全球多灾种警报系统框架的实施，增强成员的警报能力。2022 年 8 月，CREWS 启动了非洲之角项目，为相关国家提供了使用气候、天气和水文服务的能力，包括埃塞俄比亚、索马里和苏丹的预警系统。在 CREWS 的支持下，布基纳法索研发了沙尘暴预警咨询系统（SDS-WAS），可以预测未来两天该国 13 个地区沙尘暴的预警级别，该预测每天由世界各地不同气象服务和研究中心发布的数值预测生成，大大节省了本地气象预报员的时间。

2. 风险知情早期行动伙伴关系（REAP）

于 2019 年在联合国气候行动峰会（UNCAS）上启动，旨在加强气候、灾害风险减少、发展和人道主义社区之间的合作，致力于到 2025 年使“10 亿人免受灾害影响”。该伙伴关系目前包括 70 个政府和合作组织，强调“国家融资、规划和交付机制”的重要性，以支持早期行动、投资和针对“最后一公里”社区的预警系统覆盖。REAP 支持埃塞俄比亚开发洪水预警系统，并制定了相应的早期行动协议用于监测天气预报并分析其对脆弱社区的潜在影响，显著提高了其应对气候变化和自然灾害的能力。

3. 系统观测融资机制（SOFF）

该机制由 WMO、UNDP 和 UNEP 于 2022 年建立，是一个联合国多方信托基金，旨在为发展中国家提供技术和财务支持，以弥补其全球基本观测网络（GBON）数据差距。SOFF 支持非洲国家建立和维护气象观测站，以收集高质量的气象数据，这对于准确的天气预报和气候预测至关重要。提高气象观测能力有助于更好地应对和适应气候变化，通过提供可靠的数据支持，帮助国家制定科学的气候政策和灾害应对措施。例如，该机制为莫桑比克提供 780 万美元，用于安装 6 个新的地面站、升级 15 个现有地面站和安装 4 个高空站，以满足 GBON 的要求。

（二）国际组织

1. 世界银行

开展非洲卫星和气象信息灾害恢复计划（SAWIDRA），提供了 2000 万欧元，用于在加蓬、尼日尔、肯尼亚和南非安装 4 个区域先进转发服务站，提供了高分辨率卫星数据，这些数据可轻松融入计算机模型，从而实现早期预警。SAWIDRA 还投资建立了非洲气象应用发展中心（ACMAD）以及 4 个区域气候中心，为当地社区提供服务，帮助农民根据气象条件选择最佳播种时间[①]。

2. 世界气象组织

支持了东非严重天气预报计划（SWFP-Eastern Africa），该计划利用来自雷丁和华盛顿的世界气象中心的数值天气预报向东非维多利亚湖流域地区的渔民和当地社区发布早期预警。调查显示，约 73% 的人群使用了该计划

① African Development Bank Supports Development of Satellite Observations for African Early Warning Systems, 2021, https://www.afdb.org/en/news-and-events/african-development-bank-supports-development-satellite-observations-african-early-warning-systems-44824.

提供的天气信息，约46%的受益者避免了超过1000美元的损失，2.56%的人避免了超过1万美元的财产损失①。

3. 联合国减少灾害风险办公室

支持建立了一个新的大陆多灾害咨询中心，该中心是非洲多灾害早期行动预警系统的一部分，并与之前建立的内罗毕、亚的斯亚贝巴两个情况室相连。亚的斯亚贝巴的情况室进行全天候的洪水风险监测，并利用实时卫星和气候数据进行风险建模。每日情况报告分发给成员国和区域经济共同体，使其能够采取行动以减轻灾害的影响。

（三）国别合作

1. 中国

风云卫星国际用户防灾减灾应急保障机制（FY_ESM）可为在卫星覆盖内的非洲国家提供定制的大气、陆地、海洋等遥感产品。尤其是在遭遇自然灾害时，该机制调动风云卫星对受灾区域进行高频次加密观测，并将处理的图像和定量产品提供给受灾国，为早期预警提供及时的信息。FY_ ESM已为莫桑比克、毛里求斯、马拉维等非洲国家提供了重大灾害应急保障服务。莫桑比克作为非洲首个拥有风云卫星接收处理系统的国家，可24小时连续不间断地获得气象卫星监测服务，天气预报、防灾减灾能力得到有效提升②。

2. 英国

英国资助非洲建设了非洲天气和气候信息服务（WISER）项目，该项目致力于提高非洲国家使用天气和气候信息的水平，提升天气预报和早期预警系统的能力。作为该项目的一部分，英国政府拨付了1570万英镑建设早期预警系统，部署有效、及时的气候和天气信息系统，帮助塞内加尔和尼日

① 2020 State of Climate Services Risk Information and Early Warning Systems，https：//library.wmo.int/viewer/57191/download？file=1252_ 9-October_ en.pdf&type=pdf&navigator=1。

② 《互联互通 携手共画同心圆 风云气象卫星为构建人类命运共同体贡献中国智慧》，中国气象局，https：//baijiahao.baidu.com/s？id=1782359675116758864&wfr=spider&for=pc。

尔提高社区的洪水应对准备和响应能力①。

3. 美国

美国国家航空航天局（NASA）和美国国际开发署（USAID）联合倡议的 SERVIR，旨在利用卫星数据和地理空间技术来加强天气和气候复原力、农业和粮食安全、水安全、生态系统和碳管理以及空气质量和健康。SERVIR 在非洲设有区域中心，提供应对当地挑战的解决方案。SERVIR 项目支持马拉维强化该国的洪水预警系统（CBFEWS）建设。据马拉维灾害管理事务部估计，2022 年安娜、贡贝气旋袭击该国时，该预警系统提供了 15 天的预报，使当地社区提前做好准备并采取行动，减少了超过 4000 万美元的损失②。

五　未来展望及建议

（一）促进预警系统从单一灾害应对向多维预警转变

非洲由于自然灾害频发，加之气候适应能力弱，单个灾害极易诱发其他灾害，使影响范围扩大升级。目前大部分国家的预警触发机制针对的还是单一灾害，所以处理多级联动复合灾害的能力还相对有限。要重点关注能解决多维脆弱性问题的高效预警系统，综合分析多重灾害累积发生时带来的潜在相互关联影响。需要完善相关数据库，把热带气旋、热浪、洪水、干旱、沙尘暴等灾害的范围、强度、频率、历史趋势和实时情况纳入数据库，并将脆弱性和社会经济指标匹配到风险监测平台，组织农、林、水利、能源等部门从多部门角度评估风险，强化灾害预警信息的综合管理能力。

① Boosting Flood Preparedness in West Africa through Enhanced Early Warning Systems, https: //practicalaction. org/news-media/2023/11/15/boosting-flood-preparedness-in-west-africa-through-enhanced-early-warning-systems/.

② Erica Kriner, Dorah Nesoba, Early Warning Systems Aid Malawi, https: //servirglobal. net/news/early-warning-systems-aid-malawi.

（二）强化以人为本的预警理念

构建以人为本的预警系统不仅仅是技术问题，更是社会公平的问题，因为这关系到确保所有群体，特别是最脆弱的人群能够及时、准确、无差别地接收到预警信息并采取适当行动。例如，非洲有些国家女性可能因为文化和社会规范导致疏散困难，老年人和儿童可能需要额外的帮助来理解预警信息并采取行动，残疾人群在接收和响应预警信息时也面临特殊的挑战。如果缺乏对这些特定变量的数据分析，就会降低预警信息的精准度。所以，要强化以人为本的理念，通过细分数据，识别高风险群体，提供定制化服务，以确保预警信息的广泛可及性和理解度，减少灾害带来的损失和影响。

（三）构建智慧气象，提升预警的科技水平

预警系统要从简单告诉民众“天气如何”向基于早期预警的“天气将如何影响”转变，这需要通过技术革新升级数据处理和分析系统，提升预警的科技水平，从而提供更具针对性和时效性的预警信息。比如，引入人工智能技术识别、监控和预测灾害事件，并根据目标群体的需求，有效传递即将发生或正在发生的灾害的相关信息。人工智能还可以整合多种数据源，如气象、地质和社会经济数据，提供更全面的灾害风险评估。通过机器学习可以训练和优化气象模型，大幅提升气象数据的处理和分析能力，确保预报模型的精准度和时效性。在信息传播方面，蜂窝广播和定位短信有助于在极端天气事件中精准投放预警信息，物联网技术的应用为社区应急响应提供了新的可能，智能传感器可以实时监测环境变化并自动触发警报。

（四）加强气候人才培训，提升专业人员素质

早期预警系统的有效性不仅依赖于技术和数据，更需要高素质的专业人员。要提供更多的持续教育和专业发展机会，让气象科研者保持其知识和技能的有效更新，这对于应对不断变化的气候条件和复杂的灾害情景至关重

要。可在双边和多边合作机制中设立交流访问和奖学金计划，促进专家和学者之间的合作与交流。提升人员素质还需要加强多学科合作，气象预警不能仅仅依赖于气象学，还需强化地质学、水文学、工程学等多个学科。因此，培养跨学科的专业团队，促进不同领域专家的合作，可以更全面地应对复杂的灾害风险。

G.15

欧盟气候变化与能源政策调整：从脱碳到去风险

傅 聪*

摘 要： 绿色转型是欧盟委员会在过去四年中的核心政策。《欧洲绿色协议》《气候变化法》《欧盟工业战略》共同构建了旨在推动欧盟向零碳经济转型的政策体系。《重新赋能欧盟计划》（REPower EU）旨在调整欧洲的能源发展战略，减少对俄罗斯天然气的依赖，并加速向清洁能源的转型。虽然能源供应链多元化和能源政策的政治化给欧盟实现2030年目标带来了一定的困难，但是气候和能源议程在欧盟始终占据着核心地位。然而，俄乌冲突、全球地缘政治和经济竞争导致欧盟绿色新政实施的重心从2023年开始出现转向。欧盟将去风险作为绿色转型的当务之急，以安全取代脱碳，作为欧洲绿色新政2.0的核心。其原因在于欧盟对经济安全有着强烈的需求、清洁能源产业面临着激烈的国际竞争，以及右翼保守势力的反对三个方面。欧洲绿色新政2.0将经济去风险作为首要任务，欧盟的绿色转型或将因此进入一个相对缓慢的发展周期。

关键词： 欧盟 气候与能源政策 绿色新政2.0

在冯德莱恩的领导下，欧盟委员会于2019年末推出了具有划时代意义的《欧洲绿色协议》。为了将这份协议转化为实际行动，欧盟近年来通过了

---

* 傅聪，博士，中国社会科学院欧洲研究所副研究员，研究领域为欧洲政治、欧洲环境政治与政策。

一系列重要立法，包括《欧洲气候法案》，确立了能源系统的脱碳目标。同时，还推出了《欧盟工业战略》，旨在推动经济向清洁、循环的模式转型。这一系列措施涵盖了加速建筑能效提升、促进交通领域的零碳转型、农业的绿色化、生态系统的修复、绿色投融资的发展，以及绿色外交的开展。这些政策共同构建了一个全领域、多层次的政策体系，旨在推动欧盟向零碳经济转型。这一体系被广泛称为"欧洲绿色新政"，其中气候和能源议程始终占据着核心地位。

然而，在俄乌冲突未有结束之迹象、全球地缘政治和经济竞争日益激烈的背景下，出现在2023年的经济安全叙事改变了欧洲绿色新政的实施议程。在《欧盟战略议程（2024—2029）》草案中，国防、安全和移民被提升为优先事项。对绿色新政2.0的讨论强调了对工业转型进行大规模投资的必要性，并强调了保持全球竞争力的重要性。简而言之，欧盟将去风险作为绿色经济的当务之急，安全取代了脱碳，成为贯穿欧洲绿色新政2.0的核心。接下来，欧盟委员会的工作重点将转向更加深入地融合脱碳转型与经济安全，不再孤立地看待气候议程，而是将气候议程或脱碳作为服务经济去风险乃至经济安全战略的一部分。2024年欧洲议会选举后，冯德莱恩连任欧盟委员会主席，这意味着欧盟气候议程的调整在未来还会有很大的空间。

本文将综述自《欧洲绿色协议》推出以来，欧盟在气候、能源领域的政策进展，分析在经济安全叙事影响下气候议程重心的转变，并通过对2024年欧洲议会选举结果的透视，展望欧盟气候、能源政策的未来发展趋势。

一　欧盟气候能源政策的进展

绿色转型是本届欧盟委员会的两大核心政策方向之一，与数字化并列为施政重点。欧盟委员会主席冯德莱恩上任100天便提出《欧洲绿色协议》，设定了到2050年使欧盟成为全球首个实现零碳排放的大陆的宏伟目标。为了实现这一目标，欧盟通过了《欧洲气候法案》，并推出了“适应55”一揽子方案，旨在推动欧盟经济全面转型，构建一个具有竞争力、社会公平和产业绿色化的零碳经济体系。“适应55”一揽子方案包括了一系列关键措施，如改革欧盟排放交易体系、引入碳边境调节机制（CBAM）、更新能源效率和可再生能源目标、发展绿色氢能产业以及设立社会气候基金等，这些措施共同构成了推动欧盟向零碳经济转型的全面行动计划。

（一）气候保护

《欧洲气候法案》是全球首个由区域组织制定的针对气候变化的法律，自2021年7月29日起正式生效。这部法律确立了欧盟到2030年的温室气体排放量比1990年减少55%，以及到2050年实现净零排放的法律义务。

为了与这些减碳目标同步，欧盟还提升了能源效率和可再生能源的发展目标。《能源效率指令》（EED）[①]经过修订，于2023年10月10日生效。根据EED，欧盟设定了2030年的最终能源消费和一次能源消费上限分别为763 Mtoe（百万二氧化碳当量）和992 Mtoe，这将使欧盟的初级和最终能源消费降低11.7%。同时，EED将成员国的年均能效水平提高了1.5%。此外，欧盟还修订了《建筑物能源性能指令》（EPBD）[②]，以进一步提高欧洲的节能水平。

《可再生能源指令》的修订案（RED III）[③] 提出了到2030年将可再生能源在欧盟总体能源消费中的比例从目前的32%提高到42.5%的目标。为了激励成员国加速新能源发展，欧盟还设定了一个指导性目标，即在约束性

① Directive（EU）2023/1791 on Energy Efficiency and Amending Regulation（EU）2023/955.

② 参见 Directive 2010/31/EU on the Energy Performance of Buildings。指令规定到2028年，公共部门占用或拥有的新建筑应为零排放；2030年，欧盟所有新建筑应为零排放。成员国必须确保到2030年将住宅建筑的平均一次能源使用量至少减少16%，到2035年减少20%～22%。

③ Directive（EU）2023/2413 of the European Parliament and of the Council of 18 October 2023 Amending Directive（EU）2018/2001, Regulation（EU）2018/1999 and Directive 98/70/EC as Regards the Promotion of Energy from Renewable Sources, and Repealing Council Directive（EU）2015/652.

目标基础上再提高2.5%。RED III还为工业、运输、建筑、供暖和制冷等高排放行业设定了发展指标。

为了在推动产业快速降碳的同时保持经济竞争优势，欧盟采取了两项关键政策工具：温室气体排放交易体系（ETS）和碳边境调节机制（CBAM）。欧盟委员会对ETS的第四阶段（2021~2030年）进行了重大改革[①]，包括到2030年将ETS覆盖部门的温室气体排放量比2005年减少63%，并将碳市场扩展到建筑、供暖、公路运输以及海上运输领域。此外，从2025年起，将运行新的排放交易系统——ETS II[②]，覆盖公路运输和建筑物使用燃料产生的温室气体，目标是到2030年将ETS II覆盖的排放量比2005年减少43%。为了维持市场的平稳运行，改革还包括修订排放配额和ETS市场稳定储备机制（MSR）规则。从2023年起，超出上一年度拍卖量的部分配额将无效，同时将MSR中的配额数量限制在4亿Mtoe。这些措施旨在调节碳价和配额数量，确保碳市场的稳定。

CBAM已于2023年10月正式生效。[③] 其目标在于：一是在保护欧洲企业的同时与WTO规则进行协调；二是与ETS协同发展促进欧洲的减排，避免企业获得碳税和免费配额的双重补贴；三是以碳定价工具构建一个国际"气候俱乐部"。CBAM的适用范围广泛，包括钢铁、水泥、化肥、铝、电力、氢及其前体和下游产品，以及间接排放。CBAM涵盖部门的免费配额将从2027年到2032年逐步取消。根据CBAM，欧盟进口商需要购买与在欧盟生产时应支付的碳价格相应的碳排放证书。如果非欧盟生产商已经为第三国生产支付了碳价格，欧盟进口商可以全额扣除相应的成本。

---

① Directive (EU) 2023/959 of the European Parliament and of the Council of 10 May 2023 Amending Directive 2003/87/EC Establishing a System for Greenhouse Gas Emission Allowance Trading within the Union and Decision (EU) 2015/1814 Concerning the Establishment and Operation of a Market Stability Reserve for the Union Greenhouse Gas Emission Trading System.

② 建筑物和道路运输行业受监管实体（燃料分销商）需要报告从2024年开始投放市场的燃料数量。排放量上限将于2026年确定，2026年开始配额交易，所有配额都将被拍卖。

③ Official Journal of the European Union, Regulation (EU) 2023/956, OJ L 130, 16.5.2023..

（二）能源转型

俄乌冲突对欧盟的能源安全造成了严重冲击，打破了欧盟能源政策目标的平衡三角，即维持供应安全、发展可持续与价格可承受。在此背景下，欧盟对供应链的安全性和可持续性提出了更高的要求。为了应对这一挑战，欧盟在 2022 年推出了《重新赋能欧盟计划》（REPower EU），旨在调整其能源发展战略，迅速减少对俄罗斯天然气的依赖，并加速向清洁能源的转型。

REPower EU 计划为化石天然气和石油基础设施提供了融资优惠，允许成员国将其纳入复原与韧性基金，以确保石油和天然气供应的即时安全。同时，该计划也为可再生能源项目提供了便利，允许成员国在环境风险较低的首选区域内，通过缩短和简化许可流程，加快可再生能源项目的实施，以期更快地将可再生能源融入欧洲电网。

除了提高可再生能源的比例和能效目标，欧盟的新能源政策还强调了能源供应的多样化和对能源基础设施的投资。为了填补对俄制裁造成的天然气供应缺口，欧盟迅速增加了从美国、埃及、以色列、卡塔尔等国家的液化天然气进口，以及从挪威、阿尔及利亚和阿塞拜疆等国家的管道天然气进口。

欧盟还积极培育氢能作为引领能源转型的新生力量。欧盟委员会提出了《氢和去碳气体市场一揽子方案》，旨在加速可再生和低碳气体进入欧洲内部能源市场，并建设一个绿色的、一体化的欧盟能源市场。

此外，欧盟委员会还积极构建全球可再生氢供应链，将北海地区、南地中海和乌克兰视为欧洲氢气进口的三条重要走廊。欧盟也在推进与埃及和摩洛哥等国家的氢能伙伴关系，将北非地区纳入欧盟的可再生氢能供应链。为了在全球绿氢交易市场中占据主导地位，欧盟还计划启动欧洲首个可再生氢交易中心，并建立以欧元计价的氢能交易基准。

通过这些措施，欧盟不仅为应对当前的能源安全挑战，也为实现长期的能源转型和可持续发展奠定基础。

（三）面临的困难

欧盟委员会的最新评估指出，目前欧盟尚未步入实现 2030 年减排目标的轨道。自俄乌冲突爆发以来，欧盟及其成员国主要聚焦于解决紧迫的能源危机，将迅速且安全地获取能源作为首要任务。为满足冬季天然气需求，替代从俄罗斯的天然气进口，欧盟签署的能源合作协议中约45%涉及天然气。欧洲公司与卡塔尔签订了向荷兰、意大利和法国长期供应液化天然气的合同，部分合同期限甚至延伸至2050年之后，届时欧盟应已实现温室气体的净零排放。尽管天然气供应链的多元化对欧洲能源安全具有积极意义，但这也可能对欧盟发展可再生能源和实现零碳化目标构成阻碍。

欧盟的能源政策面临政治化的挑战，这给低碳转型带来了不利影响。欧盟成员国在社会经济和能源体系方面的结构性利益差异导致了其在能源政策上的政治分歧。绿色产业发展的不均衡，以及在经济活动可持续性和环境友好性分类认定上的分歧尤为显著。特别是在核能和天然气政策上，成员国形成了两大阵营：以法国为首的国家，包括保加利亚、克罗地亚、捷克、芬兰、匈牙利、波兰和罗马尼亚，支持核能发展，视其为欧盟脱碳战略的关键支柱；而以德国为首的国家，如葡萄牙、奥地利、卢森堡和丹麦，则反对依赖核电，主张以风能和太阳能作为绿色能源体系的核心。

这些分歧在欧盟绿氢标准制定过程中得到了体现。最终，欧盟允许部分通过核能系统生产的氢气计入其可再生能源目标。① 具体包括：直接由可再生能源发电机产生的氢气；在可再生能源占比超过90%的地区，利用电网供电生产的氢气；以及在限制二氧化碳排放的地区，根据可再生能源电力购买协议利用电网供电生产的氢气。除了核能，天然气作为过渡能源是否应被赋予“绿色”标签，也是欧盟内部的一个争议点。法国政府通过新建核电项目来履行《巴黎协定》，而德国政府则执行弃核政策，支持将天然气行业纳入绿色经济范畴。2021年通过的《欧盟分类法气候授权法案》将核能和天然气都纳入了绿色金融目录，这反映了法德之间的利益平衡。成员国间的政治分化可能使欧盟能源转型政策出现偏移或延误，欧盟需警惕国家利益博弈对政策制定的影响。

① 《可再生能源指令》（RED II）授权法案，2023年。

二　欧盟气候能源治理重心的变化

新冠疫情引发的供应链中断，以及俄乌冲突的持续，对欧盟的经济复苏构成了双重打击。同时，全球地缘政治环境的不断变化和清洁能源产业竞争的加剧，为欧盟带来了新的挑战。在《欧洲绿色协议》实施四年之际，面对这些复杂因素，欧盟委员会主席冯德莱恩提出了新的视角，将气候议程转变为经济议程，强调不再孤立地看待气候问题。这一转变意味着欧盟委员会将把工作重点转移到脱碳转型与经济安全的更深层次融合上，旨在通过气候行动服务经济去风险和经济安全战略，实现环境与经济双赢的目标。

（一）绿色产业去风险

2023 年夏秋之际，欧盟委员会发布了《欧洲经济安全战略》和《盟情咨文》，对欧盟的经济安全现状表示担忧，并指出，欧盟正面临劳动力短缺和技能不足、高通胀以及营商环境恶化三大挑战。在绿色转型的全球竞争中，欧盟的绿色工业部门尤其面临巨大风险，全球竞争力不足，部分原因是所谓的“国际不公平贸易行为、外国国家补贴以及逐底竞争”①。

在绿色新政的下一阶段，欧盟的目标是实现经济增长与应对气候变化的双重目标，核心任务是支持欧洲工业的绿色转型。欧盟将《欧洲绿色协议》作为促进经济增长的工具，进行了更大规模的重构。为此，欧盟推出了《绿色新政工业计划》（2023 年 2 月）、《净零工业法案》（2023 年 3 月）和《关键原材料法案》（2024 年 3 月），旨在将绿色新政 2. 0 与经济增长和竞争力目标紧密结合。

首先，欧盟致力于重塑制造业，提高净零产业的竞争力，以推进气候

---

① State of the Union，https：//op. europa. eu/en/publication - detail/-/publication/c09c0165 - 638a-11ee-9220-01aa75ed71a1.

保护。具体措施包括简化监管体系、增加对清洁技术的投资、利用贸易工具保护绿色竞争力。《净零工业法案》推出了“一站式商店”许可监管机制，简化了项目的设立程序，放宽了对脱碳和可再生能源项目补贴的监管①，并支持统一的欧洲单一市场技术扩展标准。该法案还规定了本地含量要求，目标是使欧洲能够利用内部制造的产品满足其40%的清洁能源开发需求。

其次，提高供应链韧性，保障绿色转型的实施。欧盟成员国在关键原材料产能上非常有限，大量依赖进口。因此，欧盟推出了《关键原材料法案》，以减轻与战略依赖相关的供应链风险，增强经济弹性。该法案建立了包括17种战略原材料和34种关键原材料的清单，并规定了关键原材料供应链上的国内产能要求和供应多元化要求。欧盟将建立“关键原材料”集中采购机制，汇总买家的需求，进行集体采购谈判，还与志同道合的国家建立全球买家俱乐部式的合作关系，强化对市场的掌控。

最后，在绿色外交中打造小集团，构建安全和公平竞争的国际环境。欧盟在对外关系中将经济安全考虑作为重组伙伴关系的重要变量，这导致了传统盟友关系、贸易伙伴关系、发展援助政策都出现了相应的变化。欧盟将绿色转型中的经济安全考虑纳入大国关系之中，并对美国2023年推出的《通胀削减法案》表示担忧，认为这可能扭曲正常的竞争关系。同时，欧盟对中国清洁技术产业的快速发展持审慎态度。具体表现为以下方面。

一方面，欧盟将绿色转型中的经济安全考虑纳入与大国关系的战略考量。2023年，美国推出的《通胀削减法案》引起了欧盟对其产业发展和竞争力影响的深切关注。欧盟批评该法案是保护主义的措施，会扭曲正常的竞争关系。同时，欧盟对中国清洁技术产业的迅猛发展保持警惕。冯德莱恩在

① 欧盟委员会将“国家援助暂时性危机和过渡框架”（State Aid Temporary Crisis and Transition Framework）的有效期延长至2024年6月30日。支持所有可再生能源的部署，为尚不成熟的技术（如可再生氢等）提供补贴，允许成员国向生产电池、太阳能电池板、风力涡轮机、热泵、电解槽和碳捕获使用和存储设备所需的相关关键原材料提供补贴。

涉及中欧关系的演讲中明确指出，“外交去风险”和“经济去风险”是欧盟对华战略的两个核心支柱。作为对策，欧盟推出了《净零工业法案》、《关键原材料法案》以及《欧盟电力市场改革》等措施，以此来回应美国对绿色产业的补贴政策以及减少对中国供应链的依赖。

另一方面，欧盟正从依赖多边、联合国机制转向更加重视双边、小多边或组建专门“俱乐部”的方式。例如，欧盟说服美国和日本同意淘汰煤炭，G7达成协议到2035年将关闭所有煤电厂。启动对2025年后的年度气候融资目标的磋商，要求中国加入发达国家集团每年提供1000亿美元的框架中。德国总理朔尔茨在柏林发起的“气候俱乐部”号召从钢铁、水泥行业开始推动工业部门脱碳，吸引了美国、英国、日本和加拿大等国加入。欧盟与塞内加尔启动了公正能源转型伙伴关系，加强可再生能源在塞内加尔能源体系中的部署。通过这些措施，欧盟旨在提升其在全球绿色转型中的竞争力，同时确保经济的稳定增长和环境的可持续性。

（二）政策调整的动因

理解欧盟绿色转型治理重心调整的三个关键视角包括欧盟对经济安全的强烈需求、清洁能源产业所面临的激烈国际竞争，以及右翼保守势力的影响力。

首先，降低供应链风险已成为欧盟议程中的一个优先事项。在全球经济增长放缓的背景下，欧盟致力于减少对外部供应的依赖，以降低供应链中断的风险。新冠疫情导致的供应短缺和俄乌冲突引发的能源价格飙升及高通胀，都凸显了欧盟供应链的脆弱性。这些事件进一步坚定了欧盟加强清洁能源技术投资、加速工业脱碳的决心。清洁能源产业的发展，例如电动汽车、风力涡轮机和太阳能电池板的制造，依赖于锂、镍、钴、铜等关键矿物质。欧盟对这些关键原材料的需求在很大程度上依赖进口，且供应商相对集中。因此，提高关键原材料供应链的多元化和弹性，成为欧盟绿色转型和风险管理的一个工作重点。

其次，欧盟的清洁技术产业正面临显著的市场竞争压力。在能源危机的背景下，欧盟对某些产业过度依赖第三方国家的担忧日益增加。2023年10月，欧盟能源专员希姆森在发布《欧洲风能行动计划》时指出，过去两年全球最大的风电市场已从欧盟转移到亚太地区。尽管欧洲在风电设备制造方面拥有全面的能力，从风力涡轮机到叶片和风机等零部件，本土供应商在欧洲风能市场的份额高达85%，离岸市场更是达到94%，但在全球风电设备市场上，欧洲企业的市场份额已从2020年的42%下降至2022年的35%。[①]欧盟委员会指出，欧盟目前是多种净零技术和零部件的净进口国。例如，"超过90%的太阳能光伏晶圆和某些其他光伏技术组件，以及超过四分之一的电动汽车和电池是从中国进口的"[②]。此外，世界各国都在加大对清洁能源产业的投资力度。美国的《通胀削减法案》计划投入3690亿美元；日本计划通过"绿色转型"债券筹集高达20万亿日元的资金；印度推出了生产挂钩激励计划，以增强太阳能光伏和电池等行业的竞争力；英国、加拿大等国也宣布了在净零技术方面的投资计划。然而，欧洲清洁技术企业的资金流和融资状况却因高通胀、原材料成本上升和利率上涨而面临恶化境况。这要求欧盟必须采取措施，提高本土产业的竞争力，确保在全球清洁能源市场中保持领导地位。

最后，欧洲政治格局的右转和环境民粹主义的兴起，为绿色转型带来了新的挑战。地缘政治和经济环境的恶化助长了民粹主义的势头，而民粹主义政党普遍持有气候怀疑论的立场。

在2023年荷兰、芬兰和西班牙的议会选举中，右翼民粹主义政党取得了显著进展。荷兰的自由党成为议会中的最大党派；正统芬兰人党跃居第二；西班牙的呼声党则成为第三大党。到了2024年的欧洲议会选举，泛右翼力量在整个欧洲范围内进一步壮大，绿党/欧洲自由联盟党团（GREENS/EFA）遭受重大损失。德国绿党遭遇惨败，法国绿党席位减少，奥地利绿党作为执政党之一，其支持率也远低于预期。这些绿党的选票多数流向了右翼

---

① https：//www.ftchinese.com/story/001101302.

② 《欧盟公布〈净零工业法案〉，与美国开展清洁技术补贴竞赛》，界面新闻，2023年3月，https：//m.jiemian.com/article/9082144.html。

民粹主义政党。预计2024~2029年的新一届欧洲议会在绿色议题上将比本届更为保守。除了右翼民粹主义党团直接否认气候变化，中右党团在绿色转型议题上的立场也趋向保守。在右翼民粹主义上升的背景下，中间派和中左、中右政党在减排目标上的雄心壮志似乎被维护欧洲竞争力的诉求所取代。

在成员国层面，德国和荷兰的情况尤其值得关注。德国的选择党在国家和欧洲议会中的影响力得到加强，加之中右的基民盟在绿色议题上趋于保守，这可能导致德国在未来的气候能源决策中更加重视成本和风险。极右翼获得2023年大选胜利后，荷兰新政府可能会从欧盟具有气候雄心的成员国之一转变为绿色转型的阻碍。

总体而言，欧洲选民的“绿色疲惫”情绪上升，加之对中国“不公平竞争”的担忧，以及从环境标准较低的国家进口产品问题等因素的共同作用，可能导致欧洲的绿色转型议程越来越多地被竞争力、供应链的弹性和经济安全等考量所塑造。

三 欧盟气候能源政策的发展前景

应对气候变化、促进公正转型、维护欧盟的竞争力、引领全球环境治理，构成了欧盟绿色政治的核心任务。鉴于公众目前对日常生活成本的担忧超过了对气候变化的关注，欧盟的气候、能源政策将转向务实。创造绿色就业机会和降低碳排放已成为绿色转型的双重首要任务。

在政策层面，第一，欧盟委员会提出的2040年减排目标——将温室气体排放量在1990年基础上减少90%——在2024年内获得批准的可能性不大。绿党/欧洲自由联盟主张更激进的减排目标，即到2040年实现欧洲的净零排放，而左翼党派甚至希望将这一目标提前至2035年。不过，考虑到当前欧洲普遍存在的保守主义倾向，三大党团更可能支持一个更为务实的减排目标。正式的立法提案将等待新一届欧盟委员会提出。

第二，关于到2035年全面禁止销售新燃油车的政策，欧盟将在2026年进行评估，届时取消禁令的可能性很大。法国的国民联盟和德国的基民盟是主张废除禁令的主要力量，欧洲议会中的人民党党团也对燃油车禁令提出了批评，称燃油车禁令犯下了严重的产业政策错误。

第三，在气候外交中，欧盟将融入对自身价值观和利益的保护，使绿色转型成为在全球治理中保持领导地位的地缘政治工具。气候、环境指标和社会标准将成为欧盟伙伴关系和贸易协定谈判的重要组成部分。在与中国等国家的竞争中，欧盟将把保护经济安全、防止破坏本地工业和环境标准作为限制外来投资和产品的理由。

总体来看，欧盟的绿色转型将进入一个相对缓慢的周期。环境监管的放松、对经济安全的重视、对竞争力保护的强调，成为欧盟绿色转型的大趋势。公共低碳投资能力受到援乌支出的挤压，投资审查政策限制了外资流入，减少了对外部供应链的依赖，也提高了欧盟的脱碳成本。这些因素都将在一定程度上拖慢欧盟绿色过渡的进程。

欧洲绿色新政 2.0 可能会倾向于降低经济风险，给欧盟绿色转型带来新的困难。例如，绿色产业的投资可能不足以支持欧盟的去风险目标。自利和保护主义倾向的政策可能会损害自身利益，也不利于欧盟拓展市场和打通融资渠道。欧盟在全球气候治理中的先锋形象可能面临削弱。原因在于：一方面，欧盟可能无法在 COP29 气变大会前制定 2040 年的减排法案；另一方面，欧盟可能会因右翼环境民粹主义的压力而减少对国际气候融资的贡献。但仍需注意的是，欧盟内部即使气候行动的雄心减弱，仍将构建新的国际话语，并采取进取型的气候外交策略。

欧洲绿色新政 2.0 标志着欧盟政策重心的显著转变，从单一的脱碳目标转向更为全面的“去风险”战略。这一转变对中国的能源转型具有深远的政策影响，值得学术界和政策制定者的高度关注。首先，欧盟对经济安全和“去风险”的重视可能导致中欧在清洁能源领域的竞争加剧。随着欧盟加大对供应链稳定性和本土清洁能源产业的支持力度，中国企业可能面临来自欧盟新补贴政策支持下的企业更激烈的竞争。其次，鉴于欧盟在确保经济利益和减少外部供应链依赖方面的战略调整，中国需要重新评估其对稀土等关键原材料供应链的控制能力，这包括开发新的矿产伙伴关系、签订贸易协定，以确保供应链的稳定性和可靠性。最后，欧盟政策的转变可能引发投资模式的变革。中国应加强对绿色技术的投资，包括但不限于新能源技术的研发、可再生能源基础设施的扩建以及对绿色技术初创公司的投资。这些措施对于确保中国在全球清洁技术市场中的领导地位至关重要。

G.16
欧美碳移除最新立法动态及其对中国的启示

刘哲　陈迎*

摘　要：　为达成《巴黎协定》全球气候目标，IPCC 第六次评估报告基于多个情景做了大量关于碳移除等负排放技术的路径假设。据观察，碳移除在欧美落实长期气候目标中将起到重要作用。美国众议院议员提出的“碳移除法案 2022”正在众议院接受相关委员会审议，欧盟委员会于 2024 年 4 月通过了一项碳移除认证框架立法草案。本文将从当前欧美有关碳移除立法的文案着手，分析欧美对碳移除的定义、标准、政策实施手段、透明度体系等方面的内容，尝试为中国政策制定者研究制定碳移除相关政策提供决策支持。结论认为，欧盟和美国在技术创新、市场应用、资金动员等方面为碳移除技术的发展提供了政策支持，欧盟更侧重前端技术研发，美国更侧重市场应用。中国在碳移除有关气候政策的制定和完善过程中，可根据实际情况借鉴欧美经验，促进碳移除技术的研发、应用和推广。中国还可根据欧美技术和政策特点，围绕碳移除技术的信息交流、能力建设、科学研究开展国际合作。

关键词：　碳移除　气候政策　气候治理

一　“碳移除”的概念缘起和欧美政策出台的背景

碳移除（Carbon Dioxide Removal，CDR）通常被定义为通过人为的基于

---

* 刘哲，中国社会科学院可持续发展研究中心副研究员，研究领域为可持续发展经济学；陈迎，中国社会科学院生态文明研究所研究员、博士生导师，研究领域为可持续发展经济学、国际气候治理和气候政策等。

自然或工程技术手段从大气中去除二氧化碳，并将其持久地储存在地质、陆地或海洋储层或持久产品中的过程。其中，基于工程技术手段的碳移除包括直接空气捕集（DAC）、生物质能和碳捕集与封存（BECCS）和其他工业技术手段。① 随着1.5℃目标过冲风险的逐年增加，基于工程技术手段的碳移除技术越来越受到政策制定者的关注。

按照碳捕集实施空间分类，碳移除包括陆地、海洋和大气碳移除。陆地碳移除包括通过植树造林、森林管理、土壤碳封存和农业实践等方式在陆地上进行的碳移除。② 海洋碳移除涉及利用海洋生态系统，如蓝碳生态系统（红树林、海草床和盐沼）来捕获和存储二氧化碳。③

按照碳的存储方式分类，欧盟碳移除包括生物、地质和产品碳存储。生物碳存储指通过植物和生态系统（如森林、草地、湿地）进行碳吸收和存储。地质碳存储是将捕获的二氧化碳注入地下地质构造中进行长期存储的方式，这包括盐水层和枯竭的油气田。产品碳存储指二氧化碳被捕获后用于生产持久性产品，如建筑材料（例如碳化混凝土）或其他长寿命产品。④ 不同碳存储方式的减碳成本差异较大，随着减碳需求的日益迫切，政策制定者将不得不考虑成本更高的技术手段。

近年来，国际社会对碳移除的关注度显著提高，表现为大量科研项目、工程项目、管理机构和专业化社会组织的涌现。科研方面，诸如“地平线

① The EU, Directive 2009/31/EC of the European Parliament and of the Council of 23 April 2009 on the Geological Storage of Carbon Dioxide and Amending Council Directive 85/337/EEC, European Parliament and Council Directives 2000/60/EC, 2001/80/EC, 2004/35/EC, 2006/12/EC, 2008/1/EC and Regulation (EC) No 1013/2006, http://data.europa.eu/eli/dir/2009/31/oj.

② The EU, Regulation (EU) 2018/841 of the European Parliament and of the Council of 30 May 2018 on the Inclusion of Greenhouse Gas Emissions and Removals from Land Use, Land Use Change and Forestry in the 2030 Climate and Energy Framework, and Amending Regulation (EU) No 525/2013 and Decision No 529/2013/EU, http://data.europa.eu/eli/reg/2018/841/2023-05-11.

③ The EU, Directive 2008/56/EC of the European Parliament and of the Council of 17 June 2008 Establishing a Framework for Community Action in the Field of Marine Environmental Policy (Marine Strategy Framework Directive), http://data.europa.eu/eli/dir/2008/56/oj.

④ EU Commission, A New Circular Economy Action Plan for a Cleaner and More Competitive Europe, COM/2020/98 final, https://eur-lex.europa.eu/legal-content/EN/TXT/?qid=1583933814386&uri=COM:2020:98:FIN.

欧洲”（Horizon Europe）等资助计划推动了对碳捕集与封存（CCS）、BECCS、DAC 等技术的研究。其中每年直接用于支持 CDR 项目的经费约为当年该项目总资助额的1%①，约每年 1.6 亿欧元。工程项目方面，多个国家启动了大规模的碳移除试点与应用项目。例如，冰岛的 Orca 项目是目前世界上最大的 DAC 设施，能够每年移除 4000 吨二氧化碳②。管理机构方面，《联合国气候变化框架公约》（UNFCCC）以及各国政府纷纷设立专门机构和政策框架，规范和支持碳移除技术的发展。专业化社会组织如全球 CCS 研究所（Global CCS Institute）和碳 180（Carbon180）等也在积极推动碳移除技术的推广和政策制定。这些努力表明，国际社会正在通过多方协作和创新，积极应对气候变化挑战。

欧美在实现碳中和目标的过程中面临着巨大挑战，必须将碳移除技术作为关键路径。IPCC《全球升温 1.5℃特别报告》强调，为将全球升温控制在 1.5℃之内，必须大规模采用碳移除技术，每年需移除 10 亿至 20 亿吨二氧化碳③。根据欧盟和美国最新的国家自主贡献（NDCs），欧盟计划到 2030 年在 1990 年基础上减少至少 55%的温室气体排放，到 2050 年实现气候中和，其中包括通过 CDR 技术抵消约 2.25 亿吨难以减排的二氧化碳排放④。美国承诺到 2030 年在 2005 年的基础上减少 50%～52%的排放，并通过《基础设施投资和就业法案》为 CCS 和 DAC 等技术提供资金支

① Carbon Gap, Mapping CDR Funding – Where is Carbon Removal in Horizon Europe? https://carbongap.org/carbon-removal-funding-in-horizon-europe/.

② Climeworks, Orca: The First Large-Scale Plant, https://climeworks.com/plant-orca.

③ IPCC, Global Warming of 1.5℃, An IPCC Special Report on the Impacts of Global Warming of 1.5℃ above Pre-industrial Levels and Related Global Greenhouse Gas Emission Pathways, in the context of Strengthening the Global Response to the Threat of Climate Change, Sustainable Development, and Efforts to Eradicate Poverty, http://dlib.hust.edu.vn/handle/HUST/21737.

④ The EU, Update of the NDC of the European Union and its Member States, https://unfccc.int/sites/default/files/NDC/2023-10/ES-2023-10-17%20EU%20submission%20NDC%20update.pdf.

持，旨在大幅提升 CDR 技术的应用规模①。这些目标的实现都依赖于 CDR 技术的广泛应用和创新。通过政策支持、技术研发和跨国合作，欧美正在积极推动 CDR 技术的发展，以应对气候变化的紧迫挑战，实现可持续的未来。

二　欧美“碳移除”立法要点评述

欧盟在碳移除立法方面取得了重要进展。2009 年，欧盟推出了《碳捕获与封存指令》，至2023 年，已通过四个阶段的实施为其成员国提供了实施碳捕获和封存项目的法律框架。2024 年 4 月 10 日，欧洲议会通过了关于碳清除和碳农业（CRCF）法规的临时协议，该协议创建了第一个欧盟范围内的自愿框架，用于认证整个欧洲产品的碳清除、碳农业和碳储存。通过建立欧盟质量标准并制定监测和报告流程，CRCF 法规将促进对创新碳移除技术以及可持续碳农业解决方案的投资，同时解决洗绿问题。总体而言，欧盟通过一系列立法和政策工具，积极推动碳移除技术的发展和应用，以实现其气候目标。相较美国，欧盟的 CDR 立法更依靠市场手段和自愿原则，与其主要通过碳市场手段进行碳定价一脉相承。

美国在碳移除立法方面也取得了显著进展。2020 年通过的《能源法案》包含了对 DAC 和其他负排放技术的支持②。2021 年，美国国会通过了《基础设施投资和就业法案》，其中包括对碳捕获、利用和封存（CCUS）技术的资助和支持，从 2022 年到 2026 年，该法案将为碳移除项目提供 35 亿美

① The US，The United States' Nationally Determined Contribution Reducing Greenhouse Gases in the United States：A 2030 Emissions Target，https：//unfccc. int/sites/default/files/NDC/2022-06/United%20States%20NDC%20April%2021%202021%20Final. pdf.

② The US，Department of Energy（DOE），Energy Act of 2020，https：//www. directives. doe. gov/ipt_ members_ area/doe-o-436-1-departmental-sustainability-ipt/background-documents/energy-act-of-2020.

元的资金，旨在促进技术创新和大规模应用[①]。同年，拜登政府发布了美国应对气候变化长期战略，强调碳移除在实现净零排放目标中的重要性[②]。美国能源部（DOE）也启动了多个相关项目，包括“碳负排放地球系统研究”，旨在大幅降低碳移除技术的成本。总体而言，美国正在通过立法和政策激励，积极推动碳移除技术的研究和应用，以应对气候变化。

（一）欧美最新立法法案中有关碳移除的定义和标准

欧盟有关 CDR 的最新立法 CRCF 中碳移除主要是基于项目的碳移除技术应用，包括直接空气碳捕获与封存（DACCS）、生物质能和碳捕集与封存（BECCS）、产品碳移除、土壤碳封存、森林碳封存等。欧盟具有严格的环境影响评价制度，还是多项多边环境条约的积极倡导者，对于 CDR 技术及相关工程手段的环境完整性要求很高。如欧盟是《伦敦议定书》缔约方，因此海洋施肥等可增加碳汇的大规模人工干预海洋生态系统的工程技术手段将会被禁止使用。因而可以判断，欧盟对 CDR 的技术要求更偏好自然友好、具备环境完整性的技术路径。欧盟要求碳移除项目必须具备永久性、可测量性和可核查性。欧盟最新立法中特别强调相关减碳认证应避免重复计算，所有经过认证的碳减排量都用于实现欧盟的 NDCs 及其他气候目标，因此，不再为第三方国家自主贡献或其他自愿性减排计划做贡献。此外，新法案还要求避免将防毁林项目所保护的碳汇量和可再生能源项目带来的替代排放量纳入欧盟认证框架的范围。更严格的是，欧盟此立法强调创新性和额外性，一旦一项活动成为普遍做法，这种活动就不能再得到认证。为此，委员会应至少每五年审查和更新一次基线水平，不断提高认证水平。欧盟还有意识地防止碳移除认证对常规减缓行动的挤出效应。为确保在 2030 年之前减缓行动

---

① The US, 117th Congress (2021-2022), H. R. 3684 - Infrastructure Investment and Jobs Act, https://www. congress. gov/bill/117th-congress/house-bill/3684/text.

② The US, Department of State, and the Executive Office of the President, The Long-Term Strategy of the United States: Pathways to Net-Zero Greenhouse Gas Emissions by 2050, https://www. whitehouse. gov/wp-content/uploads/2021/10/us-long-term-strategy. pdf.

的落实，欧盟规定碳移除对其2030年气候目标的贡献不应超过2.25亿吨二氧化碳当量。

美国在基础设施和就业投资法案中定义的碳移除包括碳捕集、移除、利用、运输和封存的各个环节所涉及的技术、项目、平台及相关基础设施的建设，重点强调了DAC技术的试点示范。与欧盟相比，美国更加强调相关技术的规模化、商业化应用，以及区域和利益相关方之间的合作。由于美国CDR的研发和试点示范都具有一定先进性，可判断其在CDR技术的偏好上更倾向于工程技术驱动的技术路径，并将其作为整体减排情景假设的重要组成部分。

（二）欧美"碳移除"的鼓励性政策措施和资金来源

欧盟在碳移除领域采取了多项鼓励性政策措施，主要集中在立法、资金支持和创新激励等方面。欧盟的《欧洲气候法案》和《土地利用、土地利用变化及林业条例》（LULUCF）为碳移除提供了法律基础。LULUCF是有关陆地生态系统碳移除的一项重要文件，该条例规定了到2030年欧盟净碳移除量目标为3.1亿吨二氧化碳当量，并为每个成员国分配了相应的目标。欧盟用于科研创新资助的资金主要来源于碳排放交易体系（EU ETS）的拍卖收入，设立了"地平线欧洲"（Horizon Europe）、创新基金（Innovation Fund）等机制，为研究与创新计划提供资金支持。"地平线欧洲"从2014年至2020年资助了多个碳捕集与封存技术项目，总计超过10亿欧元。从2021年到2027年，该计划总预算约为950亿欧元，其中部分资金用于支持气候变化相关的科研和创新项目，包括碳移除技术。创新基金旨在支持低碳技术的研发和应用，从2020年至2030年，创新基金将提供约100亿欧元的资金，用于支持CCUS技术及其他低碳创新。[①] 此外，欧盟各成员国也提供国家层面的资金支持，例如德国的国家氢能战略，计划投资90亿欧元用于

① EU Commission, Horizon Europe, The EU Research and Innovation Program 2021-2027, https://research-and-innovation.ec.europa.eu/funding/funding-opportunities/funding-programmes-and-open-calls/horizon-europe_en.

氢能和碳捕集与封存项目。[①]欧盟的项目减排认证则主要通过市场机制落实，并将相关的减排认证纳入欧盟碳交易体系。

美国在碳移除方面也采取了多种鼓励性政策措施，包括税收减免、联邦资金支持和研究项目等。美国财政部通过税收减免政策鼓励碳捕集与封存技术，为每吨捕集与封存的二氧化碳提供最高可达 50 美元的税收抵免，2022~2026 年，年税收抵免额高达 500 万美元[②]，大大降低了企业实施碳捕集与封存技术的经济负担。美国能源部还为 CCUS 技术的研发提供资金支持，2022 年通过的《基础设施投资和就业法案》增加了 35 亿美元的资金支持 DAC 和 CCS 技术。在美国能源部的资助下，美国国家能源技术实验室（NETL）领导的多个研究项目专注于碳捕集与封存技术的研发，这些项目涵盖了从实验室研究到大规模示范项目的各个阶段，旨在推动 CCUS 技术的商业化应用[③]。美国有许多私人公司和投资者也积极参与碳移除技术的开发和应用，微软、亚马逊等大型科技公司启动了各自的碳移除项目[④⑤]。

（三）欧美碳移除立法和决策程序

欧盟的碳移除政策主要由欧盟委员会（European Commission）主导制定，同时涉及欧洲议会（European Parliament）和欧洲理事会（Council of the European Union）。欧盟委员会负责提出立法建议，欧洲议会和欧洲理事

① EU Commission, Innovative Fund, Deploying Innovative Net - Zero Technologies for Climate Neutrality, https: //climate. ec. europa. eu/eu - action/eu - funding - climate - action/innovation - fund_ en .

② Jones A. C. , Marples D. J. , The Section 45Q Tax Credit for Carbon Sequestration, Congressional Research Service, https: //sgp. fas. org/crs/misc/IF11455. pdf.

③ NETL, Carbon Dioxide Removal Program, https: //www. netl. doe. gov/carbon - management/carbon-dioxide-removal.

④ Microsoft, Carbon Dioxide Removal, https: //www. microsoft. com/en-us/corporate-responsibility/sustainability/carbon-removal-program.

⑤ Amazon, Amazon Supports the World's Largest Deployment of Direct Air Capture Technology to Remove Carbon from the Atmosphere, https: //www. aboutamazon. com/news/sustainability/amazon-direct-air-capture-investment-fights-climate-change.

会负责审议和通过这些建议。在政策制定过程中，欧盟充分依赖学术机构，依据气候科学和社会经济分析评估模型，对新法案进行社会、经济、环境影响的事前评估，并广泛征求各方意见矫正模型精度，力求作出无悔决策。欧盟社会中存在较为成熟的政策咨询网络，包括咨询机构、智库、研究所、大学等，它们为政策讨论提供了充分的灵活度和多样性。政策跨部门协商过程中，通过公开讨论过程并记录各方要点的方式保障信息出清，并接受媒体和公众的监督。立法完成后还需要配套落实一系列的措施和政策，这一过程也包括行业协会、社会团体、媒体、学者等多利益相关方的共同参与。

美国碳移除立法程序由联邦政府的多个机构和国会共同推动，政策制定主体包括美国国会、环境保护署、能源部和内政部。美国立法过程的特点是，立法委员一般会有一个强大的秘书和顾问团队，这些团队是由具有科学、政策、法律等多方专业知识的技术人员构成的，具有强大的决策支持能力。美国在政策咨询领域也有着较为成熟的组织体系和行业、专业丰度，为政策有效性和影响评估提供了可能性和包容度。美国立法程序的决策过程需要参众两院共同通过。这一过程设计的初衷是保障党派偏见不过度干预决策的中立性。但是随着美国政治经济极化发展的态势日趋严峻，决策过程中党派偏见往往会跨越立法的现实需求和政策的中立性。

欧盟和美国的政策决定过程遵循一些原则，其中以下亮点值得他国学习借鉴。第一，政策制定严格依赖科学研究和数据分析，关注政策的事前影响分析和事后影响评估。第二，整个立法过程须公开透明，公众和利益相关方可以参与和监督。

（四）欧美碳移除政策的社会、经济、环境影响

碳移除政策对社会的影响主要体现在就业、健康和社会公平方面。首先，碳移除技术的开发和部署将创造大量就业机会。据估计，到 2030 年 CCS 技术可以为欧盟创造约 20 万个就业岗位，为美国创造约 30 万个就业岗位。这些岗位不仅包括直接参与碳捕集与封存的技术岗位，还包括相关的研发、制造和维护岗位。其次，碳移除政策有助于改善空气质量，从而提升公

众健康水平。最后，碳移除政策将促进社区发展，特别是那些依赖化石燃料的社区。通过发展碳移除技术，这些社区可以实现经济多样化，减少对煤炭和石油等高碳产业的依赖，从而提升其经济韧性。

欧盟碳移除政策对经济的影响可以从成本、产业结构调整和竞争力提升三个方面体现。首先，碳移除政策的实施需要大量投资。例如，根据国际能源署（IEA）的数据[①]，到 2050 年，欧盟在碳移除技术上的投资需求将达到约 5000 亿欧元。通过减少碳排放，欧盟每年可以节省约 200 亿欧元的气候变化适应成本。根据美国国家科学院（NAS）的数据[②]，到 2050 年，美国在碳移除技术上的投资需求将达到约 1 万亿美元。其次，碳移除政策将推动产业结构调整，加速向低碳经济转型。传统高碳行业将面临转型压力，而新能源和环保技术行业将迎来发展机遇。例如，风能和太阳能产业的快速发展将显著提升其在能源结构中的比重，从而减少对化石燃料的依赖。根据美国能源信息管理局（EIA）的数据[③]，到 2050 年，可再生能源在美国能源结构中的比重将从目前的 20%提升至 40%以上。

碳移除政策对环境的影响主要体现在减缓气候变化和保护生态系统方面。2021 年欧盟通过碳移除减少的温室气体排放占 EU27 排放总量的 0.003%[④]。美国能源开采行业通过碳捕集可以减少 3000 万~4000 万吨二氧化碳排放[⑤]。这不仅有助于实现《巴黎协定》中的减排目标，还将带来

---

① International Energy Agency, World Energy Outlook 2021, https://iea.blob.core.windows.net/assets/4ed140c1-c3f3-4fd9-acae-789a4e14a23c/WorldEnergyOutlook2021.pdf.

② National Academies of Sciences, Engineering, and Medicine, Negative Emissions Technologies and Reliable Sequestration: A Research Agenda, https://nap.nationalacademies.org/catalog/25259/negative-emissions-technologies-and-reliable-sequestration-a-research-agenda.

③ EIA, EIA Projects that Renewable Generation will Supply 44% of U.S. Electricity by 2050, https://www.eia.gov/todayinenergy/detail.php?id=51698.

④ EEA, Annual European Union Greenhouse Gas Inventory 1990-2021 and Inventory Report 2023, Submission to the UNFCCC Secretariat, 15 April 2023, https://www.eea.europa.eu/en/analysis/indicators/total-greenhouse-gas-emission-trends?activeAccordion=546a7c35-9188-4d23-94ee-005d97c26f2b.

⑤ U.S. EPA, Inventory of U.S. Greenhouse Gas Emissions and Sinks: 1990-2022, https://www.epa.gov/system/files/documents/2024-04/us-ghg-inventory-2024-main-text_04-18-2024.pdf.

显著的环境效益，如减少极端天气事件、保护生物多样性和改善水资源管理等。

三　欧美“碳移除”立法进程对中国制定气候政策的启示

（一）欧美碳移除相关立法进程的共性和差异性

欧盟和美国在碳移除政策方面存在很大的共性。第一，欧盟和美国都强调通过技术创新来推动碳移除技术的发展，将 CCS、DAC 等技术视为实现碳中和目标的重要手段。第二，欧盟和美国都在制定和实施相关政策和法规，以支持碳移除技术的研发应用。第三，二者都承诺增加对碳移除技术研发和应用的资金投入，并鼓励私营部门参与。这有助于加快相关技术的商业化进程，有利于构建关于碳移除的共同话语框架，探讨国际合作的可行性。

欧盟和美国的碳移除立场还存在明显差异。欧盟更倾向于推动碳移除技术的研发，而在技术实施过程中更加注重环境保护和生态安全。美国则在碳移除技术的研发和商业化过程两方面同时发力。

了解欧盟和美国在碳移除方面的不同立场，有助于中国在对话交流中灵活应对，提出兼顾各方利益的方案，争取更多支持。根据欧盟强调“公平”的立场，强调发达国家历史责任，推动发达国家在碳移除责任和资金支持上承担更多，减轻发展中国家的负担。利用欧盟和美国的资金和技术优势，争取更多的国际资金和技术支持，帮助中国和其他发展中国家提升碳移除能力。根据欧盟和美国的技术优势，提出创新合作议题，如自然碳汇项目的国际合作、跨国 CCUS 项目等，推动全球碳移除技术的进步和应用。

（二）对中国制定气候政策的启示

随着全球气候变化问题的日益严峻，碳移除技术逐渐成为各国实现碳中和目标的重要手段。欧盟和美国在碳移除领域的最新政策为中国制定自身的气候政策提供了诸多启示。

首先，欧盟和美国通过市场机制和经济激励措施，促进碳移除技术的研发、应用和推广。例如，欧盟的碳排放交易体系收入和美国的联邦预算，都为碳移除技术提供了经济激励，吸引了大量企业和资本的参与。中国可以借鉴这些做法，建立和完善碳市场机制，通过经济手段促进碳移除技术的应用和推广。

其次，欧盟和美国在碳移除领域注重国际合作和知识共享。中国可以积极参与国际合作，与其他国家分享经验和技术，提升自身的碳移除能力，共同应对全球气候变化挑战。中国还可以增强双边合作，通过了解欧盟和美国的不同侧重点，制定有针对性的国际合作策略，如与欧盟合作推进自然碳汇项目，与美国合作开展技术研发和创新项目。

再次，欧盟和美国在推动制定碳移除政策时，非常重视社会参与和公众意识的提升。例如，欧盟通过公众咨询和参与机制，确保政策的透明度和公众的参与度；美国则通过教育和宣传，提高公众对碳移除技术的认识和接受度。中国可以加强社会宣传和公众教育，增强公众对碳移除技术的理解和支持，营造良好的社会氛围。

最后，由于欧美政策对标的是全球1.5℃目标情景，CDR在其气候政策中的重要性相较发展中国家要更为激进。发展中国家在制定自身气候政策的时候，应该遵循公约的国家能力原则、公平原则和共同但有区别的责任原则，协同考虑1.5℃情景和2℃情景的可行性，量力而行，顺势而为，在保障发展中国家生存和发展权益的前提下，科学合理地考虑CDR技术路径在整体减缓战略中的定位。

国内政策和行动

G.17 碳中和关键技术前沿进展及建议

孟 浩*

摘 要： 实现碳中和目标已成为全球应对气候变化的共识，碳中和关键技术成为全球争夺的焦点。美国、欧盟、日本等都出台了相关法律法规对先进太阳能，风电，储能，氢能，核能，碳捕集、利用与封存等碳中和关键技术予以部署，制定发展战略，明确碳中和技术发展路线图，并通过实施先进能源研究计划、能源攻关计划、绿色创新基金等举措加大研发力度，抢占碳中和关键技术的制高点。本文通过梳理国际能源署、麻省理工学院及欧盟联合研究中心等不同机构发布的相关报告与技术清单，分析了碳中和关键技术投入及研发进展等。中国科学院、科技部高技术发展研究中心等相关部门发布的年度科技进展及重大成果显示，我国的太阳能、绿氢、先进储能、核电、聚变能、节能等技术取得了突破性进展。为加快我国未来碳中和关键技术发展，提出如下建议：一是完善碳中和相关法律法规、战略与政策，二是构建碳中和关键技术创新体系，三是深化碳中和关键技术的国际合作。

* 孟浩，中国科学技术信息研究所研究员，研究领域为碳中和技术及创新政策。

关键词： 碳中和　关键技术　研发部署　突破性进展

实现碳中和目标已成为全球有效应对气候变化的共识。据统计，截至2023年9月，全球已有超过150个国家作出碳中和承诺，这些国家覆盖了全球GDP的94%、人口的86%、碳排放量的91%；90%的国家设定2050年及2050年以后实现碳中和目标，仅有芬兰、奥地利、冰岛、瑞典等12个国家承诺在2050年以前实现碳中和[①]。而太阳能，风电，核能，氢能，储能，碳捕获、利用与封存（CCUS）以及低碳工业等关键技术可为实现碳中和目标提供有效支撑，因而成为美国、欧盟、日本等全球主要国家（地区）争夺的焦点。因此，系统归纳与分析主要国家（地区）碳中和关键技术前沿部署、进展，提出具有前瞻性的建议，对我国实现"双碳"目标、加快形成新质生产力具有重要的战略意义。

一　主要国家碳中和关键技术的部署

美国、欧盟、日本等全球主要国家（地区）主要从以下三方面部署与支持碳中和关键技术。

（一）法律法规

美国通过清洁能源相关法案支持碳中和关键技术研发。2021年11月15日，《两党基础设施法案》授权美国能源部（DOE）以超620亿美元支持未来清洁能源技术，其中为清洁能源示范和研究中心提供220亿美元，重点关注美国到2050年实现净零排放目标所需的下一代技术，包括清洁氢80亿美元，碳捕集、直接空气捕集和工业减排超100亿美元，先进核能25亿美元以及农村

① 清华大学碳中和研究院：《全球碳中和年度进展报告》，2023。

地区的示范项目10亿美元等[1]。2022年8月16日，《通胀削减法案》(IRA)授权约7400亿美元，确保美国在清洁能源技术、制造业和创新方面保持全球领先地位，其中约3700亿美元用于支持太阳能、风能、储能、氢能等清洁能源技术研发[2]。2023年8月31日，IRA授权美国能源部155亿美元，其中100亿美元用于支持汽车制造转换项目，35亿美元用于支持美国电池制造业，20亿美元用于改造和翻新美国的制造厂，推动美国国内高效混合动力汽车、插电式混合动力汽车、插电式电力驱动汽车和氢燃料电池汽车发展[3]。2024年3月29日，IRA授权资助“先进能源项目税收抵免计划”，美国能源部、财政部和税务局宣布提供税收抵免40亿美元，将支持35个州的100多个项目，加速美国清洁能源制造和减少工业设施的温室气体排放[4]。可见，美国通过法律授权支持清洁能源项目，加快研发碳中和相关技术。

欧盟重视碳中和关键技术的立法工作。2023年2月1日，欧盟委员会提出绿色协议工业计划，提高欧洲净零工业的竞争力，并支持欧洲向气候中和的快速转型。2023年3月16日，欧盟委员会公布《净零工业法案》(NZIA)提案[5]，确保欧盟在清洁技术生产方面发挥主导作用。2023年10月9日，欧盟委员会通过《可再生能源指令》《欧盟可再生燃料航空条例》[6]，更新了可

---

① 孟浩等：《双碳目标下主要国家能源管理》，科学技术文献出版社，2023。

② Whitehouse, Inflation-Reduction-Act-Guidebook, https://www.whitehouse.gov/wp-content/uploads/2022/12/Inflation-Reduction-Act-Guidebook.pdf.

③ DOE, Biden-Harris Administration Announces $15.5 Billion to Support a Strong and Just Transition to Electric Vehicles, Retooling Existing Plants, and Rehiring Existing Workers,, https://www.energy.gov/articles/biden-harris-administration-announces-155-billion-support-strong-and-just-transition.

④ DOE, Biden-Harris Administration Announces $4 Billion in Tax Credits to Build Clean Energy Supply Chain, Drive Investments, and Lower Costs in Energy Communities, https://www.energy.gov/articles/biden-harris-administration-announces-4-billion-tax-credits-build-clean-energy-supply.

⑤ European Commission, Net Zero Industry Act, https://eur-lex.europa.eu/resource.html?uri=cellar:6448c360-c4dd-11ed-a05c-01aa75ed71a1.0001.02/DOC_1&format=PDF.

⑥ EuRopean Commission, Commission Welcomes Completion of Key “Fit for 55” Legislation, Putting EU on Track to Exceed 2030 Targets, https://ec.europa.eu/commission/presscorner/detail/en/IP_23_4754.

再生能源和能源效率的目标，并提出将在2035年之前逐步淘汰污染车辆，加强充电基础设施建设，在公路运输、航运中使用替代燃料，旨在履行其对公民和国际合作伙伴的承诺，引领气候行动，加速绿色转型。2024年5月27日，欧盟理事会正式通过NZIA，旨在提升欧盟净零技术的全球竞争力，提高欧盟净零技术供给链的整体弹性及欧盟获得净零技术的机会，并自公布之日起生效①。该法案支持太阳能光伏与光热、陆上与海上风电、电池与储能、热泵与地热能、电解槽和燃料电池、可持续的生物制气/生物甲烷、碳捕集与封存以及电网相关技术八大类关键净零技术；支持核裂变能、可持续替代燃料、水电、节能、变革性工业脱碳等净零技术；到2030年欧盟净零技术的制造能力至少达到欧盟部署需求的40%；进一步要求欧盟各国政府和欧盟委员会确保到2040年所有关键低碳技术占全球市场的份额至少达15%。

日本出台相关法律支持碳中和技术发展。2021年5月26日，日本国会参议院正式通过修订后的《全球变暖对策推进法》，以立法形式明确日本到2050年实现碳中和的目标，该法于2022年4月施行。据此日本都道府县等地方政府将有义务设定可再生能源利用的具体目标，并为扩大可再生能源利用制定相关鼓励制度。2024年5月17日，日本议会通过《氢能社会促进法案》，将出资3万亿日元支持推广清洁氢，并规定日本自然资源和能源局可采取差异合同补贴方式，补贴任何类型的“低碳氢”认证供应商②。

（二）战略规划

美国、欧盟与日本等国家（地区）均发布了相关战略规划支持碳中和关键技术研发部署，系统梳理如表1所示。

---

① EuRopean Commission, Industrial Policy: Council Gives Final Approval to the Net-zero Industry Act, https://www.consilium.europa.eu/en/press/press-releases/2024/05/27/industrial-policy-council-gives-final-approval-to-the-net-zero-industry-act/pdf/.

② Japan to Provide 15 Years Subsidies for Locally Produced and Imported Hydrogen after Parliament Passes h2 Law, https://www.hydrogeninsight.com/policy/japan-to-provide-15-year-subsidies-for-locally-produced-and-imported-hydrogen-after-parliament-passes-h2-law/2-1-1646040.

表 1　主要国家（地区）支持碳中和关键技术的相关战略规划

国家	年份	战略规划	主要内容
美国	2022	净零规则改变者倡议①、美国创新实现2050年气候目标②	提出先进电池、先进太阳能、先进风能、先进核能、增强型地热、长时储能、净零电网、低碳铝业、低碳水泥、低碳钢铁、绿氢、CCUS 等 37 项关键技术，推动低排放暖通空调与制冷、净零航空、电网和电气化、工业生产和循环经济以及大规模聚变能 5 项优先技术突破，实现 2050 年前净零排放目标
	2023	国家绿氢战略和路线图③	2030 年美国国内绿氢年产量达 1000 万吨，2040 年增至 2000 万吨，2050 年增至 5000 万吨；明确绿氢战略地位，加快发展绿氢研制运储用供应链，降低绿氢成本，推动大规模制氢和用氢
	2024	国家零排放货运走廊战略④	部署 2024~2040 年零排放中型和重型车辆充电和氢燃料基础设施，实现美国到 2030 年将零排放中型和重型车辆销售额至少提高 30%、到 2040 年将销售额提高 100%的目标
		聚变能源战略⑤	围绕缩小与商业相关聚变中试厂的科学技术差距，部署可持续、公平的商业聚变能源项目，建立和利用外部伙伴关系，勾画美国商业聚变能源未来十年愿景，旨在确保美国聚变能源的领先地位

① Whitehouse. Biden-Harris Administration Announces Net-Zero Game Changers Initiative, https://www.whitehouse.gov/briefing-room/statements-releases/2022/11/04/fact-sheet-biden-harris-administration-makes-historic-investment-in-americas-national-labs-announces-net-zero-game-changers-initiative/.

② Whitehouse. U. S. -Innovation-to-Meet-2050-Climate-Goals, https://www.whitehouse.gov/wp-content/uploads/2022/11/U. S. -Innovation-to-Meet-2050-Climate-Goals. pdf.

③ DOE, Biden-Harris Administration Releases First-Ever National Clean Hydrogen Strategy and Roadmap to Build a Clean Energy Future, Accelerate American Manufacturing Boom, https://www.energy.gov/articles/. biden-harris-administration-releases-first-ever-national-clean-hydrogen-strategy-and.

④ DOE, Biden-Harris Administration Releases First-Ever National Strategy to Accelerate Deployment of Zero-Emission Infrastructure for Freight Trucks, https://www.energy.gov/articles/ biden-harris-administration-releases-first-ever-national-strategy-accelerate-deployment.

⑤ DOE, Fusion Energy Strategy 2024, https://www.energy.gov/sites/default/files/2024-06/ fusion-energy-strategy-2024. pdf.

续表

国家	年份	战略规划	主要内容
欧洲	2023	通过关于建立"欧洲战略技术平台"提案①	进一步统筹各类欧盟计划和基金，提出凝聚力政策激励措施及恢复和复原基金，为新技术提供高达1600亿欧元的资金，推动数字化、净零排放和生物技术，实现欧盟工业数字化和净零排放转型
德国	2023	国家氢能战略	到2030年将进一步提升德国氢能技术的领先地位，将产品覆盖从电解槽生产到各类应用（如燃料电池技术应用）的氢能全价值链
英国	2023	英国电池战略②	将采取投资、机会与合作、金融机制与投资评估、国际标准等相关举措，继续支持全电池价值链创新，到2030年形成具有全球竞争力的电池供应链，支持国内制造，加速实现净零转型
	2024	民用核电 2050 路线图③	围绕监管制度、关键技术创新研发、市场融资、供应链等方面，制定英国民用核电领域近期和长远的发展目标和行动计划
日本	2023	推进向脱碳增长型经济结构转型战略④	推动节能、下一代太阳能电池和浮式海上风电、新一代创新型反应堆、可燃冰、碳循环燃料、蓄电池、资源循环、下一代汽车、下一代飞机等技术研发，加快全面绿色转型，到2030年实现在2013年基础上温室气体减排46%，到2050年实现碳中和
	2024	绿色转型2040愿景⑤	给出日本脱碳和产业政策的未来长期前景（至2040年），提出扩大可再生能源和核电等"脱碳电源"使用的措施，支持应对数据中心等耗电量大问题的投资项目，引导企业制订投资计划

① European Parliament, A STEP towards Supporting EU Competitiveness and Resilience in Strategic Sectors, https://www.europarl.europa.eu/news/en/press-room/20231009IPR06729/a-step-towards-supporting-eu-competitiveness-and-resilience-in-strategic-sectors.

② UK Government, UK Battery Strategy, https://www.gov.uk/government/publications/uk-battery-strategy.

③ UK Government, Civil Nuclear: Roadmap to 2050, https://www.gov.uk/government/publications/civil-nuclear-roadmap-to-2050.

④ 指定されたページまたはファイルは存在しません，https://www.meti.go.jp/press/2023/07/20230728002/20230728002-1.pdf.

⑤ 共同社：《日本将制定2040年脱碳战略》，https://china.kyodonews.net/news/2024/05/8efece1c2ec4-2040.html#google_vignette。

由表 1 可见，美国、欧洲、德国、英国与日本等主要国家（地区）通过净零规则改变者倡议、绿氢战略、聚变能源战略、电池战略等，支持先进电池、太阳能、海上风电、绿氢、聚变能、长时储能等碳中和关键技术研发与部署。

（三）科技研发计划

综合梳理美国、欧盟、日本等主要国家（地区）实施的科技研发计划对碳中和关键技术的支持情况，结果如表 2 所示。

表 2　2009~2024 年主要国家实施的代表性科技研发计划支持碳中和关键技术情况

国家	代表性研发计划		启动时间	支持重点及代表性碳中和技术
美国	先进能源研究计划①	主题计划	2009 年	聚焦太阳能、地热、电池、电网、碳捕获、生物燃料等特定前沿技术，每个主题计划设置 5~15 个项目，经费 2000 万~5000 万美元，执行期 3~5 年
		开放计划		支持具有潜在变革性的能源应用新技术。截至 2022 年，通过开放计划共计支持 260 多个项目，资助金额超 8 亿美元，每次资助项目 40~80 个，资助金额超 1 亿美元
		能源相关的应用科学创新发展计划	2013 年	快速持续支持早期应用研究，探索能源技术变革性和颠覆性的新概念，2014~2019 年共资助 59 个项目，单项资助金额为 20 万~55 万美元，共资助 2817 万美元，约 75%资助期为 1 年，最长不超过 3 年，截至 2022 年已全部结题
		探索性课题计划	2019 年	快速、敏捷、更好地支持重点求新领域创新项目，截至 2023 年共投资 1.22 亿美元，资助 141 个项目，涉及耐用水泥、井下开发技术、高级裂变、聚变诊断、甲烷裂解、CCS、生物采矿、高能液体产品、直接空气捕获 CO_2 及负碳建材等
	能源攻关计划②	氢能攻关计划	2021 年 6 月	将催化以可再生能源、核能和热转化等实现氢能目标的创新途径，至少使清洁氢使用机会增加 5 倍，到 2030 年创造产值 1400 亿美元、就业机会 70 万个，到 2050 年助力 CO_2 排放量减少 16%

① DOE，Annual Reports，https://arpa-e.energy.gov/about/annual-reports.

② DOE，Energy Earthshots Initiative，https://www.energy.gov/energy-earthshots-initiativ.

续表

国家	代表性研发计划		启动时间	支持重点及代表性碳中和技术
美国	能源攻关计划①	长时储能攻关计划	2021 年 7 月	十年内支持持续 10 小时以上的新型储能，将规模化成本降低 90%。2022 年投资 30 亿美元加强建设储能供应链；2023 年提供 1790 万美元支持 4 个液流电池和长时储能研发项目
		负碳技术攻关计划	2021 年 11 月	到 2035 年将远离海岸的深水浮动海上风电成本降低 70% 以上，即达到每兆瓦时 45 美元。2024 年 DOE 提供 5 亿美元，支持 CO_2 运输基础设施融资和创新，减少美国各地碳排放
		增强型地热系统攻关计划	2022 年 9 月	旨在到 2035 年将增强型地热系统的成本大幅降低 90%，达到每兆瓦时 45 美元。2024 年投入 6000 万美元，支持 3 个增强型地热系统研发项目
		浮动式海上风电攻关计划	2022 年 9 月	2023 年提供 2700 万美元，支持 15 个海上风电项目，加强部署海上、陆基和分布式风电；2024 年提供 4800 万美元，支持海上风电项目，加快研发海上风电技术
		工业供热攻关计划	2022 年 9 月	旨在支持高薪工作，振兴工业社区，提升制造业竞争力，推动美国 2050 年前实现净零经济。2023 年提供 1.35 亿美元，支持 40 个供热创新项目；2024 年提供 60 亿美元，支持 20 多个州的 33 个项目，实现能源密集型行业脱碳
		清洁燃料和产品攻关计划	2023 年 5 月	推进具有成本效益的清洁燃料技术发展，实现燃料和化学工业脱碳，减少温室气体排放量。2024 年提供 1.71 亿美元支持 21 个州的 49 个创新脱碳技术项目；提供 8300 万美元支持减少难以脱碳工业部门的碳排放
		平价家庭能源计划	2023 年 10 月	最后一个能源攻关计划，拟投入 135 亿美元，专注研究、开发和示范建筑升级、高效电气化和智能控制等领域的清洁能源解决方案，实现脱碳并为平价家庭节省能源和降低成本

① DOE, Energy Earthshots Initiative, https://www.energy.gov/energy-earthshots-initiativ.

续表

国家	代表性研发计划	启动时间	支持重点及代表性碳中和技术
美国	电网现代化改造计划①	2023年12月	投入80亿美元进行电网现代化改造，其中35亿美元支持电网弹性创新伙伴关系计划，13亿美元支持输电便利计划
	能效和节能整体资助计划	2023年12月	提供资金5.5亿美元，支持州、地方政府、地区和部落的2700多个能效和节能计划，降低其能源成本
	国内制造业供应链投资计划	2023年12月	提供55亿美元支持先进电池、电池材料和电动汽车的国内生产，提供超130亿美元支持先进技术车辆制造贷款计划，提供1.69亿美元资助15个地方加速电热泵生产，投入3.9亿美元支持扩大太阳能、风能和汽车的制造技术
	虚拟电厂计划②	2023年9月	美国能源部发布《虚拟电厂》报告，指出充分发挥虚拟电厂潜力，到2030年将虚拟电厂的现有规模扩大三倍，可靠支持电网快速电气化，每年降低总体电网成本100亿美元
	聚变创新研究引擎合作计划	2024年6月	提供1.8亿美元，旨在通过组建团队进一步创建聚变创新生态系统，帮助公司解决聚变能试点示范中遇到的科学、技术和商业化关键路径挑战，推动聚变能发展
欧盟	创新基金③	2022年	重点资助能源密集型工业、可再生能源、储能、净零交通与建筑等技术，支持欧洲工业脱碳的解决方案，加速气候中性转型。2022年4月，通过首轮投资11亿欧元，支持比利时、瑞典、西班牙等6国的7个大型项目；2022年7月，通过创新基金第二轮投资18亿欧元，支持法国、荷兰、德国等9国的17个大型项目

① DOE, U. S. Department of Energy Top Clean Energy Accomplishments in 2023, https://www.energy.gov/articles/us-department-energy-top-clean-energy-accomplishments-2023.

② DOE, U. S. Department of Energy Reports Identify Transformative Opportunities for Widescale Clean Energy Deployment, 2023, https://www.energy.gov/articles/us - department - energy - reports - identify-transformative- opportunities-widescale-clean-energy.

③ European Commission, Innovation Fund projects, 2023, https://climate.ec.europa.eu/ eu-action/eu-funding-climate-action/innovation-fund/innovation-fund-projects_en.

续表

国家	代表性研发计划	启动时间	支持重点及代表性碳中和技术
欧盟	Repower EU 计划①	2022 年5 月	快速推进绿色能源转型,到 2025 年欧盟的光伏和风力发电装机容量将增加一倍;到 2030 年将增加两倍
	2022~2025 年综合能源系统研发实施计划②	2022 年7 月	投入 10 亿欧元优化跨部门集成和电网级储能、可再生能源大规模并网、能源数字化解决方案、交通集成与储能等九大应用场景,实施 31 项研发创新优先项目,明确到 2025 年的研发资助重点
	战略能源技术计划③	2023 年10 月	修订该计划,明确设计的可持续性、技能开发、研究和创新等跨领域的优先事项,支持所有战略性可再生能源技术,实施"绿氢欧盟研究区试点",加强与欧洲的电池联盟、清洁氢联盟和太阳能光伏产业联盟等的合作,确保欧盟处于清洁能源前沿,实现其脱碳目标
日本	绿色投资促进基金④	2021 年2 月	由日本开发银行投资 800 亿日元设立,为开展海上风电、节能技术、储能等技术研发的中小企业提供风险资金支持
	绿色创新基金⑤	2021 年10 月	由日本新能源产业技术开发机构设立,投入 2 万亿日元,将在未来 10 年继续支持绿电、氢能、CCUS 等技术研发,带动社会资本 15 万亿日元,吸引国际投资 3000 万亿日元

① European Commission, REPowerEU: A Plan to Rapidly Reduce Dependence on Russian Fossil Fuels and Fast forward the Green Transition, 2022, https://ec.europa.eu/commission/presscorner/detail/en/ip_22_3131.

② ETIP SNET, R&I Implementation Plan 2022 - 2025, https://op.europa.eu/en/publication-detail/-/publication/53e747cd-9f57-11ec-83e1-01aa75ed71a1/language-en/format-PDF/source-252703697.

③ European Commission, Updated Strategic Energy Technology Plan for Europe's Clean, Secure and Competitive Energy Future, https://ec.europa.eu/commission/presscorner/detail/en/ip_23_5146.

④ 朴英爱、胡曦月:《碳中和视角下日本能源转型动因及实施途径》,《现代日本经济》2023 年第 4 期。

⑤ NEDO,グリーンイノベーション基金とは,https://green-innovation.nedo.go.jp/article/to-business/.

续表

国家	代表性研发计划	启动时间	支持重点及代表性碳中和技术
日本	绿色创新基金①	2022年5月	投入382亿日元，启动低压低浓度CO_2低成本分离回收技术开发与示范项目，实施期为2022~2030年
		2022年7月	2022~2030年投入1130亿日元，研发燃料电池与电动汽车技术，构建与EV/FCV运行管理相结合的能源管理系统
		2024年4月	投入306亿日元，支持“新一代飞机开发”项目，其中技术研发氢燃料电池电力推进系统约132亿日元、氢燃料电池核心技术约42亿日元、电力控制及热空气管理系统约125亿日元、提高电动化率约5.15亿日元②

由表2可见，美国的先进能源研究、能源攻关及聚变创新研究引擎合作等计划，欧盟的创新基金、Repower EU计划及战略能源技术计划，以及日本的绿色创新基金等，都系统部署了可再生能源、氢能、储能、CCUS等技术，大力支持碳中和关键技术研发，力求抢占技术制高点，成为全球应对气候变化的引领者。

二 碳中和关键技术前沿的进展

本部分主要从国际视角系统、全面地梳理碳中和关键技术前沿进展情况。

（一）国际能源署关注的碳中和关键技术

国际能源署（IEA）从不同角度关注全球碳中和关键技术的相关进展。

① NEDO，グリーンイノベーション基金とは，https://green-innovation.nedo.go.jp/article/to-business/.

② 新エネルギー・産業技術総合開発機構，グリーンイノベーション基金事業“次世代航空機の開発”プロジェクトで新たな4テーマに着手，https://www.nedo.go.jp/news/press/AA5_101735.html.

一是清洁技术制造快速增长。2024 年 5 月 6 日，IEA 发布《推进清洁技术制造》报告①，该报告指出太阳能和电池制造领域蓬勃发展的投资正迅速成为全球经济增长的强大推动力，并发现太阳能光伏组件制造能力已能满足IEA 净零排放情景下 2030 年的需求，电池制造能力达到 2030 年末满足净零需求的 90%。全球对太阳能、风能、电池、电解槽和热泵 5 种关键清洁能源技术制造的投资 2023 年已增至 2000 亿美元，较 2022 年增长 70%以上，约占全球 GDP 增长的 4%，占全球投资增长的近 10%。2023 年太阳能光伏制造支出增加一倍多，而电池制造投资则增长约 60%。二是清洁能源投资占比大。2024 年 6 月 6 日，IEA 发布《2024 年世界能源投资报告》，指出 2024 年能源投资总额将达创纪录的 3 万亿美元，其中 2 万亿美元将流向可再生能源、电动汽车、核能、电网、储能等关键领域；太阳能光伏引领电力转型，随着组件价格下降刺激新投资，到 2024 年太阳能光伏投资将增至 5000 亿美元；2024 年中国、欧洲和美国的清洁能源投资分别为 6750 亿美元、3700 亿美元和 3150 亿美元，合计占全球清洁能源投资的 2/3 以上；电网和电力储存是清洁能源转型的重大影响因素，2024 年电网支出正在上升，将达到 4000 亿美元，而 2015~2021 年每年约为 3000 亿美元，且随着成本进一步下降，电池储能投资正飞速增长，到 2024 年将达 540 亿美元②。

（二）《麻省理工科技评论》的突破性技术

自 2001 年以来，麻省理工学院负责的《麻省理工科技评论》每年都会发布“十大突破性技术”榜单③，这些技术可能对世界产生显著影响，其中 2014 年以来与碳中和相关的技术如表 3 所示。

---

① IEA, Advancing Clean Technology Manufacturing an Energy Technology Perspectives Special Report, https://iea.blob.core.windows.net/assets/7e7f4b17-1bb2-48e4-8a92-fb9355b1d1bd/CleanTechnologyManufacturingRoadmap.pdf.

② IEA, World Energy Investment 2024, https://www.iea.org/news/investment-in-clean-energy-this-year-is-set-to-be-twice-the-amount-going-to-fossil-fuels.

③ MIT Technology Review, 10 Breakthrough Technologies Archive, 2023, https://www.technologyreview.com/supertopic/tr10-archive/.

表3 2014~2024年《麻省理工科技评论》发布的碳中和突破性技术

年份	碳中和突破性技术	成熟期	重大意义
2014	智能风电和太阳能	现在	大数据、人工智能与风能、太阳能融合发展，提高预测准确性，有效应对可再生能源的间歇性
2015	超级光合作用	10~15年	找到极大促进光合作用的酶，提高大米产量50%
2016	SolarCity的超级工厂	1~2年	通过一种简化的、低成本的制造工艺生产出高效的太阳能电池板，提高其相对于化石燃料的竞争力
	空中取电	2~3年	无源Wi-Fi通信设备将摆脱电池和电源线的束缚，开拓大量新应用
2017	热太阳能电池	10~15年	该技术可能会催生日落后依然可以工作的廉价太阳能，让太阳能电池效率翻倍
	自动驾驶卡车	5~10年	可能会让卡车司机更高效地完成路线行驶，但也可能会侵蚀其工资，最终取代许多卡车司机
2018	零碳排放天然气发电	3~5年	天然气发电为美国提供电力近32%，其碳排放量也达到电力部门总碳排放量的30%
	传感城市	3~5年	将尖端城市设计与前沿科技集成的智慧城市，会让城市变得更加经济、宜居、环保
2019	核能新浪潮	6~10年	实现2025年大规模新型核裂变反应堆及2030年先进核聚变反应堆，核能对实现零排放目标不可或缺
	捕获 CO_2	5~10年	从大气中去除 CO_2 可能是阻止灾难性气候变化最后的可行方法之一，实用且经济
2020	气候变化归因	现在	该技术使人们更加清楚地认识到气候变化是如何让天气恶化的，以及我们需要为此做哪些准备工作
2021	锂金属电池	5年	锂金属电池能量密度高、充电速度快，而且安全可靠，使电动汽车像汽油汽车一样方便和便宜
	绿色氢能	预计2030年	绿氢是绿色的碳中性能源，是可再生风能和太阳能的扩充，有可能成为未来低碳化的核心燃料
2022	实用型聚变反应堆	约10年	有望产生廉价、无碳、永远在线的能源，没有核反应堆堆芯熔毁的危险，也几乎没有放射性废物
	长时电网储能电池	已实现	廉价、持久的铁基电池可以帮助分担可再生能源的供应压力，并扩大清洁能源的使用范围
	除碳工厂	已实现	一种从空气中捕获碳的大型工厂，可帮助创造一种新产业，避免21世纪危险的变暖趋势

续表

年份	碳中和突破性技术	成熟期	重大意义
2023	电池回收利用	现在	可使旧电池变成新电池，为未来的汽车提供动力
	必然到来的电动汽车	现在	电动汽车从小众选择走向主流，IEA 预计 2030 年无排放电动汽车有望增长到 30%左右
2024	热泵	现在	由可再生能源驱动的热泵可帮助家庭、办公室和工业设施大幅减少碳排放
	增强型地热系统	3~5 年	增强型地热系统一直在开发中，先进的开采技术可在更多地方释放地热潜能
	超高效太阳能电池	3~5 年	将传统的硅材料与先进的钙钛矿材料结合起来的太阳能电池，可将光伏发电的效率推向新高度

由表 3 可见，目前已成熟的碳中和技术包括智能风电和太阳能、气候变化归因、长时电网储能电池、除碳工厂及热泵等，未来即将成熟的技术包括超级光合作用、热太阳能电池、自动驾驶卡车、锂金属电池、绿色氢能、增强型地热系统及超高效太阳能电池等。

（三）欧盟联合研究中心评估的新兴能源技术

2024 年 1 月 12 日，欧盟联合研究中心（JRC）发布《能源领域的早期技术》报告①。该报告使用文本挖掘与专家知识相结合的方法，监测到清洁能源有关的新兴技术 77 项，并利用活跃度指标识别出 2020~2023 年特定领域具有前景的技术，涉及 13 个细分领域，具体包括电池 18 项、生物质 1 项、CCUS 2 项、区域供热 3 项、地热能 3 项、海洋能 1 项、储能 18 项、风能 2 项、光伏 9 项、可再生燃料 5 项、智能电网 5 项、太阳燃料 5 项及其他领域 5 项。同时，报告评估了中国、欧盟、日本、韩国、美国等主要国家（地区）在新兴技术领域的显示性技术优势，其中中国主要关注电池、储能、智能电网、光伏、太阳燃料等；欧盟关注区域供热、风能、光伏汽车、

① Eulaerts O. D., Grabowska M. and Bergamini M., Early Stage Technologies in the Field of Energy, Publications Office of the European Union, Luxembourg, 2024.

光伏农业、地质储氢等；日本关注锂电池、光伏汽车、钙钛矿太阳能电池、可再生燃料等；韩国关注多离子电池、有机液流电池、可持续航空燃料、智能电网等；美国则关注有机液流电池、城建能源、风能、光伏农业等，这为未来加强碳中和技术国际合作提供了合作国家及合作技术领域。

三　我国碳中和关键技术进展及建议

（一）我国碳中和关键技术的进展

本文梳理了中国科学院与中国工程院发布的2022年、2023年“中国十大科技进展”，科学技术部高技术研究发展中心发布的2022年、2023年“中国科学十大进展”，以及北京市人民政府等机构主办的2023、2024中关村论坛年会发布的十项重大科技成果等，其中碳中和关键技术的主要突破情况如表4所示。

表4　2022~2024年我国碳中和关键技术主要突破情况

年份	碳中和关键技术	进展清单名称	主要突破
2022	太阳能:高效全钙钛矿叠层太阳能电池和组件	2022年中国科学十大进展	通过设计钝化分子的极性,大幅提升全钙钛矿叠层电池效率,JET认证的叠层电池效率为26.4%,叠层组件效率为21.7%(面积20cm^2)
	生物燃料:温和压力条件下实现乙二醇合成		实现富勒烯缓冲的铜催化草酸二甲酯在温和压力条件下合成数千克规模的乙二醇,有望降低对石油技术路线的依赖
	CO_2利用:CO_2人工合成葡萄糖和脂肪酸	2022年中国十大科技进展	利用CO_2直接合成葡萄糖和脂肪酸,为人工合成“粮食”提供了新路径
	稳态强磁场实验装置		稳态强磁场场强45.22万高斯,超越已保持23年的45万高斯稳态强磁场世界纪录
	绿氢:海水里原位直接电解制氢	2022年中国科学十大进展、中国十大科技进展	建立相变迁移驱动的海水无淡化原位直接电解制氢全新原理与技术

续表

年份	碳中和关键技术	进展清单名称	主要突破
2023	先进储能:发现锂硫电池界面电荷存储聚集反应新机制	2023年中国科学十大进展	发现了锂硫电池全新的界面反应过程,填补了将高能量、低成本锂硫电池商业化的巨大知识空白
	核电:高温气冷堆核电站	2023年中国十大科技进展	华能石岛湾高温气冷堆核电站商运投产,我国在高温气冷堆核电技术领域实现全球领先
	节能:超越硅基极限的二维晶体管		构筑了国际上迄今速度最快、能耗最低的10纳米超短沟道弹道二维硒化铟晶体管
	油气勘探:深地科学探索井开钻		中国石油塔里木油田公司深地塔科1井开钻入地,标志着我国向地球深部探测技术系列取得新的重大突破,钻探能力开启"万米时代"
	太阳能:空间太阳能电站		逐日工程——世界首个全链路全系统空间太阳能电站地面验证系统启用
	页岩油:陆相页岩油技术革命及战略突破	2023中关村论坛年会十项重大科技成果	创新陆相页岩油源内富集地质理论,创建陆相页岩油赋存实验表征、"甜点区/段"评价、旋转导向优快钻井、水平井体积压裂开发、地下页岩加热转化超前储备五大关键技术体系
2024	燃气轮机:300兆瓦级F级重型燃气轮机完成总装	2024中关村论坛年会十项重大科技成果	300兆瓦级F级重型燃气轮机首台样机在上海临港总装下线,实现最大功率、最高技术等级的突破
	节能:转角氮化硼光学晶体原创理论与材料		首次制备出超薄、高能效的全新类型光学晶体,实现了我国在光学晶体领域重大原创性突破,开辟了全新的光学晶体设计模型和材料体系
	聚变能:EAST全超导托卡马克装置		两次基于EAST装置实现403秒稳态长脉冲高约束模等离子体运行世界新纪录

由表4可见,我国太阳能、绿氢、先进储能、核电、聚变能、节能等技术的突破性进展为我国实现碳中和目标提供了有效支撑。

（二）我国加快发展碳中和关键技术的建议

我国虽然已出台碳达峰碳中和“1+N”政策体系，制定了碳中和实施方案，实施了一些科技研发计划，但与国外主要国家碳中和关键技术部署相比，还存在碳中和法律法规缺乏、规划亟待完善、创新能力不足及国际合作有待提升等问题，为加快我国碳中和技术发展，提出如下建议。

一是完善碳中和相关法律法规、战略与政策。修订《可再生能源法》，尽快制定《碳中和法》，构建完善的碳中和法律体系。明确新型能源科技创新的战略目标和发展方向，制定长期和短期相结合的碳中和发展战略，加快出台碳中和关键技术路线图，明确近期、中期与长期的重点任务与举措。不断完善碳中和关键技术创新的研发税费抵免、财政后补助、信贷支持等政策，支持引导更多的社会资本投入碳中和关键前沿技术研发领域。加大对碳中和基础研究的支持力度，支持高校和科研机构从事碳中和重大科学研究，鼓励企业增加研发预算，推动碳中和重大科技成果转移转化。建立碳中和技术相关知识产权市场化、长效保护机制，激发创新主体的创新活力。

二是构建碳中和关键技术创新体系。加强碳中和技术顶层设计，依据国家实验室、全国重点实验室、国家重点实验室的不同定位，搭建定位清晰、分工明确、机制合理、协同配合的碳中和国家实验室体系，打造国家战略科技力量，深化研究碳中和基础科学问题，实现“0到1”的重大突破。依托知名院校，建立碳中和创新平台，围绕太阳能、风能、先进核能、氢能、储能等重点领域，加强战略研究，依托领军企业建设碳中和重点领域国家技术创新中心，发挥产学研用优势，加强关键核心技术联合攻关，推动“1到N”的碳中和技术突破，加快重大成果转化。实施一批碳中和关键技术示范项目，引导形成“N到1”的碳中和集成创新，支持验证新技术的不同应用场景，大规模推广降碳技术。推动碳中和关键技术与能源、信息、人工智能等技术深度融合，发展智慧能源，重塑零碳格局。

三是深化碳中和关键技术的国际合作。探索与美国、欧盟、日本等发达国家或地区开展碳中和关键技术合作的新机制、新领域、新场景，提升碳中和关键技术创新能力；深化与金砖国家、上海合作组织等的碳中和科技合作，化解能源地缘政治风险。借助国家级创新平台，整合国内外特定领域的创新人才和资金，创新碳中和长效合作机制与模式，推进跨区域、跨行业、跨领域、跨学科的深度交叉融合，加速技术集成创新，催生颠覆性前沿技术成果。支持知名专家发起海水直接制氢、高温气冷堆等重点领域国际大科学计划或工程，引领碳中和前沿技术研发，推动碳中和共性关键技术突破。深入实施“一带一路”科技创新行动计划，充分发挥国际科技创新平台优势，产出具有重大影响力的碳中和创新成果，牵头制定碳中和技术成果规范与标准，共建创新共同体，加快碳中和重大科技成果向发展中国家转化，为全球气候治理提供中国方案、贡献中国智慧。

G.18

"双碳"人才的现实缺口、画像与培养

芦 慧　陈思璇　乐星贝　鲍思嘉　续磊鑫*

摘　要： 首先，本文解析了我国"双碳"人才的现实缺口，总结国际高校在相关领域的人才培养经验，发现国际上主要形成了"双碳+"嵌入式和"双碳专"专业化两种培养模式。前者指在传统专业基础上进行"双碳"方向的延伸，涵盖多个领域；后者则以应对气候变化为核心，培养"双碳"领域专项人才。其次，通过质性研究和定量研究相结合的方法，构建并提出了"双碳"人才的五维度画像结构，分别是"低碳知识与技能""绿色知识与技能""数字化素养""通用能力""个人特质"。最后，对标该画像结构，系统地提出了建立以政府为主导、以高校为主体、以企业为重要合作伙伴的多方参与的"双碳"人才共同体培养模式，以期为如期实现"双碳"目标提供智力、人力等方面的体系性理念与模式借鉴。

关键词： "双碳"人才　现实缺口　人才画像　人才培养

引　言

在当前全球气候变化日益严峻的背景下，各国对环境和气候变化问题的关注度持续攀升。2020年我国明确提出了"双碳"目标，即力争在2030年前

---

* 芦慧，南京理工大学经济管理学院教授、博士生导师，企业大数据质量管理与风险控制工信部重点实验室副主任，研究领域为可持续发展管理与人才管理；陈思璇，南京理工大学经济管理学院讲师，研究领域为科技人才激励与团队管理；乐星贝，南京理工大学人力资源管理专业本科生，研究领域为气候变化政策；鲍思嘉，南京理工大学会计专业本科生，研究领域为环境会计与碳务会计；续磊鑫，南京理工大学会计专业本科生，研究领域为环境会计报告与透明度。

实现二氧化碳排放达峰，并努力争取2060年前实现碳中和。“双碳”目标的提出，不仅是我国可持续发展的内在要求，也是我国推动构建人类命运共同体的责任体现。想要实现“双碳”目标，不仅需要强有力的政策引导，更离不开专业人才的支撑。当前，我国在推进绿色低碳转型发展的过程中，对具备“双碳”意识、技能、能力和素养的专业人才需求日益迫切。然而，我国“双碳”人才的发展却面临诸多挑战，存在定义与内涵模糊、人才数量不足、培养体系尚不完善等问题。本文将深入探讨“双碳”人才的本质内涵，分析我国“双碳”人才现实需求与缺口，并针对性地提出我国“双碳”人才培养的模式与建议，旨在为“双碳”人才培养提供理论和实践指导，助力实现“双碳”目标。

一　中国“双碳”人才的现实需求与缺口

（一）“双碳”人才的内涵及与新质生产力的关系

习近平总书记指出，实现碳达峰碳中和是一场广泛而深刻的经济社会系统性变革，要创新人才培养模式，鼓励高等学校加快相关学科建设。[①] 在此背景下，培养什么样的“双碳”人才以及如何培养“双碳”人才成为新时期人才培养工作亟须解决的关键问题。

2022年，教育部印发了《加强碳达峰碳中和高等教育人才培养体系建设工作方案》，该方案明确了加强绿色低碳教育、推动专业转型升级、加快急需紧缺人才培养等关键任务，折射了“双碳”人才应具备的内涵要求。就通用内涵而言，“双碳”人才是指从事二氧化碳等温室气体排放监测、统计核算、核查、交易和咨询等支持碳减排工作的通用人才。就素质内涵而言，“双碳”人才是指具备实现“双碳”目标意识和可持续发展理念，能够主动适应低碳产业发展需求，积极推动“双碳”目标实现的高素质人才。

---

① 《〈习近平谈治国理政〉第四卷丨实现“双碳”目标是一场广泛而深刻的变革》，人民政协网，2022年1月24日，https：//www. rmzxb. com. cn/c/2023-02-13/3291151. shtml。

就专业内涵而言，“双碳”人才是指在碳相关业务领域具备碳达峰碳中和相关专业知识和技能的专业人才。整体而言，“双碳”人才不仅要具备良好的科研素养、创新思维、前瞻意识和国际化视野，还要掌握碳金融、碳管理相关领域国际学术前沿知识，并且要了解人工智能、大数据等工具手段，能够熟练运用相关学科的技术和方法解决实际问题。

“双碳”人才和新质生产力的底层逻辑紧密相连、密不可分。新质生产力是在生产力构成要素不断提升的过程中呈现出的更为先进的生产力形式，是新发展阶段先进生产力的具体表现。[①] 数字经济时代，新质生产力具有数字化、绿色化等时代特征，以科技创新为内核，以高质量发展为宗旨，由“高素质”劳动者、“新质料”生产资料构成。[②]“双碳”人才作为新质生产力的重要组成部分，不仅为新质生产力发展提供了坚实的基础，也是新质生产力的具体体现。

（二）“双碳”目标下的人才需求与现实缺口

随着“双碳”相关政策的实施，我国对“双碳”专业人才需求增长显著。在制度层面，2023年发布的《国家职业标准　碳排放管理员（2023年版）》细化了“双碳”领域从业人员的专业技能与资质要求，为行业规范化发展提供了重要支撑。在行业层面，新能源与绿色经济的迅猛发展催生了对“双碳”人才的迫切需求。据猎聘大数据研究院报告，2022~2023年，新能源行业碳排放管理相关职位增长率高达52.22%，位居战略性新兴行业前列。在企业层面，绿色低碳企业的注册量显著攀升，企查查数据显示，截至2023年8月，我国绿色低碳相关企业超过217万家，年内新注册企业达42.0万家，同比增长32.5%，显示出企业增长与人才需求同步上升的趋势。

“双碳”人才需求强烈，我国“双碳”人才存在供不应求的问题。研究发现，能源类专业人才缺口尤为突出，如能源专业“碳圈”人才供应仅占

① 李政、崔慧永：《基于历史唯物主义视域的新质生产力：内涵、形成条件与有效路径》，《重庆大学学报》（社会科学版）2024年第1期。

② 蒲清平、黄媛媛：《习近平总书记关于新质生产力重要论述的生成逻辑、理论创新与时代价值》，《西南大学学报》（社会科学版）2023年第6期。

该专业总人数的12%，而需求占比却高达47%。[①] 2024年猎聘网开工首周数据显示，新能源新发职位占比排名第六，而投递节能/碳排放职位的人次较上年度同比增长188.95%，表明“双碳”人才需求仍在不断提高。国家气候战略中心统计数据表明，预计到2030年，低碳领域就业人数可达6300万人，但仍存有约5850万人的就业缺口。可见，如何进行“双碳”人才的挖掘、识别与培养是解决当下人才供需缺口的关键。

（三）“双碳”人才培养的意义与价值

“双碳”目标提出后，中共中央、国务院以及相关部门出台了一系列相关政策，对“双碳”人才培养和队伍建设提出了具体要求，强调了“双碳”人才培养的意义和价值。2021年，教育部发布了《高等学校碳中和科技创新行动计划》，提出要不断调整碳中和相关专业、学科结构，提升人才培养质量，优化人才培养体系，率先建成世界一流的碳中和相关高校和专业。2022年，科技部等9部门联合发布的《科技支撑碳达峰碳中和实施方案（2022—2030年）》、教育部印发的《加强碳达峰碳中和高等教育人才培养体系建设工作方案》等皆强调为实现碳达峰碳中和目标提供坚实的人才保障。

整体而言，在实现碳达峰和碳中和的过程中，需要大批高素质的复合型、创新型“双碳”人才。“双碳”人才的培养，对于加快推进绿色低碳科技革命，打造一批绿色低碳技术示范标杆，推动新能源、新材料、数字技术与重点行业技术协同创新具有重要意义。

二　“双碳”领域相关人才培养的国际经验

（一）国际视角下“双碳”人才的素质与特征

随着全球环境和气候变化的挑战日益加剧，“双碳”领域相关人才所应

① 张莉：《我国“双碳”专业人才的培养路径研究》，《中国科技人才》2023年第6期。

具备的素质和关键能力受到了广泛关注。以可持续发展专业从业人员为例，Wiek 等人提出了解决可持续发展问题所需的五个关键能力：系统思维能力、预期能力、规范性能力、战略能力和人际关系能力。[①] Venn 等进一步从研究能力和干预能力两方面进行了总结，强调相关人员在具备分析和理解复杂可持续发展问题的研究能力的基础上，还要具备制定应对可持续发展挑战的解决方案等的干预能力。[②] 此外，不同国家对“双碳”人才的素质和能力要求不同。比如，Mochizuki 和 Fadeeva 发现丹麦看重行动能力，德国更强调塑造能力，而日本则更看重在可持续发展中人才的前瞻性。[③]

（二）“双碳”领域相关人才培养的国际模式

在应对气候变化和危机的背景下，加强“双碳”人才培养已成为全球共识，国际上形成了“双碳+”嵌入式和“双碳专”专业化两种培养模式。前者指在传统专业基础上进行“双碳”方向的延伸，涵盖多个领域；后者则以应对气候变化为核心，培养“双碳”领域专项人才。国际上部分高校的“双碳”领域专业设置情况如表 1 所示。以英国伦敦大学学院的专业设置为例，可持续建筑环境理学硕士的核心课程既包括对建筑与能源类专业能力的培养，又有对环境、可持续发展的系统思维和决策能力的培养，属于“双碳+”嵌入式培养模式。相比之下，环境与可持续发展理学硕士的核心课程是以应对气候变化为核心的以培养环境与可持续发展能力为主的“双碳专”专业化培养模式。

从培养模式发展的时间脉络来看，“双碳”领域人才培养模式呈现两阶段特征。第一阶段，美国、英国、日本等国家将 STEM（科学、技术、工程和数学）作为通识课程，旨在为碳中和提供专业知识储备，同时培养人才

① Wiek A., Withycombe L., & Redman C. L. “Key Competencies in Sustainability: A Reference Framework for Academic Program Development”, *Sustainability Science*, 2011, 6.

② Venn R., Perez P., Vandenbussche V, “Competencies of Sustainability Professionals: An Empirical Study on Key Competencies for Sustainability”, *Sustainability*, 2022, 14.

③ Mochizuki Y., Fadeeva Z., “Competences for Sustainable Development and Sustainability: Significance and Challenges for ESD”, *International Journal of Sustainability in Higher Education*, 2010, 11.

的跨学科素养。第二阶段，国际高校根据政策导向和市场需求增设低碳、可持续相关专业课程，引导学生向“双碳”方向转型，培养能解决气候变化与危机问题的“双碳”人才。同时，实操类课程与理论课程并行，体现理论与实践相融合的特色，有计划地培养能够切实解决气候变化与危机等问题的“双碳”领域人才。

表 1　国际上部分高校“双碳”领域专业设置情况

院校	开设专业
加拿大不列颠哥伦比亚大学	环境科学硕士
	资源、环境与可持续性理学硕士
新加坡国立大学	可持续和绿色金融理学硕士
	气候变化与可持续发展理学硕士
英国伦敦大学学院	环境与可持续发展理学硕士
	商业与可持续发展理学硕士
	可持续建筑环境、能源与资源理学硕士
	可持续资源：经济学、政策和转型理学硕士
	可持续城市理学硕士
加州大学伯克利分校	能源、土木基础设施与气候
伦敦国王学院	可持续发展环境科学理学硕士
澳大利亚悉尼大学	环境科学硕士
	可持续发展硕士
爱丁堡大学	全球战略与可持续发展理学硕士
	碳管理理学硕士
	能源、社会与可持续发展理学硕士
	气候变化金融与投资理学硕士
	环境保护与管理理学硕士
帝国理工学院	可持续能源未来理学硕士
	环境工程硕士
	气候变化、管理和金融理学硕士
东京大学	可持续发展科学项目硕士/博士
	环境科学硕士/博士
	环境科学国际课程（本科）
巴斯大学	脱碳理学硕士
曼彻斯特大学	全球发展（环境与气候变化）理学硕士
	绿色基础设施理学硕士
牛津大学	环境变化与管理理学硕士
	可持续发展、企业与环境理学硕士
伦敦政治经济学院	环境与发展理学硕士
	环境经济学与气候变化理学硕士
利兹大学	可持续城市理学硕士
	可持续发展与商业理学硕士
布里斯托大学	气候变化科学与政策理学硕士
	可持续性工程理学硕士
	社会、政治与气候变化理学硕士

续表

院校	开设专业	院校	开设专业
南安普顿大学	能源与可持续性(能源、环境与建筑)理学硕士	剑桥大学	环境政策哲学硕士
美国斯坦福大学	地球系统科学硕士		定量气候与环境科学哲学硕士
	能源资源工程理学硕士		可持续发展工程哲学硕士
	可持续设计和施工硕士		全新世气候哲学硕士

（三）"双碳"领域相关人才培养的国际路径

现有国际高校对"双碳"领域相关人才的培养主要围绕政策支持、意识塑造、课程改革、科学研究和校园建设五方面进行。政策支持方面，德国和英国等国家通过长期战略规划和政策措施，如德国的《德国适应气候变化战略》《气候保护规划 2050》、英国的《英国绿色工业革命十点计划》《2050 年净零排放战略》，明确了绿色转型的方向并强调了绿色技能的重要性，为"双碳"人才培养提供了全方位的政策支持和资源保障。意识塑造方面，国际顶尖高校如哈佛大学、耶鲁大学等通过政策制度建设，明确了管理者、教师和学生在"双碳"人才培养中的角色与责任，强化责任意识。课程改革方面，各国高校积极融入"双碳"人才培养理念，通过跨学科合作和创新课程设计，推广教育示范。科学研究方面，国际知名高校设立了专门的研究机构，推动开展涵盖气候变化、可再生能源等领域的跨学科研究项目，将科研作为人才培养的基础。校园建设方面，高校通过可持续发展校园规划和绿色建筑设计，加强学生对于可持续发展的深刻理解和实践体验。

三 "双碳"人才画像

人才画像是对理想人才的综合描述，涵盖知识、技能、经验、兴趣、注意力等多维素质，并强调其对实现特定目标的贡献。针对中国"双碳"人才需求，本文构建具有本土化特色的"双碳"人才画像。

首先，本文从政府、高校、学界、企业界等多元生态主体的要求与应用诉求出发，选取国家及地方政府公文、法律条文，高校“双碳”专业培养目标与计划，相关文献和企业岗位招聘信息四类文本作为“双碳”人才画像的探索来源，并设计访谈提纲，选取相关人员进行访谈，形成素材库。[①]

其次，基于 KSAO（知识、技能、能力和其他特征）模型理论框架，整合规划“双碳”人才画像词条。结合政策文本、文献、高校人才培养及课程设置、企业招聘信息和访谈内容五类素材，从素材库中挑选助力“双碳”目标实现所需元素并进行总结，形成 2780 条有效数据。通过文本挖掘，归纳整理高频词条，最终形成“双碳”人才画像的初始结构框架。

最后，本文邀请了 20 位“双碳”领域的教授、企业家、研究员组成专家小组，对初始结构框架进行修正，并编制了“双碳”人才特征及培养现状的测量量表。自 2023 年 6 月起，通过问卷星平台在我国多个省市进行在线调查，共发放 650 份问卷，回收 599 份有效问卷。其中，299 份用于探索性因子分析，225 份用于验证性因子分析。在探索性因子分析中，采用最大方差法 Varimax 作为因子分析的旋转方法[②]，得到 5 个主因子，27 个词条（见表 2）。旋转后因子载荷系数良好，KMO 值为 0.918，Cronbach α 系数为 0.941。此外，验证性因子分析结果也显示数据整体及各子维度 Cronbach α 系数均大于 0.8，且 χ^2/df 值为 1.886，RMSEA 值为 0.063，CFI、NNFI、TLI 和 IFI 值分别为 0.917、0.906、0.906 和 0.918。这些结果均表明本文所构建的“双碳”人才画像具有较好的信度和拟合度，符合研究要求。

---

① 金盛华、郑建君、辛志勇：《当代中国人价值观的结构与特点》，《心理学报》2009 年第 41 期。

② 曹玉茹、刘亮亮：《SPSS 中的协方差分析应用研究》，《福建电脑》2020 年第 36 期。

表 2 旋转后因子载荷系数

一级指标	二级指标	因子载荷系数				
		因子 1	因子 2	因子 3	因子 4	因子 5
低碳知识与技能	低碳生活技能	0. 569				
	低碳生产技术	0. 658				
	碳汇类技术	0. 712				
	碳交易技能	0. 75				
	碳减排知识	0. 531				
	碳核算技能	0. 528				
	碳处理技能	0. 583				
绿色知识与技能	可持续发展理念		0. 586			
	新能源知识		0. 529			
	环保知识		0. 526			
	节能减排		0. 708			
	资源处理技能		0. 607			
	绿色治理		0. 549			
数字化素养	数据处理分析技能			0. 558		
	人工智能应用技能			0. 63		
	计算机软件开发技能			0. 707		
	数理统计知识			0. 689		
通用能力	管理能力				0. 534	
	沟通表达能力				0. 502	
	统筹规划能力				0. 733	
	团队合作能力				0. 569	
	持续学习能力				0. 556	
个人特质	跨学科素养					0. 715
	政策敏锐性					0. 752
	前瞻意识					0. 684
	责任担当					0. 508
	创新思维					0. 537

如表 2 所示，因子 1 为“低碳知识与技能”，强调“双碳”人才在增碳汇、减碳源中所应具备的知识和技能；因子 2 为“绿色知识与技能”，反映了“双碳”人才所应具备的绿色、环保等相关理念、知识与技能；因子 3

为"数字化素养",体现了"双碳"人才需要具备的数字化知识和技能;因子4为"通用能力",折射了"双碳"人才从个人、团队与组织发展视角看所需具备的普适化能力;因子5为"个人特质",反映了"双碳"人才相较于其他相关从业者在适应复杂社会环境以及促进社会发展方面展现出的鲜明特质。

此外,我们还对现行人才培养体系进行了深入分析,通过结构化问卷调查收集了高校师生及"双碳"领域从业人员关于胜任力指标的量化数据,构建了包含27项关键素质与技能的配对数据集。对比分析结果显示,在27项配对数据集中,有24项显示出工作需求显著高于高校培养水平。例如,"数据处理分析技能""碳处理技能""碳汇类技术"等关键能力在工作中的需求程度平均值与高校的培养程度平均值差异超过1.0,而"跨学科素养""低碳生产技术""碳交易技能"等能力的差距也在0.8以上。可见,在相关技能的培养上,高校可能仍存在较大的提升空间。

四 共同体视角下"双碳"人才培养模式及建议

结合当前"双碳"人才画像及培养需求与现状的分析[①],本部分探索建立了以政府为主导、以高校为主体、以企业为重要合作伙伴的多方参与的"双碳"人才共同体培养模式,通过政策支持引领、高校培养方案重构、企业多层次培养体系构建等多路径[②]举措,有力支撑"双碳"人才培养,并提出以下建议。

首先,国家层面需中央政府和地方政府提供政策支持,积极培育全行业绿色发展新业态,为"双碳"人才的培养提供坚实保障。可关注政策引导、资金支持、行动计划和教育政策改革四个方面。①政府可以通过公共政策引

① 薛海波、庄伟卿、郑素芳:《"双碳"目标下清洁能源人才"六位一体"培养体系研究》,《黑龙江教育》2023年第11期。

② 李力、王帅、邱瑞:《中国"双碳"人才发展现状与培养路径研究》,《发展研究》2023年第40期。

导，鼓励高校和企业重视“双碳”人才培养，在学生选课、科研资金分配时予以倾斜支持，增开与“双碳”相关的专业课程和研究项目。②国家可以通过多种渠道提供资金支持，包括但不限于政府补贴、专项资金、绿色信贷等方式，支持高校、企业和个人进行“双碳”人才培养。③国家可以借鉴德国的政策方案，在纲要性长期规划的基础上制订教育、科技、工业等各个细分领域具体的行动计划，积极参与有利于行业绿色发展新业态发展的体系搭建、落实与监督全流程，为行业绿色发展新业态的发展提供政策支持。④国家可以推动相关教育部门进行教育政策改革，提高“双碳”领域知识在教育中的占比，强调绿色技能的重要性，培养更多具备碳中和技能的人才。

其次，在高校层面，“双碳”人才培养需要关注课程变革、价值观塑造、实习实践、产学研合作，并注重“双碳专”专业化和“双碳+”嵌入式人才培养的不同需求。①我国高校需建立分类、分层的“双碳”人才培养方案，结合横-纵两个维度，对“双碳专”专业化和“双碳+”嵌入式人才设定差异化培养目标。针对“双碳专”专业化人才培养，应注重“双碳”专业知识的纵向深度，加强绿色化、数字化技能教育，重点开设碳排放管理、能源减排技术、碳交易市场等课程，形成具有“双碳”专业化特色的专业课程体系。针对“双碳+”嵌入式人才培养，学校应强调建立多学科交叉融合的教育模式，加强专业领域和“双碳”领域的复合型教育，注重“双碳”专业知识的横向广度，将“双碳”知识与传统专业学科有机融合。②学校可通过开设专门的价值观教育课程，邀请在“双碳”专业领域有突出贡献的专家、学者和社会组织代表交流分享经验，让学生了解“双碳”工作的意义和价值；还可以将可持续发展、环境伦理、社会责任等价值观融入专业课程之中，鼓励学生参与“双碳”相关领域志愿服务项目，引导学生树立正确的价值观。③高校可通过与碳相关企业、科研机构等合作的形式，为学生提供“双碳”相关项目实习等机会，帮助学生深入了解碳相关企业需求和碳技术创新动态。④高校可设立“双碳”主题研究中心，集中开展“双碳”领域合作研究项目。例如，开展国际交流与合作，引进国外先进“双碳”技术和国际经验，积极推动实施跨学科、跨领域的“双碳”研究国际化合作项目，提升“双碳”领域研究成果及其转化效果。

最后，企业层面需从多维度进一步强化“双碳”人才的实践能力，增强其行业适应性。①企业可搭建模拟真实工作环境的人才实训基地，由该基地提供先进的实验设备和工具，与外部机构合作，引入外部专家，共同推动人才实训基地的建设和发展。②企业需制订系统性培养计划，通过鼓励“双碳”人才参与“双碳”相关合作项目、建立激励机制等方式，助力“双碳”人才积累实践经验，切实提升绿色低碳转型技能。③企业应致力于构建“双碳”人才“多层次”培养体系，通过与高校共建“双碳”工作站、设立博士后流动站，以及建设低碳研发中心、开展国际化企业绿色战略交流等方式，发挥企业对“双碳”人才的培育作用。

整体而言，不论培养“双碳”专业型人才还是培养“双碳”复合型人才，都离不开学校、企业、政府等多方面的合作和支持。通过多样化的课程变革、实践教学拓展和产学研合作，可以有效提高“双碳”人才的能力和素质，更好地满足行业和社会可持续发展的需求。

五　结语

构建“双碳”人才培养体系是推动我国企业绿色化转型、加快新质生产力形成的关键一环。本文全面审视了我国“双碳”人才的现实需求与缺口，并结合国际先进经验，构建了一个涵盖“双碳”意识、技能、能力和素养的多维度人才画像，为精准识别和培养“双碳”人才提供了坚实的理论依据。在此基础上，本文针对政府、高校和企业提出了具体的政策建议和人才培养方案，倡导建立以政府为主导、高校为主体、企业为重要合作伙伴的多方参与的“双碳”人才共同体培养模式，为“双碳”人才培养提供了可操作的路径选择。

随着“双碳”目标的深入推进落实，中国“双碳”人才的供给将日益多元化，人才结构也将进一步优化，为如期实现碳达峰、碳中和目标提供源源不断的智力支撑和人才保障，为全球气候治理贡献中国智慧和中国方案。

G.19

探索循环经济助力碳减排的角色和策略

陈晓婷　陈　坤*

摘　要：　本文深入分析了循环经济在应对全球气候变化中的重要作用，指出发展循环经济已成为破解资源约束、推动碳减排的关键策略。循环经济不仅可以减少生产和废弃物管理阶段的温室气体排放，还可以支持可再生能源的零废转型，并提升气候适应能力。通过梳理循环经济的发展历程和原则演化，本文从全生命周期视角评估了循环经济助力建筑、乘用车、塑料等高耗材行业减排的潜力。最后，本文结合中国的政策环境和实践进展，提出了在中国进一步推动循环经济发展的具体路径和政策建议，包括促进循环经济与气候变化政策的协同发展、将循环经济纳入碳减排管理体系、加强对循环经济创新和基础设施的投资等，以推动实现中国的碳达峰和碳中和目标。

关键词：　循环经济　气候变化　减排

一　循环经济的概念、内涵与发展

（一）概念的起源与发展

循环经济是一种遵循生态学和经济学原理，最大限度地减少资源消耗和废弃物排放的经济模式。区别于传统的线性经济模式，循环经济的核心理念是通过重新设计生产、消费和废弃物管理过程，实现资源的高效高值和循环

---

* 陈晓婷，博士，艾伦·麦克阿瑟基金会（英国）北京代表处项目主任；陈坤，本文通讯作者，生态环境部对外合作与交流中心减污降碳绿色发展研究部。

利用，最终实现经济发展与资源消耗和环境影响脱钩。

循环经济的发展大致可分为几个阶段。20 世纪 80 年代，循环经济主要体现在生产和消费后固体废弃物的处理和回收利用方面，强调资源的再利用和再循环。90 年代开始，随着可持续发展理念的不断深化，循环经济的概念升级到产品层面的循环利用，即在产品使用阶段，通过尽可能多次、多种方式地使用替代一次性消费，延长产品的使用寿命。这一升级转变也逐渐演化为一种综合性的经济模式，形成包括产品生态设计、生产过程优化、供应链管理、商业模式创新和消费行为改变的全生命周期。

近年来，循环经济研究越来越注重系统思维①，强调以上游设计为驱动，从源头避免废弃物和污染的产生，延长产品和材料的使用周期和促进自然系统再生，以此全面考虑资源、能源、经济和社会等多个维度的相互作用，推动更全面的循环经济策略的制定和实施。

（二）原则的演化

除早期强调的废弃物处置和回收利用外，循环经济的原则已向更广范围和更深层次演化。其中，3R 原则②即减量化（Reduce）、再利用（Reuse）和资源化（Recycle）是循环经济的基石。它促使人们在生产、消费和废弃物管理过程中更加注重资源的节约和再利用，从而减少对环境的负面影响。3R 原则同样强调优先次序，即在经济流程中，首先强调系统性的源头减量，使用阶段的多次、高值利用；而循环利用是废弃物最终处置的途径之一，不应把循环经济仅等同于废弃物的资源化。

随着循环经济理念的深入发展，仅仅依靠 3R 原则已经不足以应对日益

① 2010 年成立于英国的艾伦·麦克阿瑟基金会在推广循环经济方面发挥了重要作用。该基金会提出了一个系统的循环经济框架，提出通过设计“避免废弃物、延长产品使用寿命、促进自然系统再生”的核心原则。

② 3R 原则并非来自单一文献而是一个不断形成和演化的概念。其中，1992 年联合国环境与发展大会通过《21 世纪议程》，是循环经济三原则正式化的一个重要事件节点，《21 世纪议程》强调了减少废物、再利用和回收的重要性。2004 年在八国集团峰会上，日本政府提出了 3R 行动倡议，标志着 3R 原则在国际层面的正式推广。

严峻的资源和环境挑战，从而演化出 4R 原则[①]甚至 9R 原则[②]等，循环经济原则不断向深层次、精细化方向拓展。这些原则不仅强调资源的节约和再利用，还强调前端的预防、设计与过程优化的重要性，比如通过拒绝（Refuse）、重新思考（Rethink）等措施，从源头减少资源消耗和废物产生。另外，通过功能延展与价值提升，如重复使用（Reuse）、修复（Repair）、翻新/再制造（Refurbish/Remanufacture）等措施，拓展产品的功能和使用价值，减少对新资源的依赖。这些框架不仅在理论上丰富了循环经济的内涵，也在实践中提供了更全面和具体的指导。这种演变也进一步对应了可持续发展过程中环境治理模式向综合性、系统性和前瞻性方向的转变。

（三）政策和实践层面的进展

总的来说，循环经济正在成为全球可持续发展的重要组成部分，并已成为当今国际社会应对资源环境约束和气候变化的重要手段。其中，具有代表性的是欧盟在 2020 年 3 月发布新版《循环经济行动计划》，确定在七个关键领域重点落实可持续产品理念和政策框架，将循环经济贯穿于产品的全生命周期，减少资源消耗和碳足迹。中国也将循环经济作为生态文明建设的重要组成部分，早在 2009 年就出台实施《循环经济促进法》，鼓励企业采取循环利用和节约资源措施。日本作为最早提出循环经济的国家之一，制定了一系列倡议和计划，通过政策和资金支持，鼓励企业开发和推广循环利用技术。

近年来，地缘政治、供应链安全等国际议题凸显了循环经济的重要性。在联合国框架下，循环经济直接与可持续发展目标（负责任的消费和生产）

---

① 欧盟废弃物框架指令提出以减量、重复使用、循环与回收（Reduce，Reuse，Recycle and Recover）为优先序的废物管理层级（European Commission，2008）。

② 拒绝、重新思考、减量、重复使用、修复、翻新/再制造、再利用（零部件）、回收、能量回收。资料参考：Potting J.，et al.，Circular Economy：Measuring Innovation in the Product Chain，http：//www.pbl.nl/sites/default/files/cms/publicaties/pbl－2016－circular－economy－measuring-innovation-in-product-chains-2544.pdf。

密切相关，并间接支持其他多个目标（如气候行动、水下生物、陆地生物）的推进落实。在G20资源效率对话研讨会上，循环经济被作为促进经济增长和环境保护的重要战略。在世界贸易组织及区域、双边贸易协定框架下，循环经济被视为连接贸易与环境的重要概念。

循环经济在商业实践层面取得了更显著的进展。企业纷纷采用产品服务系统和共享经济模式，通过物联网、大数据和区块链技术优化资源管理和废弃物回收。可持续产品设计和生产者责任的推行，帮助企业在产品全生命周期内减少环境影响。消费者教育和绿色品牌推广提高了市场接受度，跨行业合作与产业共生进一步构建了循环经济生态系统。

二　循环经济对应对气候变化的重要意义

（一）在全球气候治理框架下的再发展

当前，国际社会已普遍把发展循环经济作为推动实现气候目标的关键策略和手段。2019年，欧盟委员会发布了《欧洲绿色新政》，制定了碳中和愿景下的长期减排战略规划，并将循环经济视为实现碳中和目标的关键手段。同年，美国通过循环经济政策立法，促进可持续材料管理和资源的有效利用。2020年，日本发布“绿色增长战略”，将发展资源循环相关产业、碳循环产业作为关键支撑。2021年，中国发布的《“十四五”循环经济发展规划》中明确提出，大力发展循环经济对于保障国家资源安全、推动实现碳达峰、碳中和以及促进生态文明建设具有重大意义；《2030年前碳达峰行动方案》明确提出循环经济是实现碳达峰行动的重要抓手。

事实上，循环经济在推动碳减排方面有着巨大潜力。据艾伦·麦克阿瑟基金会2019年的报告[①]显示，通过提高能源效率和可再生能源转型仅能减少

① Ellen MacArthur Foundation, Completing the Picture: How the Circular Economy Tackles Climate Change, https://www.ellenmacarthurfoundation.org/completing-the-picture.

55%的全球温室气体排放；另外的45%需要以循环经济手段，系统性地变革人们生产、制造和使用产品与食物的方式。2021年，中国循环经济协会对循环经济在中国碳减排方面的贡献进行了初步测算，评估发现“十三五”期间，发展循环经济对中国碳减排的贡献率达到了25%，到2025年、2030年预计贡献率分别达到30%、35%。[①] 清华大学的研究表明，通过水泥窑协同处置生活垃圾、废轮胎等替代能源技术，推进炉窑余热和生物质废弃物发电等循环经济措施，可以为我国水泥行业2060年碳中和目标贡献33.7%。[②]

（二）应对气候变化的作用机理

目前已有广泛的研究[③]认为，循环经济可以从以下三个方面助力应对气候变化。

1. 减少温室气体排放

循环经济策略可以减少对原材料和新产品的需求，从而减少生产阶段的温室气体排放。当前已形成的广泛共识是，建筑环境、交通运输和食物系统是循环经济策略实现温室气体减排潜力最大的部门。除了减少材料和食物生产的排放，循环经济策略还可以降低废物管理的排放，并减少运营环节能源使用（如取暖、制冷和交通燃料）的排放。2022年，艾伦·麦克阿瑟基金会支持清华大学从全生命周期视角分析了循环经济措施的减排潜力[④]，并将其作用机理归纳为6个主要方面（见图1）。

2. 支持可持续的清洁能源转型

全球气候行动的重要组成部分是向太阳能、风能等清洁能源的转型，这

---

① 中国循环经济协会：《循环经济助力碳达峰研究报告》，https：//www.chinacace.org/news/uploads/2022/11/1668654470905455.pdf。

② 温宗国、唐岩岩、王俊博等：《新时代循环经济发展助力美丽中国建设的路径与方向》，《中国环境管理》2022年第6期。

③ Wang K.，M. Costanza－van den Belt，G. Heath，et al.，“Circular Economy as a Climate Strategy：Current Knowledge and Calls－to－action”，Working Paper，World Resources Institute，2022.

④ 温宗国、许毛、李会芳、胡宇鹏等：《循环经济助力中国碳中和目标实现的潜力——以塑料、纺织及农业－食品领域为例》，清华大学，2022。

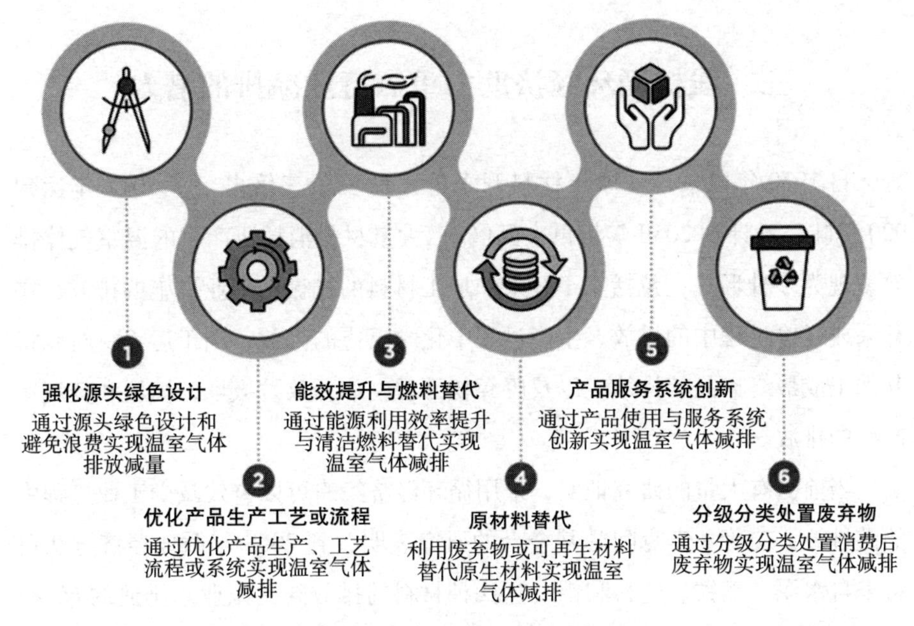

图 1　循环经济措施的减排作用机理

将大幅减少能源生产和使用过程中的温室气体排放。当前的清洁能源技术往往需要大量矿产资源，因此，妥善管理输入端（如关键矿产供应）和输出端（即退役设备的废物流）的材料，对于支持清洁能源可持续转型发展至关重要。循环经济策略可以帮助缓解输入端和输出端的材料管理压力，从而使清洁能源转型更加可行和可持续。

3. 提升气候适应能力

有证据表明某些循环经济活动可产生减缓和适应气候变化的双重效应，这种效应在食物和建筑系统尤为明显。转向再生农业是食物系统发展循环经济的一个关键点。再生农业实践，不仅可以降低二氧化碳和甲烷的排放，提升土壤碳封存能力，还能提升土壤保水性、减少对合成肥料的依赖。① 除此之外，循环经济鼓励建立更加本地化、多元化的供应体系，能够显著提高国家和地方对气候变化的适应能力。

---

① Ellen MacArthur Foundation, Completing the Picture: How the Circular Economy Tackles Climate Change, https: //www. ellenmacarthurfoundation. org/completing-the-picture.

三 浅析循环经济助力重点行业减排的潜力

自1970年以来，全球年材料开采量已增长了三倍多，于2017年达到920亿吨，预计到2050年将再次翻倍。[①] 大量材料消耗所产生的温室气体排放表现为多种形式，包括用于开采和加工材料的机械和工业设施的排放、在开采或运输过程中的排放、生产过程中化学反应的排放，用于运输材料和将其加工成最终产品的排放，以及废弃物处理，如开放垃圾堆、填埋和焚烧所产生的排放。

当前已有大量的研究证实，采用循环经济策略可以有效减少工业过程中的碳排放。艾伦·麦克阿瑟基金会的研究表明，到2050年循环经济方法可将来自水泥、钢铁、塑料和铝（这四种材料的排放约占工业总排放的60%）的全球CO_2排放减少40%。作为材料密集型行业，乘用车和建筑对上述材料的使用占比为73%，基于此，本部分选取建筑、乘用车和塑料三个高耗材行业，综合国内外研究分析、评估循环经济措施的减排潜力，并结合中国当前的政策和行动部署，浅析循环经济的减排机遇。

（一）建筑行业

国际资源委员会（IRP）估计，通过提升材料效率，到2050年G7国家和中国住宅建筑材料的温室气体排放量可减少80%~100%。据估计，到2050年，在欧盟或全球范围内，循环经济策略可将建筑中使用的四种关键工业材料（即水泥、钢铁、塑料和铝）的温室气体排放量减少34%~38%。[②③] 这些

---

① United Nations Enviroment Programme, Global Resource Outlook 2019: Natural Resources for the Future We Want, 2019, http://www.resourcepanel.org/reports/global-resources-outlook.

② Ellen MacArthur Foundation, Completing the Picture: How the Circular Economy Tackles Climate Change, https://www.ellenmacarthurfoundation.org/completing-the-picture.

③ Material Economics, The Circular Economy: A Powerful Force for Climate Mitigation, https://materialeconomics.com/publications/the-circular-economy-a-powerful-force-for-climate-mitigation-1.

研究普遍认为通过改善设计包括改进空间设计、模块化设计、材料组合设计（如优化减少建筑结构中混凝土和钢的使用量以及高强度材料的使用①）等可以在不降低功能的前提下，减少材料需求和废弃物的产生；通过共享空间、建筑材料的重复使用和模块化的应用可以提升空间利用效率、延长材料的使用周期；通过促进建筑材料的回收利用可以减少对初级材料的需求，有研究表明加工再生材料相较于新材料生产可减少40%～70%的碳排放。②

近年来，中国发布了一系列推动建筑行业绿色、低碳发展的政策文件。例如，2020年，住房和城乡建设部等7部门联合发布《绿色建筑创建行动方案》，推动新建建筑全面实施绿色设计。《2030年前碳达峰行动方案》明确指出，要加强新型胶凝材料、低碳混凝土、木竹建材等低碳建材产品的研发和应用。预计到2050年，建材低碳化生产每年可减排1.3亿吨。③

促进建筑垃圾的资源化利用也是关键的循环经济措施。据测算，中国城市建筑垃圾年产生量超过20亿吨，是生活垃圾产生量的8倍左右，约占城市固体废物总量的40%。④若资源化利用率达到60%，则1吨建筑垃圾循环利用可减少碳排放100千克⑤，这意味着建筑垃圾循环利用的碳减排效果可达到1.2亿吨/年。

（二）乘用车

当前循环经济在交通领域的应用研究主要集中在乘用车上。IRP的数据表明，G7国家乘用车材料相关的排放到2050年可减少57%～70%，中国可

---

① Material Economics, Industrial Transformation 2050: Pathways to Net-zero Emissions from EU Heavy Industrial, 2019.

② Ellen MacArthur Foundation, Circular Economy in India: Rethinking Growth for Long-term Prosperity, 2016.

③ 丁怡婷：《我国建筑垃圾治理工作取得积极成效 变废为宝 让环境更好》，《人民日报》2021年12月9日。

④ 丁怡婷：《我国建筑垃圾治理工作取得积极成效 变废为宝 让环境更好》，《人民日报》2021年12月9日。

⑤ Wang T., Li K., Liu D., et al., "Estimating the Carbon Emission of Construction Waste Recycling Using Grey Model and Life Cycle Assessment: A Case Study of Shanghai", *International Journal of Environmental Research and Public Health*, 2022, 19 (14).

减少 40%~60%。艾伦·麦克阿瑟基金会等机构的研究表明，在循环经济情景下，乘用车工业材料的温室气体排放量可减少 70%。这些研究一致认为，改变车辆使用模式（如拼车和共享汽车）、采用轻量化与耐用性设计、加强材料循环等措施在减少材料排放方面潜力巨大。通过模块化、重复使用和再制造，汽车零部件的使用周期将显著延长，可以在减少材料需求的同时降低排放。比如与利用传统制造工艺生产的新汽车发动机相比，再制造汽车发动机的 CO_2 排放可降低 73%~87%。[①]

2021 年，中国交通行业的碳排放量达 9.6 亿吨，约占全国碳排放总量的 10%，是仅次于工业、建筑的第三大碳排放源。其中，乘用车的全生命周期碳排放量为 7 亿吨[②]，使用阶段的占比约为 70%。预测显示[③]，在现有政策的情景下，中国交通行业的碳排放将呈现近中期快速增长、远期缓慢下降的趋势；若想实现 2℃ 温控目标，需在 2050 年将碳排放量由当前的水平减少至 5.5 亿吨。2019~2050 年，材料轻量化（例如，用铝、镁或碳纤维等代替钢材）将为中国乘用车领域累计贡献 41 亿吨的碳减排量[④]；共享、自动驾驶可在 2020~2060 年为中国交通行业带来累计 38 亿吨的碳减排量[⑤]；另外，基于日本乘用车市场的研究发现，二手汽车的市场份额每增加 10%，碳排放将有望减少 1690 万吨。[⑥]

新能源汽车的普及将带来巨大的减排潜力。研究发现，2020~2060 年，

---

① S. S. Yang, et al., "The Impact of Automotive Product Remanufacturing on Environmental Performance", CIRP Conference on Life Cycle Engineerin, 2015.

② 中国汽车技术研究中心：《中国汽车低碳行动计划》，2022。

③ 清华大学气候变化与可持续发展研究院等：《中国长期低碳发展战略与转型路径研究：综合报告》，中国环境出版集团，2021。

④ Chen W., Sun X., Liu L., et al., "Carbon Neutrality of China's Passenger Car Sector Requires Coordinated Short-term Behavioral Changes and Long-term Technological Solutions", *One Earth*, 2022, 5 (8).

⑤ Dong J., Li Y., Li W., et al., "CO_2 Emission Reduction Potential of Road Transport to Achieve Carbon Neutrality in China", *Sustainability*, 2022 (14).

⑥ Nakamoto Y., "CO_2 Reduction Potentials through the Market Expansion and Lifetime Extension of Used Cars", *Journal of Economic Structures*, 2017, 6 (1).

推广新能源乘用车可累计实现69.5亿吨的减排量，每年约折合1.7亿吨。[①] 随着新能源汽车推广量的增加以及中国电力碳排放因子的逐渐下降，乘用车领域的碳排放将逐渐由使用阶段向生产阶段转移[②]，即材料的再生利用将更为关键。研究表明，每再生利用一辆新能源汽车的减排量为5.1吨，钢铁、铝和动力电池正极材料的贡献分别为61%、13%和20%。[③] 2022～2050年，中国退役新能源乘用车预计累计为1.95亿～2.69亿辆[④]，全部再生利用可实现的年均减排量预计可达4080万吨。

（三）塑料行业

现有的研究已经表明，塑料在其生命周期的每个阶段都会产生气候影响。其整个生命周期排放的温室气体占全球温室气体排放总量的3.8%～4.5%；[⑤] 其中，生产阶段的排放占85%、原材料采购阶段占9%、废物管理阶段占6%。[⑥] 另外，也有研究表明，塑料污染在沉积物、水柱、土壤、冰冻圈和大气中的负反馈循环也会进一步加剧气候变化。[⑦⑧] 这些复杂的相互作用表明，塑料对温室气体排放的真实影响可能远高于当前的估计。

---

① 薛露露、刘岱宗：《向碳中和目标：中国道路交通领域中长期减排战略》，https：//www.vecc.org.cn/u/cms/www/2023/10/27/1717758845041897474.pdf。

② 中国汽车技术研究中心：《中国汽车低碳行动计划（2022）》，2023。

③ Hao H.，Qiao Q.，Liu Z.，et al.，"Impact of Recycling on Energy Consumption and Greenhouse Gas Emissions from Electric Vehicle Production：The China 2025 Case"，*Resources，Conservation and Recycling*，2017，122.

④ 唐岩岩、温宗国：《乘用车电动化转型下退役动力电池关键金属资源回收潜力评估——基于中国地级及以上城市数据》，海峡循环经济学术论坛，2023。

⑤ Hamilton L. A.，Feit，S.，Plastic & Climate：The Hidden Costs of a Plastic Planet. Switzerland：Center for International Environment Law，https：//www.ciel.org/wp-content/uploads/2019/05/Plastic-and-Climate-FINAL-2019.pdf.

⑥ Cabernard L.，Pfister S.，Oberschelp C.，Hellweg，S.，"Growing Environmental Footprint of Plastics Driven by Coal Combustion"，*Nature Sustainability*，2022，5（2）.

⑦ Cole M.，Lindeque P. K.，Fileman E.，et al，"Microplastics Alter the Properties and Sinking Rates of Zooplankton Faecal Pellet"，*Environmental Science & Technology*，2016，50（6）.

⑧ Shen M.，Ye S.，Zeng G.，Zhang Y.，et al.，"Can Microplastics Pose a Threat to Ocean Carbon Sequestration?"，*Marine Pollution Bulletin*，2020，150.

当前塑料产业仍是典型的线性经济模式产业，大量一次性塑料制品的生产、使用与废弃造成了巨大的资源浪费和污染。在塑料生命周期中，考虑到回收过程中的损失，全球仅有 9%的塑料废弃物最终被回收利用，另外有 19%被焚烧，近 50%进入填埋场，剩余的 22%被弃置、露天燃烧或泄漏到环境中。

在塑料领域应用循环经济策略，可以在协同减少塑料污染的同时降低碳排放。通过塑料循环经济，减少原生塑料的生产、推广可重复使用模式、完善塑料制品设计以确保可回收性与可循环性，推动后端的回收利用与体系建设，到 2040 年，可每年避免约 80%的塑料进入海洋，减少 25%的温室气体排放。①

中国政府近年来密集出台了一系列针对多领域的塑料污染的管控与行动措施。以塑料包装为例，这些措施覆盖了从设计与生产、流通、消费到回收的全链条。2020 年中国塑料行业全生命周期的温室气体净排放量约 3.45 亿吨，约占全国的 5.6%；其中，生产环节的排放量为 3.69 亿吨，废弃环节通过焚烧和填埋产生的排放量为 0.56 亿吨，回收环节中的物理回收产生的排放量为 3000 万吨；其中再生塑料替代贡献了 1.1 亿吨的减排效益。②

从减污降碳的角度来看，源头减量在塑料循环经济中的应用仍有待加强，比如禁止使用可避免使用的和有问题的一次性塑料制品、设定减量和回收利用的定量目标；逐步推动重复使用在消费场景中的应用，以减少对一次性塑料的需求；加强培育高质量再生塑料市场，以实现规模经济；建立健全塑料包装废弃物的回收体系建设，以推动塑料的循环利用，协同应对污染和气候挑战。

---

① The Pew Charitable Trusts and Systemiq, Breaking the Plastic Wave: A Comprehensive Assessment of Pathways towards Stopping Plastic Pollution, https://www.systemiq.earth/breakingtheplasticwave/.

② 温宗国、许毛、李会芳等：《循环经济助力中国碳中和目标实现的潜力——以塑料、纺织及农业-食品领域为例》，清华大学，2022。

四　推动循环经济助力碳减排的政策建议

在新的发展阶段，发展循环经济对保障国家资源安全，推动实现碳达峰、碳中和目标具有重大意义。为更好地释放循环经济助力碳减排的潜力，本文提出如下几方面建议。

（一）促进循环经济与气候变化政策的协同发展

循环经济的内涵和外延不断拓展，因而在新的阶段需要考虑将其与现行环境保护、应对气候变化和“双碳”政策进行衔接与协同，包括更清晰的概念界定、明确的指标体系制定和切实的制度措施。实施手段之一是建议考虑将循环经济原则全面融入国家自主贡献（NDCs）的更新工作中。在这方面，很多国际机构如联合国开发计划署和联合国气候变化框架公约等相继开发了工具和指南，可供参考借鉴。

（二）将循环经济纳入碳减排管理体系

建立核算体系是推动循环经济与碳减排工作协同发展的有力工具。循环经济涉及多种因素和指标，它们相互联系交叉，使得设定循环经济目标并将其与气候目标相关联变得异常复杂。值得参考的是，根据《温室气体核算体系企业价值链（范围三）核算与报告标准》，循环经济在助力减少“范围三”碳减排方面大有可为。

（三）鼓励高价值材料循环，重塑当前的生产和消费模式

材料效率提升是推动工业低碳转型的重要策略。为了实现材料的高效高值利用，必须借助循环设计方法推动商业模式和资源管理体系的创新。应从政策与标准角度开始考虑维修、共享和再制造方面的新机遇，并为此创造新的政策激励空间。这一范式转变将鼓励市场向循环设计的转变，注重产品的可重复使用性、可修复性和可回收性，延长产品使用寿命。从长

期来看，这些举措可以大幅减少社会整体的材料消耗，提供更大的温室气体减排潜力。

（四）加强对循环经济创新和基础设施的投资

作为一种新型经济发展模式，循环经济要实现主流化必须展现出比传统线性经济模式更优的环境经济效益，而科技创新和基础设施建设是循环经济发展的重要支撑。当前发展新质生产力，大规模设备更新和消费品以旧换新等政策为循环经济发展提供了充足空间。加大对循环经济的基础设施、产品创新、商业模式和技术（如数字共享平台）投资将为中国引领循环经济转型，释放新一轮绿色发展动能提供重要支撑。

（五）重新审视并调整宏观经济政策

当前的经济政策植根并服务于“大量生产、大量使用、大量丢弃”的线性经济模式。在资源日益稀缺和气候变化加剧的挑战下，经济政策的制定者需要将目光转向循环经济模式，重新审视当前的经济激励机制，调整财政和贸易政策、优化补贴，以及在公共采购中优先考虑和推广循环产品和服务等，进而调节引导生产者和消费者行为。

G.20

我国碳达峰试点政策的进展

白 泉　刘政昊*

摘 要： 开展国家碳达峰试点，是落实争取2030年前二氧化碳排放达峰目标的一项重要政策，对推动不同地区探索碳达峰碳中和的有效途径具有重要示范意义。本文回顾了我国低碳试点工作的历史，研究分析了2023年启动的第一批国家碳达峰试点城市和园区的进展情况，指出了开展碳达峰试点存在的四方面挑战，一是部分地区本地零碳低碳能源资源有限，二是部分地区获取外部低碳零碳能源资源难度大，三是碳达峰试点体制机制改革有待突破，四是碳达峰试点工作的数据基础和能力基础有待夯实。最后本文针对各试点城市和园区主管部门推进碳达峰试点工作提出了几点建议，一是紧跟国家改革步伐把握最新政策动向，二是强化节能和提高能效，三是打造可再生能源开发利用的新模式新业态，四是做好与绿色金融等市场手段的对接；五是要借助数字化智能化工具提升基础能力。

关键词： 碳达峰试点　低碳发展　城市和园区

一　我国开展低碳试点/碳达峰试点的背景及意义

开展低碳试点，是实现低碳发展的有效手段。历史上我国开展过三批低

* 白泉，博士，中国宏观经济研究院能源研究所能源效率中心主任，研究员，研究领域为能源经济、节能低碳战略规划和政策；刘政昊，中国宏观经济研究院能源研究所能源效率中心研究实习员，研究领域为节能低碳政策。

碳试点，2023 年提出的碳达峰试点是前三批低碳试点的升级版本。城市和园区是我国能源消费的重要主体，也是碳达峰试点的重点。

（一）开展试点是探索低碳发展和实现碳达峰的有效手段

2023 年 10 月，国家发展改革委印发的《国家碳达峰试点建设方案》提出，在全国范围内选择 100 个具有典型代表性的城市和园区开展碳达峰试点建设工作。该工作旨在落实我国提出的争取 2030 年前碳达峰目标，因地制宜地探索有效的碳达峰路径。该工作计划在具有典型代表性的城市和园区开展碳达峰试点，之后总结推广先进经验、推动法规制度不断完善。由于各地区能源结构、资源禀赋和发展阶段不同，开展碳达峰试点工作可以激发城市和园区探索碳达峰路径的主动性和创造性，为全国提供可操作、可复制、可推广的经验做法。

（二）碳达峰试点是我国低碳试点的升级版本

碳排放相关的试点示范并非新生事物，2010 年以来，我国先后开展了三批低碳省区和低碳城市试点工作，而 2023 年发布的《国家碳达峰试点建设方案》提出的碳达峰试点城市和园区建设，可以说是低碳试点工作的升级版本。

2010 年以来，我国低碳试点已开展三批，共覆盖 6 个省份 81 个城市。2010 年、2012 年，我国分别启动了第一批、第二批低碳省区和低碳城市试点，2017 年启动了第三批低碳城市试点。第一批低碳试点包含广东等 5 个省区和天津、重庆等 8 个城市，第二批低碳试点包含北京、上海、海南 3 个省区和石家庄、秦皇岛等 26 个城市，第三批试点则不再选择省级行政单位作为试点对象，只选择城市（区、县）作为试点对象。开展低碳试点省区和低碳城市试点，是探索减少温室气体排放的重要尝试。与 2023 年启动的碳达峰试点相比，前三批低碳试点仍属于初期的探索，具体表现在以下几方面。

一是温室气体种类和碳达峰的目标不够明确。首先，在低碳试点中，

“低碳”和“低温室气体排放”的概念界定比较模糊，这就导致在一定程度上以二氧化碳代替了全部温室气体。其次，前两批低碳试点未明确提出“碳达峰”要求。例如，第一批低碳试点建设工作是在2009年11月国务院常务会议提出控制温室气体排放行动目标后开展的（明确2020年单位国内生产总值二氧化碳排放比2005年下降40%~45%），但低碳试点并未针对碳减排指标提出明确要求；第二批低碳试点虽强调了“结合本地实际，确立科学合理的碳排放控制目标”，但并未给出定量要求或达峰要求；第三批低碳试点中，有的试点城市虽然给出了碳达峰目标年份（如金华市碳达峰时间为“2020年前后”，中山市为“2023~2025年”，成都市和普洱市思茅区为“2025年之前”），但是排放气体是二氧化碳还是全部温室气体，是总排放（不含碳汇）还是净排放（包含碳汇），都不够明确。

二是顶层设计中对评价指标的考虑不多。前三批低碳试点工作的任务内容存在一些变化，第一批试点提出了基本要求，第二批试点提出要建立控制温室气体排放目标责任制，第三批试点提出建立控制温室气体排放目标考核制度。三批试点虽都提出了制定本地区温室气体排放目标的分解和考核办法，但在顶层设计上并未提出明确的评价指标或指标体系。

三是覆盖地域范围的差异大。前三批低碳试点先后选择10个省（含4个直辖市）、67个地级市、6个县级市（共青城市、敦煌市、昌吉市、伊宁市、和田市、第一师阿拉尔市）和4个县/区（逊克县、长阳土家族自治县、琼中黎族苗族自治县、普洱市思茅区），覆盖地域范围的差异大。从理论上讲，试点地区的覆盖地域范围越大，形成示范和引领效果的难度越大，总结经验的难度越大。

四是未统筹地区碳达峰与地区碳中和的关系。前三批低碳试点，均把实现本地区低碳发展作为主要目标，未将碳中和纳入政策视野，未提出对中长期的碳中和做好技术储备和政策创新。即使第三批试点中考虑到了当地的碳达峰，也未对当地碳达峰后如何实现“经济持续增长与碳排放持续下降统

筹兼顾”做好长期谋划。

2023年提出的碳达峰试点，是前三批低碳试点的升级版本。在2023年的国家碳达峰试点设计方案中，针对前三批低碳试点存在的上述问题进行了优化：一是明确了温室气体排放的种类，将二氧化碳作为碳达峰的控制对象；二是在顶层设计中明确了一系列评价指标，用于指导各地制定碳达峰试点实施方案；三是覆盖范围进一步缩小，聚焦城市和园区两类相对适中的地域；四是把对国家和当地碳达峰的支撑性，以及未来实现碳中和纳入政策视野。

（三）城市和园区是碳达峰试点的重点

城市和园区是我国能源消费的重点地域，是开展碳达峰试点的重点。在城市方面，截至2022年底，我国共有4个直辖市，293个地级市，977个市辖区，394个县级市，1301个县，117个自治县。理论上讲，上述“城市”均可作为“试点城市”。全国能源消费中，扣除第一产业能耗和居民生活中乡村居民生活的能源消费，均可视为“城市能源消费量”。按此口径计算，2022年我国城市的能源消费量约占我国终端能源消费量的92.8%。在园区方面，据统计，截至2021年，我国共有国家级和省级工业园区2543家[①]，其中国家级552家，省级1991家。有专家分析指出，全国2543家国家级和省级工业园区贡献了50%以上的工业产出，贡献了全国二氧化碳排放量的31%[②]。《国家碳达峰试点建设方案》提出要聚焦具有典型代表性的城市和园区，将城市和园区作为碳达峰试点对象，进一步凸显了城市和园区在我国绿色低碳转型中的重要地位。

---

① 郭扬、吕一铮、严坤等：《中国工业园区低碳发展路径研究》，《中国环境管理》2021年第1期。

② 陈吕军：《厚植绿色低碳循环底色，推进工业园区高质量发展》，《中国环境报》2022年3月7日。

二　我国碳达峰试点的要求和进展

（一）国家对碳达峰试点提出明确要求

与前三批低碳试点相比，2023 年提出的国家碳达峰试点工作特别强调“国家”二字。一是强调要按照党中央、国务院关于碳达峰碳中和工作的总体部署，围绕争取 2030 年前实现碳达峰的目标开展试点工作；二是强调国家对试点工作的统一组织和领导，各地区要完整、准确、全面地贯彻新发展理念，防止政策在贯彻执行的过程中跑偏。

在建设方案的设计上，《国家碳达峰试点建设方案》有三个突出特点。一是工作原则的针对性更强。《国家碳达峰试点建设方案》提出四个原则，分别为“积极稳妥、因地制宜、改革创新、安全降碳”。值得注意的是，针对 2021~2022 年个别地区、个别企业出现的“碳冲锋”的情况，《国家碳达峰试点建设方案》更加强调要“坚持积极稳妥”，不简单以达峰时间或达峰高低“论英雄”，引导各地尊重客观规律，科学把握节奏，防止出现一哄而上、目标过于激进等问题的发生。为防止个别地区打着降碳的旗号搞“拉闸限电”等，《国家碳达峰试点建设方案》特别强调要“坚持安全降碳”，坚持先立后破，在降碳的过程中要保障国家能源安全、产业链供应链安全、粮食安全和群众正常生产生活。二是关键时间节点的要求更加明确。《国家碳达峰试点建设方案》对试点城市和园区在 2025 年、2030 年两个时间节点，分别提出了目标要求：到 2025 年，在试点范围内基本构建有利于绿色低碳发展的政策机制、初步形成一批创新举措和改革经验，不同类型城市和园区的碳达峰路径基本清晰，试点工作对全国示范引领作用初步显现；到 2030 年，试点城市和园区的经济社会发展全面绿色转型取得显著进展，重点任务等如期完成，试点范围内有利于绿色发展的政策机制全面建立，相关创新举措和改革经验对其他城市和园区带动作用明显，对全国碳达峰目标发挥重要支撑作用。三是顶层设计提出了明确的指标体系。前三批低碳试点工作，未对低碳发展规划的编制提供公开的编制指南。《国家碳达峰试点建设方案》提出，碳达峰试点城市和试点园区要按照《碳达峰试点实施方案编制指南》（以下简称《编制指南》）要求，结合自身实际科学编制试点实施方案。《编制指南》列出了26项碳达峰试点城市建设参考指标和14项碳达峰试点园区建设参考指标，供试点城市和园区根据实际情况提出重点领域、重点行业的碳达峰试点目标。

从指标体系可以看出，试点城市和试点园区碳达峰的工作任务和评价指标，既有共性，也存在不少差异。碳达峰试点城市更侧重于经济社会全面绿色转型，覆盖了经济、能源、城乡建设等七大领域，包括了碳汇能力的提升；而碳达峰试点园区更侧重于工业的低碳转型，其指标主要集中在工业效益、能源、建筑等六个领域，碳汇未被考虑在内。

（二）第一批碳达峰试点城市和园区名单已经发布

2023年11月底，国家发展改革委办公厅发布了《关于印发首批碳达峰试点名单的通知》，确定将张家口市等25个城市、长治高新技术产业开发区等10个园区作为首批碳达峰试点城市和园区。首批碳达峰试点名单如表1所示。

表1　首批碳达峰试点名单

地区	试点城市	试点园区
河北省	张家口市、唐山市、承德市	—
山西省	太原市	长治高新技术产业开发区
内蒙古自治区	鄂尔多斯市、包头市	赤峰高新技术产业开发区
辽宁省	沈阳市、大连市	—
黑龙江省	黑河市	哈尔滨经济技术开发区
江苏省	盐城市	苏州工业园区、南京江宁经济技术开发区
浙江省	杭州市、湖州市	—
安徽省	亳州市	合肥高新技术产业开发区
山东省	青岛市、烟台市	德州经济技术开发区

续表

地区	试点城市	试点园区
河南省	新乡市、信阳市	—
湖北省	襄阳市、十堰市	—
湖南省	长沙市、湘潭市	—
广东省	广州市、深圳市	肇庆高新技术产业开发区
陕西省	榆林市	西咸新区
新疆维吾尔自治区	克拉玛依市	库车经济技术开发区

第一批试点选择的城市和园区，均来自能源消费和碳排放量较大的省份。第一批试点涉及的15个省份中，位于东部地区的有5个、位于中部地区的有5个、位于西部地区的有3个、位于东北地区的有2个。从东部、西部、东北、中部这四大区域经济板块看，第一批试点的地域分布整体较为均衡，国家分别从不同经济发展阶段、不同资源禀赋的地区中遴选了试点城市和试点园区。从能源消费和碳排放看，第一批试点涉及的15个省份均为能源消费大省，能源消费量除黑龙江省外，其余省份均超过1.5亿吨标准煤，2022年15个省份的能源消费量合计约占全国能源消费量的七成。

试点城市可以分为经济发达城市、制造业城市、能源资源型城市、低能耗城市四大类，试点园区兼顾了多种园区类型。试点城市中，既有广州、深圳、杭州、青岛等经济体量位居全国前列的高能耗城市，也有唐山、沈阳等以传统工业制造业为主的城市，有鄂尔多斯、榆林、克拉玛依等化石资源丰富的能源资源型城市，也有张家口、湖州、信阳等具备生态环境优势的低能耗城市，试点城市具有典型代表性。试点园区中，包含4个高新技术开发区、4个经济技术开发区和西咸新区，以及同时属于高新技术开发区和经济技术开发区的苏州工业园区。从级别上看，既有市级开发区（如长治高新技术开发区、哈尔滨经济技术开发区、德州经济技术开发区等），也有区县级开发区（如南京江宁经济技术开发区、库车经济技术开发区等）。

（三）一些碳达峰试点的实施方案已初步成形

按照《国家碳达峰试点建设方案》要求，试点城市和园区要按照《碳达峰试点实施方案编制指南》要求编制试点实施方案，报国家发展改革委审核并经本地区人民政府同意后发布。截至2024年7月底，25个碳达峰试点城市中有19个公布了本市的国家碳达峰试点实施方案；10个试点园区中有8个公布了本园区的国家碳达峰试点实施方案，其他城市和园区的国家碳达峰试点实施方案，仍在制定中或未公开发布。

1. 碳达峰试点城市的实施方案

本文从已公布国家碳达峰试点实施方案的城市中，选取了杭州市、湖州市、烟台市和盐城市进行分析，总体上看，试点城市实施方案结构总体类似，重点任务各有侧重。

方案共性特点主要表现在三个方面。一是四个方案均突出碳达峰试点的主要目标，明确了2025年、2030年两个时间节点或“十四五”期间及“十五五”期间主要目标。二是建设方案整体结构基本相似，均包含了主要任务、科技创新、制度/政策创新、全民行动、保障措施等几个重要章节。三是聚焦的关键内容基本一致，在主要任务方面，均将能源绿色低碳转型、提高能源利用效率摆在重要位置，提出提升碳汇能力行动计划；科技创新方面，加强技术攻关和科技人才引育；政策举措方面均提出要加强碳排放统计核算等工作。

方案差异主要表现在四个方面。一是定量目标仍各有不同。杭州在主要目标中并未明确量化指标，仅在主要任务中有所体现，其他城市均在总体目标中介绍了部分量化指标，指向性更加明确。二是重点任务与各地方优势相结合，各有特长。杭州提出要构建“双碳”智治架构体系，提高工作治理效能；湖州计划发挥生态资源优势，创新推动碳汇价值转化，探索碳汇产品生态保护补偿机制；盐城积极做好风电光伏大文章，计划有序推进海上风电开发，打造绿色能源之城；烟台发挥核能和海洋优势，计划推动核能供暖、海水淡化等技术示范，推动可再生能源与海洋碳汇协同增效。三是工业低碳转型有的放矢，侧重点不同。杭州提出加快推动物联、医药、高端装备等五大产业绿色发展；湖州提出深化节能环保与新能源装备产业集群建设，推动传统产业扶优扶强、提标提效；盐城提出推动汽车等优势传统产业老旧更新、绿色转型；烟台提出促进石化、建材、有色行业“向绿而转”，完善清洁能源装备产业链条。四是部分城市实施区县及园区碳达峰示范攻坚，压实责任。杭州明确了下辖10区1市2县的重点任务；湖州分别设定了下辖5个区县和2个产业园区的碳达峰重点任务，助力实现全市碳达峰试点工作目标。

2. 碳达峰试点园区的实施方案

园区实施方案方面，以苏州工业园区和南京江宁经济技术开发区为例，两个园区的实施方案均包含了指导思想、主要目标、重点任务、科技创新、政策创新、全民行动和保障措施七部分内容，结构基本一致。

实施方案各有特色。一是重点任务内容有所不同，苏州工业园区方案主要从产业转型、能源开发利用、绿色城市建设等六个维度入手，而南京江宁经济技术开发区方案将绿色建筑、低碳交通等领域内容融合，突出了提升企业碳排放管理水平等特色内容。二是苏州工业园区方案单独设置了“重点工程”章节，结合试点主要任务，滚动更新六大类56个重点工程项目。三是南京江宁经济技术开发区方案更加注重引导企业履行社会责任，强化环境责任意识，提升管理人员低碳能力。

三　试点城市和园区实现碳达峰面临的挑战

虽然试点城市和园区正在制定碳达峰实施方案，但各个城市和园区要想如期实现碳达峰，仍然面临着一系列艰巨挑战。

（一）部分地区本地零碳低碳能源资源有限

第一批25个试点城市中，鄂尔多斯、榆林、克拉玛依等城市的能源资源禀赋丰富，同时兼具化石能源资源和可再生能源资源优势。张家口、包头、盐城、烟台、库车等城市可再生资源丰富，正积极开发风电、光伏等可再生能源，本地低碳零碳能源资源供应能力强。但与此同时，有相当一批试点城市和园区低碳零碳能源资源禀相对赋较差。例如，广州市可再生能源资源禀赋一般。2022 年广州市可再生能源发电量仅占全市发电量的 15. 5%，且广州市本地电力自给率不足 40%，外购电占广州市电力消费的比重超过六成。在推进实现碳达峰碳中和的过程中，如何获取更多的低碳零碳电力，是试点城市和园区面临的重要挑战。

（二）部分地区获取外部低碳零碳能源资源难度大

使用低碳零碳能源是降低碳排放的重要手段，但随着全社会碳达峰碳中和工作稳步推进，各地区对绿电、绿氢、绿氨等低碳零碳能源的市场需求将越来越高，获取难度将越来越大。例如，长期以来，四川、云南等地为广州、深圳等珠三角城市提供了大量的水电，为降低城市和园区碳排放发挥了重要作用。但近几年来，随着全球气候变化愈演愈烈，四川、云南等地的枯水现象出现得越来越频繁，个别年份的水电发电量甚至比往年减少 40%左右。云南本地引入的电解铝产业，也对绿色电力的需求十分旺盛，因此，其继续为珠三角的广州等城市和园区提供低碳零碳电力的难度越来越大。

（三）碳达峰试点体制机制改革有待突破

长期以来，体制机制改革的主动权往往掌握在国家层面。受行政事权限制，试点城市和园区在绿色电力交易、电力市场化改革、碳排放市场等领域推进改革的自主权比较弱，突破既有政策难度较大。随着全面深化改革进入深水区，容易改革的领域，改革已经基本完成，剩下的大多数是改革的“硬骨头”。深入推进改革，必须有国家或者省级法律法规作为支撑。我国虽然已经启动《可再生能源法》和《节约能源法》的修订工作，但在修订完成前推动改革仍然面临很多现实挑战。

（四）碳达峰试点工作的数据基础和能力基础有待夯实

碳达峰试点工作对碳排放的统计、核算等基础性工作提出了更高要求。总体而言，我国碳排放相关的统计核算工作仍处于打基础的阶段，试点城市和园区的统计、核算能力相对较弱，对能源消费量和碳排放数据的统计存在底数不清、时间滞后等问题。2022 年，国家发展改革委、国家统计局、生态环境发布了《关于加快建立统一规范的碳排放统计核算体系实施方案》，为提高碳排放统计数据基础提供了方法论。但在城市和园区的实际工作中，城市层面大多未编制能源平衡表，碳排放核算的基础工作比较薄弱，排放因子基础不牢等问题也会影响碳排放总量和强度的核算工作。夯实能源统计和碳排放统计的数据基础和能力基础，亟须扎实推进、逐步完善。

四　进一步推进碳达峰试点工作的几个建议

为了更好地推动碳达峰试点工作，对试点城市和园区提出了以下五个建议。

（一）要紧跟国家改革步伐把握最新政策动向

党的二十届三中全会提出，建立能耗双控向碳排放双控全面转型新机制，积极稳妥地推进碳达峰碳中和。近两年来，中央全面深化改革委员会多次提出“推动能耗双控逐步转向碳排放双控”，将碳排放总量和强度摆在更加突出的位置，国家发展改革委、生态环境部等部门制定了一系列推动能耗双控转向碳排放双控的文件，固定资产投资项目节能审查、节能目标责任评价考核、绿色电力证书、碳排放权交易等一系列基础性制度已经在修订和完善中。2024 年，国务院办公厅印发《加快构建碳排放双控制度体系工作方案》，提出要在“十五五”时期，建立碳达峰碳中和综合评价考核制度，确保如期实现碳达峰目标。碳达峰试点城市和园区的主管部门要紧跟国家发展和改革的步伐，把党中央、国务院关于碳排放双控的政策率先落实见效。

（二）要强化节能和提高能效

理论分析和企业实践表明，节能和提高能效是我国近期实现碳达峰的最重要的途径之一。2024 年 3 月，国务院发布了《推动大规模设备更新和消费品以旧换新行动方案》，推动重点行业和消费品加快设备更新，实施分行业分领域节能降碳改造。2024 年 5 月，国务院发布了《2024—2025 年节能降碳行动方案》，部署了节能降碳“十大行动”，推动工业、建筑、交通运输、公共机构等领域全面加快节能降碳改造，推动高耗能行业绿色转型升级。建议各试点城市和园区积极开展能效诊断和化石能源预算管理等工作，结合本地区产业特点，挖掘存量企业节能降碳改造潜力，借助国家对设备更新和消费品以旧换新的政策优惠，加快推进重点领域节能降碳改造，提高节能降碳能力。

（三）打造可再生能源开发利用的新模式新业态

发展可再生能源也是实现碳达峰的一个重要途径，各试点城市和园区都制定了促进可再生能源大规模发展的行动方案。值得关注的是，发展可再生能源的关键，是激发可再生能源消费内生动力，而不是增强可再生能源的供应能力，将可再生能源输送给非试点地区使用。建议试点城市和园区加快制定光伏、风电、氢能、地热能、海洋能等资源的开发规划，妥善处理可再生能源发展与农田保护、国土规划、景观规划的关系，充分开发并利用好太阳能、风能等可再生资源。新增能源消费和碳排放较多的城市和园区，要对新上高耗能项目提出非化石能源消费比例要求（例如非化石能源消费比例不得低于 20%，甚至更高）。

（四）做好与绿色金融等市场手段的对接

绿色金融是实现绿色低碳发展的重要支持手段。2023 年中央金融工作会议指出，要切实加强对国家重大战略、重点领域和薄弱环节的优质金融服务，做好科技金融、绿色金融、普惠金融、养老金融、数字金融五篇大文章。2024 年 3 月，中国人民银行等部门发布了《关于进一步强化金融支持绿色低碳发展的指导意见》，把推动金融系统逐步开展碳核算、完善绿色金融标准体系、推动融资主体开展环境信息披露、加大绿色信贷支持力度等作为重点任务，为强化绿色金融支持碳达峰碳中和工作提供了更加明确的指导。建议试点城市和园区在发展经济的同时，积极对接绿色金融创新业务经验丰富的银行、证券等金融机构，为工业、建筑、交通、农业、居民生活等领域能源绿色低碳转型提供更丰富的资金支持，为碳减排重点项目提供"真金白银"支持。建议试点城市和园区的金融机构主动谋划开通绿色金融服务通道，为本地企业在设备更新、技术改造、绿色转型等方面提供更好的融资服务。

（五）借助数字化智能化工具提升基础能力

数字化、智能化工具是近年来快速发展起来的新工具，对提高地区、园区和企业碳排放统计核算能力具有重要意义。建议碳达峰试点城市和园区谋划建立覆盖各重点领域的碳排放监测平台，增强碳排放监测、计量、核算的准确性。与此同时，推动重点碳排放企业开展数字化、智能化升级改造，鼓励建立企业运行管理和能源管理一体化的数字化监管平台，在提高企业运行管理能力的同时，提高企业碳资产管理和产品碳足迹管理能力，为同类企业提高碳排放管理能力提供样板，为试点地区和园区强化碳排放管理奠定基础。

G.21 扩大全国碳排放权交易市场行业覆盖范围的进展、挑战与建议

翁玉艳　张希良*

摘　要：　碳市场通过市场机制控制温室气体排放，助力经济社会绿色低碳转型，推动碳达峰碳中和目标实现。前两个履约周期中，全国碳排放权交易市场仅覆盖发电行业，纳入的行业、交易主体单一，限制了市场机制低成本减碳功能的发挥。扩大全国碳排放权交易市场行业覆盖范围对落实国家重大部署、实现“双碳”目标、推动低成本减排、促进产业升级和提升国际影响力等具有重要意义。2024年国务院政府工作报告明确将扩大全国碳市场行业覆盖范围作为政府年度工作任务。生态环境部针对扩大全国碳排放权交易市场行业覆盖范围组织开展了专项研究，水泥、钢铁、电解铝行业将继发电行业之后进入全国碳排放权交易市场。在此过程中，扩大全国碳排放权交易市场行业覆盖范围面临数据质量、技术方法、企业经营和监督管理等方面的风险和挑战。需要统筹处理各方关系，综合考虑不同因素，按照“成熟一个、纳入一个”的原则，分阶段、有步骤地扩大行业覆盖范围。建议持续强化碳排放数据质量管理，加快完善纳入行业相关技术方法，积极促进企业减碳与增长双赢，切实做好统筹协调与实施保障，充分有效发挥全国碳排放权交易市场的低成本减碳作用。

关键词：　全国碳排放权交易市场　行业覆盖范围　市场机制

---

* 翁玉艳，博士，清华大学能源环境经济研究所助理研究员，研究领域为能源经济模型、气候变化政策；张希良，博士，清华大学能源环境经济研究所所长，教授，研究领域为低碳能源转型、气候变化经济学、气候变化政策与机制设计。

碳市场是利用市场机制控制温室气体排放、推动经济社会绿色低碳转型的重大制度创新，是实施积极应对气候变化国家战略、推进碳达峰碳中和的重要政策举措。全国碳排放权交易市场是全国碳市场的重要组成部分。2021年7月，全国碳排放权交易市场从发电行业入手，正式启动上线交易，现纳入重点排放单位2257家，年覆盖二氧化碳排放量约51亿吨，是全球覆盖温室气体排放量最大的市场[①]。截至2024年7月，全国碳排放权交易市场已完整运行三年，顺利走过两个履约周期，交易规模逐步扩大，交易价格稳中有升，市场运行总体平稳有序。《中共中央 国务院关于完整准确全面贯彻新发展理念做好碳达峰碳中和工作的意见》《2030年前碳达峰行动方案》等碳达峰碳中和"1+N"政策文件均将扩大行业覆盖范围作为建设完善全国碳排放权交易市场的重要内容。扩大全国碳排放权交易市场行业覆盖范围对推动更多行业通过市场机制控制温室气体排放、完善碳排放权市场交易制度、提升市场交易活跃度、健全碳定价机制具有重要作用。

一　扩大全国碳排放权交易市场行业覆盖范围的意义

（一）落实党中央、国务院健全碳排放权市场交易制度要求的重要举措

党的二十大报告明确提出健全碳排放权市场交易制度。党中央、国务院高度重视，在多次重大会议和多个重要政策文件中，均提出要进一步发展全国碳市场，稳步扩大行业覆盖范围。全国碳排放权交易市场启动上线交易三年多来，其制度体系逐步健全，市场建设进展显著，发展成效逐步彰显。扩大行业覆盖范围是建立高效碳排放权交易市场的基础，是进一步贯彻落实习近平总书记重要讲话精神和党中央、国务院关于全国碳市场建设部署的重要行动，其所需的数据、方法、保障等基础和条件均已具备。

---

① 《生态环境部发布〈全国碳市场发展报告（2024）〉》，https://www.mee.gov.cn/ywdt/xwfb/202407/t20240722_1082192.shtml。

（二）充分发挥全国碳市场在实现“双碳”目标中积极作用的关键路径

实现“双碳”目标是党中央作出的重大决策，也是我国对国际社会作出的庄严承诺。通过扩大行业覆盖范围，全国碳市场能够在实现“双碳”目标中发挥更大作用。当前，全国碳排放权交易市场仅覆盖发电行业，所管控的二氧化碳排放量占全国碳排放总量的40%以上；如果将全国碳排放权交易市场行业覆盖范围扩大到建材、钢铁、有色、石化、化工、造纸、航空等重点行业，其管控的二氧化碳排放量将占全国碳排放总量的75%左右①，能够在更大范围内发挥碳市场在资源配置中的决定性作用，显著增强碳市场的减碳效果，推动“双碳”目标实现。

（三）降低全社会减排成本和提高减排效率的核心手段

与传统行政管理手段相比，碳市场作为一种促进减排的市场机制，其允许碳排放资源在不同企业之间通过市场进行自由配置，能够以较低的成本实现既定的减排目标。但当前全国碳排放权交易市场纳入的行业、交易主体单一，成本差异不大，市场交易活跃度不高；并且目前我国煤电机组效率已处于较高水平，进一步提效所产生的减碳潜力不大，火电行业边际减排成本逐渐升高。通过纳入其他行业，可以增加市场交易主体和交易机会，提高市场效率，同时加大参与企业及其减排成本的异质性，覆盖更多低成本减碳机会，从而降低全社会减排成本。根据研究测算，相比仅覆盖发电行业，扩大行业覆盖范围能够降低实现碳达峰所需付出政策成本的约30%。

（四）推动产业结构优化调整和绿色低碳技术创新升级的有力抓手

水泥、钢铁等行业是我国经济社会发展的支柱产业，同时也是我国

① 《国新办举行〈碳排放权交易管理暂行条例〉国务院政策例行吹风会》，https：//www.mee.gov.cn/zcwj/zclcfh/202402/t20240226_ 1066968.shtml。

的高排放行业，近年来这些行业的产能过剩问题也非常突出。将这些行业纳入全国碳排放权交易市场，采用碳排放强度基准法分配配额，可以倒逼淘汰落后产能，推动实现产业结构和能源消费的绿色低碳化。同时，碳市场形成的碳价可在整个经济体进行传导，从而影响含碳产品和服务的价格，为企业和消费者减碳行动和行为提供动态激励。另外，价格信号也能促进气候投融资工具创新，将资金引导至减排潜力大的行业企业，促进低碳、零碳和负碳技术投融资和创新突破，促进新质生产力的形成和发展。

（五）提升我国在国际碳定价领域话语权和引领全球气候治理的必然要求

近年来，欧美等发达国家利用涉碳贸易壁垒手段打压我国。欧盟碳边境调节机制（CBAM）将针对水泥、钢铁、铝、化肥、氢、电力等产品的碳排放量征收费用，已于2023年10月启动过渡期，将于2026年正式实施。美国、英国也欲采取类似碳关税做法，欧美试图利用气候、贸易议题联合孤立我国。因而，将高耗能行业纳入全国碳排放权交易市场，一方面能够从促进减排、碳价抵减等方面帮助我国应对国际绿色贸易壁垒，另一方面能够提高我国碳市场在全球的影响力，提升我国在国际碳定价领域的话语权，展现我国积极应对气候变化负责任大国形象。

二　国内外主要碳市场行业覆盖范围

（一）国际典型碳市场行业覆盖范围

自2005年欧盟碳市场启动运行以来，碳市场逐渐成为国际主流的碳减排政策机制，在全球应对气候变化政策行动中发挥着越来越重要的作用。截至2024年1月，全球共有36个在运行的碳市场，其所在区域的GDP约占全球的58%，人口约占全球的1/3，纳入的温室气体排放约占全球的18%；

此外，还有22个在建或者在计划中的碳市场[①]。其中，欧盟碳市场和美国加州碳市场是国际上较为典型的碳市场。

1. 欧盟碳市场

欧盟碳市场是全球最早建立、交易规模最大的碳市场，也是欧盟实现其减排目标、应对气候变化的核心政策工具。欧盟最新的国家自主贡献目标和《欧洲气候法案》提出，到2030年欧盟温室气体排放相比1990年至少减少55%。目前，欧盟碳市场管控了欧盟约40%的温室气体排放。欧盟提出，到2030年欧盟碳市场管控的温室气体排放相比2005年减少62%，这将为欧盟减排目标实现发挥关键作用。

经过近20年的发展，欧盟碳市场已经进入第四阶段，行业覆盖范围逐渐扩大。欧盟碳市场第一阶段（2005~2007年）覆盖发电供热、炼油、钢铁、水泥熟料、玻璃、石灰、制砖、陶瓷和造纸等高耗能工业；第二阶段（2008~2012年）纳入了航空业；第三阶段（2013~2020年）增加了铝、石油化工、氨、硝酸、乙二酸等化学品；第四阶段（2021~2030年），欧盟碳市场进行重大改革，其中行业覆盖范围进一步扩大，2024年起将海运纳入管控范围。此外，根据改革要求，欧盟于2023年创建了独立的第二碳市场，覆盖建筑、道路交通和其他小型工业部门，并将于2027年正式运行。

2. 美国加州碳市场

美国加州碳市场是美国区域层面的碳定价体系，也是加利福尼亚州实现其《全球变暖解决方案法案》（AB32法案）中提出的加州州内温室气体减排目标（2030年相比1990年减少40%，2045年实现碳中和）的重要途径。目前，美国加州碳市场管控州内75%左右的温室气体排放，并通过逐年下调温室气体排放配额总量的方式促进减排，当前配额总量下降率约为每年4%。

---

① International Carbon Action Partnership, Emissions Trading Worldwide: Status Report 2024, 2024.

美国加州碳市场于2012年开始运行，并于2013年启动履约义务，目前已进入第五个履约周期。美国加州碳市场第一个履约周期（2013~2014年）主要覆盖发电以及包括水泥、玻璃、制氢、钢铁、石灰、硝酸、炼油、造纸等在内的大型工业设施。第二个履约周期（2015~2017年）进一步纳入了交通燃料、居民和商业用天然气，以管控交通部门和建筑部门的温室气体排放。之后，美国加州碳市场的行业覆盖范围基本稳定。

（二）中国试点碳市场行业覆盖范围

2011年，国家发展改革委发布《关于开展碳排放权交易试点工作的通知》，确定在北京、天津、上海、重庆、湖北、广东、深圳两省五市开展碳排放权交易试点。2013年6月，深圳市碳排放权交易正式启动，成为国内首个启动的试点碳市场。2013~2014年，各试点碳市场陆续启动。经过十余年的建设和运行，试点碳市场已覆盖电力、水泥、钢铁、石化、化工、有色、造纸、民航八大重点行业，为全国碳排放权交易市场扩大行业覆盖范围打下了良好的数据和制度基础。不同试点碳市场的行业覆盖范围各有特色，但也有共通之处。

各地区经济发展、产业结构和行业布局的不同带来各试点碳市场行业覆盖范围的差异。例如，以第三产业为主的北京、上海、深圳等地将商业、宾馆、金融等服务业和大型公共建筑纳入管控行业范围，纳入的工业企业较少；而广东、湖北、天津、重庆等第二产业占比较大的地方试点碳市场则纳入了更多的工业行业。由于高耗能行业排放规模大、减排技术相对多样、减排潜力相对更高，所有试点碳市场都将高耗能制造业纳入了管控范围。在启动初期，各试点碳市场均纳入了发电行业，主要是由于发电行业排放占比和减排潜力大、产品单一、数据基础较好等。在全国碳排放权交易市场于2021年7月正式启动上线交易后，各试点碳市场中符合条件的发电企业均转入全国碳排放权交易市场，不再参加试点碳市场。

表 1 试点碳市场行业覆盖范围

地区	启动运行时间	行业覆盖范围(最新)
北京	2013 年 11 月	电力、水泥、石化、热力、服务业、道路运输、航空运输、其他行业等
天津	2013 年 12 月	钢铁、化工、石化、油气开采、建材、有色、航空、机械设备制造、农副食品加工、电子设备制造、食品饮料、医药制造、矿山等
上海	2013 年 11 月	钢铁、石化、化工、有色、建材、汽车、电子、造纸、自来水、航空、水运、港口、机场、建筑、数据中心等
重庆	2014 年 6 月	化工、水泥、电解铝、造纸、玻璃、钢铁、机械设备制造、电子设备制造、陶瓷、生活垃圾焚烧、食品饮料、医药、石油天然气等
湖北	2014 年 4 月	钢铁、水泥、造纸、玻璃、水、设备制造、纺织、化工、食品饮料、有色金属、医药、石化、陶瓷、汽车制造等
广东	2013 年 12 月	水泥、钢铁、石化、造纸、民航、陶瓷、港口、数据中心等
深圳	2013 年 6 月	供电、供水、供气、数据中心、公交、地铁、危险废物处理、港口码头、化学品、制造业、住宿餐饮、批发零售、仓储邮政等

三 扩大全国碳排放权交易市场行业覆盖范围进展

将重点排放行业纳入全国碳排放权交易市场一直是国家对碳市场顶层设计的重要组成部分。2015 年 9 月，习近平主席在《中美元首气候变化联合声明》中宣布，中国“计划于 2017 年启动全国碳排放交易体系，将覆盖钢铁、电力、化工、建材、造纸和有色金属等重点工业行业”①，这是我国首次向全世界宣布全国碳排放权交易市场行业覆盖范围建设目标。2016 年 1 月，国家发展改革委印发《关于切实做好全国碳排放权交易市场启动重点工作的通知》，在其附件中明确了全国碳排放权交易市场的覆盖行业为石化、化工、建材、钢铁、有色、造纸、电力和航空八大重点排放行业。2017 年 12 月，国家发展改革委印发《全国碳排放权交易市场建设方案（发电行

① 《中美元首气候变化联合声明（全文）》，中国政府网，2015 年 9 月 26 日，https://www.gov.cn/xinwen/2015-09/26/content_2939222.htm。

业）》，标志着全国碳排放权交易市场首先在发电行业正式启动建设。2018年，按照我国政府机构改革的安排部署，应对气候变化和减排职能被划转到生态环境部，碳市场相关设计和建设职能同步划转。

自2021年7月以来，在三年多的上线交易过程中，全国碳排放权交易市场仅纳入了发电行业，主要覆盖燃煤机组和燃气机组。尽管从覆盖的二氧化碳排放量来看，全国碳排放权交易市场的规模已经是全球最大的，但由于纳入行业单一，行业内企业同质化明显，交易活跃度不高，交易规模不大，限制了市场机制优化配置碳排放资源、实现低成本减碳的作用发挥。同时，在“双碳”目标、产业升级、国际压力等多重因素共同作用下，扩大全国碳排放权交易市场行业覆盖范围的重要性日益凸显，政策指向和专项行动愈加清晰。

《中共中央 国务院关于完整准确全面贯彻新发展理念做好碳达峰碳中和工作的意见》提出“加快建设完善全国碳排放权交易市场，逐步扩大市场覆盖范围”，《2030年前碳达峰行动方案》指出“发挥全国碳排放权交易市场作用，进一步完善配套制度，逐步扩大交易行业范围”，《中共中央 国务院关于加快经济社会发展全面绿色转型的意见》再次明确“推进全国碳排放权交易市场和温室气体自愿减排交易市场建设，健全法规制度，适时有序扩大交易行业范围”。

在此背景下，一方面，生态环境部于2023年5月启动了扩大行业覆盖范围专项研究，组织生态环境部环境规划院、清华大学、国家应对气候变化战略研究和国际合作中心，联合行业协会、科研院所等近60家单位集中攻关，针对石化、化工、建材、钢铁、有色、造纸、民航七个重点行业的排放现状、数据基础、配额分配方法、核算报告方法、核算技术规范、实施路线图等方面，开展了专题研究评估论证，科学确定各行业纳入市场的时间表、路线图。另一方面，生态环境部每年在全国范围内对这七个行业组织开展年度碳排放核算报告与核查工作，已经积累6000余家企业的数据，夯实扩围工作的数据基础。2023年10月，生态环境部办公厅发布《关于做好2023—2025年部分重点行业企业温室气体排放报告与核查工作的通知》，对石化、

化工、建材、钢铁、有色、造纸、民航等重点行业企业 2023~2025 年的碳排放核算报告与核查工作提出了具体要求，并针对水泥、铝冶炼、钢铁三个行业发布了单独的“企业温室气体排放核算与报告填报说明”。

2024 年国务院政府工作报告明确将扩大全国碳市场行业覆盖范围作为政府年度工作任务，相关工作和文件出台速度进一步加快。2024 年 3 月和 4 月，生态环境部相继对铝冶炼和水泥行业的核算与报告指南、核查技术指南公开征求意见。2024 年 9 月 9 日，生态环境部发布《全国碳排放权交易市场覆盖水泥、钢铁、电解铝行业工作方案（征求意见稿）》（下文简称《工作方案》），提出按照“边实施、边完善”的工作思路，分阶段［启动实施阶段（2024—2026 年）和深化完善阶段（2027 年—）］实施，做好水泥、钢铁、电解铝行业纳入全国碳排放权交易市场相关工作，并明确了两个阶段的具体目标。《工作方案》明确了全国碳排放权交易市场首轮扩围的行业为水泥、钢铁和电解铝，主要是考虑到：①这些行业均为高耗能行业，排放占比高，减排贡献大；②这些行业本身有碳达峰、淘汰落后产能的紧迫要求和发展目标；③这些行业均已连续多年开展了碳排放数据的核算报告与核查工作，积累了较为丰富的数据基础，且各试点碳市场也提供了较好的实践经验；④水泥、钢铁和电解铝均是欧盟碳边境调节机制覆盖的产品，扩围可以在一定程度上减轻这些行业面临的国际绿色贸易壁垒压力。《工作方案》提出，2024 年是三个行业的首个管控年度，2025 年底前三个行业将完成首次履约工作，这对三个行业的核算报告与核查指南更新、配额总量和分配方案出台也提出了更紧迫的时间要求。

2024 年 9 月 14 日，生态环境部发布《企业温室气体排放核算与报告指南 水泥行业（CETS-AG-02.01-V01-2024）》《企业温室气体排放核查技术指南 水泥行业（CETS-VG-02.01-V01-2024）》《企业温室气体排放核算与报告指南 铝冶炼行业（CETS-AG-04.01-V01-2024）》《企业温室气体排放核查技术指南 铝冶炼行业（CETS-VG-04.01-V01-2024）》4 项全国碳排放权交易市场技术规范（下文简称《技术规范》）。《技术规范》是落实《工作方案》的具体体现，是继发电行业核算报告与核查技术规范发布之后发布的首批其他行业核算报告与核查技术规范。与2024年初发布的两个行业指南征求意见稿相比，《技术规范》的重大变化是不再核算电力和热力的间接排放，这将给纳入行业尤其是铝冶炼行业的碳排放管理和生产运营管理带来重要影响。延续征求意见稿的要点包括将非二氧化碳温室气体纳入管控，优化和精简核算关键参数，保留企业层级碳排放作为报告项，同时也对数据质量控制提出了具体的技术要求。

四　扩大全国碳排放权交易市场行业覆盖范围面临的挑战

至此，八大重点行业中的四大行业已经被纳入了全国碳排放权交易市场，其覆盖的碳排放量占全国的比例将达到约60%。随着覆盖范围的扩大，全国碳排放权交易市场的减碳功能可以得到更加充分的发挥，但是新纳入行业的生产工艺流程相对发电行业复杂，交易主体数量大增，交易主体类型多样，采用仅覆盖发电行业时期的运行经验可能不足以应对新的变化。这些都给平稳有效运行扩大行业覆盖范围后的全国碳排放权交易市场带来了风险和挑战，主要体现在数据质量、技术方法、企业经营和监督管理等方面。

（一）数据质量

企业碳排放数据质量是碳市场发展的生命线。在我国碳市场建设运行过程中，部分检验检测机构、咨询机构、重点排放单位、核查机构等主体出现碳排放数据失实现象，这对碳市场健康有序发展造成了严重影响。相比发电行业，钢铁、石化、化工等行业工艺流程复杂，中间产品数量多，不同企业生产流程、产品类型差异大。企业碳排放核算涉及的核算边界和排放源确定、数据获取、排放量计算等更为复杂，计算所需的相关参数也大量增加，这对扩围后全国碳排放权交易市场的数据质量管理提出了更高要求。

（二）技术方法

扩大行业覆盖范围的顺利推进有赖于相关行业配额分配、核算报告与核查方法等有关技术问题的解决。水泥、铝冶炼等行业主要工序和产品相对单一、生产装置物理边界较为清晰，国外碳市场和国内试点碳市场均具有较为成熟的配额分配方法与实践经验。钢铁、石化等行业主要排放工序数量多，工序之间还存在不同程度的二次能源流转，配额分配、排放量核算与核查难度较高。国内外碳市场虽也有相关行业方法与实践，但是我国的全国碳排放权交易市场规模大、覆盖的企业异质性强，如何制定符合我国国情，兼顾科学性、实用性以及公平与效率的配额分配、核算报告与核查方法是扩大行业覆盖范围面临的基础挑战。

（三）企业经营

碳排放权交易市场通过碳排放总量设定和配额分配，将国家碳减排目标要求直接分解落实到企业，使企业成为减碳的主体，并从激励与约束效应两方面督促企业减排。随着碳达峰碳中和目标的推进，未来碳排放空间将逐渐缩小，碳减排压力将逐渐增大，碳市场管控行业的碳排放基准值会不断缩紧，碳价也会逐渐上升。对于那些小规模落后企业，如果未能提前做好长期减排规划和低碳技术储备，可能短期内会产生配额缺口过大、履约负担难以承受等情况，出现生产经营困难。同时，扩大行业覆盖范围也对行业内企业的减排技术创新研发能力、碳资产管理能力和运营能力等提出了更高要求。

（四）监督管理

随着行业覆盖范围的扩大，监管部门的任务也日益复杂化。更多行业的加入意味着控排企业和排放源数量的大幅增加，碳排放数据监测、报告和核查工作也趋于繁重和复杂，这要求相关部门具备更全面的数据管理能力和更充足的人才队伍力量。同时，不同行业的排放特征、技术水平和管理需求存在异质性，相关部门需要具备更灵活和专业化的监管手段，确保市场公平有效运行。此外，扩围后全国碳排放权交易市场功能的有效发挥离不开有关部门、行业协会等单位的支持和配合，如何提高部门间的协作效率也是扩大行业覆盖范围面临的挑战之一。

五　相关建议

积极稳妥有序扩大全国碳排放权交易市场的行业覆盖范围是全面贯彻党的二十大精神、党的二十届三中全会精神，落实全国生态环境保护大会部署的关键举措。如何实现积极稳妥有序，首先需要统筹处理好发展与减排、长期与短期、国际与国内、成本与效率、科学性与可操作性等之间的关系。其次，需要综合考虑减排责任、减排潜力、数据质量、管理成本、配额分配难易度以及国际形势等因素，评估各行业纳入的成熟条件和优先序。在此基础上，按照“成熟一个、纳入一个”的原则，分阶段、有步骤扩大全国碳排放权交易市场行业覆盖范围。预计 2030 年前全国碳排放权交易市场将陆续覆盖所有八大重点行业。

在扩大行业覆盖范围的过程中，要真正发挥全国碳排放权交易市场的减碳作用，离不开各方的通力合作和各方对政策的有效执行。建议：一是持续强化碳排放数据质量管理，贯彻落实《碳排放权交易管理暂行条例》，运用信息化手段优化核算核查方法，建立完善“国家-省-市”三级联审制度。二是加快完善纳入行业相关技术方法，开展纳入行业企业参与碳市场培训工作，提高企业参与碳市场的能力。三是积极促进企业减碳与增长双赢，完善相关履约政策，保障企业必要的市场发展空间，提升企业碳资产管理能力。四是切实做好统筹协调与实施保障，加强部门之间的协作，强化职能部门人才队伍建设，加强宣传引导，讲好碳市场建设的中国故事。

G.22
中国农业温室气体源汇现状与未来减排固碳对策

韩圣慧　张　稳　陈冬婕　于永强　郑循华*

摘　要：　在全球温室气体减排呼声愈发迫切的背景下，非二氧化碳温室气体的减排也被提上了日程，这使得非二氧化碳温室气体主要排放源之一——农业温室气体活动减排日趋重要。依据中国向《联合国气候变化框架公约》（UNFCCC）秘书处最新提交的国家温室气体清单，我国人为排放源中，37.2%的甲烷和49.2%的氧化亚氮来源于农业。本文通过调研历次国家温室气体清单、联合国粮食及农业组织（FAO）数据库及相关文献中有关中国农业的温室气体清单数据，从多角度分析了中国农业温室气体源汇总量及排放强度的变化趋势，分析了种养殖业温室气体减排潜力及成本收益，梳理了现有农业减排固碳政策措施在促进农业减排固碳技术应用时所面临的困难，对未来从技术、机制、管理等多方面协同制定农业减排政策提出了建议。要在农业生产端加强技术改进及进行科学有效的管理，在农业产品消费端提倡绿色生活饮食习惯，建立一系列标准、农业监测体系和核算体系，建立农产品碳标识制度以及其他保障等措施。在保障我国农业生产满足国计民生和粮食安全的前提下，应尽力提高农业助力国家实现“双碳”目标的能力。

* 韩圣慧，博士，中国科学院大气物理研究所副研究员，研究领域为农业温室气体清单编制及农业减排固碳核算与评估；张稳，博士，中国科学院大气物理研究所研究员，研究领域为稻田甲烷清单编制及生态系统碳氮循环与全球变化；陈冬婕，中国科学院大气物理研究所博士研究生，研究领域为气候变化农业减排情景分析及成本收益评估；于永强，博士，中国科学院大气物理研究所副研究员，研究领域为农田土壤固碳核算与评估；郑循华，博士，中国科学院大气物理研究所研究员，研究领域为陆地生态系统碳氮循环及模型。

关键词： 温室气体　农业　减排固碳　气候变化

2016年，《巴黎协定》正式生效，要求各国尽快研究提出到2050年降低温室气体（GHG）排放战略，我国政府承诺并明确在“十三五”期间进一步加大非二氧化碳温室气体（下文简称“非 CO_2”）控排力度。2021年，国务院颁布《“十四五”节能减排综合工作方案》，其中包括了农业农村节能减排工程。农业部门是重要的非 CO_2 排放源，同时农田土壤固碳过程也是重要“碳汇”之一。农业在满足国计民生和粮食安全的前提下，又要实现减排固碳，这使得农业成为应对气候变化最为敏感和脆弱的领域之一。

中国种养殖业在全球占有举足轻重的地位，全球近50%的猪、30%的家禽、20%的绵羊和10%的奶牛饲养在中国大地上；中国化肥消费量从占全球的30%降低到目前的20%①。中国具有全球最复杂的农业生产系统，农业活动产生的甲烷和氧化亚氮排放分别占我国人为活动产生的甲烷和氧化亚氮排放的37.2%和49.2%（2018年）②。

2022~2023年发布的《农业农村减排固碳实施方案》《减污降碳协同增效实施方案的通知》《建立健全碳达峰碳中和标准计量体系实施方案》《中共中央　国务院关于全面推进美丽中国建设的意见》等重要文件，从实施方案、标准制定、技术研发等不同角度强调了农业减排固碳的重要性。因此，应了解农业活动温室气体源汇现状，以及目前国家的主要应对措施，为未来农业减排固碳提出合理的政策建议。

---

① 联合国粮食及农业组织数据库（FAOSTAT）。

② 《中华人民共和国气候变化第三次两年更新报告》，https://www.gov.cn/lianbo/bumen/202312/P020231230296808873994.pdf。

一　中国农业温室气体源汇现状与排放强度变化

（一）中国农业温室气体源汇现状

中国农业温室气体源主要包括畜牧业排放（动物肠道甲烷排放、动物粪便管理甲烷和氧化亚氮排放）、种植业排放（水稻种植甲烷排放、农用地氧化亚氮排放、秸秆田间焚烧甲烷和氧化亚氮排放）。农田土壤既可能是碳汇，也可能是碳源，农田土壤在碳储量增加时为碳汇，否则为碳源。根据联合国粮食及农业组织（FAO，下文简称“联合国粮农组织”）采用 Tier1 粗算的全球各国农业温室气体排放数据以及相关文献数据，中国农业各类活动温室气体排放在全球均居前三名（见表 1）。

表 1　中国农业温室气体排放排名及占比

排放源	世界排名	占全球排放的比例	国家清单编制方法
肠道甲烷排放	3	6.6%-8.6%	Tier2 & Tier1
粪便管理甲烷排放	2 或 3	11.9%-13.4%	Tier2 & Tier1
粪便管理氧化亚氮排放	1	24.9%-29.6%	Tier2 & Tier1
稻田甲烷排放	1	21.6%-22.6%	CH4MOD 模型，Tier3
农田氧化亚氮排放	2	3.6%-4.5%	IAP-N 模型，Tier2 & Tier1
秸秆田间焚烧甲烷和氧化亚氮排放	1	15.6%-18.9%	Tier1
农田土壤碳储量变化	-	-	Agro-C 模型，Tier3
农田土壤矿化氧化亚氮排放	-	-	Tier1

资料来源：①联合国粮农组织数据库（FAOSTAT），采用《2006 年 IPCC 清单指南》Tier1 计算；②Tian Hanqin, Naiqing Pan, Rona L. Thompson, et al., Global Nitrous Oxide Budget (1980-2020), https://essd.copernicus.org/preprints/essd-2023-401/essd-2023-401.pdf；③Zhang L., et al., “A 130-year Global Inventory of Methane Emissions from Livestock: Trends, Patterns, and Drivers”, *Global Change Biology*, 2022, 28.

目前，中国已向《联合国气候变化框架公约》（UNFCCC）秘书处提交了 7 次国家温室气体清单。历次农业温室气体清单编制及回算均结合了我国农业生产实际情况，尽可能采用 IPCC 高级别方法学，也采用了具有自主知识产权的本国模型。1994~2018 年我国农业温室气体排放 6.61 亿~9.37 亿 tCO_2-e，呈现波动增加趋势，其中，甲烷排放占比 68%~73%，氧化亚氮排放占比 27%~32%。1994~2018 年我国农田土壤碳储量总体一直处于增加状态，即农田土壤固碳量增加，净固碳量平均为 6300 万吨 CO_2-e/年。

根据中国向《联合国气候变化框架公约》（UNFCCC）秘书处提交的最新国家温室气体清单（BUR-3）及回算结果，2018 年中国农业活动温室气体排放 9.23 亿吨 CO_2-e，我国农田土壤固碳量为 7810 万吨 CO_2-e，不到温室气体排放量的 10%。各排放源，如动物肠道甲烷、动物粪便管理甲烷和氧化亚氮、水稻种植甲烷、农用地氧化亚氮，以及秸秆田间焚烧甲烷和氧化亚氮排放平均占比分别为 32.9%、17.6%、28.4%、20.3% 和 0.7%。农业甲烷排放主要来源于动物肠道（占比为 45%，以牛羊为主）、动物粪便管理系统（占比为 15%，以猪为主）和水稻种植（占比为 39%，以单季稻为主）；农业氧化亚氮排放主要来源于农用地（占比为 71%，以旱地为主）和动物粪便管理系统（占比为 28%，以猪牛为主）。

（二）农业温室气体排放强度变化

1. 单位农产品对应的温室气体排放强度

虽然我国农业温室气体排放居世界前列，但是单位农产品对应的温室气体排放强度大部分（稻谷和其他谷物、牛肉、羊肉、猪肉和鸡蛋）低于 OECD 国家平均值或与之持平，只有鸡肉和标准奶的温室气体排放强度高于 OECD 国家平均值。

根据 FAO 计算的主要国家和地区农产品温室气体排放强度，我国农产品温室气体排放强度整体低于发达国家和地区。近两年，除水稻外的其他谷物温室气体排放强度最低，普遍低于 0.3kgCO_2-e/kg；其次是标准奶、鸡肉和鸡蛋的温室气体排放强度，平均为 0.5kgCO_2-e/kg 左右；再次是稻谷温室气体排放强度，平均为 0.9kgCO_2-e/kg 左右；温室气体排放强度最高的是牛肉、羊肉，虽然近两年已分别降低到 12 ~13kgCO_2-e/kg 和 10 ~

11kgCO_2-e/kg，但也比上述其他农产品的温室气体排放强度高出数倍。

此外，《2024 年中国农业农村低碳发展报告》报告了 2015~2021 年我国小麦“从摇篮到大门”的碳足迹为 0.52kgCO_2-e/kg，比 2002~2014 年平均下降了 31%，苹果和绿茶的碳足迹分别为 0.13 kgCO_2-e/kg 和 7.05 kgCO_2-e/kg，2022 年标准奶的碳足迹为 2.3 kgCO_2-e/kg。这些数据与 FAO 计算的农产品温室气体排放强度具有显著性差异，除了因为界限可能存在差异，更主要的是因为温室气体核算方法、排放因子及重要参数选取存在差异。

2. 万元产值对应的农业温室气体排放强度

2005~2021 年，我国农业总产值为 3.3 万亿~11.8 万亿元（可比价），每万元产值（可比价）对应的温室气体排放强度为 0.84~2.68 tCO_2-e，整体呈降低趋势，2021 年比 2005 年降低了 68.7%。其中，畜牧业温室气体排放强度为 1.17~3.39 tCO_2-e，种植业为 0.64~2.19 tCO_2-e。2021 年畜牧业的温室气体排放强度要比种植业高 82.8%。

二　中国农业温室气体减排潜力

（一）畜牧业减排潜力

畜牧业温室气体排放与动物饲养量、动物年龄结构、饲料结构及粪便处理方式、气温等因素密切相关。因此，畜牧业减排要从上述诸因素入手。

1. 动物肠道发酵的甲烷减排潜力

（1）提高动物生产能力

通过提高动物繁殖率、减小畜禽规模来提高动物生产能力，可降低单位畜产品 22%的肠道甲烷排放。有研究显示，我国肉牛的甲烷减排潜力最大，可减排 220 万~381 万 t 甲烷，其次是绵羊和山羊，可减排 110 万~180 万 t 甲烷①。

① Wang Yue，Zhiping Zhu，Sitong Wang，Hongmin Dong，Baojing Gu，“Mitigation Potential of Methane Emissions in China's Livestock Sector Can Reach One-Third by 2030 at Low Cost”，*Nature Food*，2024，5.

（2）推广秸秆青贮、氨化

秸秆经过青贮或氨化处理之后，营养价值提高，适口性好，动物易消化，能够有效提高秸秆利用率，缩短动物饲养周期，实现单个动物甲烷排放减少。喂氨化饲料的牛比喂普通饲料的牛每头每年减少排放 17 kg 甲烷①，减排率在 10%~20%；青贮饲料还可以降低畜禽粪便氨排放，实现氧化亚氮间接排放减少②。

（3）合理调配日粮的精粗比和精准饲喂

研究发现，日粮中粗纤维水平过高时，饲料能量损失（以肠道甲烷形式排放）会达 10%以上，而当精料（谷物类）占比达 80%时，只有 3%~4%的饲料能量损失③，但过高的精料比例，会使反刍动物瘤胃酸中毒，出现消化不良现象，同时也大大增加了饲料的成本。此外，饲喂方式也会显著影响牛羊肠道甲烷排放，例如先粗料后精料以及先粗料后多次添加精料的饲喂方式，既可降低饲料损耗，也可减少温室气体的排放量，还能改善动物生产性能④。日粮的精准饲喂，既有助于减少饲料和能量的浪费，又可从源头实现温室气体减排。

（4）合理使用营养添加剂等

以尿素、矿物质、微量元素、维生素等为主要成分的多功能舔砖，可相对减少单位畜产品的甲烷排放量 10%~40%⑤。一些饲料添加剂，如皂苷、脂肪、3-硝基氧基丙醇和海藻等，都能有效降低奶牛肠道甲烷排放，最高

---

① Giraud G., Halawany R., "Consumers' Perception of Food Traceability in Europe", Paper Presented to the 98th EAAE Seminar "Marketing Dynamics within the Global Trading System: New Perspec tives", Crete, Greece, 29 June-2 July, 2006.

② 娜仁花、董红敏：《日粮类型对奶牛粪尿特性及氮排放的影响》，《畜牧与兽医》2012 年第 5 期。

③ 杨在宾：《反刍动物碳水化合物代谢及瘤胃调控技术研究进展》，https: //www. docin. com/p-220628949. html。

④ 汪开英、黄丹丹、应洪仓：《畜牧业温室气体排放与减排技术》，《中国畜牧杂志》2010 年第 24 期。

⑤ Dong H., Tao X., Xin H., et al., "Comparison of Enteric Methane Emissions in China for Different IPCC Estimation Methods and Productions Schemes", *Transactions of the ASAE*, 2004, 47 (6).

可降低36%的甲烷排放。另外，莫能菌素、盐霉素和拉沙里菌素等离子载体可以改变瘤胃发酵，增加丙酸产量而减少甲烷生成量[①]。

2. 畜禽粪便处理的温室气体减排潜力

（1）畜禽粪便的收集方式。我国畜禽粪便的收集方式主要有干清粪（人工和机械）、垫草垫料、高床养殖、水冲清粪和水泡粪等。其中，前三种方式主要产生固体粪污，后两种方式则产生液体粪污。根据2007年和2017年污染源普查结果，2017年规模化猪场干清粪使用比2007年增加了25.7%，但水泡粪的使用比例仍较高，为8.1%。目前，我国奶牛场干清粪使用比例超过90%，从源头有效减少了液体粪污和温室气体排放[②]。此外，密封或者覆盖也会显著降低畜禽粪便温室气体排放及氨挥发。

（2）畜禽粪便处理方式。规模化养殖场的粪便处理利用方式科学合理，可实现粪污资源化，并减少污染和温室气体排放。目前，固体粪便处理还是以堆沤肥后还田为主，规模化猪场好氧堆肥生产商品有机肥的比例仅约5%。但近年来已经出现发酵床处理、黑水虻养殖等新的利用方式。在污水处理方面，国家环保政策趋严，使污水处理与资源化利用比例显著提高，污水肥水还田和厌氧发酵生产沼气比例大幅提升，污水未利用占比明显降低。在污水处理方面，尽管好氧处理能显著减少甲烷排放，但19%的氮排放会转化为氧化亚氮排放[③]。相比之下，厌氧发酵生产沼气进行资源化利用，能更有效地实现减排。

（3）固碳粪便存储。在固体粪便贮存中，如在猪粪贮存过程中，添加黄土、秸秆、生物炭和膨润土能显著降低二氧化碳和氧化亚氮排放，添加10%的生物炭和膨润土可分别降低二氧化碳排放15.4%和20.9%、

---

① 刁其玉、贾鹏：《反刍动物甲烷减排措施研究进展》，《广东畜牧兽医科技》2023年第4期。

② 朱志平、董红敏、魏莎等：《中国畜禽粪便管理变化对温室气体排放的影响》，《农业环境科学学报》2020年第4期。

③ Burton C. H., Sneath R. W., Farrent J. W., "Emissions of Nitrogen Oxide Gases during Aerobic Treatment of Animal Slurries", *Bioresource Technology*, 1993, 45.

降低氧化亚氮排放 19.8%和37.6%[①]。堆体压实和覆盖有助于减少氧化亚氮和氨的排放，但增加堆体高度会导致排放增加[②]。在好氧堆肥过程中，翻堆和强制通风可加快发酵并减少甲烷和氧化亚氮排放，辅料的添加也有助于控制温室气体排放。

近年来，我国不断探索高床养殖和发酵床处理，研究表明发酵床处理可使温室气体排放降低 26.3%[③]。

3. 减少畜舍温室气体排放

国外研究表明，畜舍结构会影响温室气体排放。例如，使用褥草的畜舍氧化亚氮排放明显高于使用木板地面的畜舍，地板式鸡笼的氧化亚氮和二氧化碳排放量高于层架式鸡笼。此外，甲烷的排放还受空气中氧含量影响。秋冬季节通风不良，畜舍会排放更多甲烷，这时需加大圈舍通风力度。规模化养殖场在保障动物适宜环境的同时，也因能源消耗间接产生温室气体排放。因此，对畜舍结构进行节能化减排设计，调控畜禽生长环境，应用低碳循环技术，可有效减少能源消耗和温室气体排放[④]。

（二）种植业减排潜力

种植业温室气体排放主要与农田类型、肥料种类和施用量、有机肥施用、灌溉、耕作、降水和气温、土壤质地等因素密切相关。农田不但是温室气体排放源，也可能成为碳汇，因此，任何应用在农田生态系统中的减排技术或项目，都要综合考虑温室气体排放和土壤固碳。

1. 控制肥料施用量

采用测土配方施肥，根据农作物生长所需氮、磷、钾等营养元素的

---

① 雷鸣、程于真、苗娜等：《黄土及其他添加物对猪粪贮存过程氨气和温室气体排放的影响》，《环境科学学报》2019 年第 3 期。

② 崔利利、王效琴、梁东丽等：《不同堆高奶牛粪便长期堆积过程中温室气体和氨排放特点》，《农业环境科学学报》2018 年第 2 期。

③ 郭海宁、李建辉、马晗等：《不同养猪模式的温室气体排放研究》，《农业环境科学学报》2014 年第 12 期。

④ 汪开英、黄丹丹、应洪仓：《畜牧业温室气体排放与减排技术》，《中国畜牧杂志》2010 年第 24 期。

量来精准施肥，有助于种植业从源头减排。以三大粮食作物为例，我国小麦、玉米、水稻的施氮量平均为215±5 kg/hm，且各区域差异明显，个别地区氮肥施用过量。控制这些过量施用区域的肥料施用量能显著减少温室气体排放。

（1）主要粮食作物

有研究显示[①]，小麦、玉米和水稻节氮潜力分别为85.1、147.1和124.7万t。控制三大主粮主要种植区施氮量，可解决我国70%~80%的过量施氮问题。估算我国小麦、玉米和水稻减排潜力可分别达1042万、1860万和1560万tCO_2-e。

（2）经济价值高的农作物

利润高的经济作物肥料施用量偏高，亩均化肥用量为21.9公斤，远高于世界平均水平（8公斤），是美国的2.6倍、欧盟的2.5倍。另外，经济发达地区的高附加值作物，如蔬菜、水果和茶叶等施肥量过高，导致肥料浪费，影响农产品的品质。有研究显示，过量施入氮肥，虽然有助于蛋白质的合成，但是却降低了水果的甜度，从而大大影响了口感，并且还增加了温室气体排放及生产成本。

2. 肥料和土壤添加剂

目前，我国有机肥资源养分约7000万吨，实际利用率不足50%，其中，畜禽粪便和秸秆的还田率分别为50%和40%。1990~2010年，我国大田作物重化肥、轻有机肥，重氮肥、轻磷钾肥问题突出，以传统施肥方式为主导，机械施肥覆盖率低于30%。近年来的一些措施，如改变施肥方式包括氮肥的混施、深施或条施等，使用缓释肥料，改善水分管理，添加硝化抑制剂等，可以提高肥料利用率，优化肥料结构和施肥方式、灌溉系统，可实现20%~30%的减排，并且还可持续增加土壤固碳能力。

---

① 武良：《基于总量控制的中国农业氮肥需求及温室气体减排潜力研究》，博士学位论文，中国农业大学，2014。

生物质炭具备一定的固碳潜力，但是对于其生产过程中的温室气体排放、生产成本，以及长生命周期的温室气体源汇监测和核算需要进行更加细致深入的研究和讨论。近年来，一些土壤添加剂，如微生物菌剂等的研制和施用，在改善土壤性状、降低重金属污染、增产及增加土壤固碳能力等方面具有突出表现，但其对温室气体排放是否存在激发效应，以及用量阈值还有待进一步研究。

3. 水分管理

稻田由传统的淹水-烤田-复水-间歇灌溉改为间歇灌溉或湿润灌溉，可有效减少稻田甲烷排放 20%~30%，但是氧化亚氮排放会增加，并且需要增加田间水利设施建设。因此，只有在大范围水稻种植区，且地势平坦地区才可以实现间歇灌溉或湿润灌溉。

4. 耕作模式变化及减排品种

水稻直播，可以减排 5%~10%。少免耕，也可以实现减排固碳。稻-鸭、稻-蟹共生养殖，可实现稻田甲烷减排，也可提高经济效益，但是管理工作量会显著增加。旱稻品种的培育，会使稻田甲烷减排 70%~80%，氧化亚氮排放及土壤固碳情况还需进一步研究。

对于旱地耕作，改单作为套作或间作，如玉麦单作改为玉米-大豆轮作或套作，有助于减少肥料施用，在农田温室气体不增加的前提下，显著增加土壤固碳能力。

三　主要农产品成本收益及减排成本

（一）主要农产品成本利润率

根据《全国农产品成本收益资料汇编 2021》，2020 年我国种植业每亩蔬菜和水果的成本利润率最高，分别为 75%和 36%，考虑到蔬菜的复种指数高，平均每一季蔬菜的成本利润率在 15%~35%，油料和糖料作物的成本利润率为 10%左右，三大主粮的成本利润率低于 5%，而棉花的成本利润率为负值（-10.4%）。利润率相对较高的农产品，其单位面积的肥料投入量也高，如蔬菜、水果等，其排放强度也会高于粮食作物。

2020年我国畜牧业奶牛（平均40.9%）、肉牛（32.2%）和生猪（平均54.5%）的成本利润率普遍大于肉羊（15%）和鸡（平均1.1%），并且对于奶牛而言，小规模饲养的成本利润率更高一些，而对于生猪而言，大规模饲养的成本利润率更高一些。肉羊和肉鸡的成本利润率差别不大，而蛋鸡的成本利润率为负值（-8.8%）。畜牧业温室气体排放强度高的农产品，其成本收益也相对较高。但是，受气候变化如极端气候事件，或者动植物病害疫情，以及市场行情等多重因素影响，不同农产品成本利润率在不同年份会有很大波动。

（二）减排成本

有学者对我国畜牧业奶牛、肉牛、绵羊、山羊、生猪和鸡的肠道甲烷排放和粪便管理温室气体排放设定减排情景并进行成本核算发现，减排潜力大的动物，如肉牛和羊可以通过提高生产能力，以及粪坑覆盖来实现零成本减排230万吨甲烷。如果还要继续减排，则减排甲烷280万吨和510万吨的成本分别高达50美元/吨和100美元/吨。[①]

还有学者对1993~2014年30个省（区、市）的种植业碳减排成本进行了核算，发现农作物种植面积较小的省市，如北京、天津、上海、青海、宁夏和海南的碳减排成本较高，为82~558元/吨，减排难度较大；相反，种植大省，如湖南、江苏、湖北、安徽、江西和山东等地的碳减排成本相对较低，为6.8~8.1元/吨，减排难度较小。但随着时间的推移，华北和华东地区的减排成本不断提高，减排难度也在加大；而东北地区、华中地区、华南地区、西南地区和西北地区的种植业碳减排成本均呈下降态势，减排空间逐渐加大；西北地区和华北地区的种植业碳减排成本波动幅度最

---

① Wang Yue, Zhiping Zhu, Sitong Wang, Hongmin Dong, Baojing Gu, "Mitigation Potential of Methane Emissions in China's Livestock Sector Can Reach One-Third by 2030 at Low Cost", *Nature Food*, 2024, 5.

大。就中国种植业碳减排成本而言，1995 年平均为 25.01 元/吨，2014 年降低到 18.76 元/吨[①]。

四　中国农业减排固碳现有政策及面临的挑战

（一）农业减排固碳现有政策

2007~2021 年，国家发布了一系列政策文件，指导我国农业温室气体减排。2021 年农业农村部农业生态与资源保护总站发布了农业农村减排固碳十大技术模式，这是首次以减排固碳为主题发布农业农村领域相关技术模式。2022 年农业农村部、国家发展改革委联合印发《农业农村减排固碳实施方案》，提出了我国农业减排固碳的整体思路。在这些政策的引导下，测土配方施肥、有机肥替代、免耕以及节水灌溉等的应用，使得我国农业温室气体减排取得显著效果。改善日粮结构、改进粪便管理、节约能源、沼气发电等措施的实施，使得大部分畜牧产品温室气体排放强度降低。

（二）农业减排固碳面临的挑战

1. 现有政策的系统性不足

“十三五”时期的政策法规为农业碳中和的机制建设和行动方案制定奠定了基础。但目前还缺乏全国性的专项农业减排碳汇政策，已有的政策规划也存在目标有待明确、行动方案有待细化、很多政策并未真正落地等问题。同时，农村土地承包经营制度下的分散经营限制了农业生产规模和集中度，不利于发挥规模化、专业化效应，增加了农业参与碳交易的难度。

2. 农户承担碳减排责任面临客观困难且意愿不足

减排是农户在农业资源保护义务之外需额外实施的行为，可能会增加农

① 吴贤荣、张俊飚、程文能：《中国种植业低碳生产效率及碳减排成本研究》，《环境经济研究》2017 年第 1 期。

业生产成本。乡村居民的收入水平相对较低，缺乏低碳生产的内在动力。同时，乡村居民对绿色低碳发展的理念和知识缺乏了解，担心其会影响农业生产和收入。同时中国小农户的户均边际减排贡献很小，因此需要大量农户共同参与，才能产生相对可观的减排量。减排经济性不足以及农户认知局限都限制了减排政策的有效实施。①

3. 农业温室气体减排核算及碳市场准入问题

农业温室气体排放受地域、季节、生产投入、管理措施、气候条件等一系列要素的综合影响。区域特有排放因子的监测和获取需要遵循严格的科学规范，在实践中面临高额的技术和成本约束。如果采用 IPCC 或者省级清单指南农业缺省排放因子，对企业或农户的评估误差较大，并且农业系统中农资投入的碳排放差异较大，成为准确核算农产品碳排放的障碍。当前有关农业减排核算的标准、规范等制度性建设明显不能满足农业减排增汇的实际需求及碳市场的准入要求。另外，农业减排效果存在不稳定性。一旦农业参与者在合约到期后停止采纳减排做法，便可能会引发碳逆转，这也是影响农业碳市场准入的因素之一。

五　农业减排增汇措施及政策建议

农业关系到国计民生和粮食安全，也对我国未来实现“双碳”目标有重要影响，科学合理减排意义重大。提高农业生产的低碳化水平，应从技术、机制、管理等多方面协同推进。

（一）在农业生产端加强技术改进及进行科学有效的管理

1. 改进饲料工艺和饲喂系统

青贮、氨化以及碎切等可以有效提高秸秆利用率，从而减少动物肠道甲

① 张俊飚、何可：《“双碳”目标下的农业低碳发展现状研究：现状、误区与前瞻》，《农业经济问题》2022 年第 9 期。

烷排放。依据动物不同生长阶段及活动特征调整日粮精粗比、添加甲烷抑制剂，并辅以智能化的饲喂系统，可以更精准地提高饲料营养吸收和利用效率，减少肠道甲烷排放。

2. 调整畜禽粪便管理方式

畜禽粪便管理是甲烷和氧化亚氮排放的主要来源之一。在粪便贮存过程中，添加黄土、秸秆、生物炭和膨润土等可有效减少甲烷和氧化亚氮排放。

3. 水稻种植的水管理

加强稻田水利设施建设，提高水稻灌溉智能化水平，降低减排节水灌溉的推广难度。在丘陵区的冬水田中推进灌溉方式转变或调整其种植制度，减少水稻种植对冬水田的依赖，也是降低甲烷排放的选项之一。

4. 高产低排品种选育

一些反刍动物和水稻品种具有减少甲烷排放的潜力。可以将相关品种的选育作为一项相对长期的优选事项纳入农业减排规划中并逐步示范推广。

5. 化肥减量增效

利用智能化的土壤水肥监控技术，依据农作物不同生长阶段的水分需求量以及实时的土壤水分和养分监测数据，指导农田灌溉和肥料施用，能最大限度地提升水肥利用效率，并减少氧化亚氮排放。单位产量和种植面积施肥强度高的果、茶园以及设施农业生产领域，应优先考虑化肥减量增效相关技术。

6. 合理轮作

将平衡农田肥料施用量与优化种植制度相结合。通过优化种植制度，重点关注粮豆间作/套种，一方面促进化肥减量，另一方面增强农田土壤固碳能力。

7. 秸秆资源化利用

直接还田的秸秆虽然有利于增加土壤碳储量，但也在一定程度上浪费了秸秆蕴含的生物质能。秸秆直接还田也不利于农田病虫害防治，因而在实践中推广难度较大。建议鼓励推广秸秆资源化利用与间接还田有效协同的技术及实践。对于稻田而言，应减少前茬作物秸秆直接还田比例，并鼓励施用腐熟的有机肥。

8. 新技术研发

推动新型土壤改良菌种研制、生物质炭等新技术研发，改良中国大面积盐碱地，增加其土壤固碳能力，提高农作物产量，增强农田土壤可持续利用的能力。

（二）在农业产品消费端提倡绿色生活饮食习惯

大力加强温室气体减排宣传，提倡绿色生活饮食习惯，避免浪费，从源头减排。建立食品碳排放标签制度体系，引导消费者科学合理饮食，尽量避免过多食用温室气体高排放食品。

（三）建立一系列标准、农业监测体系和核算体系

建立养殖业和种植业生产各环节的标准化操作规范，避免原材料浪费，从源头减排。分区域建立典型养殖企业和典型农田温室气体排放和土壤有机碳监测体系和农业农村减排固碳统计核算体系，加强种植业和养殖业新技术应用过程中的温室气体排放监测。建立健全温室气体相关的农业统计、温室气体排放和土壤碳储量变化数据库，制定种植业和养殖业温室气体排放和农田土壤碳储量变化核算方法学，量化不同减排固碳措施的温室气体减排量，为推动农业低碳发展，以及未来碳市场交易提供技术和数据支撑。

目前，国内公开的种植业养殖业温室气体核算平台（Agro-GHG，网址：agro-ghg. lapc. ac. cn），采用了国家温室气体清单方法学，可助力企业或农户减排技术和减排项目的温室气体减排量可视化评估，可为碳市场提供数据，并可支持地方农业温室气体清单编制，获得本地种植业和养殖业不同生产过程的温室气体排放因子。

（四）建立农产品碳标识制度

目前，我国农业低碳补偿缺乏完善的制度框架，农业碳交易也处于起步和探索阶段。确定科学合理的补偿标准，开发和完善农业减排固碳方法学并

推动农业项目自愿进入碳市场，不仅有助于农业低碳技术推广和绿色转型，还能促进农民增收。另外，在全球多国作出碳中和承诺的背景下，未来碳标识制度或将成为新的贸易壁垒，不满足进口国环境标准的农产品可能不被允许进入市场或被征收“碳关税”，为此，我国可尝试建立低碳、零碳或碳中和农产品标识，增加农产品的环境经济附加值，运用市场手段推进农业减排和提高农民收入[①]。

（五）其他保障措施

加强国家和地方农业减排固碳协调，统筹地方政策制定及工作安排；建立产业-核算-核查-市场机制；推动人工智能与农业产业融合，鼓励新型减排固碳技术在田间的监测应用和实施，同时加强农业减排固碳技术成果共享平台。

---

① 王斌、李玉娥、蔡岸冬等：《碳中和视角下全球农业减排固碳政策措施及对中国的启示》，《气候变化研究进展》2022年第1期。

G.23

以控碳降碳为引领，健全资源环境要素市场化配置体系

李 忠　田智宇　赵 盟*

摘　要： 我国经济社会发展已经步入加快向绿色化、低碳化转型的高质量发展阶段，生态文明建设也迈入以降碳为重点战略方向的新阶段。以控碳降碳为引领，健全资源环境要素市场化配置体系，对于形成绿色新质生产力、协同推进降碳减污扩绿增长、加快经济社会发展全面绿色转型等具有重要意义。当前，我国主要以碳排放权、用能权、排污权、用水权等交易机制为重点推进资源环境要素市场化配置。在实践中，具体面临着理念认识有待提升、市场的衔接集成有待增强、价格形成和传导机制有待健全、基础工作体系有待完善等问题和挑战。建议统筹发展、减排和安全，加强资源环境要素市场化配置体系顶层设计；聚焦重点地区重点流域，探索建设跨地区跨流域资源环境要素交易市场；协同推进资源环境要素价格改革和市场机制建设；统筹推进资源环境要素价值增值模式创新；统筹加强政策法规保障和基础能力建设；探索建设资源环境要素多品种一体化交易平台。

关键词： 控碳降碳　资源环境要素　市场化配置体系

党的二十大报告指出，健全资源环境要素市场化配置体系。2023 年 7

* 李忠，中国宏观经济研究院能源研究所副所长，研究员，研究领域为生态产品价值实现、绿色低碳发展；田智宇，中国宏观经济研究院能源研究所可持续中心主任，研究员，研究领域为能源系统分析、碳达峰碳中和；赵盟，中国宏观经济研究院能源研究所可持续中心副主任，副研究员，研究领域为能源转型、碳市场。

月，习近平总书记在全国生态环境保护大会上进一步强调，要推动有效市场和有为政府更好结合，将碳排放权、用能权、用水权、排污权等资源环境要素一体纳入要素市场化配置改革总盘子。[①] 当前，我国经济社会发展已经步入加快向绿色化、低碳化转型的高质量发展阶段，生态文明建设也迈入以降碳为重点战略方向的新阶段。以控碳降碳为引领，健全资源环境要素市场化配置体系，对于形成绿色新质生产力、协同推进降碳减污扩绿增长、加快经济社会发展全面绿色转型等具有重要意义。

一　健全资源环境要素市场化配置体系意义重大

（一）破解绿色低碳发展面临的突出矛盾

我国人均能源资源禀赋有限，生态环境整体脆弱；我国又是易受气候变化影响的国家，经济社会发展与资源环境气候约束的矛盾十分突出。随着我国步入高质量发展新阶段，继续依靠片面增加资源环境要素投入数量，或者人为压低要素成本来拉动经济增长的模式已经难以为继。特别是在碳达峰碳中和、建设美丽中国等目标要求下，我国经济发展面临化石能源消耗量、污染物排放量、碳排放量的上限约束。由于资源、能源问题与环境、气候问题密切相关，健全资源环境要素市场化配置体系，有效传递“资源有价、生态有价、环境有价”信号，对于集成提升资源环境要素配置的系统效率，持续提升资源环境要素利用效益水平等具有重要意义。

（二）激发绿色发展的新动能新活力

保护资源环境虽然是经济社会发展面临的约束条件，但也是倒逼发展方式转变、激励技术创新进步的重要因素。近年来，我国持续强化节能减污降

---

① 《习近平在全国生态环境保护大会上强调：全面推进美丽中国建设 加快推进人与自然和谐共生的现代化》，新华网，2023 年 7 月 18 日，http：//www. news. cn/politics/leaders/2023-07/18/c_ 1129756336. htm。

碳等目标约束，为新能源、电动汽车、节能环保等产业发展提供了机遇。但目前，仍有一些观点将节约资源、保护环境与高质量发展对立起来，片面认为减排就是减生产力、节约就是降低生活水平。还有一些观点过度强调资源环境要素的刚性约束，而忽视了市场机制促进技术、业态和模式创新的关键作用。在这种背景下，基于市场机制将资源环境要素价格显性化、成本收益内部化，不仅有利于当前资源环境要素优化配置、高效利用，还有助于稳定绿色低碳转型预期、引导全社会投资和研发、有效防范跨周期风险等，有利于不断塑造发展新动能新优势。

（三）提升能源安全和生态安全保障能力

资源环境问题事关国家能源安全、生态安全、经济安全等，需要予以高度重视。但一直以来，部分地区泛化安全概念，片面追求扩大供给能力保障安全，忽视了正常市场波动与底线安全、极限安全的区别，进一步加剧了经济社会发展与资源环境保障之间的矛盾。一些地区片面追求自成体系、自身安全，不顾资源环境和市场条件追求能源资源就地转化和上下游产业发展“小而全”，造成产业封闭、市场割据。个别地区忽视价格信号、市场机制等作用，片面“一刀切”保安全，对企业正常生产经营带来不利影响。健全资源环境要素市场化配置体系，对于引导树立系统安全思维，处理好高质量发展、高品质生态和高水平安全之间的关系等具有重要作用。

（四）引领能源环境治理体系和治理方式变革

与许多发达国家在现代化过程中“先污染、后治理”“以资源环境换取经济增长”以及攫取全球自然资源等不同，我国要建设人与自然和谐共生的现代化，发挥全球生态文明建设贡献者、引领者作用。我国必须在合理配置和有效利用资源环境要素、创新可持续发展路径等方面比发达国家做得更好。特别是当前全球正处于新的动荡变革期，资源、能源、环境、气候等领域的国际博弈日益激烈，在这种背景下，健全资源环境要素市场化配置体系，有助于彰显我国建设高标准市场经济、强化绿色低碳转型的战略定力，以及社会主义市场经济体制在统筹发展、减排和安全方面的综合优势，有助于更好地讲好中国故事，有力推动构建人类命运共同体。

二　我国资源环境要素市场化配置体系现状

（一）总体情况

党的十八大以来，我国落实全面节约战略，统筹推进“能源、水资源、粮食、土地、矿产资源、材料”一体化节约，推进各类资源节约集约利用；从解决突出生态环境问题入手，注重点面结合、标本兼治，推动建立以改善环境质量为核心的环境管理制度；坚持系统思维，从节能减排并重转变为协同推进降碳减污扩绿增长。从总体来看，我国能源等资源利用效率持续提升，重点地区污染物排放总量明显下降，经济社会发展对资源环境要素的依赖程度逐步降低。

在资源环境相关工作中，我国统筹运用了法律法规、市场机制和必要的行政手段等。但与发达国家相比，与我国绿色低碳发展要求相比，我国目前仍然存在资源环境要素市场化程度不高等问题。近年来，在借鉴发达国家经验并结合国情特色基础上，我国先后建立和开展了排污权、用水权、碳排放权、用能权等试点示范，目前各市场总体发展尚不成熟，且不同资源环境要素的覆盖范围、市场化程度、运行水平等存在差异。

（二）碳排放权市场发展状况

2011 年 11 月，国家发改委明确在北京、上海、天津、重庆、广东、湖北、深圳等地区开展碳排放权交易试点。在试点的同时启动全国碳排放权交易市场前期工作。2021 年 7 月 16 日，全国碳排放权交易市场正式上线运行。截至 2024 年 7 月 15 日，全国碳排放权交易市场累计成交量超过 4.6 亿吨，累计成交金额近 270 亿元，碳价由开盘初期的约 40 元/吨上升到约 90 元/吨，历史最高值超过 100 元/吨。2023 年 10 月，生态环境部发布造林碳汇、并网光热发电、并网海上风力发电、红树林营造 4 项温室气

体自愿减排项目方法学。2024 年 1 月，全国温室气体自愿减排交易市场正式重启。

目前，全国碳市场已形成由政策法规体系、主要制度体系、多层级联合监管体系、运行支持系统组成的制度框架，其中政策法规体系是碳市场各项规章制度的载体。2021 年以来我国先后印发碳市场方面的规章制度 30 余项，主要包括碳排放数据核算报告与核查制度、碳排放配额分配与清缴制度、碳排放权交易与市场监管制度。多层级联合监管体系方面，初步形成了生态环境部、省市级生态环境部门、技术服务机构、行业组织、社会公众多主体相互配合的监管体系。运行支持系统方面，形成了数据报送系统、登记注册系统、交易系统三大系统。

（三）用能权市场发展状况

2015 年 9 月印发的《生态文明体制改革总体方案》，首次提出用能权交易的概念。2016 年 7 月，国家发展改革委印发《用能权有偿使用和交易制度试点方案》，确定了浙江、福建、河南和四川为试点地区。2018 年、2019 年，上述 4 个地区正式启动了用能权交易。2022 年，全国新增多市探索用能权交易。例如，青岛市发布《青岛市用能权交易实施细则（试行）》，安徽省合肥市、江苏省苏南五市等地区也开展了用能权交易探索实践。

目前，用能权交易主要存在增量交易和存量交易两种模式。浙江、山东采用增量交易模式，交易主体为新、改、扩建用能项目所在的法人企业和地方政府两方，交易标的物是新增用能指标，指标主要来源为上级政府分配给区域的能源消费总量增量指标以及部分腾退产能和实施节能措施所节约的能源消费量。福建、河南等省采用存量交易模式，交易主体为区域内在运营企业，交易标的物是能源消费总量指标，指标由上级单位确权分配。

（四）排污权市场发展状况

我国在 20 世纪 80 年代末开始进行排污权交易实践。1987 年，上海市闵行区率先开展了企业间水污染物排放指标有偿转让。20 世纪初期，我国选择江苏、浙江、天津、湖北、湖南等省市开展排污权交易试点。2014年，国务院办公厅印发《关于进一步推进排污权有偿使用和交易试点工作的指导意见》。2023年，我国发布《排污许可证质量核查技术规范》《排污许可证申请与核发技术规范 工业噪声》等，进一步对排污许可证质量核查的方式与要求、核查准备工作及主要核查内容等进行了规范，加强了排污许可制度与排污权交易制度的衔接。截至2023年底，全国已有28个省（区、市）开展了排污权交易工作[①]。据统计，2023年全国完成排污权交易12.4亿元，涉及化学需氧量、二氧化硫、氮氧化物等各类排污6.03万吨[②]。

交易范围方面，排污权交易的污染物以二氧化硫、氮氧化物、化学需氧量、氨氮为主，一些地方还将总磷、总氮、颗粒物、挥发性有机物纳入交易范围。排污权确权和初始分配方面，各地普遍明确以排污许可证为载体，以排污许可证上规定的排放量限值作为企业的初始排污权。有偿使用方面，各地普遍提出新建和改扩建项目有偿获得排污权，既有项目以有偿或无偿方式获得排污权，但实际征收排污权使用费的地区较少。交易方面，可交易的排污权包括排污单位可出让排污权和政府储备排污权两部分，其中排污单位可出让排污权包括有偿取得的排污权超过排污许可证载明许可排放量的部分，以及排污单位通过淘汰落后设施、清洁生产、污染治理、技术改造等措施减少污染物排放后形成的富余排污权。各地对交易方式、流程、平台作出了明确的规定，一些地区明确提出环境质量尚未达标的区域、流域禁止通过向外部购入排污权的方式增加污染物排放量[③]。此外，各地还探索了刷卡排污、排污权抵押贷款、排污权储备、排污交易稽核制度等创新措施，为开展更大范围的排污权交易提供了有益探索。

---

① 《IIGF观点 | 范欣宇：2023年我国排污权交易市场进展情况和政策建议》https://iigf.cufe.edu.cn/info/1012/8430.htm。

② 中国企业国有产权交易机构协会：《2023年度产权市场产权资源要素配置运行分析报告》，2024。

③ 叶维丽等：《以排污权交易市场机制推进流域多元化生态补偿研究》，《环境保护》2023年第5期。

（五）用水权市场发展状况

我国的用水权交易探索始自2000年浙江省东阳市和义乌市之间的用水权交易，此后山西、河南、河北、甘肃、宁夏、内蒙古等地先后探索用水权交易。2014年水利部正式启动水权交易试点工作，探索开展水资源使用权确权、水权交易流转和水权制度建设。目前全国超过一半的省份开展了用水权交易，陆续成立了126家不同层级的水权交易平台。2016年国家级水权交易机构——中国水权交易所在北京挂牌营业，开始从国家层面推进用水权交易①。

目前我国基本完成从流域到区域的水量分配，截至2023年2月，累计批复80条跨省江河流域水量分配方案，占计划开展江河的84%。试点性开展用水权实时管理，根据来水情况动态分配用水权。探索开展用水权市场化交易，初步形成区域间水权交易、用水户取水权交易和灌溉用水户水权交易三类交易模式，探索短期租借和长期转让等形式。中国水权交易所累计完成水权交易5638单，交易水量37.61亿立方米②。

三　存在的问题和面临的挑战

（一）资源环境要素市场化配置理念认识有待提升

目前，虽然全社会对“资源有价、环境有价、生态有价”等达成了共识，但对具体的资源要素市场化配置体系仍存在不同认识。在解决资源环境问题时，倚重行政手段的思维惯性仍然存在，或寄希望于技术创新突破，对市场机制“无形之手”的作用认识尚不全面。还有的观点认为市场化配置会推高全社会资源环境成本，对价格信号引导生产和消费转变的作用认识不

① 景晓栋等：《我国水权交易市场改革实践探索：演进过程、模式经验与发展路径——兼析全国统一用水权交易市场建设实践》，《价格理论与实践》2022年第9期。

② 郭琎：《资源环境权益交易市场发展的国际经验借鉴——以水权、排污权交易为例》，《宏观经济管理》2023年第10期。

足。同时，由于资源环境问题具有复杂性、交织性，各方对于如何针对不同要素确定合理的总量目标，如何科学分解落实到不同地区、行业和企业，如何保障数据真实准确以及市场主体依法依规履约，如何发挥金融手段作用等，都还存在一定的认识分歧。

（二）不同要素市场的衔接集成有待增强

资源、能源、生态、环境、气候等问题密切相关，事关经济发展、社会稳定、民生福祉、国际形象等，但目前顶层设计、具体市场机制等衔接不够，不同要素之间、目标之间、部门之间、区域之间、政策之间缺少协同。一些资源环境要素总量目标制定与分解与宏观政策取向存在不一致现象，对经济波动、外部形势变化等考虑不足，对稳投资稳经济等带来负面影响。同时，一些市场化机制在不同地区的制度设计衔接不够，跨区域交易和优化配置的难度较大。一些资源环境要素约束性目标之间衔接不够，还可能导致出现扭曲资源环境要素配置等问题。一些市场化机制协同不够，导致企业出现重复履约的情况，对企业带来不合理的成本负担。

（三）资源环境相关价格形成和传导机制有待健全

资源环境要素市场化配置是理顺资源环境价格形成机制的重要环节，需要与我国相关价格机制改革、财税制度改革等有效衔接。但目前，一方面，上中下游改革不够配套，影响了资源环境要素价格传导，不利于真正发挥价格调节供需、促进转型等作用。例如，我国对电煤实施了价格区间管理，并明确燃煤发电市场交易价格原则上上下浮动均不超过20%，这也限制了从碳价到电价的有效传导。另一方面，由于资源环境要素市场普遍是人为设置的市场，如何综合考虑边际减排成本、社会成本、支付意愿等因素，引导价格水平处在合理区间也面临较大挑战。以碳的社会成本核算为例，尽管人们普遍认为应该通过核算碳排放对未来社会造成的伤害并折现到当下来确定碳价，但Nordhaus估算的碳的社会成本是37美元/吨，Stern估算的碳的社会成本是266美元/吨，美国奥巴马政府时代估算的是42美元/吨，特朗普政府时代估算的是 7 美元/吨，不同的成本估算方法得到的结果存在明显差异①。

（四）法律法规和统计核算等基础制度体系有待完善

目前我国尚未对碳排放权、用能权、用水权、排污权的法律属性进行界定，这些“权”仍属于行政许可。这导致投资者和交易者在交易和处置过程中面临较大法律风险，直接影响他们参与市场的意愿。以碳资产为例，缺乏明确法律界定，导致在合同谈判和执行中可能出现争议，甚至造成已签署合同条款失去效力等问题，引起所有权和转让权纠纷等。同时，数据基础薄弱、质量不高正在成为影响资源环境要素市场建设的突出问题。用水量监测设备配置不足，限制了用水权流转。排污权自行监测制度不健全，也对排污权交易带来了不利影响。

四　主要建议

一是建议统筹发展、减排和安全，加强资源环境要素市场化配置体系顶层设计。统筹考虑资源禀赋、生态环境承载力、经济社会发展需要等，因地制宜地加强资源环境要素综合统筹和市场化创新配置，有效发挥资源环境要素保障先进生产力发展和促进优胜劣汰的作用，提高要素协同配置效率。以协同推进降碳减污扩绿为重点，建立相关资源环境要素市场的部门协调机制，充分考虑经济、金融、市场、财政等因素，开展资源环境要素市场交易制度的顶层设计，促进资源环境要素市场化配置与各领域相关政策的衔接。

二是聚集重点地区重点流域，探索建设跨地区跨流域资源环境要素交易市场。以长三角、京津冀、珠三角等重点区域和长江、黄河等重点流域为试点，促进市场交易规则统一，配套实施细则统一，交易平台建设技术标准、

① 中金公司研究部、中金研究院：《碳中和经济学 新约束下的宏观与行业趋势》，中信出版社，2021。

数据规范和服务标准的统一。坚决破除区域壁垒，探索实施统一的节能环保降碳标准，促进要素在不同区域的自由流动。加强初始分配、有偿使用、市场准入、交易规则、金融服务、产权保护、市场监管等关键环节的协同融合，有序推进政策法规、监测核算、监管执法等公平统一。

三是协同推进资源环境要素价格改革和市场机制建设。以反映市场供需、体现资源环境要素稀缺性和负外部性为核心，开展各类资源环境要素的价值评估工作，积极探索成本定价、收益定价、权益定价等不同定价方法及其应用范围、应用条件。逐步理顺价格传导机制，加强能源市场、电力市场与资源环境要素市场等的衔接，促进节能减污降碳节水等成本和效益在全社会不同行业领域有效传导，实现供需双向互动和协同转型。

四是统筹推进资源环境要素价值增值模式创新。完善资源环境要素使用权类型，探索出让、转让、出租、抵押、担保、入股等权能，使得资源环境要素使用者可以通过出让、转让、出租获得直接收入，或通过抵押、担保等获得信用贷款，或通过入股变成资产。统筹推动建立资源环境领域标准化-认证-标签制度，研究设立符合国情、与国际接轨的绿色标签、生态标签，拓展“绿水青山”转化为“金山银山”的实现路径。

五是统筹加强政策法规保障和基础能力建设。制定出台资源环境要素领域的统一法律，明确资源环境要素的法律属性，完善资源环境权益交易相关配套技术指南与实施细则。推行资源环境要素统一监测核算，明确统一规范的标准要求，完善企业监测报告制度，提高监测和核算数据的有效性、准确性、及时性。强化多源数据交互验证机制，确保数据可验证、可追溯和可核查。

六是探索建设资源环境要素多品种一体化交易平台。鼓励具备条件的地区先行先试，探索建设集碳排放权、用能权、用水权、排污权等多品种资源环境要素交易于一体的综合性交易服务平台。深入推动各级各类公共资源交易平台整合，加快形成“国家-省-市-县”四级联动、综合性平台和专业平台协调配合的格局。充分运用数字技术、区块链技术等先进技术，开展不同资源环境交易市场的通用平台建设，强化不同部门间相关数据、平台的共享和互联互通，避免信息不对称引起的重复建设、效率低下等问题。

G.24

黄河“几字弯”水-能源-粮食-生态系统的气候变化风险和适应*

黄河几字弯气候变化风险与适应战略研究课题组**

摘　要：　“几字弯”是国家多重战略的主要承载区和区域经济发展的增长极，其水-能源-粮食-生态系统纽带关系最强烈、矛盾最突出，气候变化对水资源供需关系的影响将加剧其纽带关系的复杂性。“几字弯”是气候变化敏感区。1961~2023年，几字弯年平均气温每10年升高0.31℃，高温日数有弱增加趋势，21世纪以来极端高温事件频繁；年降水量没有显著的趋势性变化，2000年以来年降水量和降水强度增加，降水日数和干旱日数减少。未来30年，“几字弯”平均气温将增加1.02℃；降水以增加为主，平均增幅不超过7%，且呈明显的年代际波动，降水强度和强降水频率都将增加。“几字弯”水-能源-粮食-生态系统的气候风险主要体现在，气候变化叠加人类活动导致水资源减少，暴雨风险增加；升温增加了农业热量资源，

* 本文是中国工程院战略研究与咨询项目“黄河几字弯区水-土-经济高质量协同发展战略研究”（2024-XBZD-11）的研究成果，得到中国气象局重点创新团队“气候变化检测与应对”（CMA2022ZD03）的支持。

** 黄河几字弯气候变化风险与适应战略研究课题组由丁一汇院士、肖潺正研级高级工程师和许红梅正研级高级工程师牵头，课题组成员包括艾婉秀、韩振宇、刘秋峰、王秋玲、黄明霞。本文由许红梅主笔，课题组其他成员及国家气候中心吴佳提供素材。肖潺，国家气候中心副主任，正研级高级工程师，研究领域为气候变化影响和服务；许红梅，国家气候中心正研级高级工程师，研究领域为气候变化影响评估；艾婉秀，国家气候中心正研级高级工程师，研究领域为气候服务；韩振宇，国家气候中心气候变化影响适应室副主任，正研级高级工程师，研究领域为区域气候变化及预估；刘秋锋，国家气候中心高级工程师，研究领域为气候和气候变化对生态系统的影响；王秋玲，国家气候中心气候变化影响适应室副主任，高级工程师，研究领域为气候变化对农业和水资源的影响；黄明霞，国家气候中心助理研究员，研究领域为气候变化对农业的影响和适应；吴佳，国家气候中心研究员，研究领域为动力降尺度和区域气候变化。

但蒸散量增加使得农业需水量加大；此外，升温也将导致经济社会和生态环境需水量增加。因此，“几字弯”的生态保护和区域高质量发展，需要把水资源作为最大约束，坚持生态优先，充分考虑气候变化对水资源供需的影响，通过识别水、能源、粮食和生态在水文、生物、社会和技术领域复杂关系网络中相互联系的方法，推进区域系统治理和协同发展。

关键词： 黄河“几字弯” 水-能源-粮食-生态系统 气候变化 风险和适应

引 言

黄河流域生态保护和高质量发展是党中央作出的重大战略部署，是事关中华民族伟大复兴的千秋大计。“几字弯”位于黄河中游，指黄河流经甘肃、宁夏、内蒙古、陕西形成的“几”字形区域，占流域总面积的46%，人口和GDP分别占全流域的44%和54%。2021年10月，中共中央、国务院印发了《黄河流域生态保护和高质量发展规划纲要》，作为黄河流域水资源管理的关键地带，“几字弯”是支撑黄河流域经济转型升级、促进高质量发展的重要增长极，是实现中西部崛起的关键区域。

“几字弯”地处半湿润季风气候到干旱大陆性气候过渡区，是全球气候变化敏感区；区域水资源匮乏，用水竞争压力大。“几字弯”沟壑纵横、生态脆弱，水土流失严重，是黄河流域荒漠化综合防治的关键区，也是我国北方风沙带的重要生态屏障。同时，“几字弯”也是黄河流域经济的核心区、能源资源的富集区，以及多个国家重大战略和工程的交叉融合区。“几子弯”水-能源-粮食-生态系统之间的联系密切，气候变化加剧了各系统之间纽带关系的复杂性。近年来，围绕黄河流域气候变化、水沙关系、生态保护、适水发展等问题，学界开展了一系列基础和关键技术研究，但仍缺乏面向气候变化的“几字弯”多要素协同综合性研究。因此，科学分析气候变

化对“几字弯”区域水-能源-粮食-生态系统的状态和纽带关系的影响，最大化有利影响，最小化不利影响，对于区域的水资源合理利用、生态保护、荒漠化综合防治和高质量发展至关重要。

一　“几字弯”的水-能源-粮食-生态系统

水、能源与粮食是影响人类生存与发展的最为根本的要素，三者之间形成了相互影响与制约的安全纽带关系。粮食和能源的生产需要水的直接投入，粮食的储存和分配以及水的提取、运输和处理都需要能源，自然资源、生态系统及其服务为水、粮食和能源安全提供了基础，而气候变化影响资源可用性（如水资源的数量、质量和可获取性）、相关经济活动（农业和能源）以及生态系统的组分，因此，气候变化对水-能源-粮食-生态系统带来了额外的挑战。

（一）水资源是“几字弯”发展的最大制约因素

“几字弯”以不到全国4%的水资源，生产了全国10%的粮食和30%以上的一次能源。从资源本底来看，“几字弯”本地水资源极为有限，人均水资源量只有338m^3，仅为全国平均值的17%。从开发现状来看，黄河流域整体水资源开发利用率已经达到80%，进一步开发利用的空间有限。从供需态势来看，水资源紧缺问题高度凸显，区域内农业和工业用水需求大，生活和生态环境用水量上升，加剧了水资源的紧张状况，2001~2020年，甘肃、宁夏、内蒙古年均超计划取水量分别达到3.82亿、4.32亿、9.06亿m^3。从长期变化趋势来看，在气候变化和人类活动共同作用下，黄河流域的天然径流量显著减少，第一次全国水资源评价黄河多年平均（1919~1975年）径流量为580亿m^3，第二次全国水资源评价黄河多年平均（1956~2000年）径流量为535亿m^3，刘红珍等测算的黄河多年平均（1956~2010年）径流量为482亿m^3。①

① 刘红珍等：《黄河流域水文设计成果修订》，《水文》2019年第2期。

水资源约束导致“几字弯”资源潜力无法释放。“几字弯”是世界级能源资源富集区，拥有全国66%的煤炭资源、12%的原油、90%的煤层气，自20世纪80年代以来，就是我国重要的能源重化工基地。“几字弯”工业用水量占总用水量的25%，高于全国平均值21.1%；鄂尔多斯、榆林、石嘴山等地重点能源基地发展长期面临水资源约束，能源潜力难以充分释放，未来工业用水量变化不确定性大。“几字弯”农业用水量占总用水量的62%，与全国平均值62.3%相差不大；但农业用水不足导致大中型灌区灌溉定额普遍偏低，长期处于亏缺灌溉甚至撂荒状态。“几字弯”是生态敏感区，土壤侵蚀严重。近年来，生态恢复工程的实施，特别是退耕还林还草、荒漠化综合治理等政策的实施，使得区域植被覆盖发生显著变化，生态环境用水量上升。

（二）“几字弯”应对气候变化和绿色产业发展的新机遇

“几字弯”作为我国水资源、粮食、能源和生态安全多重战略叠加区，受到水资源供给“天花板”的制约，区域资源优势产业潜力无法释放，河流生态水量严重不足，经济社会发展和生态保护修复受到严重影响。应对气候变化和推动绿色低碳发展，为“几字弯”水-能源-粮食-生态系统的管理带来了新机遇和要求，而加强纽带关系的协同管理也能有效助力“几字弯”应对气候变化和绿色产业发展。

党的二十大报告指出，我国要“全方位夯实粮食安全根基，全面落实粮食安全党政同责，牢牢守住十八亿亩耕地红线，逐步把永久基本农田全部建成高标准农田”。“几字弯”分布有大片干旱荒地，地势平坦，在有水可用情况下，通过补充灌溉约有1.4亿亩土地可改造用于发展生态农业，能够提升国家粮食安全战略储备水平，极大地均衡我国战略发展空间。党的二十大报告还指出，我国要“加快规划建设新型能源体系”。“几字弯”拥有丰富的风能和太阳能资源，是“十四五”期间我国重要的陆上清洁能源基地。区内规划分布有古贤、黑山峡等大型水利枢纽工程，具备建设抽水蓄能条件，有利于发展风光水储一体化。在我国的生态安全战略格局中，“几字

弯”处于黄土高原-川滇生态屏障与北方防沙带。2023 年 8 月正式启动的黄河“几字弯”攻坚战，以毛乌素沙地、库布齐沙漠、乌兰布和沙漠治理为重点，全面实施了山水林田湖草沙区域性系统治理。此外，《黄河流域生态保护和高质量发展规划纲要》明确提出，根据各地区资源、要素禀赋和发展基础做强特色产业，建设特色优势现代产业体系。“几字弯”水、风、光、土地资源丰富，是建设特色优势现代产业体系的高地。

“几字弯”的能源生产和能源结构调整、高标准农田建设和生态农业发展、生态恢复和荒漠化治理等可能导致水-能源-粮食-生态系统各系统状态的改变，气候变化会导致水-能源-粮食-生态系统的纽带关系更为复杂。因此，需要在资源规划和生态系统服务等绿色产业发展相关的战略和政策中纳入气候变化的影响；而大多数气候变化政策涉及水、农业、能源等多个部门，并对生态系统产生影响，这为适应气候变化和推进水-能源-粮食-生态系统的政策协同提供了机遇。

二　“几字弯”气候变化时空特征

由于全球变暖和人类活动加剧的影响，黄河流域气候及水文过程发生了显著的变化。“几字弯”是气候变化的敏感区，气候变化会影响水-能源-粮食和生态系统的状态和纽带关系，对“几字弯”生态保护和高质量发展带来了重大挑战。

（一）近60年来的气候变化特征

年平均气温显著升高，高温日数增加，21 世纪以来极端高温频繁。“几字弯”常年（1991~2020 年平均值，下同）平均气温 10.3℃，常年平均高温（日最高气温≥35℃）日数 6.5 天。1961~2023 年，年平均气温呈显著的上升趋势，平均每 10 年上升 0.31℃，是我国气候变暖显著地区之一；高温日数有弱增加趋势，平均每 10 年增加 0.6 天，21 世纪以来仍维持弱增加趋势。

21世纪以来降水量增加，降水强度提升，降水日数和干旱日数减少。“几字弯”常年平均降水量458.7毫米，降水量从西北部向东部和南部递增，东南部400~600毫米，西北部不足200毫米，区域内降水量相差很大；常年平均降水日数82.2天，从西北部向东部和南部递增，东部和南部有70~100天，局地超过120天，西北部不足50天；中雨（日降水量≥10毫米）以上降水日数14天；常年中度以上气象干旱日数47天。1961~2023年，区域平均降水量的变化趋势不明显，降水日数减少，平均每10年减少2.4天，中雨以上降水日数和干旱日数变化趋势不明显。21世纪以来，区域降水量增加，平均每10年增加37.3毫米；降水日数变化趋势不显著，中雨以上降水日数增加，平均每10年增加1.3天；干旱日数减少趋势显著，平均每10年减少15天。

（二）未来30年气候变化预估

未来“几字弯”将持续变暖。在中等排放情景下，到21世纪末，“几字弯”区域气温将持续增加，线性速率为0.25℃/10a。夏季速率与年平均速率接近，冬季增温较快，速率为0.26℃/10a，且冬季的年代际波动更加明显。相对于基准期，未来30年（2026~2055年）区域平均气温增加1.02℃，夏季增加1.15℃，冬季增加1.03℃。年均气温增幅在空间上大致呈西高东低，增幅在0.95℃~1.1℃。

未来“几字弯”的降水以增加为主，且呈现明显的年代际波动。未来年降水的变化主要由夏季降水贡献，年降水和夏季降水的变幅无明显的线性趋势，冬季降水变化的线性速率约为1.7%/10a。相对于基准期，未来30年（2026~2055年）区域平均降水增加6.8%，夏季降水增加7.0%，冬季降水增加14.5%。鄂尔多斯等北部区域和定西等西南区域的增幅相对较小，在2%~6%，其余区域的增幅在6%~10%。且多模式模拟的一致性分析显示，在温室气体增加的外强迫影响下，未来30年“几字弯”内多数区域降水增加的确定性较高。

未来“几字弯”降水强度和强降水频率都将增加。未来30年区域平均年最大日降水量（Rx1day）、年最大5日降水量（Rx5day），增幅分别为9.4%（5%~20%）和8.1%（5%~15%）。大雨及以上日数（R25mm）将增加23.0%，增幅在空间上的分布为10%~40%。年最大无降水日数（CDD）将减少，未来30年区域平均减少4.0%，各个区域的减幅多数不超过10%。从总体看，“几字弯”多数区域未来极端降水强度和频率增加以及干旱日数减少在多模式间一致性较好。

三 “几字弯”水-能源-粮食-生态系统的气候风险

气候变化通过大气环流加剧全球或区域水循环，改变水资源时空分布格局，进而影响水资源的可利用性，增加供水不稳定性和缺水区供水压力。同时，气候变化也会加剧经济社会和生态环境需水问题，进而影响水资源供需平衡。此外，气候变化导致的强降水、干旱等极端事件趋多趋强将加剧水土流失，威胁生态系统功能①。

（一）气候变化叠加人类活动导致“几字弯”水资源减少

“几字弯”由西南部的洮河、南部的渭河、北部和东部的黄河四面围合而成。区域中西部高原区水系较少，北部沙漠区主要是一些季节性河流，只有东部的丘陵沟壑区以及南部的风沙滩地区水系相对发育。受地形及下垫面条件、降雨量和蒸发量的影响，年径流量的地区分布差异明显。“几字弯”多年平均径流深124.4mm，呈现由东南向西北递减的趋势，西北部低于100mm，南部超过200mm。

“几字弯”的水资源对气候变化和人类活动极为敏感。受气候变化、人类取用水以及生态恢复工程影响，1961~2018年“几字弯”径流深略减少，2000年以前径流深减少速率达每10年10.2mm，2000年以来径流深明显增加，增加速率达每10年43.2mm。区域东北部和西北部径流深增加，东部

① 秦大河总主编《中国气候与生态环境演变：2021》，科学出版社，2021。

部分地区增加速率超过每10年10mm，南部径流深减少，部分地区减少速率超过每10年10mm。

“几字弯”主要河流自20世纪70年代以来产水量持续减少，2010年以来产水量有所上升。20世纪50年代以来，洮河和渭河年径流量显著减少，减少率分别为每10年1.88亿m^3和每10年8.6亿m^3。“几字弯”东部丘陵沟壑区的皇甫川、窟野河等沿黄支流以及南部的无定河，径流量在20世纪70~80年代出现突变，人类活动（大规模的水土保持和高强度煤矿开采）导致径流量明显减少。归因分析发现，降水对渭河流域径流量减少的贡献率为19%，人类活动的贡献率为81%，自2000年开展退耕还林等大规模生态环境建设以来，人类活动对径流量减少的贡献率增加，贡献率达到88%，成为渭河径流量变化的主要因素。

（二）气候变化改变农业气候资源及农业需水量

1960~2023年，“几字弯”热量资源显著增加，但降水资源变化不显著。“几字弯”全年≥10℃积温为935~3463℃d，东部多西南部较少，并以9℃d/年的速率呈显著增加趋势。“几子弯”平均无霜期为191~272天，北少南多，以0.3天/年的速率呈显著增加趋势。作物生长季（4~9月）积温为2150~3767℃d，空间上北多西南部较少，以6℃d/年的速率呈显著增加趋势。作物生长季总降水为141~646mm，东南部偏多、西北部偏少；生长季总辐射为3236~4043 MJ/m^2，北多南少；作物生长季内总降水和总辐射随时间变化不显著。

在宏观上，降水、气温等气象因子直接影响作物的生长，气候变化对农业生产的整体布局及区域分布会产生一定的影响；在微观上，CO_2浓度增加导致的施肥效应、气温和降水的变化等，将影响作物的灌溉需水量，进而改变灌溉定额。气温升高将导致作物生长期延长，蒸散量增加，从而增加作物需水量，而同时降水的数量及时间分配直接影响作物可利用的有效降水。

（三）气候变化下风光资源总量变化不显著

“几字弯”风光资源待开发量丰富，开发潜力在 20 亿 kW 左右[①]。“几字弯”的内蒙古区域属于风能资源Ⅱ类区，风能资源丰富；甘肃和宁夏区域属于风能资源Ⅲ类区，风能资源较丰富，陕西属于风能资源Ⅳ类区，具有一定的开发价值。“几字弯”的宁夏北部属于太阳能资源Ⅰ类区，年辐射总量在 6680~8400 MJ/m^2，年日照时数在 3200~3300h；甘肃中部、内蒙古南部属于太阳能资源Ⅱ类区，年辐射总量在 5852~6680 MJ/m^2，年日照时数在 3000~3200 h；陕西、山西从南至北包含了太阳能资源Ⅱ~Ⅳ类区，年辐射总量在 4180~5016 MJ/m^2，年日照时数在 2000~3000 h。

以风能、太阳能为代表的可再生能源都是气候资源，也会受到气候变化的影响。预估结果表明，在中等排放情景下，2021~2050 年，“几字弯”年平均风功率密度和年平均光伏发电量表现出明显的年代际波动特征。其中，年平均风功率密度在 2035 年之前增加，之后转为减少，中等排放情景下每 10 年增加 0.1%；年平均光伏发电量每 10 年减少 0.47%。

（四）气候变化影响生态恢复和生态安全

遥感监测显示，“几字弯”平均植被年净初级生产力为 294.8gC/m^2，从西北部向东南部递增，西北部不足 200 gC/m^2，东南部超过 500 gC/m^2。受气候变化和生态工程的影响，2000~2023 年，植被净初级生产力增长显著，平均每 10 年增加 63.9 gC/m^2。“几字弯”土壤侵蚀模数高，1985~2020 年，由于降水强度的增加，部分区域土壤侵蚀呈增加趋势，降水强度增加对土壤侵蚀的贡献约为 41%，而植被覆盖和土地利用变化对土壤侵蚀的贡献分别约为 39%和 9%；在土壤侵蚀增加的区域，降水增加导致的土壤侵蚀增

---

① 张远生、练继建、张金良、邢建营：《黄河流域单元式多能互补能源基地构建研究》，《水力发电》2022 年第 6 期。

加约占87%[1]。未来，气候变化背景下极端气候事件频发，特别是预估的极端降水强度和频率的增加，将导致土壤侵蚀风险增加。因此，水土流失和荒漠化仍然是“几字弯”面临的严重生态环境问题。

“几字弯”是影响京津和东部地区沙尘暴的重要沙源区和路径区。1961~2023年，“几字弯”平均沙尘日数为19.6天，沙尘日数明显减少，平均每10年减少6.4天；同期，“几字弯”1~6月平均风速呈减少趋势。沙尘天气直接受到风速和沙源影响，而沙源又进一步受植被、降水、气温等因素影响。研究表明，我国北方每年的沙尘日数与该地区1~6月平均风速呈显著的正相关。此外，近些年我国北方出现了明显的绿化现象，植被的增加可以缓解中国北方的沙尘[2]。与风速相比，降水量和植被指数对中国北方沙尘日数变化的影响可能是非线性的。

（五）气候变化加剧经济社会和生态环境需水问题

过去10年，大型水利工程建设使得“几字弯”缺水问题得到了一定的改善；以节水为特色的水资源利用效率提高使得区域用水总量呈年际变化且下降趋势，其中，农业用水量下降9.8%，工业用水量下降28%。但水资源紧缺依然是“几字弯”经济社会发展的最大瓶颈。鄂尔多斯、榆林、石嘴山等地的重点能源基地发展长期面临水资源约束，能源潜力难以充分释放；关中城市群水资源承载力不足，人口、城市和产业发展均受到严重制约；此外，“几字弯”都市圈的发展，也会改变“几字弯”对水资源的需求格局。

气候变化会对经济社会和生态环境的需水产生显著的影响。升温导致冬季供暖需求减小，夏季制冷需求增大，这对能源需求有较大的影响，进而影响能源用水量。以火电行业为例的初步研究表明，气温每升高1℃将

① Guo J., Qi Y., Zhang L., Zheng J., et al., “Identifying and Mapping the Spatial Factors that Control Soil Erosion Changes in the Yellow River Basin of China”, *Land*, 2024, 13.

② 江鑫、冯巧梅、周俐宏、刘怡、曾振中：《风速加强可能是近年中国沙尘日数增加的主要因素》，《科学通报》2024年第3期。

导致冷却水需水量增加1%~2%，并且这种影响在缺水的北方地区更为显著。气温升高将导致农业、工业、生活和生态需水增加。对国内外典型城市的初步研究成果表明，气温每升高1℃，生活用水量增加1.0%左右。降雨模式的变化会影响水资源禀赋、水电机组效率。20世纪80年代以来，全球干旱年份水力设备利用率相对多年平均值下降4%~5%。此外，降水量增减和时空分布特征的变化会改变植被的有效降水利用量，从而影响农业和生态需水。

四 “几字弯”水-能源-粮食-生态系统适应气候变化的建议

水-能源-粮食-生态系统纽带关系作为流域治理和落实可持续发展目标的有效工具，在世界各国被广泛应用。在气候变化的背景下，水-能源-粮食-生态系统的纽带关系及安全面临着更大的挑战。将水、能源、粮食和生态系统整合起来，发挥跨部门协同效应，为适应气候变化和区域绿色产业发展带来了机遇，但同时也存在一定的问题。这一领域，由于系统间相互作用的复杂性，目前国际上的研究普遍面临着数据不足、方法和工具欠缺等问题。

“几字弯”水-能源-粮食-生态系统与社会经济要素的空间错配特征十分显著，而气候变化对水资源供需关系的影响将加剧“几字弯”水-能源-粮食-生态系统纽带关系的复杂性。因此，“几字弯”的生态保护、荒漠化综合防治攻坚战和区域高质量发展，需要把水资源作为最大约束，坚持生态优先，充分考虑气候变化对水资源供需和生态环境的影响，通过识别水、能源、粮食和生态在水文、生物、社会和技术领域复杂关系网络中相互联系的方法，推进区域性系统治理和协同发展。

（一）加强水-能源-粮食-生态系统纽带关系顶层设计和研究

探究水-能源-粮食-生态系统的关系及其优化方法，协调可再生能源开发、低碳转型、非常规水资源利用和农业集约化等应对气候变化的政策和战略的实施，促进多部门协同保障水、能源、粮食和生态安全。

（二）将水资源作为区域协同发展的最大约束

建立“几字弯”水-土-气-生态综合观测协同网络并实现数据共享，探究气候-水-生态-人类社会经济的协同发展机制，发展高分辨率流域气候-水文-生态-人类社会经济耦合模式，科学预估气候变化下水资源供需关系，探索气候变化下“几字弯”的水网工程建设方案、动态分水方案和水资源节约集约利用的关键技术。

（三）坚持生态优先，推进气候变化下自然系统与社会经济协同发展

强化生态恢复和荒漠化治理和应对气候变化的协同效应，根据气候变化和水资源特征，制定促进荒漠防治和有助于适应和减缓气候变化的措施；选择使用低耗水、适应气候条件强的本土树种，减少可利用的水资源和土壤条件对植树造林和生态系统恢复的限制；减少沙尘暴、避免土壤风蚀，增加生态系统碳汇、改善微气候、提高土壤养分和保持水分含量；加强与荒漠化相关的可靠和及时的气候信息保障能力。

（四）合理发展可再生能源，促进高质量发展和生态保护

充分利用能源系统低碳转型中可再生能源比例大幅提高的机遇，通过发展可再生能源，实现水和粮食生产与化石燃料供应脱钩，从而推动社会经济高质量发展和生态保护；通过风光水等手段解决风电、太阳能发电消纳问题，理性规划与投资建设，协调风电、太阳能发电主力地区资源禀赋与本地消纳的矛盾，以及风电、太阳能发电与火电等主体间的发展矛盾；加强对气候变化和极端气候事件对新型能源系统影响的精准评估、预测预警能力。

行业转型篇

G.25
中国纺织服装行业绿色低碳转型的发展现状与展望

阎 岩　胡柯华　齐艺晗*

摘　要：　随着行业进入高质量发展阶段，推动行业绿色低碳转型以应对气候变化已成为中国纺织服装行业的重要课题。基于行业温室气体排放情况梳理，本文发现得益于“煤改气”“煤改电”政策实行，近年来行业温室气体排放强度产生较大降幅，能源结构得到有效优化。自2017年起，行业气候行动从产业端切入，以产业动员、基础设施开发、标准化建设为抓手提升行业治理能力，并逐渐向企业端延伸，从绿色制造、创新产品研发、可再生能源利用三方面推动头部企业先行。基于多年实践及当前政策环境，本文认为未来推动行业绿色低碳转型，应在核算与评价体系、可再生能源、金融工具三大方向上努力，推动行业企业主动参与行业气候治理。

* 阎岩，中国纺织工业联合会副会长，中国纺织工业联合会社会责任办公室主任；胡柯华，中国纺织工业联合会社会责任办公室副主任兼可持续发展项目主任；齐艺晗，中国纺织工业联合会社会责任办公室助理研究员，研究领域为气候变化与ESG披露。

关键词： 纺织服装行业　绿色低碳转型　气候行动

引　言

纺织服装行业作为中国传统民生产业与高度外向型产业，一直是国民经济与消费的压舱石，也是保障全球纺织供应链稳定与经济全球化的重要窗口。随着气候变化成为全球议题，一系列内外部因素对产业链的物理韧性、经济结构及社会生态系统产生了显著影响，推动中国纺织服装行业价值取向从“经济驱动”向“责任协同”转变——世界发达经济体正在制定并实施以“绿色”“低碳”“循环”为核心的贸易规则，在原材料、产品和供应链等方面对我国纺织出口贸易提出了现实要求；气候金融、转型金融持续升温，“气候友好”成为商业决策的重要考量因素；可持续循环时尚成为全球新消费风向，为中国品牌带来全新增长机遇的同时也带来了成本上涨与竞争加剧的双重压力。

中国纺织服装行业是推进碳达峰碳中和的重要领域，其绿色低碳转型对于应对全球规则之变、市场之变，赢得社会认同与金融支持具有重要意义。在此背景下，中国纺织工业联合会（以下简称“中国纺联”）早在2017年就正式启动“可持续创新先锋”项目，引导行业企业开展应对气候变化工作；并在《建设纺织现代化产业体系行动纲要（2022—2035年）》中提出，将通过优化能源消费结构、稳步推进节能低碳转型、推动信息化数字化管理赋能和加强行业应对气候变化试点示范建设，分阶段完成纺织行业“双碳”目标和任务。

一　行业发展与温室气体排放现状

中国纺织服装行业在全球纺织服装行业中占据龙头地位，中国不仅是纺织服装行业生产规模最大的国家，也是纺织产业链最完整、门类最齐全的国家。在生产规模上，2023 年，我国纺织全行业纤维加工总量超过 7000 万吨，占全球的一半以上；纺织品服装出口总额 2936.4 亿美元，稳居世界第一位。从整体来看，我国纺织工业绝大部分指标已达到甚至超出世界先进水平，建立起全世界最为完备的现代纺织制造产业体系，生产制造能力与国际贸易规模长期居世界首位。

2022 年，中国纺织服装行业温室气体年排放量在 2.2 亿吨左右，约占全国温室气体排放量的 2%，占全国工业温室气体排放量的 2.7%①。与其他行业相比，纺织服装行业整体排放水平不高。而根据国际能源署统计，2019 年全球纺织和皮革业温室气体排放量在 2.99 亿吨左右，占全球温室气体排放量的 0.6%。中国作为全球纺织服装生产和消费大国，应积极推动行业绿色转型。

从排放来源看，中国纺织服装行业②温室气体排放主要来自上游的材料制造加工端（包括纺织业和化学纤维制造业），纺织服装、服饰业占比低于 10%。从温室气体排放强度看，中国纺织服装行业温室气体排放强度连年下降，2022 年为 1.37 吨二氧化碳当量/万元工业增加值，绿色低碳转型成果显著。2005~2022 年行业温室气体排放强度下降幅度超 60%，“十三五”期间共下降 13%。2005~2022 年，化学纤维制造业、纺织业以及纺织服装、服饰业三个子行业温室气体排放强度均呈下降趋势，降幅分别为 65%、63%以及 61%。

中国纺织服装行业温室气体排放绝大部分来自能源消费，但近年来行业能源消费结构持续优化，能源相关温室气体排放结构形成。到 2022 年，“煤改气”“煤改电”取得显著进展，行业煤炭消费温室气体排放占比从 2005 年的 30%显著下降至 3%，电气化程度不断提高，电力消费温室气体排放占比由 12%增至 62%。

---

① 数据来源：国家统计局，中国纺织工业联合会社会责任办公室。

② 根据国民经济行业分类，我国纺织工业可划分为纺织业，纺织服装、服饰业，化学纤维制造业三个细分行业。其中，纺织业包括纺纱、织造和染整环节；纺织服装、服饰业涉及剪裁、缝制、服装制造等环节；化学纤维制造业则主要包括纤维素纤维原料及纤维制造、合成纤维制造以及生物基材料制造等。

二 行业绿色低碳转型进展

中国纺织工业联合会社会责任办公室（以下简称“中国纺联社责办”）作为2005年成立的中国第一个国家级社会责任常设机构，多年来一直致力于建立和完善行业社会责任公共治理平台。

围绕“双碳”目标，中国纺联社责办从产业集群端、企业端和产品端切入，围绕基础核算、减排技术、规划与管理、低碳评价、信息披露与标识等板块，通过产业动员、基础设施开发、标准化建设、能力建设等方式，引领和推动行业各相关方参与气候行动、加速绿色低碳转型。

（一）产业动员

1. 路线规划与广泛发声

2017年，中国纺联发布“2050年实现零碳产业”的行业气候愿景。为实现这一愿景，中国纺联制定了至2030年的行业减碳路线图，分为三个阶段——自发阶段（2019~2022年）、自主阶段（2023~2025年）和市场化阶段（2026~2030年）。自发阶段即有意识的企业先行自发采取减排行动；自主阶段是引导行业大部分企业主动采取减排行动；市场化阶段是指通过碳交易机制等市场化手段实现行业的整体减排。

为推动行业零碳愿景的实现，中国纺联于2017年发起“碳管理创新2020行动”，并于2019年将其升级为“气候创新2030行动”，旨在凝聚各方力量协同推进纺织服装产业减排目标的实现，为全球气候治理作出行业贡献。

2018年12月，在《联合国气候变化框架公约》第24次缔约方大会（COP24）上，中国纺联作为缔约支持组织之一，和全球其他42个主要时尚品牌、零售商、供应商组织共同发布了《时尚业气候行动宪章》，同意采取一致行动，减少时尚业在整个价值链中对气候的影响。

2019年12月，在《联合国气候变化框架公约》第25次缔约方大会

（COP25）上，中国纺联发起“衣再造竞赛 COP 秀”，组织来自国内外多所高校的学生共同完成“当可持续时尚遇见气候变化”走秀活动，共展示 30 套从“衣再造竞赛”中脱颖而出的由中国青年设计师原创的再造衣作品，向全球展现了来自中国的可持续时尚。

2020 年 9 月 23 日，中国宣布“双碳”目标次日，中国纺联秋季联展设专门展位作出响应，展示行业气候行动进展，中国纺织服装行业成为中国第一个响应“双碳”目标的行业。

2. 重点企业气候行动赋能

为进一步赋能行业绿色低碳转型，加速行业企业开展气候行动，2021 年 6 月 1 日，中国纺联启动“时尚气候创新 30 · 60 碳中和加速计划”（以下简称“30 · 60 计划”），在中国纺织服装行业竞争力 500 强企业中优先支持 30 家重点品牌企业和 60 家重点制造企业开展气候创新行动。“30 · 60 计划”是“气候创新 2030 行动”的一部分，更加强调行动落实和进展公示，要求参与企业必须承诺在签署后 6 个月内开展气候创新训练营，12 个月内开展公司碳排放基线测量工作，制定并执行气候行动规划，24 个月内公布气候行动目标或路线图，并按年度报告温室气体排放情况。

截至 2024 年 5 月，已有 23 家品牌企业、42 家制造企业加入“30 · 60 计划”，支持绿色低碳技术研发推广和应用，全面推广可信低碳产品、支持可持续消费，共同推进行业气候行动。

2024 年，“30 · 60 计划”实施三周年之际，中国纺联发布了《“时尚气候创新 30 · 60 碳中和加速计划”企业进展手册》《“时尚气候创新 30 · 60 碳中和加速计划”企业案例集》，汇集 41 家“30 · 60 计划”成员企业气候行动进展及 27 家成员企业亮点案例，系统梳理了成员企业的实践成果和面临的障碍。中国纺联希望以此为基础，建立起公开透明的监督机制，帮助企业进一步提升认识水平、找到改进方法、明晰发展路径。

3. 产业集群气候行动示范

2023 年 5 月，国务院常务会议明确提出要把发展先进制造业集群摆到更加突出的位置，在专业化、差异化、特色化上下功夫。

近年来，以城市群和都市圈经济为重点，纺织先进制造业集群由集聚到集约加快发展，成为推动全行业高速高效成长的重要因素。全国共有 210 个纺织产业集群，聚集了超过 20 万家企业，其主营业务收入占全国纺织行业主营业务收入的比重超过 45%，形成了柯桥、盛泽、常熟、虎门、海宁等具有世界影响力的千亿级产业集群。产业集群作为产业调整的重要力量，其气候行动先行示范对行业绿色低碳转型具有深刻意义。

自 2020 年起，在中国纺联的推动下，重点纺织产业集群陆续发布气候承诺，宣布打造地区气候行动示范目标，引领和指导行业企业开展气候行动。

（1）盛泽：从愿景到实践——千亿级纺织产业基地气候行动示范

盛泽作为全球丝绸纺织产业重要基地，拥有“千亿级企业、千亿级产业、千亿级市场”。

盛泽于 2021 年 6 月 16 日正式发布“盛泽纺织产业集群碳中和愿景”并确立发展目标，即努力创建中国产业区域气候治理的最佳实践，力争率先建成世界领先的零碳纺织产业集群。

2022 年 10 月 25 日，盛泽发布《盛泽纺织产业气候行动白皮书》，明确了其气候行动目标与计划、减排路线图和重点任务。

2023 年至今，盛泽开展“盛泽纺织产品碳排放基线调研”项目，进行全产业链重点产品碳足迹核算，进一步建立数据基础和挖掘产品减排潜力。目前已完成多项典型产品碳足迹核算工作，基线研究在持续进行中。

（2）柯桥：《中国绍兴·柯桥气候行动宣言》——中国第一个地区产业集群气候行动承诺

在 2020 年 10 月 26 日的“世界布商大会”开幕式上，柯桥作为拥有全球最大的纺织贸易集聚地及全球最大的印染加工集聚区的世界级纺织产业集群，联合当地 12 家企业共同发布《中国绍兴·柯桥气候行动宣言》，承诺将联合中国纺联共同设定柯桥气候行动目标，制定推进低碳企业发展政策与低碳产品激励机制，积极参与全球气候治理。

（二）基础设施开发

1. 产品碳足迹核算与评价工具

2020年，中国纺联社责办成立中国纺织服装行业全生命周期评价（CNTAC-LCA）工作组，指导行业开展纺织产品全生命周期评价和产品环境信息披露工作。截至2024年5月，工作组已完成110件单品的全生命周期评价，涉及13种原材料、177家制造商、33个品牌。此外，工作组还成功完成了多个细分品类的第一例测评，如国内首次新疆棉T恤全供应链数据实测追溯、中国首套商务休闲男装碳足迹测评、中国首套床品套装碳足迹测评、中国首条一体织文胸碳足迹测评等。

2023年，CNTAC-LCA工作组开发了中国纺织服装行业产品全生命周期碳足迹追溯与评价SaaS平台“LCAplus”，旨在打造集产品碳足迹测评、认证和标签推广于一体的一站式数字化产业级平台。该平台集产品建模、供应链管理、对比分析、报告管理、信息披露、数据库管理、工艺链管理七大核心功能于一体，为企业提供全方位的产品环境绩效数字化服务，涵盖数据收集、建模核算、报告分析、减排优化和绿色管理等环节，帮助企业实现从生产到消费全价值链产品绿色属性追溯与价值挖掘。

高质量本土背景数据库的缺失制约着中国纺织品全生命周期评价结果的准确性。CNTAC-LCA工作组开发了中国本地化纺织服装碳足迹数据库，目前已涵盖13种纤维类型、6种纺纱方式、24种纱支类型、2种面料织造方式及3种染色方式，涵盖服装、床品、面料、纱线等多个纺织服装品类。

2. 数字化产业链绿色管理平台

2023年，中国纺联社责办发起“30·60气候贡献者项目”，建设数字化产业链绿色管理平台（3060.info），旨在系统化支持企业开展自身运营和价值链碳管理，建立起企业气候行动信息披露与公共监督机制，促进价值链企业气候信息共享互通，共同探索创新合作模式以有效应对绿色贸易挑战，减轻中小企业在可持续发展信息披露上的负担与成本。

目前，共有超过300家企业进驻平台，未来目标是2025年实现进驻企业100%碳信息披露。

（三）标准化建设

2022年，由中国纺联标准化技术委员会归口，中国纺织信息中心、纺织产品开发中心、纺织工业科学技术发展中心牵头的《纺织企业ESG披露指南》《纺织行业碳中和工厂创建和评价技术规范》《碳中和纺织品评价技术规范》《纺织品碳标签技术规范》4项团体标准起草工作正式启动，旨在为行业企业提供相关指引和规范有关行动。2024年3月1日，4项团体标准已正式开始实施。

1. T/CNTAC 186-2023《纺织企业ESG披露指南》

《纺织企业ESG披露指南》聚焦行业特性，梳理纺织行业价值链各个环节的实质性议题，并将其作为企业初期披露ESG信息的重要依据，并结合纺织企业发展程度不同的特点建立指标体系，区分“基础指标”和“进阶指标”，以适应行业内各类型企业，为企业建立常态化ESG披露机制提供指引。

2. T/CNTAC 187-2023《纺织行业碳中和工厂创建和评价技术规范》

《纺织行业碳中和工厂创建和评价技术规范》对纺织企业碳中和工厂创建和评价流程进行了规范，并设置梯级难度，将碳中和工厂划分为“计划级”“达标级”“先进级”。其中，标准特别将“自主减排比例”作为划分碳中和工厂等级的重要依据，并对“信息披露与监督机制”进行明确规定，对碳中和工厂“创建声明”和“实现声明”中隐藏关键信息的表述“零容忍”，以驱动企业真正减排和防止洗绿现象滋生，避免模糊表述造成的信息误导。

3. T/CNTAC 188-2023《碳中和纺织品评价技术规范》

《碳中和纺织品评价技术规范》创新性确立碳中和纺织品评价流程，合理化设定纺织品系统边界，并且引导企业设定减排路径与措施，强化企业环境责任。标准规定产品碳中和管理计划要秉承“减排优先于抵消”的核心原则，全面覆盖减排时限、目标、措施及计划采取的碳足迹抵消策略等。

4. T/CNTAC 189-2023《纺织品碳标签技术规范》

《纺织品碳标签技术规范》注重规范纺织品碳足迹披露细节，细化披露层级；通过设立标签数据有效期的普适规则，应对纺织品从原材料到终端产品的多样化的市场特性，并对特殊情况予以说明，确保灵活性与实用性并存。标准对“自我声明”与“独立第三方声明”内容进行规范，以强化碳标签声明的严谨性与可靠性。

2024 年，中国纺联正式启动面向碳中和门店、产品数字护照以及碳足迹管理体系的三大涉碳类标准起草工作，旨在制定《纺织服装行业碳中和门店评价技术规范》、《纺织产品数字护照》系列标准（《纺织产品数字护照　第 1 部分：通则》《纺织产品数字护照　第 2 部分：术语定义》《纺织产品数字护照　第 3 部分：标签技术规范》）、《纺织服装行业碳足迹管理体系》系列标准（《纺织服装行业碳足迹管理体系 第 1 部分：通则》《纺织服装行业碳足迹管理体系 第 2 部分：评价规范及要求》《纺织服装行业碳足迹管理体系 第 3 部分：信息披露要求》），为企业提高碳管理水平，应对国际涉碳规则变化，提升消费者感知等提供规范指引。

（四）企业减排实践

1. 绿色制造

《“时尚气候创新 30 · 60 碳中和加速计划”企业进展手册》显示，2020~2022 年，在自身运营范围内开展减排项目的被调研企业占比由 41% 上升到 71%，其中制造企业这一比例 2022 年高达 79%。2022 年，被调研企业共计减排 20 万吨二氧化碳当量，同比增长 163%。据此推算，我国纺织行业所有规上企业 2022 年减排量约为 1. 7 亿吨[①]。

2023 年，江苏大生集团建成“十四五”期间全国第一个“智慧纺纱工

① 按照 2022 年我国纺织行业规上企业 3. 6 万家推算得出。

厂”，树立了中国智能纺织的新典范；近年来魏桥纺织建设绿色智能化工厂、特宽幅印染数字化工厂、家纺服装数字化项目等，打造纺织-印染-服装、家纺于一体的完整链式高端化、智能化、绿色化生产体系，以“智能矩阵”推动产业数字化升级，能耗降低40%以上，用水节约20%以上，整体技术达到国际领先水平。

2. 创新产品研发

《“时尚气候创新30·60碳中和加速计划”企业进展手册》显示，多达38%的被调研企业选择从可持续产品开发的维度切入，通过开发并使用零碳/低碳/再生原材料或进行低碳产品设计与市场推广推进价值链合作。

从产品端入手，将绿色低碳融入产品设计研发基因，一些企业已经走在了前列。例如：特步推出低碳环保概念跑鞋“360-ECO”，以生物基材料替代传统石油基聚氨酯原料，减碳率达70%以上；劲霸男装发布“碳”索套装，成为中国首套具备碳标签的商务休闲男装；兰精在业内率先推出零碳天丝™纤维，并将零碳拓展到天丝™×悦菲纤™纤维；赛得利推出三款碳中和产品，分属EcoCosy®优可丝®、赛得利莱赛尔和FINEX®纤生代®品牌系列；恒田企业推出低碳“居家办公”系列服装，产品生产过程省时、省电、省气比例均在30%以上；CABBEEN卡宾服饰有限公司“环保牛仔”系列，将废弃渔网回收制衣；等等。

3. 可再生能源利用

《联合国气候变化框架公约》第二十八次缔约方大会（COP 28）达成“阿联酋共识”，“摆脱”化石燃料被写进文本。在纺织企业实践中，电力通常为可再生能源的主要应用形式，而可再生能源电力通常有自发自用、市场化交易绿电、采购绿证等消纳方式。《“时尚气候创新30·60碳中和加速计划”企业进展手册》显示，2022年，41家被调研企业可再生能源电力使用总量达2.5亿度，占企业总用电量的比例由2018年的1%上升至8%，其中光伏为最大贡献者，约占企业总用电量的5%。

光伏作为纺织企业应用可再生能源的首选，近年来装机量一直呈上升态势。《“时尚气候创新30·60碳中和加速计划”企业进展手册》显示，截至

2022 年底，已有 4 家纺织企业基本实现 100%可再生能源电力，其中 3 家是通过安装光伏实现的（绿证占比<2%）。早在 2018 年被调研的纺织企业就已完成 37 MW 的光伏建设，且增长率在 2020 年达到 91%，可见政策倡导对企业采取行动产生明显影响。截至 2022 年底，41 家参与调研的纺织企业已完成光伏装机 161 MW，较 2018 年增长 332%。据不完全统计，2023 年光伏装机迎来新一轮爆发式增长，至少新增 244 MW，同比增长 152%。

值得注意的是，2022 年尚未有纺织企业参与可再生能源电力市场化交易，而企业对绿证的关注度正快速增长，2022 年绿证采购量同比增长近 10 万倍，达 92GWh。未来，随着国家绿证制度的进一步完善，绿证有望成为自建光伏之外纺织企业实现可再生能源电力目标的又一有力助益。

三　政策建议

（一）核算与评价体系

中国纺织服装行业无论在产业规模上还是在发展程度上都处于全球领先地位，但在碳足迹测算与评价这一方面却相对较弱。贸易规则对纺织品生态价值的强调正在对中国纺织品外贸“竖起高墙”，并且当前无论在组织层级还是产品层级上，碳足迹核算与评价规则都存在本土化不足的特点。提供可信、可靠、可比的环境绩效数据，开发配套科学适用的核算与评价体系，支持产品绿色化和终端绿色消费，已成为中国纺织服装行业保持产业龙头地位的必然需求。

1. 测算与评价规则国际互信

对政府而言，建议积极应对国际涉碳贸易政策，推动产品碳足迹规则国际对接、推动与共建“一带一路”国家产品碳足迹规则交流互认、积极参与国际标准规则制定、加强国际交流与合作，从而降低国际涉碳贸易规则对中国纺织品的影响程度。

2. 本土数据库共建共享

纺织供应链离散度高，测算过程中常常存在实景数据难以获得的情况，且可用数据库质量参差不齐，本地可信数据匮乏。建立本土纺织服装供应链涉碳数据库，解决数据溯源难、建模难的痛点，是未来推动企业核算及标准对接的重要方向。

3. 可信可靠的标识标志规则

尽管有了科学评价方法来支撑可信的碳标签，但是企业在实际应用产品碳标签时还面临着市场工具质量参差不齐、关键工艺信息容易泄露、可持续供应链存在壁垒、价值定位和有效传递滞后等问题。建议研究制定产品碳足迹认证目录和实施规则、产品碳标识认证管理办法，明确适用范围、标识式样、认证流程、管理要求等，建立一套标志标识规则，为对接消费市场提供可信可靠的依据。

（二）可再生能源

1. 明晰激励措施细则

政府对可再生能源项目的补贴、税收优惠等激励措施细则有待进一步明晰。当前全国各地政策不一，这在一定程度上影响着纺织企业成本收益预估。纺织服装行业是中小微企业占比高达99.8%的行业，对其给予明确的政策优惠，降低企业沉没成本预估，将为企业布局可再生能源提供有力支撑。

2. 加快“电-证-碳”市场衔接

当前绿电、绿证、碳排放权交易等市场机制的操作规则、计价标准尚待细化和完善，并且在碳减排认定机制及权证界定方面的差异也导致市场之间还未形成有效衔接，大多纺织企业尚处于观望状态，未涉足于此。建议加快政策研究，推动纺织企业消纳可再生能源电力，加速清洁能源转型。

（三）金融工具

一方面，建议加快编制地方气候/转型金融支持目录，尤其是在纺织产

业集群地区。例如，2022 年，湖州市出台全国首个地方转型金融发展路线图，之后推出转型金融支持活动目录（2022 版、2023 版）；长兴县细化编制了《纺织行业转型金融支持经济活动目录》。通过强化顶层设计，引导金融机构创新转型金融产品与服务，为纺织企业提供切实可行的金融支持项目。

另一方面，可尝试建立低碳转型绩效阶段性评价机制。针对不同类型项目建立指标体系，探索实施转型纺织企业评价制度，配套转型金融政策激励，规避以洗绿骗取资金的现象，让真正在转型的企业减轻负担、得到实惠，从而更好地推动企业转型升级。

G.26

国家电网推进能源绿色转型的举措与发展方向

秦晓辉 刘晓瑞 陈舒琪 陈 光 开赛尔·艾斯卡尔*

摘 要： 推动能源绿色低碳转型，实现碳达峰、碳中和目标，电力行业是关键所在。而电网作为连接电力生产和消费的平台，是推动电力系统碳减排的关键枢纽。面对保障能源安全的基本要求与实现“双碳”目标的绿色约束，国家电网统筹电力保供和低碳转型开展各项重点工作，电网清洁能源配置和消纳能力显著提升。本文从推动能源配置广域化、能源生产清洁化、能源消费电气化和能源业态数智化四个方面介绍了国家电网助力绿色低碳发展转型的具体举措。随着新型电力系统建设逐步深入，未来需加大跨区域清洁能源输送能力、促进网源协调和优化调度交易、推进全社会节能提效、打造能源数字经济平台，推动源网荷储各环节共同发力，加快推进能源供给多元化清洁化低碳化、能源消费高效化减量化电气化。

关键词： 国家电网 能源转型 低碳发展

* 秦晓辉，中国电力科学研究院碳中和与标准研究所副总工程师兼室主任，教授级高级工程师，研究领域为电力系统分析与规划技术、电力系统新技术应用；刘晓瑞，中国电力科学研究院碳中和与标准研究所中级工程师，研究领域为能源电力系统碳中和路径模拟分析；陈舒琪，中国电力科学研究院碳中和与标准研究所初级工程师，研究领域为电力系统及其自动化；陈光，国网能源研究院有限公司能源数字经济研究所高级研究员，研究领域为社会责任、国企改革、数字化转型等；开赛尔·艾斯卡尔，中国电力科学研究院碳中和与标准研究所中级工程师，研究领域为电力低碳新技术及碳管理。

引　言

我国是全球最大的碳排放国，2022 年二氧化碳排放量占比高达 29%①②，我国也是碳达峰碳中和（以下简称“双碳”）目标实现难度最高的国家，将力争用最短的时间完成全球最高的碳排放降幅，这对国内各行业提出了极高的要求。推动能源绿色低碳转型，电力行业是关键所在。目前电力系统是我国最大的温室气体排放部门，2022 年火电发电量占总发电量的 66%③，2021 年发电发热部门二氧化碳排放量达 52.5 亿吨④，占总排放量的 50.1%。同时，电能是清洁、高效、便捷的二次能源，再电气化是推进能源清洁利用、实现碳中和目标的主要途径。我国尚处于工业化阶段，对电力的需求将持续攀升，预计我国终端电气化水平将在 2030 年、2050 年分别超过 36%和 51%⑤，不断承接其他行业的碳减排压力。可见，电力领域低碳转型，对落实国家能源战略、推动能源消费革命、促进能源清洁化发展、助力美丽中国建设意义重大。2021 年 3 月，中央财经委第九次会议提出构建新型电力系统，明确了新型电力系统在实现“双碳”目标中的基础地位，为我国能源电力发展指明了科学方向、提供了根本遵循。

电网连接了电力生产和消费，是能源转换利用、优化配置和供需对接的重要平台，也是能源转型的中心环节，同时还是能源可持续发展的关键，在能源清洁低碳转型中发挥着引领作用。我国能源资源和需求呈逆向分布，大电网将清洁能源富集地区的电力送到负荷集中地区，从而提升清洁能源消纳

---

① 《多尺度排放清单模型》，http：//meicmodel. org. cn/。

② Xu R. , Tong D. , Xiao Q. et al. , “MEIC-global-CO_2：A New Global CO_2 Emission Inventory with Highly-Resolved Source Category and Sub-Country Information”, *Science China Earth Sciences* 2024, 67.

③ 《新型电力系统发展蓝皮书》编写组编《新型电力系统发展蓝皮书》，中国电力出版社，2023。

④ 中国碳核算数据库，https：//www. ceads. net. cn/data/nation/。

⑤ 张运洲、鲁刚、王芃等：《能源安全新战略下能源清洁化率和终端电气化率提升路径分析》，《中国电力》2020 年第 2 期。

能力，助力区域环境质量改善，推动能源清洁低碳转型。电网企业在积极推进自身减排、建设环境友好的绿色电网的同时，还要保障新能源大规模开发和高效利用，服务好经济社会和行业减排，发挥好电网“桥梁”和“纽带”作用。

本文首先介绍了国家电网绿色低碳发展的整体规划与战略布局，随后从推动能源配置广域化、能源生产清洁化、能源消费电气化和能源业态数智化四个方面介绍了国家电网助力绿色低碳发展转型的具体举措，最后展望了未来国家电网进一步促进能源绿色低碳发展转型的方向。

一　国家电网绿色低碳发展的整体规划与战略布局

国家电网立足电网功能定位，提出并坚持清洁低碳是方向、能源保供是基础、能源安全是关键、能源独立是根本、能源创新是动力、节能提效是助力的原则要求。致力于加快构建新型电力系统，推动能源清洁低碳转型，为建设能源强国贡献力量。国家电网发布了“双碳”行动方案和构建新型电力系统行动方案，统筹电力保供和低碳转型，全面推进源、网、荷、储、科技、示范、机制和节能降碳等关键领域的工作。国家电网将绿色低碳发展作为核心战略，围绕“碳达峰、碳中和”目标展开布局，形成了清晰的发展思路，力求在电力保供与低碳转型间寻求平衡。

在电网创新发展方面，国家电网立足能源资源禀赋，大力推进特高压输电线路、主网架及配电网建设，优化电网格局，发挥资源优化配置平台作用，加强区域能源供需衔接。一是完善各级网架结构，已形成全球技术水准最高的特大型电网，优化骨干网架和500千伏电网，提升220千伏及以下电网能力，坚持“大基地+先进电源+特高压通道”布局，向新能源基地延伸主网架。二是加快现代智慧配电网建设，推进城网优化升级、农网巩固提升，增强配网承载力，提升配网自动化和智能化水平，推进传统配网在形态、技术、功能上向能源互联网升级，构建现代灵活智能配电网。三是从源网荷侧多向发力，保障电力安全可靠供应，为创新发展创造条件。

在服务新能源高质量发展方面，国家电网全面部署、统筹推进。一是统一构建新能源供给和消纳体系，持续跟踪规划动态，科学规划布局配套电网。二是加快特高压输电通道和储能电站建设，提升新能源运输和调节能力。三是发挥大电网优势，加强统一调度，多资源协同，持续提升消纳水平。四是构建促进新能源消纳市场机制，扩大交易规模。五是推广新能源数字化应用，打造全球最大的新能源云平台，促进高效开发和优质服务。

在电能替代方面，统筹部署、多措并举。围绕重点领域拓展电能替代的深度广度，优化能源消费结构，因地制宜安排项目。在供需宽松地区大力推进电能替代；在供需紧张地区适度布局错峰项目，加快充电基础设施建设，推动“以电代油”。打造现代综合能源系统，推动多能源互补利用，开展用能诊断、能效提升等服务，探索多能源混业售卖模式，推广节能诊断、需求响应等，提升资源利用效率。

在推动能源业态数智化方面，国家电网致力于推动数字化智能化升级。加快构建以电网为基础的大数据中心服务体系，整合跨领域资源，创新商业模式，建立数据管理规范标准和资产运营体系，实现数据统一汇聚共享。利用数字技术提高新能源并网、用户侧灵活互动和电网智能调配水平，发挥数字技术赋能作用。建设全球最大的新能源云平台，为新能源规划建设、并网消纳、交易结算等提供一站式服务。创新“电碳一张图”等应用场景，强化电力数字化管理，提高系统灵活性和调节能力。

二　国家电网助力绿色低碳发展转型举措

（一）国家电网服务新能源发展现阶段成果

国家电网在服务新能源发展、推动能源绿色低碳转型中承担着推动者、先行者、引领者的作用和使命。在社会层面，国家电网促进技术创新、政策创新、机制创新、模式创新，引导形成绿色低碳生产生活方式，推动全社会尽快实现“碳中和”；在行业层面，充分发挥电网“桥梁”和“纽带”作用，带动产业链、供应链上下游，加快能源生产清洁化、能源消费电气化、能源利用高效化，推进能源电力行业尽早以较低峰值达峰；在企业层面，系统梳理输配电各环节、生产办公全领域节能减排清单，深入挖掘节能减排潜力，实现企业碳排放率先达峰。“十四五”期间，国家电网规划建成 7 回特高压直流，新增输电能力 5600 万千瓦。到 2025 年，预计跨省跨区输电能力达到 3.0 亿千瓦，输送清洁能源占比达到 50%，分布式光伏达到 1.8 亿千瓦、抽水蓄能装机超 5000 万千瓦。到 2030 年，预计风电、太阳能发电总装机容量达到 10 亿千瓦以上，水电装机容量达到 2.8 亿千瓦，核电装机容量达到 8000 万千瓦。

截至 2023 年底，国家电网在服务绿色低碳转型中持续推进各项工作。①完善电网网架：累计建成“十九交十六直”（19 条交流输电线路和 16 条直流输电线路）35 项特高压工程，在运、在建特高压工程线路长度达 5.6 万千米；②服务新能源发展：2023 年新能源新增装机容量 2.26 亿千瓦，累计装机容量达到 8.7 亿千瓦；2023 年新能源发电量达 1.2 万亿千瓦时，新能源利用率达 97.4%；③发展新型储能：新型储能累计并网容量 2633 万千瓦，在运新型储能电站 951 个，新投产抽水蓄能机组 17 台、抽水蓄能新装机容量 515 亿千瓦、在运在建抽水蓄能规模 9404 万千瓦，其中在运 3328 万千瓦；④推动电能替代：智慧车联网平台累计接入可启停充电桩超过 51 万个，注册用户超 2500 万户，协助政府完成新增“煤改电”改造任务，开展现场能效诊断工作；⑤推动绿电绿证交易：全年新能源市场化交易电量 5515 亿千瓦时，绿色电力交易电量 611 亿千瓦时，绿色电力证书交易 2364 万张；绿电交易超过 610 亿千瓦时，绿证交易超过 2300 万张；⑥服务社会低碳发展：服务公共机构 2 万余户、工业用户 9000 余户，提供节能建议 17 万条；参与“e 起节电”活动居民 3600 万户，累计节电 22 亿千瓦时，首次实现 56 家亚运竞赛场馆 100%绿电供应。

（二）具体举措

1. 推动能源配置广域化，创新电网发展方式

我国受资源禀赋特点影响，新能源多集中在东北、华北、西北地区，而以工业为代表的能源消费主体多集中在东中部地区，能源资源与需求整体呈

逆向分布。国家电网立足中国能源资源禀赋，推动特高压输电线路的优化完善，提高能源资源配置效率，同时，扛牢电力保供的首要责任，加强供电保障，服务百姓用电。

不断优化网架结构、持续推进特高压建设。我国的能源资源分布与能源负荷重心呈逆向分布关系，从能源富足的西部到高耗能的东部，距离达1000~4000公里，发展远距离输电尤为重要。特高压实现了能源从就地平衡到大范围配置的根本性转变，有力推动了清洁低碳转型。截至2023年底，国家电网已建成投运“五交一直”（5条交流输电线路和1条直流输电线路）特高压输电工程，累计建成“十九交十六直”35项特高压工程，在运、在建特高压工程线路长度达5.6万千米，跨区跨省输电能力超过3亿千瓦。其中，新疆维吾尔自治区作为中国重要的能源生产基地以及中国规划建设的大型清洁能源基地，立足风光优势，正在不断加快风能、太阳能的开发利用，从2010年新疆与西北主网联网750千伏第一通道建成投运，到如今构建起新疆“两交两直”外送通道格局，再到未来“哈密-重庆”第三通道的规划建设，新疆丰富的能源资源正在源源不断地输送到其他地区，为各地区经济发展提供电力支撑。

2. 推动能源生产清洁化，提升系统调节能力

以保障能源安全供应为前提，坚持集中式和分布式并举，服务新能源接网，促进可再生能源发展，提高对清洁能源的接纳能力，促进新能源大规模并网、大范围配置和高比例消纳，推动构建多元合理的能源供应体系。同时，加快推动抽水蓄能电站和新型储能建设，充分发挥其在电力系统中的“稳定器”“调节器”作用，进一步提升系统调节能力，促进新能源并网消纳。截至2023年底，国家电网经营区新能源装机容量为8.7亿千瓦，占经营区发电总装机容量的37.7%，其中，太阳能发电和风电装机容量分别为5.1亿和3.5亿千瓦时[①]。

---

① 国家电网有限公司：《国家电网有限公司服务新能源发展报告2024》，中国电力出版社，2024。

服务沙漠戈壁荒漠大型风电光伏基地建设，推动清洁能源大规模开发、高水平消纳。随着大型风光电基地建成，国网甘肃、宁夏、吉林和河北等电力公司加大力度服务新能源场站稳步、快速、有序并网。例如，2020 年 6 月，张北±500 千伏柔性直流电网试验示范工程竣工投产，该工程拥有 680 万千瓦的可再生能源汇集能力，是世界上首个输送大规模风能、太阳能、抽水蓄能等多种形态能源的四端柔性直流电网，在该工程的助力下，冬奥会场馆历史性地实现 100%绿色电能供应。

服务分布式新能源规模化开发，按照“就地平衡、就近消纳”的实施路径，推动提高分布式光伏消纳和利用水平。分布式光伏是太阳能发电新增装机的主力。截至 2023 年底，国家电网经营区分布式光伏累计并网容量 2.3 亿千瓦，占全国分布式光伏并网容量的 92%[①]。例如，近年来，国网浙江电力公司探索农（牧）光互补、渔光互补等“光伏+”综合利用项目，助力能源结构绿色低碳转型。浙江省兰溪市“渔光互补”光伏发电项目每年可节省 5.4 万吨标准煤消耗，同时拓宽了当地农户的增收渠道。

发展抽水蓄能电站，支持新型储能规模化应用。新能源发电具有波动性、不确定性，储能技术的发展与应用有利于提升电力系统调节能力和灵活性。抽水蓄能电站是目前技术最成熟、经济性最优的储能方式，截至 2023 年底，国家电网在运电站 34 座，总装机容量 3328 万千瓦。其中河北丰宁抽水蓄能电站是由我国自主设计建设、世界装机容量最大的抽水蓄能电站，一次蓄满可储存新能源电量近 4000 万度，全年可消纳新能源电量 87 亿度。新型储能技术包括新型锂离子电池、液流电池、铅炭电池、氢储能和压缩空气储能等，相比抽水蓄能站，新型储能具有建设周期短、布局灵活、响应速度快等优点，将成为新型电力系统的重要调节能源。截至 2023 年底，国家电网新型储能装机规模为 2633 万千瓦，装机规模排名前五的省份分别是山东、新疆、甘肃、宁夏和湖南[②]。

---

① 国家电网有限公司：《国家电网有限公司服务新能源发展报告 2024》，中国电力出版社，2024。

② 国网能源研究院有限公司编著《新型储能发展分析报告 2023》，中国电力出版社，2024。

3. 推动能源消费电气化，倡导绿色生产生活方式

提升终端用能电气化水平是推动能源消费结构持续优化的重要途径。国家电网在工业、农业、建筑和交通运输等关键领域实施了一系列电能替代措施，促进绿色生产和生活方式的普及。2016~2022 年，国家电网累计推广电能替代项目 42 万余个，替代电量超过 9000 亿千瓦时，预计在“十四五”期间，替代电量将达到 6000 亿千瓦时以上，2020~2030 年累计替代电量预计超过 1 万亿千瓦时。

稳妥有序、因地制宜推动电能替代。国家电网在推动电能替代的过程中，坚持稳妥有序的原则，根据不同地区的资源禀赋和实际需求，制定和实施具有针对性的电能替代方案。在北方地区，推动以电代煤的清洁取暖项目，累计服务清洁取暖用户数百万户。例如，国网山西电力公司通过“煤改电”项目，服务了 473.08 万户居民，推广了安全、清洁、舒适的取暖方式。此外，国家电网还加快建设充电基础设施，构建了“十纵十横两环网”快充网络，有效缓解了电动汽车远距离出行的“里程焦虑”，助力交通领域电能替代。

打造高弹性、高韧性的现代综合能源系统。面对电能替代带来的能源结构变化，国家电网致力于构建一个高弹性、高韧性的综合能源系统。通过智能化升级和技术创新，电网能够更灵活地响应供需变化，确保能源供应的稳定性和可靠性。例如，国网浙江综合能源公司在乐清市开展的泛乐清湾港多元融合高弹性配电网建设项目，通过建设分布式储能系统，增强了电网的自愈力和抗灾能力。该项目预计规模达到 9.9 兆瓦/19.8 兆瓦时，不仅能实现削峰填谷，还能在紧急情况下为抢修争取时间，显著提升了乐清电网的弹性和韧性。同时，浙江综合能源公司通过储能系统的智能化管理，有效支持了当地电气产业集群的稳定运营，促进了新能源的并网消纳，为构建现代综合能源系统提供了有力支撑。

在全社会倡导节约用能、高效用能。国家电网在全社会范围内推广节约用能和高效用能的理念，通过宣传教育和政策引导，鼓励企业和公众采取节能减排的措施。例如，通过“智・享节电”微信小程序，积极倡导江西省

居民用户参与节约用电活动，累计参与人数超过 252 万。此外，还大力开展用能诊断、能效提升等综合能源服务，向 439 万个高压客户推送能效账单，累计实施综合能源服务项目 2 万余个，推动电、热、冷、气多元聚合互动，助力智慧能源系统建设。这些举措不仅优化了终端能源消费结构，还促进了全社会的绿色生产和生活方式。

4. 推动能源业态数智化，构建共创共赢的能源数字生态

提高电网的数字化、智能化水平是数字经济发展的必然趋势，也是电网企业构建新型电力系统、促进能源清洁低碳转型的现实需要。国家电网以电网为基础平台，不断提升电网的数字化、智能化水平，推进能源产业向数字化、智能化方向升级，推动构建共创共赢的能源数字生态。

构建能源大数据中心服务体系和产品体系。国家电网以能源大数据中心为载体，积极整合跨专业、跨领域资源，加快水、电、油、气等多种外部数据统一汇聚，创新商业模式、服务和产品，延伸能源大数据价值链，面向政府、能源企业、金融企业、用能企业等用户打造能源大数据中心服务体系，建成能源数据资产共享目录，在服务政府科学决策、经济社会发展、企业能效提升、社会民生改善等领域打造能源大数据优势产品，构建共创共赢的能源数字生态。

打造全球覆盖范围最广、服务能力最强的智慧车联网平台。国家电网积极推进充电基础设施布局，建成并运营全球覆盖范围最广、服务能力最强的智慧车联网平台，为充电运营商提供建站规划、运营分析、智能运维等大数据服务，为车主提供智能推荐、站（桩）导航、即插即充、无感支付、电池安全监测等充电服务[①]，服务用户突破 3000 万，得到了用户和市场的双重认可。

建成全球规模最大的新能源云平台。国家电网依托“大云物移智链”等数字技术建成并运营全球规模最大的新能源云平台，为新能源规划建设、并网消纳、交易结算等提供一站式服务，为推动构建产业生态、促进新能源

① 国家电网有限公司：《国家电网有限公司能源绿色低碳转型行动报告》，2023。

产业链上下游协同发展提供有效支撑，为支撑政府部门新能源监测及开发规划提供数据支持①，累计接入风光场站超过 530 万座、入驻企业 1.6 万余家②。

构建绿色现代数智供应链体系。国家电网积极打造并持续升级行业级供应链公共服务云平台（国网绿链云网），引领能源电力行业打造“六级”供应链“控制塔”（高端智库），引领电工电气装备行业构建以实物 ID 为纽带的“一码双流”物联网络，形成行业级供应链基础大数据库，发布绿色采购指南，构建供应链绿色低碳标准、评价、认证体系，推进供应链全环节降碳、节能、减污，与链上企业、社会机构、政府部门等共创协同共赢的供应链绿色低碳生态圈。

助力国家推进碳市场和绿电绿证市场建设。国家电网牵头承建全国碳排放监测分析服务平台，建立健全企业碳排放管理体系，培育碳市场新兴业务，通过搭建绿证交易平台、开展市场主体培训、提供绿色电力消费核算服务等方式加快推进绿电绿证市场建设，完成绿电交易超 610 亿千瓦时，累计交易绿证超过 2300 万张③。

三　国家电网进一步促进能源绿色低碳发展转型的方向

随着新型电力系统建设逐步深入，电力系统源网荷储各环节将发生深刻变革，新能源将逐步成为一次能源供应的主体。如何在保障电力安全供应的前提下，经济高效地实现“双碳”目标，是一个复杂的系统性问题。电网连接电力生产和消费，是能源转型的中心环节和电力系统碳减排的核心枢纽，既要保障新能源大规模开发和高效利用，又要满足经济社会发展的用电需求。电网需持续发挥引领作用，带动产业链、供应链上下游，共同推动能

① 国家电网有限公司：《国家电网有限公司能源绿色低碳转型行动报告》，2023。

② 辛保安：《加快构建新型电力系统 为美丽中国建设赋动能》，《人民政协报》2024 年 3 月 4 日。

③ 国家电网有限公司：《2023 社会责任报告》，2024。

源电力从高碳向低碳、从以化石能源为主向以清洁能源为主转变，积极服务实现“碳达峰、碳中和”目标，实现能源绿色低碳转型。

一是加大跨区域清洁能源输送能力，支持分布式电源与微电网发展。完善送受端网架，推动建立跨省区输电长效机制，保障清洁能源及时同步并网，加强配电网互联与智能控制，满足分布式清洁能源并网和多元负荷用电需要。

二是促进网源协调和优化调度交易，增强系统调节能力。加速抽水蓄能建设，推动煤电灵活性改造，支持气电调峰与储能应用。发展“光伏+储能”，提升分布式电源效率。优化调度，强化跨区域协同，提升清洁能源预测与调度精度。发挥市场作用，扩展消纳空间，扩大新能源跨区跨省交易规模，促进清洁能源优先消纳。

三是推进全社会节能提效，提升终端电气化水平。深化电能替代，涵盖交通、工业、建筑等领域。推动综合能源服务，提升终端用能效率，建设一体化服务平台，引导用户主动节能。构建智慧能源系统，挖掘需求侧响应潜力。

四是打造能源数字经济平台。深化应用“新能源云”等平台，广泛集成煤、油、气、电等能源数据，汇聚能源全产业链信息，支持碳资产管理、碳交易、绿证交易、绿色金融等新业务，推动能源领域数字经济发展，服务国家智慧能源体系构建。

为促进绿色转型，政府、社会和能源企业多方需共同努力，源网荷储各环节需共同发力，以保障电力系统安全运行、保障能源电力可靠供应、保障电力行业可持续发展为基础，加快推进能源供给多元化清洁化低碳化、能源消费高效化减量化电气化。

G.27

中国公路交通运输领域的气候变化应对

王赵明　邵社刚　刘晓霏　齐亚楠*

摘　要：　本文重点探讨了中国公路交通运输领域应对气候变化的策略，包括政策规划、基础设施绿色化、运输装备清洁低碳化以及运输服务高效便捷化等方面。通过分析《交通强国建设纲要》《国家综合立体交通网规划纲要》及交通领域相关的“十四五”规划等政策文件，结合具体的实施案例，如公铁两用大桥、智能交通系统以及光伏发电项目，评估了这些措施在减缓气候变化和提升系统适应能力方面的效果。研究表明，中国的绿色低碳交通政策在减少温室气体排放、提高交通系统韧性和促进可持续发展方面取得了显著成效，为全球应对气候变化提供了宝贵的经验。

关键词：　绿色低碳　交通运输　基础设施绿色化　新能源技术

随着全球对气候变化问题的关注程度日益提高，绿色低碳发展逐渐成为各行业未来发展的必然趋势，而交通运输领域在应对气候变化、实现经济与生态平衡发展中发挥着至关重要的作用。中国通过制定和实施一系列政策措施，积极推动交通运输向绿色低碳转型，并在减少温室气体排放、减缓气候变化影响方面取得了显著成果。本文将重点探讨中国在公路交通运输领域应对气候变化的策略，以及在绿色低碳发展方面所采取的具体举措与取得的

---

* 王赵明，理学博士，交通运输部公路科学研究院公路交通环境保护技术交通运输行业重点实验室副主任，副研究员，研究领域为绿色低碳交通；邵社刚，交通运输部公路科学研究院公路交通环境研究中心主任，研究员，研究领域为绿色低碳交通；刘晓霏，理学博士，交通运输部公路科学研究院副研究员，研究领域为绿色低碳交通；齐亚楠，交通运输部公路科学研究院助理研究员，研究领域为绿色低碳交通。

成效。

绿色低碳交通的核心目标是通过减少资源消耗和环境负荷，最大限度地降低交通运输对气候变化的负面影响，同时满足社会经济发展的合理交通需求。这意味着需要构建一个低能耗、低排放、资源集约、生态友好且高效运行的现代交通系统。这样的系统不仅是应对气候变化、减缓其影响的关键措施之一，也是建设美丽中国，实现碳达峰和迈向碳中和的重要路径。

一　交通绿色低碳发展政策规划

我国政府通过《交通强国建设纲要》《国家综合立体交通网规划纲要》等政策文件，明确了推动交通绿色低碳发展的战略目标，包括优化运输结构、推广低碳设施、加强污染防治等，强调全面推进交通领域的绿色化。特别是“十四五”期间，我国城市新能源公交车辆比例提升、二氧化碳排放强度下降等成为主要目标，正在逐步实现交通系统的低碳高效。

中国通过发布重要政策文件确立交通领域的绿色低碳发展战略，不仅是提升交通效率的举措，更是中国应对全球气候变化的重要手段。当前，气候变化已成为全球性的挑战，交通运输是温室气体排放的主要来源之一，在该领域实现减排和低碳发展，是中国在履行国际气候承诺、推进落实碳达峰与碳中和目标过程中的关键任务。各项政策能够通过优化运输结构、推广低碳设施、加强污染防治等措施，降低温室气体排放，减缓气候变化的影响，并增强交通系统的适应性。

绿色发展已经成为中国应对气候变化战略的重要组成部分，尤其在交通领域具有突出地位。2019 年中共中央、国务院发布了《交通强国建设纲要》（下文简称《纲要》）。《纲要》中提到的“绿色、节约、低碳、环保”不仅是交通发展的基本原则，更是国家在应对气候变化中，通过减少碳排放实现碳达峰和碳中和的重要举措。

2021 年中共中央、国务院发布的《国家综合立体交通网规划纲要》（下

文简称《规划纲要》）要求准确把握新发展阶段要求和资源禀赋气候特征。《规划纲要》明确指出，交通领域需要加快推进绿色低碳转型，以确保二氧化碳排放尽早达峰，并持续降低温室气体和污染物排放强度。这一任务不仅旨在满足当前的生态环保需求，更是应对未来气候变化不确定性的前瞻性措施。

2021 年国务院印发的《“十四五”现代综合交通运输体系发展规划》明确提出，至 2025 年，城市新能源公交车辆占比提升至 72%，交通运输二氧化碳排放强度累计下降 5%。这些目标的设定不仅可以优化交通系统的能源使用效率，更有助于减少温室气体排放，推动交通领域在减排与增效方面的创新。具体措施包括优化运输结构，通过“公转铁”“公转水”等方式减少公路运输的碳排放，以及推广低碳设施设备，如合理布局充换电网络、光伏发电与储能设施，以促进交通用能的多样化与低碳化。

2021 年交通运输部发布的《绿色交通“十四五”发展规划》明确提出，到 2025 年，交通运输领域初步形成绿色低碳的生产方式。规划内容涵盖建设绿色交通基础设施、提升综合运输能效、构建低碳交通运输体系、推进交通污染深度治理等七大任务，并提出了一系列措施。这些措施不仅有利于减少交通领域的温室气体排放，还有助于促进科技创新、优化能源使用、强化生态保护等，进而提升交通系统应对极端气候事件的能力。例如，推广低碳和新能源车辆以及基础设施，可以有效减少交通部门的碳足迹，并为交通部门未来应对气候变化提供更大的灵活性和适应性。

通过这些政策和规划，中国在交通领域采取了一系列措施，这些措施都有助于应对气候变化带来的多重挑战。这不仅体现了中国对全球气候治理的承诺，也为其他国家在交通领域的低碳转型和气候变化适应提供了可借鉴的经验。

二　交通基础设施全过程绿色化

交通基础设施的绿色化不仅能够减少碳排放，还能够增强其对气候变化的适应能力。中国在交通基础设施的全过程绿色化中，正通过多方位的适应性措施来应对气候变化带来的挑战。这些措施涵盖了从政策引导到具体设计标准的各个方面，旨在提高基础设施的韧性和可持续性。

（一）综合交通运输通道线位的高效利用与气候应对

综合交通运输通道线位的高效利用是提升交通基础设施对气候变化适应能力的重要措施。政策引导、土地利用优化和通道运行效率提升共同促进了综合交通运输通道线位的高效利用。近年来，中国政府制定了一系列政策文件，明确了促进综合交通运输通道线位高效利用的战略目标。这些政策不仅强调了绿色低碳发展的重要性，还特别提出了提高基础设施适应气候变化的能力。

在土地利用方面，合理规划和优化土地资源利用是提高综合交通运输通道线位利用效率的关键。例如，《全国国土空间规划纲要（2021—2035年）》和《“十四五”新型城镇化实施方案》中均提到，鼓励城市建设向纵深方向发展，提升土地的多功能利用效益。这些规划通过减少交通用地的占比，降低了对生态环境的影响，并提高了基础设施在气候变化条件下的适应能力。

例如，公铁两用大桥的建设不仅节约了土地资源，还提高了运输效率。在极端气候条件下，这种设计可以有效降低基础设施的暴露风险，并提高通道的综合利用效率。数据显示，相较于传统设计，公铁两用大桥可以节约用地约40%。截至2021年6月，中国已建成超过50座公铁两用大桥，这些桥梁在结构上具有空间优势，同时提高了交通通道的整体效益，为交通基础设施的可持续发展提供了强有力的支持。

在通道运行效率提升方面，智能交通系统的应用发挥了重要作用。全国范围内推广的智能交通系统通过实时交通监测、智能信号灯控制和高效车辆调度系统，显著提高了通道的整体运行效率。过去三年内，这些系统使得通道运行效率提升了20%。智能交通系统的引入有助于实时调整交通流量，缓解气候变化带来的极端天气对交通系统的影响，确保系统在各种气候条件下的稳定性。

（二）公路交通与能源系统融合发展

在应对气候变化的过程中，公路交通与能源系统的融合发展是提升交通基础设施适应能力的另一重要方向。通过推动交通基础设施与清洁能源系统的深度融合，不仅可以减少碳排放，还能够提高系统对气候变化的适应能力。能源多样化和储备系统的建设在这一过程中扮演了关键角色。

首先，路域光伏应用是能源转型的重要组成部分，也是实现交通领域碳中和的重要途径。将光伏发电系统集成到公路基础设施中，可以为交通系统提供稳定的清洁能源，减少对传统能源的依赖。例如，山东高速集团发布的《高速公路边坡光伏发电工程技术规范》和国家标准《公路沿线设施太阳能供电系统通用技术规范》的实施，推动了光伏技术在交通基础设施中的应用。这些标准化的措施确保了光伏系统在各种气候条件下的稳定性，并提高了交通基础设施的气候适应性。路域光伏应用的另一个重要方面是储能系统的建设。通过在交通基础设施中集成储能系统，可以有效应对电力供应中断的情况。例如，电动公交车充电站的储能系统可以在电力供应不足时提供备用电源，确保交通系统的连续性。这种储能系统在极端天气条件下发挥了重要作用，提高了交通基础设施的韧性。

其次，智能化管理系统的应用也对交通与能源的融合发展起到了积极作用。通过实时监测气候数据和预测极端天气事件，智能化管理系统为提前采取应对措施，保障能源供应的稳定性提供了可能。例如，智能化管理系统使得相关部门可以在极端天气条件下调整能源供应策略，保障交通基础设施的正常运行。此外，智能化能源管理系统能够优化能源的使用效率，提高能源系统对气候变化的适应能力。

（三）适应气候变化的设计和建设标准

在交通基础设施的设计和建设过程中，气候变化的适应性设计标准和规范的引入是确保设施韧性的关键措施。适应性设计包括抗洪、抗旱、耐高温、耐低温等设计，可以提高设施在各种气候条件下的稳定性和功能性。

例如，在桥梁设计中，抗洪设计标准的引入使得设施能够有效应对极端降水带来的洪水风险。在材料设计中，引入耐高温和耐低温材料，能够提高设施在极端温度条件下的稳定性。这些设计不仅提升了设施的耐用性，还增强了设施对气候变化的适应能力。

在交通基础设施建设过程中，气候适应性措施还包括对灾后恢复和重建的规划。例如，建立灾后恢复和重建机制，确保在遭受极端天气事件冲击后设施功能能够迅速恢复。灾害恢复和重建机制包括制定应急预案、提高应急响应能力和建立灾后评估机制等。

（四）案例分析与经验总结

中国在交通基础设施绿色化和气候变化适应方面积累了丰富的经验。以下是几个具体案例，展示了成功的适应性措施和实施效果。

1. 沪苏通长江公铁大桥

沪苏通长江公铁大桥在设计和建设过程中考虑了气候变化的因素，如引入抗洪、抗风等设计，同时注重提高交通通道的综合利用效率，增强其在极端天气条件下的韧性。这种设计为其他交通基础设施的建设提供了宝贵的经验。

2. 广东省智能交通系统的引入

广东省在交通管理中引入了智能交通系统，通过实时监测气候数据和交通流量，提前预测并应对极端天气事件。智能交通系统的应用有效提高了交通系统的运行效率，减少了气候变化对交通系统的影响。

3. 山东高速公路边坡光伏发电项目

山东高速公路边坡光伏发电项目是能源转型和交通基础设施融合发展的成功案例。通过光伏发电系统的应用，不仅发展了清洁能源，还提高了交通基础设施对气候变化的适应能力。

三　交通运输装备清洁低碳化

在应对气候变化的背景下，中国在交通运输装备领域大力推广新能源技

术，旨在降低温室气体排放并增强系统对气候变化的适应能力。中国正在实施一系列有效措施，推动道路运输装备和水上船舶的清洁低碳化，以应对全球变暖的挑战，并提升交通系统的韧性和可持续性。下文将详细探讨道路运输装备和水上船舶的清洁低碳化措施及其作用。

（一）道路运输装备的清洁低碳化

道路运输装备的清洁低碳化是中国交通领域应对气候变化的重要举措。通过推广新能源汽车，减少化石燃料使用，降低温室气体排放，增强道路运输系统对气候变化的适应能力。根据中国汽车工业协会的数据，截至 2023 年 9 月底，中国新能源汽车保有量已达 1821 万辆，中国已成为全球最大的新能源汽车市场。

1. 车辆电动化的发展

2020 年，中国交通运输领域排放了约 9.5 亿吨二氧化碳，重型货运卡车、中型货运卡车、轻型商用车、公共汽车和小汽车的排放量分别为 1 亿吨、0.8 亿吨、0.5 亿吨、0.8 亿吨和 4 亿吨[①]。新能源汽车的大规模推广应用有助于减少排放量，从而减缓气候变化。2022 年我国新能源汽车保有量达 1310 万辆，占汽车总保有量的 4.1%；到 2023 年 9 月底，我国新能源汽车保有量上升至 1821 万辆，占比为 5.5%[②]，其中，纯电动汽车保有量为 1401 万辆，占新能源汽车总保有量的 76.9%。

在公共交通领域，2023 年 2 月，工业和信息化部、交通运输部等部门联合发布了《关于组织开展公共领域车辆全面电动化先行区试点工作的通知》，提升了公共领域车辆电动化水平，推动了绿色低碳交通体系建设。到 2022 年底，全国公共汽电车总量为 70.32 万辆，其中纯电动车占比为 64.8%[③]。根据《“十四五”现代综合交通运输体系发展规划》，到 2025 年，城市新能源公交车辆的占比预计将达到 72%。

① 资料来源：国家统计局。
② 资料来源：中国汽车工业协会。
③ 资料来源：交通运输部。

2. 电动化基础设施建设

为了推广应用新能源汽车，中国大力建设充电基础设施。根据中国电动汽车充电基础设施促进联盟的数据，截至 2023 年底，全国充电桩总数已达到 160 万个，涵盖主要城市和高速公路沿线[①]。这些充电设施的建设不仅支持了新能源汽车的广泛应用，还增强了交通系统在极端天气下的适应能力。例如，充电桩的布局考虑了洪水易发区和高温地区，提升了电动汽车在不同气候条件下的使用便利性。

（二）水上船舶的清洁低碳化

1. 液化天然气（LNG）动力船舶的发展

自 2013 年中国发布《关于推进水运行业应用液化天然气的指导意见》以来，LNG 在水运行业的应用得到积极推进。2022 年，交通运输部联合工信部、国家发展改革委等部门发布了《关于加快内河船舶绿色智能发展的实施意见》，鼓励内河船舶使用电、气等清洁能源，并推动甲醇、氢能等替代燃料的试点应用。截至 2023 年，国内已拥有 LNG 动力船舶 500 余艘，涵盖了内河干散货船、集装箱船等主要类型[②]。LNG 是一种清洁能源，相较于传统重油，其应用具有显著的排放减少效果，有助于减缓气候变化进程。

2. 纯电池动力船舶的推广

在纯电池动力船舶方面，中国正推进以磷酸铁锂电池或超级电容为主的电动船舶应用。根据中国船舶工业协会的数据，截至 2023 年，国内已建成和在建的电动船舶约 300 艘，涵盖了旅游客船、短途渡船和电动集装箱船等类型[③]。电动船舶在技术应用上仍处于起步阶段，但在高温和洪水等极端天气条件下，电动船舶的稳定性能和环保性能有助于提高水运行业的气候变化适应能力。

① 资料来源：中国电动汽车充电基础设施促进联盟。
② 资料来源：交通运输部海事局。
③ 资料来源：中国船舶工业协会。

3. 甲醇和氢能的应用前景

中国具有丰富的甲醇资源，在甲醇生产价格上具有一定优势。尽管目前甲醇动力技术尚不完全成熟，但已有多个试点项目正在推进①。未来，随着技术装备逐步成熟和配套设施的健全，甲醇、氢能等清洁低碳能源有望在内河船舶中得到广泛应用。这些能源具有较低的温室气体排放特性，有助于提升船舶对气候变化的适应能力。

中国在交通运输装备清洁低碳化的过程中，不仅关注减缓气候变化的措施，也注重提升系统对气候变化的适应能力。中国通过推广新能源汽车、发展清洁能源动力船舶、建设充电和加注设施、推进技术创新及加强政策支持等措施，减少温室气体排放，提升交通运输系统的韧性和可持续性，为全球气候变化应对贡献中国的智慧和力量。

四　运输服务高效便捷化

中国通过“公交都市”建设示范工程，推动城市公共交通优先发展，缓解城市交通拥堵，并实现城市交通与经济社会的协调发展。在物流供应链方面，通过“公转铁”“公转水”等措施，显著提高了大宗货物的运输效率，减少了运输成本和碳排放量。

（一）出行服务的便捷化

城市公共交通是满足人民群众基本出行需求的社会公益性事业，是城市功能正常运转的基础支撑。近些年来，随着我国城镇化进程的不断加快，城市规模和人口规模不断扩大，城市居民的出行总量和出行距离呈现大幅增长。同时，城市交通结构也发生了显著变化，机动化出行比例迅速上升，非机动化出行比例持续下降，城市中心区的交通拥堵日益严重，环境污染和能源消耗压力不断加大。在此背景下，开展“公交都市”建设示范工程，是

① 资料来源：中国化工信息中心。

贯彻落实国家公共交通优先发展战略，调控和引导交通需求，缓解城市交通拥堵和资源环境压力，推进新时期我国城市公共交通又好又快发展的重大举措，意义重大，影响深远。

一是贯彻落实城市公共交通优先发展战略的重要载体。公共交通优先发展战略实施以来，城市公共交通发展取得了显著成效，但城市公共交通发展面临的土地、资金等硬约束依然存在，公共交通供给和需求的矛盾尚未根本消除，公共交通服务质量和保障能力与城市经济社会快速发展、人民群众生活水平不断提高的需求之间还存在着较大差距。“公交都市”建设的中心任务就是充分调动各方面的积极性，为推动公共交通优先发展战略的全面落实提供动力、创造经验，全面提升公共交通的服务质量和保障能力，从根本上改变城市公共交通发展滞后和被动适应城市发展的局面。

二是保障和改善民生的具体行动。城市公共交通是关系到人民群众“行有所乘”的重大民生工程，直接服务于广大人民群众的生产生活。“公交都市”建设的重要目标就是保障人民群众的基本出行权利，而这也是交通运输部门加强和创新社会管理的重要任务。

三是转变城市交通发展模式的重要抓手。“公交都市”建设的本质，是以“公共交通引领城市发展”为战略导向，通过科学规划和系统建设，建立以公共交通为主体的城市交通体系，扭转城市公共交通被动适应城市发展的局面，实现公共交通与城市的良性互动、协调发展。

四是治理城市交通拥堵的有效途径。城市交通拥堵已成为我国大中城市普遍面临的一个突出问题和社会各界广泛关注的热点。“公交都市”建设的核心，就是通过实施科学的规划调控、线网优化、设施建设、信息服务等措施不断提高公共交通系统的吸引力，降低公众对小汽车的依赖程度，从源头上调控城市交通需求总量和出行结构，提高城市交通运行效率，从根本上缓解城市交通拥堵。

自“公交都市”建设实施以来，许多城市的公共交通服务水平显著提高。例如，北京市通过优化公交线路和提升服务质量，公共交通出行比例提

高了15%，城市交通拥堵指数下降了8%。[①] 此外，上海市推动“公交都市”建设，公共交通乘客满意度提升了12%，市区交通流量减少了10%[②]。

（二）物流供应链的高效化

1. 大宗货物运输“公转铁”“公转水”

中国推行“公转铁”“公转水”战略，提高大宗货物的铁路和水运比例，能够减少公路运输中的能源消耗和碳排放。

交通运输部通过加快干线铁路建设和市场化改革，显著提升了铁路运输能力。2021年，全国铁路煤炭发送量达到19.5亿吨，同比增长8.3%[③]。铁路货运量占全社会货运量的比重由2017年的7.8%提高至9.2%[④]。铁路运输能力的增长不仅提升了运输效率，还减少了运输过程中的碳排放。

内河水运网络的完善和港口集疏运铁路建设的推进，使得大宗物资的集疏港运输转向铁路和水路。例如，沿海港口大宗货物的公路集疏运量在2021年比2017年减少了4亿吨以上[⑤]。长三角和环渤海地区的煤炭集疏港运输全部改为铁路运输和水路运输，这不仅降低了物流费用，还减少了碳排放量[⑥]。

2. 成效与数据

在江苏省，“公转铁”“公转水”战略取得了显著成效。2022年，江苏省沿海主要港口大宗货物铁路和水路集疏港运输比例稳定在95%左右，铁路货运量较2018年增长了783万吨[⑦]。通过多式联运，江苏省的社会物流总费用占GDP比例下降了约0.05%，碳排放量减少约45万吨，节约能源量约

---

① 资料来源：北京市交通委员会。

② 资源来源：上海市统计局。

③ 资料来源：国家铁路集团。

④ 资料来源：国家统计局。

⑤ 资料来源：交通运输部。

⑥ 资料来源：交通运输部。

⑦ 资料来源：江苏省交通运输厅。

18 万吨标准煤[①]。

3. 多式联运枢纽的提速升级

中国在“十四五”期间将重点推进多式联运枢纽的建设，通过新建和扩建综合货运枢纽，提升关键节点的枢纽链接度。

交通运输部联合财政部开展了国家综合货运枢纽补链强链工作，确定了15 个首批支持城市，并在 2023 年新增了 10 个城市[②]。这些城市将获得中央资金支持，加强货运枢纽的基础设施建设。

各地结合当地重点产业，完善特色枢纽建设。例如，浙江省打造的宁波梅山国际冷链供应链平台，连接南美、东盟和欧洲等主要货源地，成为华东地区最大的进出口冷链基地[③]。

4. 多式联运“一单制”的推进

多式联运“一单制”是推进运输服务高效便捷化的重要措施。民航和铁路企业合作推出了“空铁联运”产品，旅客可以一键下单购买票务[④]。重点港口也拓展了“门到门”全程一体化服务，探索“一单联运”业务[⑤]。重庆市制定了《西部陆海新通道铁海联运“一单制”试点工作推进方案》，提升了铁海联运服务水平，并探索多式联运单证电子化应用。

五　发展趋势与展望

建设安全、便捷、高效、绿色、经济、包容、有韧性的可持续交通体系，是支撑服务经济社会高质量发展、实现“人享其行、物畅其流”美好愿景的重要举措。中国正在加快建设交通强国，将继续坚持与世界相交、与时代相通，致力于推动全球交通合作，以自身发展为世界提供新机遇。

---

① 资料来源：江苏省统计局。
② 资料来源：交通运输部。
③ 资料来源：浙江省交通运输厅。
④ 资料来源：中国民用航空局。
⑤ 资料来源：中国港口协会。

中国将持续推动运输工具装备低碳转型。积极扩大电力、氢能、天然气、先进生物液体燃料等新能源、清洁能源在交通运输领域的应用。大力推广新能源汽车，逐步降低传统燃油汽车在新车产销和汽车保有量中的占比，推动城市公共服务车辆电动化替代，推广电力、氢燃料、液化天然气动力重型货运车辆。加快老旧船舶更新改造，发展电动、液化天然气动力船舶，深入推进船舶靠港使用岸电，因地制宜开展沿海、内河绿色智能船舶示范应用。

中国将进一步构建绿色高效交通运输体系。发展智能交通，推动不同运输方式合理分工、有效衔接，降低空载率和不合理客货运周转量。大力发展以铁路、水路为骨干的多式联运，推进工矿企业、港口、物流园区等铁路专用线建设，加快内河高等级航道网建设，加快大宗货物和中长距离货物运输“公转铁”“公转水”。加快城乡物流配送体系建设，创新绿色低碳、集约高效的配送模式。打造高效衔接、快捷舒适的公共交通服务体系，积极引导公众选择绿色低碳交通方式。

中国将加快绿色交通基础设施建设。将绿色低碳理念贯穿于交通基础设施规划、建设、运营和维护全过程，降低全生命周期能耗和碳排放。开展交通基础设施绿色化提升改造，统筹利用综合交通运输通道线位、土地等资源，加大岸线、锚地等资源整合力度，提高利用效率。有序推进充电桩、配套电网、加注（气）站、加氢站等基础设施建设，提升城市公共交通基础设施水平。

城市评价篇

G.28 中国城市绿色低碳发展评价（2023）

中国城市绿色低碳评价研究项目组*

摘　要： 本次评估延续2022年度评价方法，并将评价范围扩大至全国333个地级城市和4个直辖市，充分反映了全国城市层面绿色低碳发展水平。研究发现，2023年度评价的总体得分略低于2022年度。试点城市得分整体优于非试点城市，但差别不大。非试点城市得分更加集中，可以在一定程度上说明非试点城市面临的问题更一致。分维度来看，"双碳"态势维度城市差异最大，东北地区尤其明显。南北差距面临扩大的风险和趋势。新质生产力与城市绿色低碳发展呈"U"形关系。建议：①关注南北和东北两个差距，资源和政策应向这两个地区倾斜；②协同推动新质生产力的提高与城市绿色低碳发展；③宜注意政策的落地和有效性。

关键词： 绿色低碳　新质生产力　城市

* "中国城市绿色低碳评价研究"由中国社会科学院生态文明研究所开展的中国社会科学院数据专项"碳达峰碳中和进程跟踪数据库"（编号：2024SJK014）支持。本文由田建国执笔。田建国，博士，济南大学绿色发展研究院副教授，研究领域为低碳经济与管理、福祉经济学。

城市作为国家经济活动和人口集聚的主要场所，在推动我国实现“双碳”目标的过程中扮演着至关重要的角色。城市不仅是经济发展的强大引擎，更是实现可持续发展和应对气候变化的关键阵地。对城市绿色低碳发展程度进行全面评价，既能为实现“双碳”目标和推动经济高质量发展提供决策支持，又有助于城市在全球绿色竞争中提升自身的地位和吸引力。中国城市绿色低碳评价研究项目组对2010年度、2015~2022年度全国部分城市的绿色低碳发展水平进行了评价，2023年度评价范围扩大到全国333个地级城市和4个直辖市，以进行更加全面整体的评价，关注在新的政策背景下城市绿色低碳发展水平和变化，以此支撑国家推动城市层面实现“双碳”目标。

一　评价方法

由于2022年度城市绿色低碳发展评价指标体系相对成熟可行，2023年度的城市绿色低碳发展评价基本延续2022年度的指标体系、评价方法、基准值确定方法。但由于部分指标收集难度较大、数据质量较差，不能较准确地反映城市绿色低碳发展水平，因此，2023年度的城市绿色低碳发展评价更换或者剔除了部分指标。2023年度评价指标具体变动：①指标替换。2022年度产业升级评价分别采用产业高级化水平和绿色全要素水平来反映产业结构和产业绿色创新水平。由于绿色全要素水平计算所需要的相关指标数据收集不全，数据质量较差，故将二级指标“产业绿色创新”替换为“数字化水平”，将三级指标“绿色全要素水平”替换为“数字经济指数”。数字化水平反映了城市层面产业发展的重要方向，对地区的竞争力和发展潜力具有重要影响。②指标剔除。2023年度绿色金融指数计算所需的相关指标数据无法获取，且同类指标均存在数据收集及数据质量问题，故本年度评价剔除该指标，将该指标的权重平均分配到绿色生活维度中。

2023年度评价指标体系由“双碳”态势、能源转型、产业升级、绿色发展、治理有效5个一级指标和14个二级指标构成（见表1），5个一级指标及权重设置同2022年度保持一致。

数据主要来源于国家、各省份、各城市统计年鉴，各城市统计公报，各城市生态环境质量报告，各级政府官方网站，各级政府工作报告，WIPO 绿色专利清单，以及历年《中国科技统计年鉴》《中国能源统计年鉴》《中国金融年鉴》《中国农业统计年鉴》《中国工业统计年鉴》《中国第三产业统计年鉴》等，城市碳排放数据根据能源结构数据推算得到。

2023 年度评价指标体系各指标基准值的确定方法：第一，根据指标的具体性质判断基准值区间，如果一类指标具有明确的科学意义上的目标值，则以该值作为其基准值，比如新能源汽车保有量占汽车保有量比重，应以 100%作为其上限，煤炭消费占比应以 0 为下限。第二，通过历年评价的数据集来判断合理的基准值，在现有数据集的基础上，寻找最大值和最小值，作为基准值判断的基础。第三，尽量排除一些异常值，异常值的存在会导致该指标的得分出现高者极高、低者极低的情况。本文采用箱图来排除异常值，以箱图上下边缘线作为基准值的判断标准。本文评价指标体系如表 1 所示，基准值限于篇幅不再列出。

表 1　2023 年度城市绿色低碳发展评价指标体系

一级指标	二级指标	指标名称	计算方法	单位
“双碳”态势	碳排放比较优势	碳排放量比较优势	（城市碳排放总量/全国碳排放总量）/（城市 GDP/全国 GDP）	—
	碳强度	单位 GDP 碳排放	城市碳排放总量/城市 GDP	tCO_2/万元
	碳公平	人均碳排放比较优势	（城市碳排放总量/全国碳排放总量）/（城市常住人口/全国总人口）	—
能源转型	能源消费结构	煤炭消费占比	煤炭消费量/一次能源消费总量	%
	电气化水平	电能占终端能源消费比重	全社会用电量/终端能源消费总量	%

续表

一级指标	二级指标	指标名称	计算方法	单位
产业升级	产业结构	产业高级化水平	第一产业占比×1 +第二产业占比×2 +第三产业占比×3	—
	数字化水平	数字经济指数	多指标合成	—
绿色发展	绿色生活	新能源汽车保有量占汽车保有量比重	大数据提取、相关网站、政府新闻报道等	%
	空气质量	$PM_{2.5}$年平均浓度	政府统计数据	%
	绿色空间	建成区绿地率	政府统计数据	%
	绿色科技	绿色发明专利授权比较优势	(城市绿色发明专利授权/所有城市绿色发明专利授权)/(城市常住人口/所有城市总人口)	—
治理有效	政策支持	政策环保与规制词频	政府网站和政府工作报告大数据提取、定量与定性分析	—
	财政支持	绿色财政资金占有率	财政环境保护支出/财政一般预算支出	%
	公众环境关注度	年搜索指数	百度指数关于环境污染、雾霾关键词的搜索指数	次数

二　评价结果

2023 年度评价的总体得分略低于 2022 年度。2023 年度 337 个城市（333 个地级城市及 4 个直辖市）的绿色低碳发展综合指数（下文简称“综合指数”）平均分为 76.7 分。但之前的评价范围基本是国内主要城市及人口规模在 100 万人以上的城市，经济结构较好，发展实力较为雄厚，绿色低碳发展意识也较为强烈。2023 年度评价扩大了城市评价范围，将全国所有地级城市纳入评价中。由于新纳入的城市多数是经济发展情况较为一般、人口较少的资源型城市，因此，其绿色低碳发展水平有待提高。2023年度各城市绿色低碳发展综合得分在50~90分，其中90分以上的城市有2个；80~89分的城市有115个，占评价城市的34.1%；70~79分的城市有187个，占评价城市的55.5%；60~69分的城市有25个，占评价城市的7.4%。对比2022年度，总体上70~79分的城市占比上升，80~89分的城市占比下降。

（一）分区域评估结果

东部地区城市表现最优，东北地区城市有待提升。东部地区城市优势明显。东部地区城市平均得分81分，中位数为77分。西部地区城市平均得分75分，中部地区城市平均得分78分，东北地区城市平均得分70分。中部地区箱子最窄，说明中部地区城市得分差异较小，得分较为集中。东部和东北地区内部城市差异较大，得分波动较大，说明地区内部的不均衡程度较高。未来需要注意东部、东北地区内部不均衡问题，推动绿色低碳的区域协调发展。东北地区城市同其他地区城市平均得分有较为明显的差距，绿色低碳发展水平有待提升（见图1）。

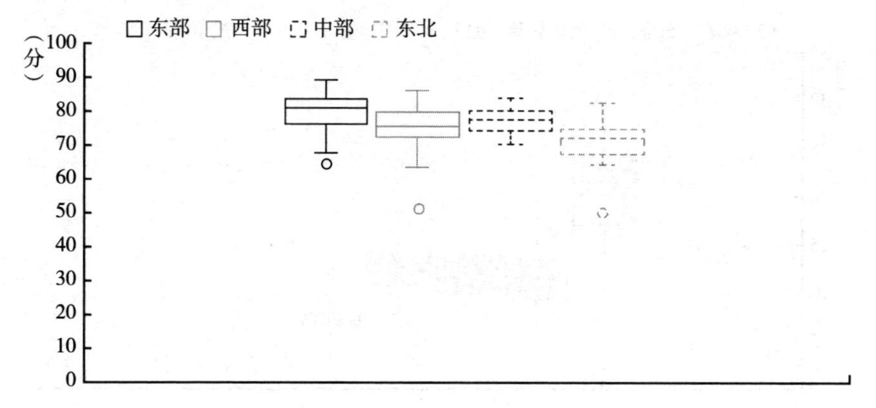

图1　分区域评估结果

“双碳”态势维度城市差异最大，东北地区尤其明显。图 2 至图 5 各地区“双碳”态势得分表明，该维度城市差异大是我国各个地区普遍面临的问题。一方面，我国各地区的经济发展不均衡；另一方面，即使是同一个地区，也需要注重内部政策实施的差异性。东北地区城市在人均碳排放量、碳排放强度及碳排放总量方面均有较大的差距，指标得分差距较大，反映了东北地区的绿色低碳发展呈现分化的局面。一方面，一些综合型、服务型、生态型城市借助优良本底，已经逐渐实现碳达峰，迈向碳中和；另一方面，一些资源型城市面临较大的转型压力，尚未实现碳排放和经济发展的脱钩，碳排放总量高、强度大，未来需要重点扶持该类城市，推动东北地区协同推进实现“双碳”目标。

东部地区治理有效维度城市差异最小，政策实施及效果比较均衡。对比图 2~图 5 可知，东部地区治理有效维度得分最为集中，说明数据波动不大，城市差距较小，在落实和推动实施“1+N”政策方面，东部地区城市差异不大。另外，东部地区城市在能源转型、产业升级、绿色发展维度表现得较为一致。但对比其他区域，除治理有效维度以外，东部地区在能源转型、产业升级、绿色发展维度上，也存在一定的不均衡问题。

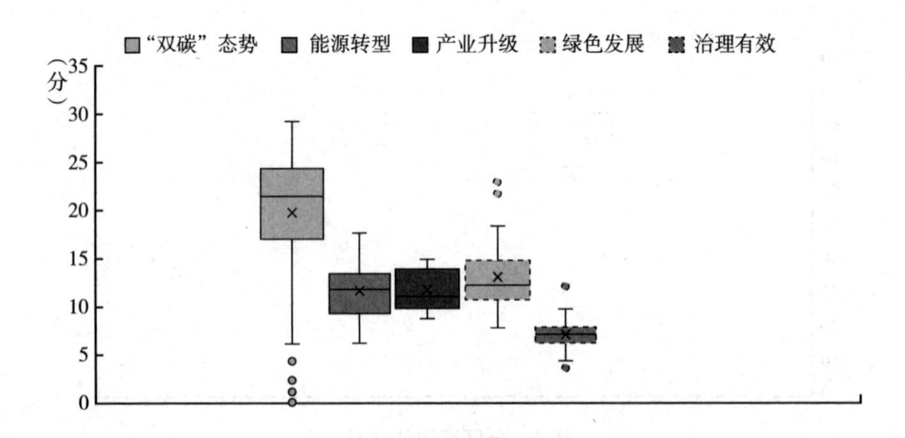

图 2　东部地区各维度得分

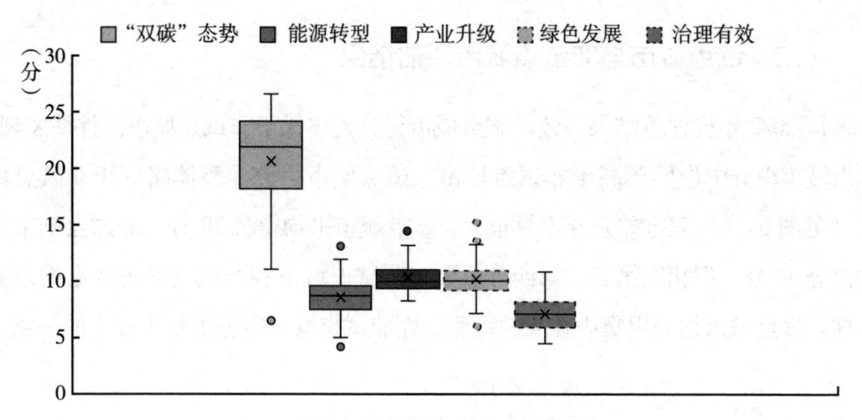

图 3　中部地区各维度得分

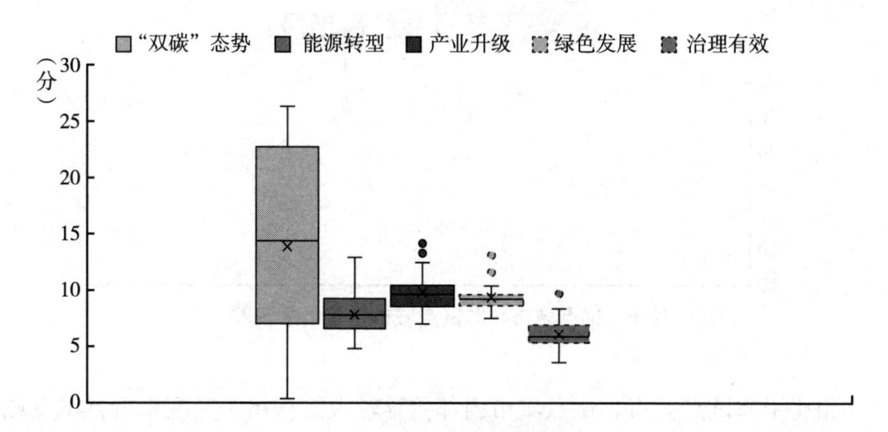

图 4　东北地区各维度得分

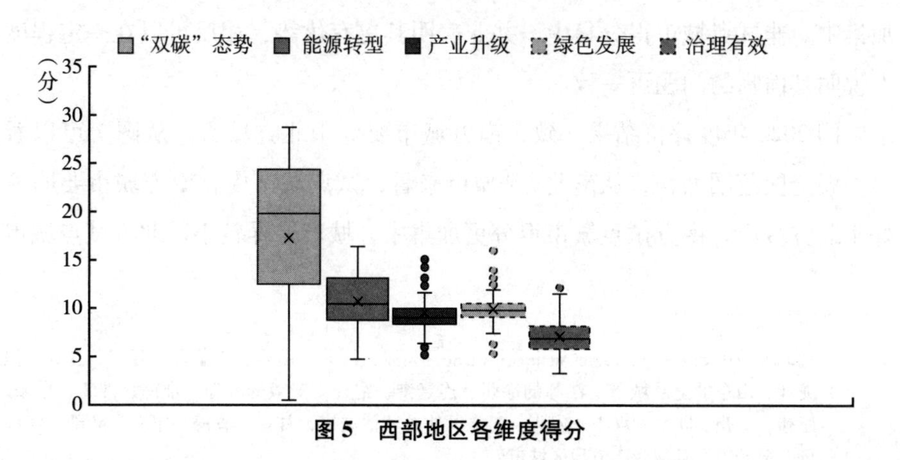

图 5　西部地区各维度得分

（二）试点城市与非试点城市评估结果

同2022年度评价结果一致，试点城市得分整体优于非试点城市。评估发现，试点城市得分中位数要高于非试点城市，试点城市得分要整体略好于非试点城市（见图6），但双方差别并不是很大。试点城市平均得分79分，非试点城市平均得分74分。但箱图第二、第四分位数表明试点城市和非试点城市数据偏态不一样。试点城市得分更集中在大的一侧，而非试点城市得分更集中在小的一侧。

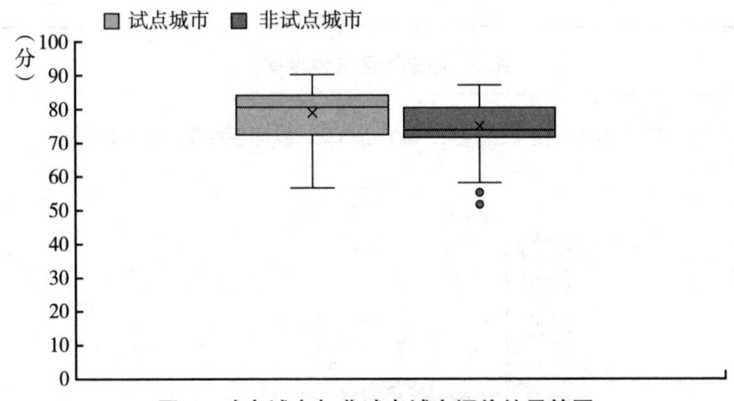

图6　试点城市与非试点城市评价结果箱图

相比于非试点城市，试点城市内部差异较大。从箱子宽度来看，试点城市箱子要宽于非试点城市，说明试点城市得分波动更大，非试点城市得分更加集中。非试点城市得分集中，并非表明其更有优势，相反可以在一定程度上说明其面临的问题更一致。

同2022年度评价结果一致，南方城市要好于北方城市。从图7可以看出，就全国范围而言，从南北方①城市来看，试点城市中，南方城市要明显好于北方城市。南方试点城市得分更加集中，城市差异较小。北方试点城市

① 南北方城市划分：北方地区城市包括北京，天津，河北、山西、内蒙古、辽宁、吉林、黑龙江、山东的全部城市，江苏的徐州、连云港、宿迁，安徽的蚌埠、淮南、淮北、阜阳、宿州、亳州，陕西除汉中、安康、商洛以外的其他城市，甘肃、青海、宁夏、新疆、河南的全部城市；其他为南方地区城市。

箱子更宽，得分更加分散，波动性大，城市差异也更大。在非试点城市中，南方城市也好于北方城市。通过对比可以进一步看出，即使同北方试点城市相比，南方非试点城市总体也表现得更为优秀。这再次印证了南北方城市在绿色低碳发展方面面临着差距扩大的风险和趋势。

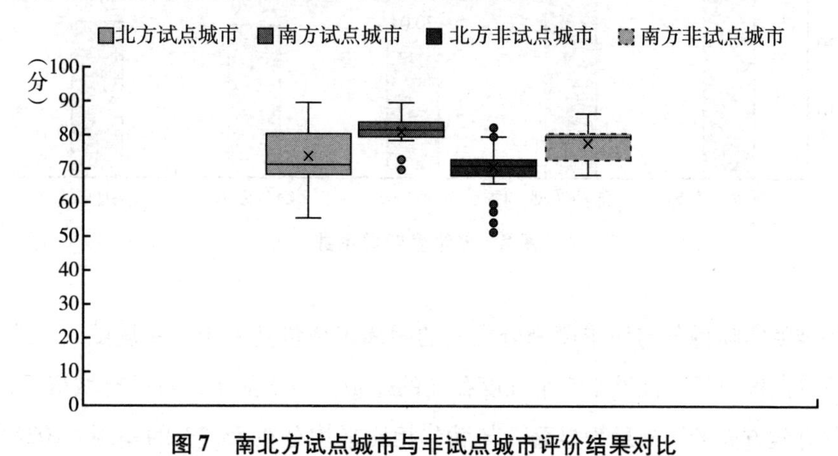

图 7　南北方试点城市与非试点城市评价结果对比

（三）分维度评估

“双碳”态势城市差异大，产业升级城市差异小。图 8 给出了各维度变异系数。从全国整体来看，“双碳”态势城市差异最大，同 2022 年度的评价结果一致。“双碳”态势得分最为分散，城市之间的差距比较大。产业升级的变异系数最小，同 2022 年度的评价结果保持一致，说明数据最为集中，城市之间的差距比较小。

从整体来看，五个维度的变异系数都小于 100，说明五维度的内部差异都比较均衡。“双碳”态势、能源转型变异系数最大，同 2022 年度评价结果保持一致。不同之处在于，2023 年度能源转型维度的城市差异相比 2022 年度有所减小，说明在去煤和电气化方面，全国差距有所减小。

（四）短板与协调度分析

与 2022 年度评价结果不同，2023 年度治理有效方面的短板最为明显。使

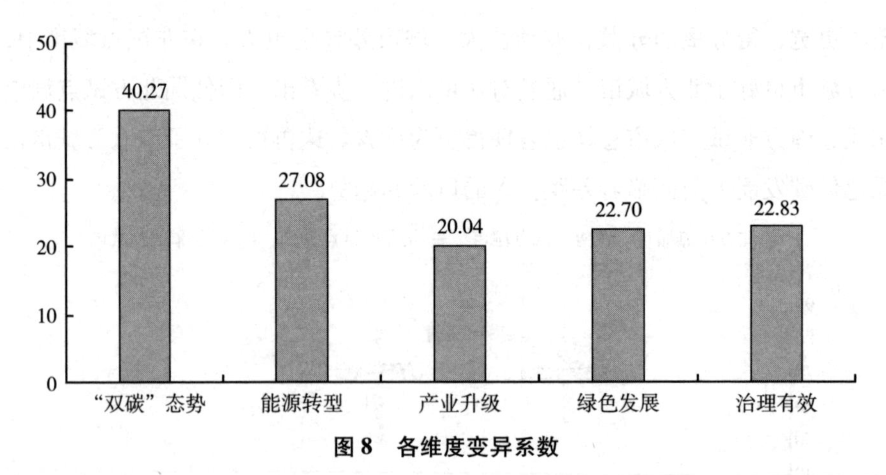

图 8　各维度变异系数

用各维度实际得分与该维度满分之间的距离来衡量其差距，并从试点、地理区位等角度分析不同城市 5 个维度存在的短板。表 2 显示，对所有城市而言，治理有效方面的短板最为显著，与满分相比平均存在 53.7%的差距。2022 年度对 189 个城市的评价显示，能源转型的差距较大。但从 2023 年度全国范围的评价结果来看，治理有效方面的差距更大，这表明绿色发展相关政策的制定落实以及公众满意度、参与度等方面仍存在较大不足。产业升级情况最为乐观，平均差距为 31.1%，这与 2022 年度评价结论相同。同时可以看出，能源转型的差距依旧较大，接近 50%，未来仍需在能源转型方面付出更大努力。

南方城市“双碳”态势差距最小，东北城市“双碳”态势差距最大。从东部城市来看，其主要短板是治理有效，平均差距为 53.6%，该差距与全国城市的平均差距相关不大，未来东部城市需注意在政策治理方面投入更多资源。中部城市的主要短板在于能源转型，平均差距为 54.8%，中部地区经济增长空间大，未来经济增长率高，能源转型压力也更大，推动实现碳排放与经济增长脱钩、加大清洁能源使用，有助于中部地区城市的绿色转型。西部城市主要短板是治理有效，平均差距为 54.1%，大于全国平均值。

试点城市的主要短板在于治理有效，且试点城市的“双碳”态势差距大于全国水平，这表明试点城市仍有继续减碳的潜力和空间。东北城市短板较为突出，特别是在能源转型方面，其差距远超全国平均水平，在治理有效、“双碳”态势等方面也存在较大差距。非试点城市的短板是治理有效，非试点城市与试点城市在短板和差距方面几乎相同。南方城市和北方城市的主要区别体现在“双碳”态势上，北方城市应注重强化降低碳排放强度、减少碳排放的相关措施。

表 2　不同城市五维度差距分析

单位：%

城市类型	“双碳”态势	能源转型	产业升级	绿色发展	治理有效
所有城市	38.7	49.5	31.1	46.1	53.7
东部城市	38.6	51.6	28.4	43.8	53.6
中部城市	40.2	54.8	28.6	44.8	52.7
西部城市	38.3	49.4	31.4	46.3	54.1
东北城市	54.1	61.3	35.3	53.7	59.7
试点城市	38.8	49.5	31.1	46.1	53.7
非试点城市	38.8	49.7	31.4	46.3	53.8
北方城市	38.7	49.5	31.1	46.1	53.7
南方城市	29.3	47.0	30.0	44.1	53.8

总体来看，不同区域和类型的城市各维度协调度差别不是太大。城市各维度的协调度，使用各维度平均得分与各维度权重之比来计算，该数据越小，表明越协调。计算结果显示（见图 9），南方城市各维度的协调度更高。试点和非试点城市各维度协调度相差不大，非试点城市协调度略高。

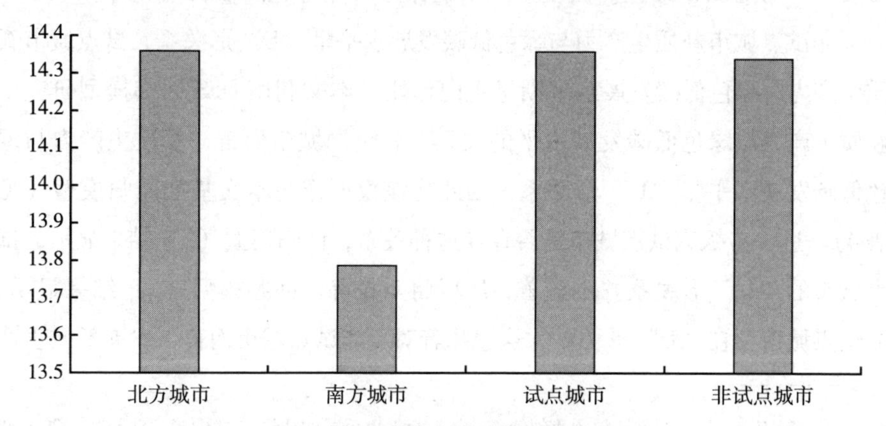

图 9　不同城市各维度协调度分析

三　新质生产力对城市绿色低碳发展的贡献

发展新质生产力是城市未来主要的竞争手段，也是城市推进高质量发展的重要举措。对城市来说，新质生产力的进步能否提高城市绿色低碳发展水平，如何协同推进新质生产力发展与绿色低碳发展水平提升，是实现城市高质量发展所不得不回答的问题。

本文参考李春涛等①的方法，依据新质生产力、高精尖产业、人工智能、数字经济等 10 个关键词百度新闻高级检索的结果，构建城市新质生产力指标。表 3 给出了回归模型中所需变量的含义及关键描述。

表 3　回归模型中的变量描述

变量	含义	样本量	平均值	标准差	最小值	最大值
q	绿色低碳发展水平	337	56. 53	10. 54	30. 98	88. 69
nqp	新质生产力	337	5. 59	0. 52	4. 30	6. 98
pgd	人均 GDP	337	8. 16	10. 24	0. 69	179. 30
north	是否试点城市	337	0. 48	0. 50	0. 00	1. 00

本文给出了新质生产力与城市绿色低碳发展水平的散点图（见图 10），从中可以看出，新质生产力与城市绿色低碳发展水平呈现“U”形关系，即新质生产力对城市绿色低碳发展水平的作用可能是先降低，再提升。

非试点城市新质生产力与绿色低碳发展水平呈“U”形关系，试点城市新质生产力对绿色低碳发展水平则呈正向作用。本文利用 OLS 回归模型研究了新质生产力与绿色低碳发展水平的关系。就全国城市而言，新质生产力与绿色低碳发展水平呈“U”形关系，因此将该模型作为本文基准回归模型（见表4）。进一步探究试点城市是否存在这种关系，回归模型（2）结果显示，试点城市的“U”形关系并不显著，所以将其排除。回归模型（3）结果显示，非试点城市存在“U”形关系，这意味着对于非试点城市而言，发展新质生产

① 李春涛等：《金融科技与企业创新——新三板上市公司的证据》，《中国工业经济》2020 年第 1 期。

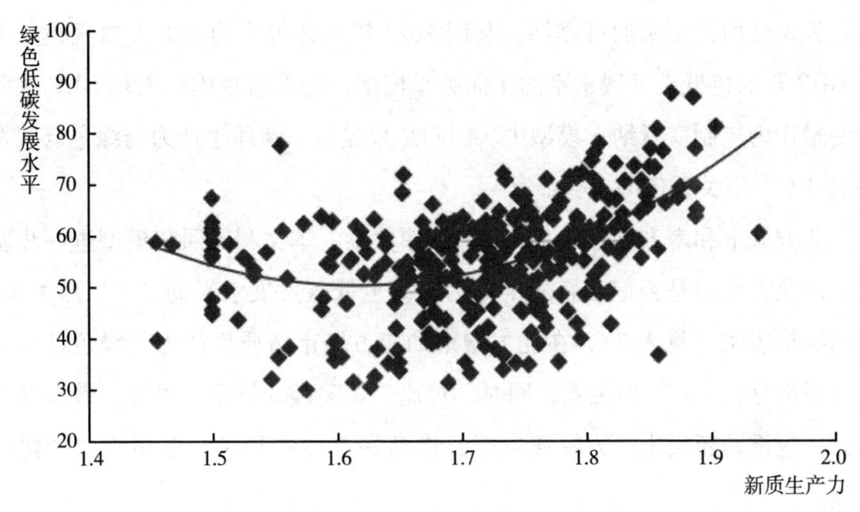

图 10　新质生产力与绿色低碳发展水平散点图

力可能会降低其绿色低碳发展水平。对于试点城市而言，回归模型（4）结果表明新质生产力对绿色低碳发展水平存在正向促进作用，即在试点城市积极布局和发展新质生产力，对提升其绿色低碳发展水平有协同作用。这主要是因为试点城市已经突破了库兹涅茨效应的拐点，而非试点城市因发展阶段的限制，尚未达到拐点。未来可优先考虑在试点城市发展新质生产力。非试点城市应积极争取进入试点城市范畴，做好与试点城市之间的经验借鉴和协同发展。

表 4　新质生产力与城市绿色低碳发展水平回归结果

变量	(1)基准回归	(2)试点城市	(3)非试点城市	(4)试点城市
lnq	285.2***	158.4	237.4***	
	(45.23)	(214.7)	(53.65)	
lnnqp	-924.3***	-465.8	-770.6***	96.01***
	(152.1)	(759.2)	(178.7)	(15.85)
Constant	800.2***	388.4	677.0***	-108.8***
	(127.6)	(670.3)	(148.5)	(28.30)
Observations	337	72	265	72
R-squared	0.237	0.390	0.116	0.382

注：*** 表示在 1%的水平上显著，括号内数字为稳健标准误。

为保证回归结果的可靠性，利用2022年度评价中构建的人口规模、人均GDP与绿色低碳发展水平的正向关系模型，将人口规模、人均GDP这两个变量作为控制变量纳入模型中。回归结果显示，新质生产力与绿色低碳发展的"U"形关系依旧十分显著[①]。

北方城市和南方城市均存在"U"形关系。本文利用回归模型进一步验证了南北方城市是否存在新质生产力与绿色低碳发展水平的"U"形关系。回归结果表明（见表5），在北方城市和南方城市新质生产力与绿色低碳发展水平都存在"U"形关系，同时，对比二者关键变量系数可知，效果基本相同。应推动新质生产力快速发展，推动拐点尽快到来，以实现二者协同发展。

表5　南北方城市新质生产力与绿色低碳发展水平回归结果

变量	(5)北方城市	(6)南方城市
lnq	187.9**	181.3***
	(82.71)	(46.36)
lnnqp	-587.8**	-580.3***
	(279.1)	(154.4)
Constant	504.7**	521.7***
	(235.2)	(128.2)
Observations	161	176
R-squared	0.212	0.272

注：**、***分别表示在5%、1%的水平上显著，括号内数字为稳健标准误。

东部、中部、西部及东北地区也显著存在"U"形关系。通过分区域回归（见表6）来研究四个区域城市的新质生产力与绿色低碳发展水平的关系。经过检验，存在异方差，故使用稳健标准误进行OLS回归。表6给出的回归结果显示，新质生产力与不同地区城市的绿色低碳发展水平均呈现"U"形关系。从东部地区城市来看，经济发展水平对城市绿色低碳发展水

① 为节省篇幅，本文未报告这两个模型，如有需要，可联系作者获取。

平的作用为正，且在1%的水平上显著。这表明在一定程度上，经济发展水平提升有助于提高城市绿色低碳水平。从城市类型来看，可以对蓄力型城市有所侧重。

表6 不同区域新质生产力与绿色低碳发展水平的回归结果

变量	(7)东部	(8)中部	(9)西部	(10)东北
lnq	599.4***	160.5*	264.8***	272.5**
	(127.2)	(93.21)	(69.92)	(110.3)
lnnqp	-2047***	-529.1	-875.8***	-872.4**
	(445.3)	(320.1)	(229.2)	(371.3)
Constant	1,806***	491.8*	775.2***	741.2**
	(389.1)	(274.6)	(187.3)	(311.5)
Observations	88	82	131	36
R-squared	0.304	0.085	0.127	0.283

注：*、**、***分别表示在10%、5%、1%的水平上显著，括号内数字为稳健标准误。

四 主要结论与政策建议

（一）主要结论

第一，从全国范围来看，2023年度的评价总体得分略低于2022年度。2023年度337个城市（333个地级城市及4个直辖市）的绿色低碳综合指数平均得分为76.7分，2022年度平均得分为80分。对比2022年度，总体上70~79分的城市占比上升，80~89分的城市占比下降。

第二，与2022年度评价结果一致，试点城市得分整体优于非试点城市，但二者差别不大。试点城市平均得分79分，非试点城市平均得分74份。试点城市得分更集中在大的一侧，非试点城市得分更集中在小的一侧。非试点城市得分更加集中，可能在一定程度上说明其面临的问题更一致。

第三，分维度来看，“双碳”态势城市差异最大，东北地区尤为明显。

“双碳”态势城市差异大是我国各个地区普遍存在的问题。东部地区治理有效维度差异最小，政策实施及效果较为均衡。产业升级城市差异最小，与2022年度评价结果保持一致。与2022年度评价结果不同的是，2023年度治理有效方面的短板最为突出。

第四，与2022年度评价结果一致，南方城市要好于北方城市。虽然评价范围扩大到全国所有城市，但南方城市得分高于北方城市的总体态势并未改变。南方城市“双碳”态势差距最小，东北城市“双碳”态势差距最大。

第五，新质生产力与城市绿色低碳发展水平呈“U”形关系，即新质生产力对城市绿色低碳发展的作用可能是先降低，再提升，这一结论对于东部、中部、西部、东北地区城市均成立。试点城市已经越过库兹涅茨效应的拐点，其政策含义是应将更多新质生产力配置在试点城市，并积极推动非试点城市越过库兹涅茨效应的拐点。

（二）政策建议

1. 关注南北和东北两个差距，资源和政策应向这两个地区倾斜

第一，经评估发现，当前东北地区在绿色低碳发展方面同国内其他地区整体存在一定差距。东北地区既面临经济增长压力，又亟待处理好碳减排问题，仅依靠东北地区自身，很难实现碳达峰与碳中和目标。建议国家着重增加对东北地区的关键投资以及技术转移，重点加大新质生产力布局力度，尽快推动东北地区实现新质生产力与绿色低碳发展的协同共进。第二，南北差距面临扩大的风险和趋势。可探索通过南北碳减排技术合作、产业合作、碳补偿激励合作等多种方式，加深南北经济与“双碳”目标的融合程度。

2. 协同推动新质生产力的提高与城市绿色低碳发展

虽然新质生产力属于绿色生产力范畴，但在发展新质生产力时仍需关注二者的协同关系。第一，目前在非试点城市以及部分区域城市仍存在拐点效应，大力发展新质生产力可能会在一定程度上致使其绿色低碳发展水平降低。从发展规律来看，这或许是暂时且不可避免的情况。不过，仍需积极出

台相应政策，以便使这些城市尽快以较低成本度过拐点。在政策方面可对这类地区实施一定的弹性考核，更多地运用市场激励和补偿手段来实现资源的有效配置。第二，新质生产力布局应当有重点、分先后。通过本文的分析可知，当前新质生产力在试点城市已越过拐点。因此，应积极探索并推动试点城市新质生产力的发展，借助其溢出效应带动非试点城市的绿色低碳发展。

3. 宜注意政策的落地和有效性

通过本次评估，能够明显看出治理有效是当前绿色低碳发展的短板所在。目前我国构建了碳达峰碳中和“1+N”政策体系，各地发布了众多的绿色发展政策，然而这些政策的有效性、协同性、兼容性、激励性都有待进一步考察。“十五五”时期，我国即将迎来碳达峰的关键节点，各地应将政策有效性评估纳入“十五五”相关工作方案之中，强化政策落地的刚性约束。

附录一

气候灾害历史统计

翟建青　季　劼　李广宗*

本附录分别给出全球、“一带一路”区域和中国三个空间尺度逐年气候灾害历史统计数据，相关数据主要来源于紧急灾难数据库（Emergency EventsDatabase，EM-DAT）、中国气象局国家气候中心和中华人民共和国应急管理部，其中全球和“一带一路”区域气候灾害统计数据始于1980年，中国气候灾害统计数据始于1984年，相关数据可为气候变化适应和减缓研究提供支持。

* 翟建青，国家气候中心正高级工程师，南京信息工程大学地理科学学院硕士生导师，研究领域为气候变化影响评估与气象灾害风险管理；季劼，南京信息工程大学硕士研究生，研究领域为气象灾害风险管理；李广宗，南京信息工程大学硕士研究生，研究领域为气象灾害风险管理。

全球气候灾害历史统计

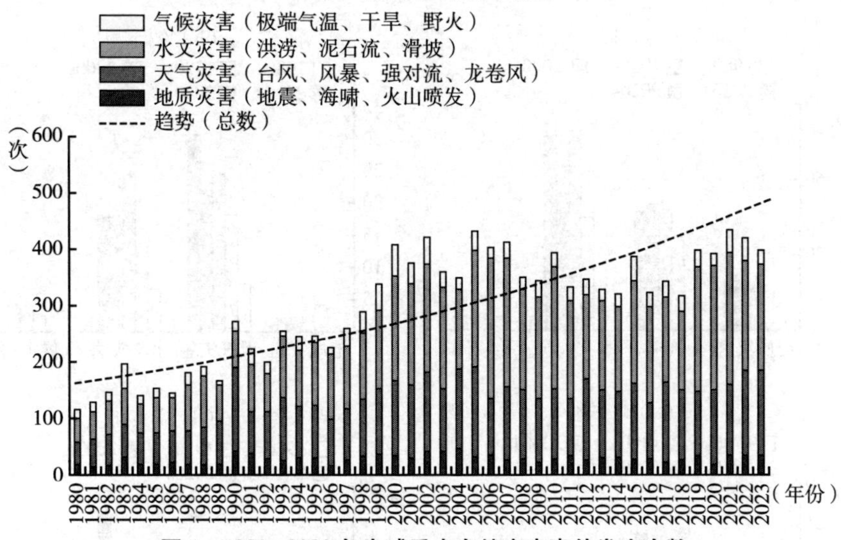

图1　1980~2023年全球重大自然灾害事件发生次数

注：收录该数据库的灾害事件至少满足以下4个条件之一：死亡人数10人及以上；受影响人数100人及以上；政府宣布进入紧急状态；政府申请国际救援。当数字缺失时，会考虑一些次要标准，如“重大灾难/重大损失（即“十年来最严重的灾难”和/或“这是该国损失最严重的灾难”）。图2至图4同。

资料来源：EM-DAT。

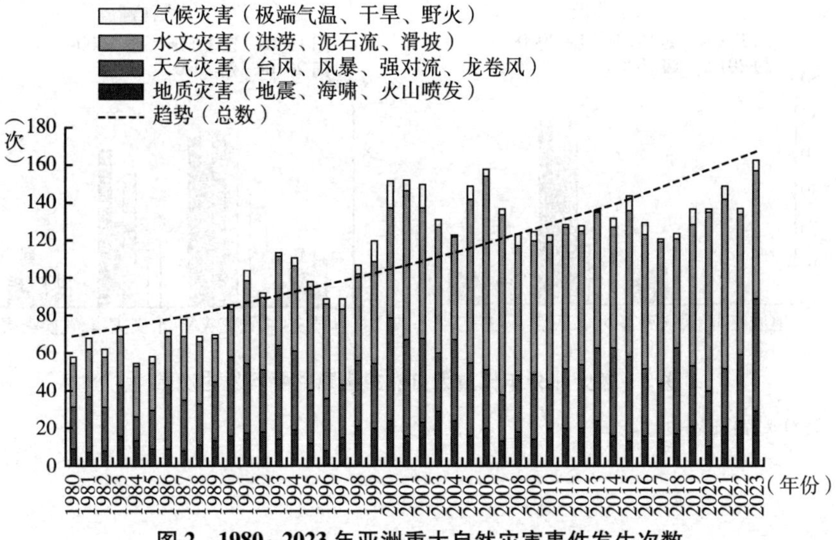

图2　1980~2023年亚洲重大自然灾害事件发生次数

资料来源：EM-DAT。

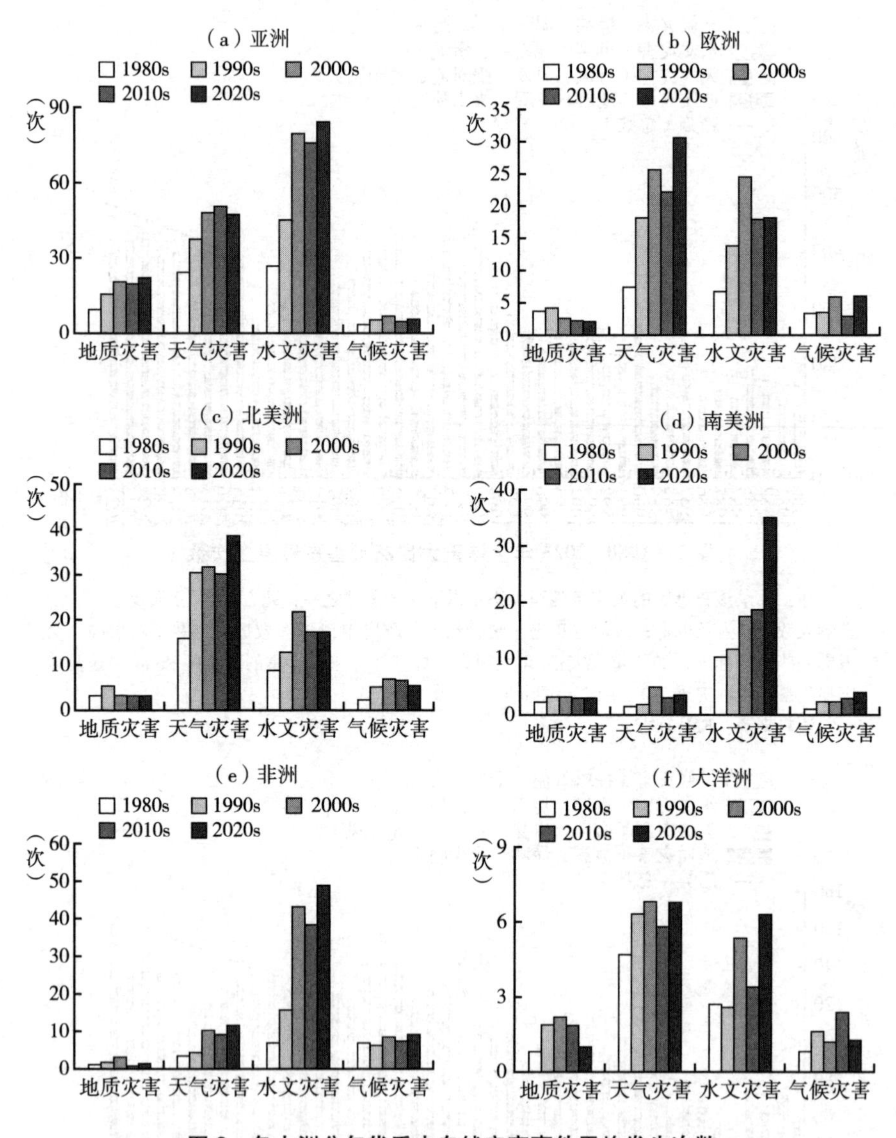

图 3　各大洲分年代重大自然灾害事件平均发生次数

资料来源：EM-DAT。

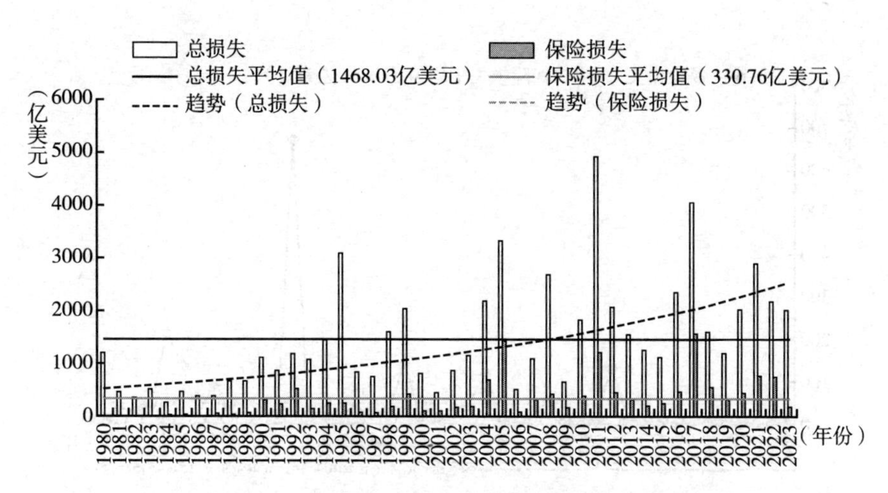

图4　1980~2023年全球重大自然灾害总损失和保险损失

注：损失和保险损失，主要是指与灾害直接或间接相关的所有损失和经济损失的价值，为2023年计算值，已根据各国CPI指数扣除物价上涨因素。图5至图10同。

资料来源：EM-DAT。

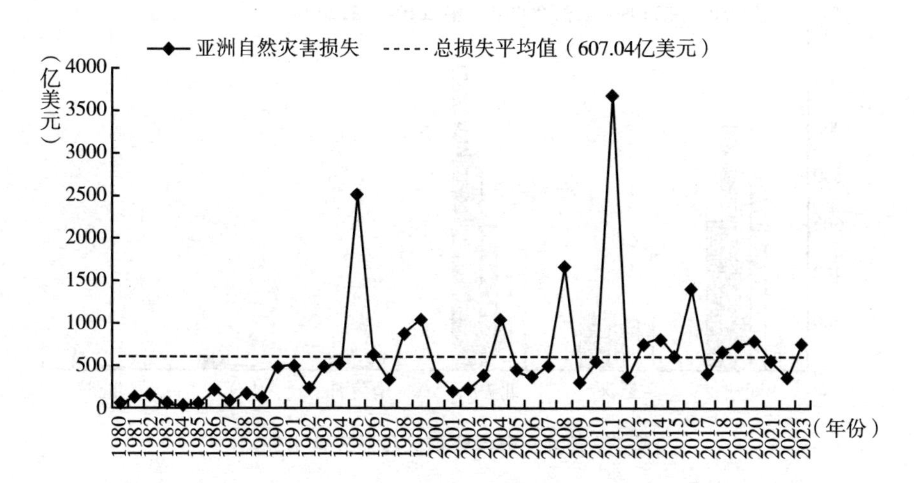

图5　1980~2023年亚洲重大自然灾害总损失

资料来源：EM-DAT。

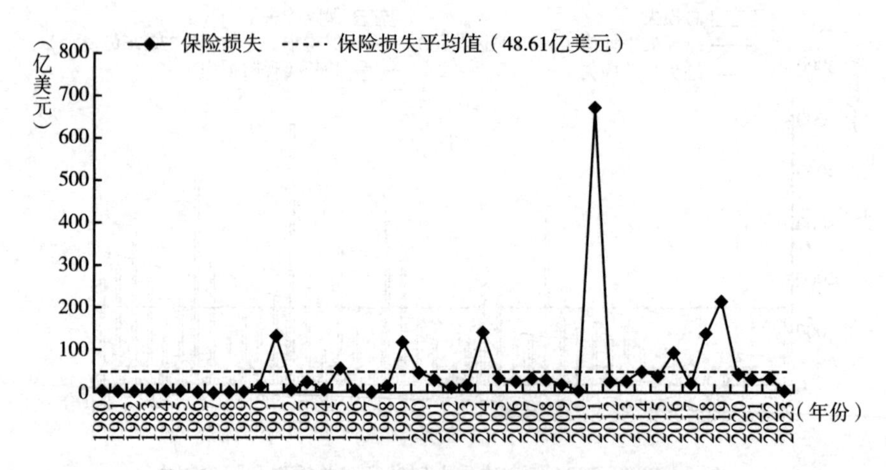

图 6　1980~2023 年亚洲重大自然灾害保险损失

资料来源：EM-DAT。

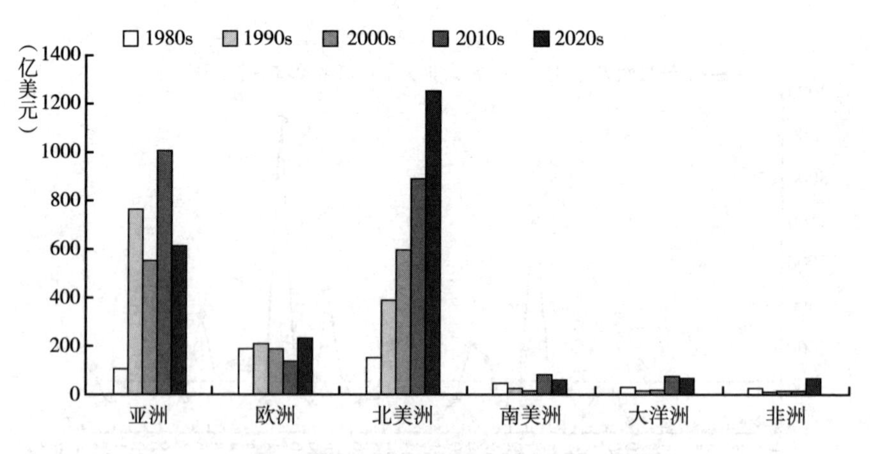

图 7　各大洲分年代重大自然灾害损失

资料来源：EM-DAT。

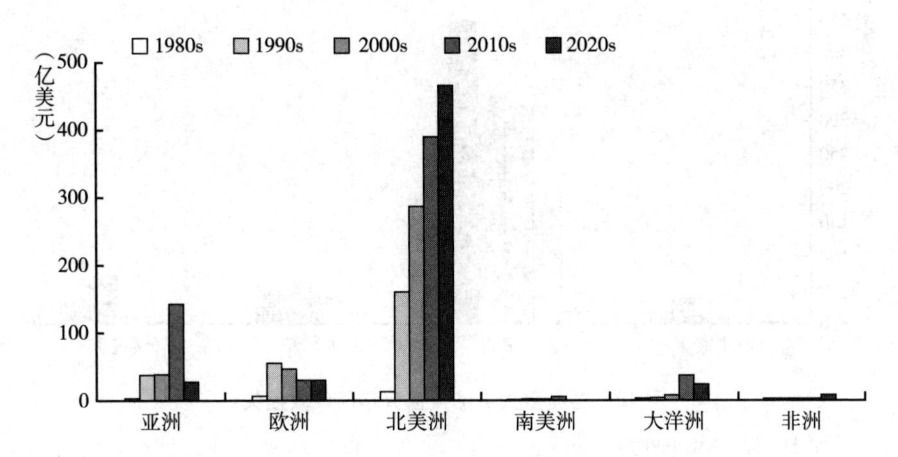

图 8　各大洲分年代重大自然灾害保险损失

资料来源：EM-DAT。

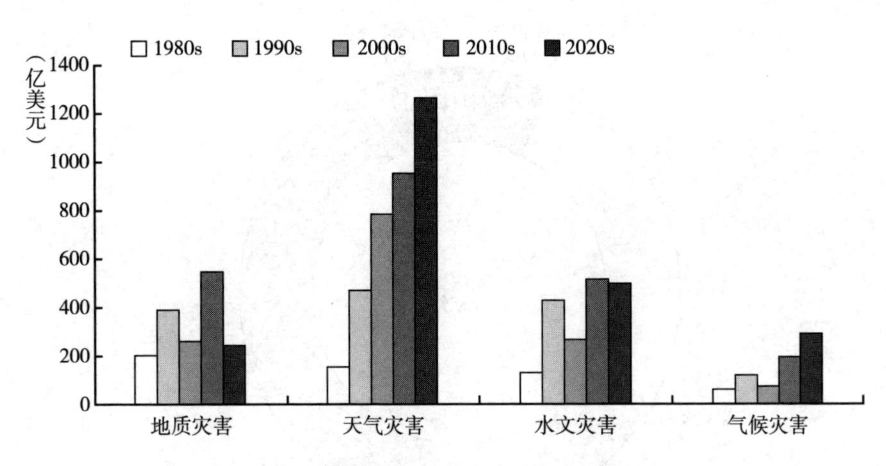

图 9　各类重大自然灾害分年代损失

资料来源：EM-DAT。

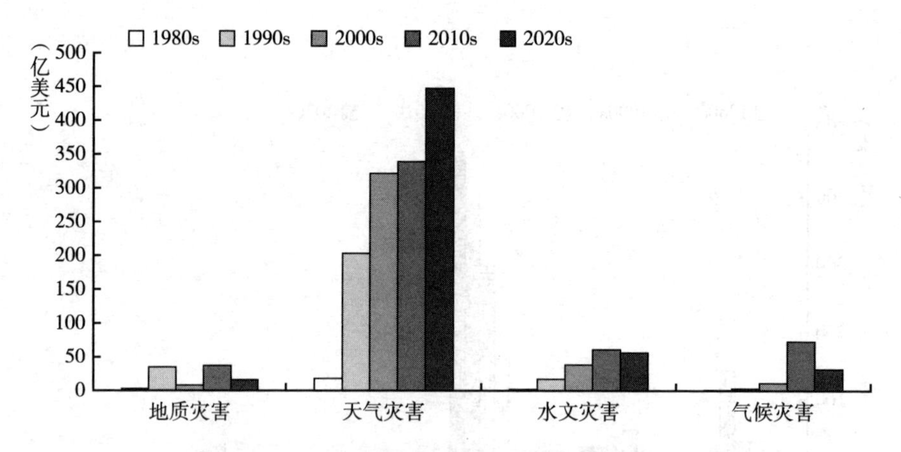

图 10　各类重大自然灾害分年代保险损失

资料来源：EM-DAT。

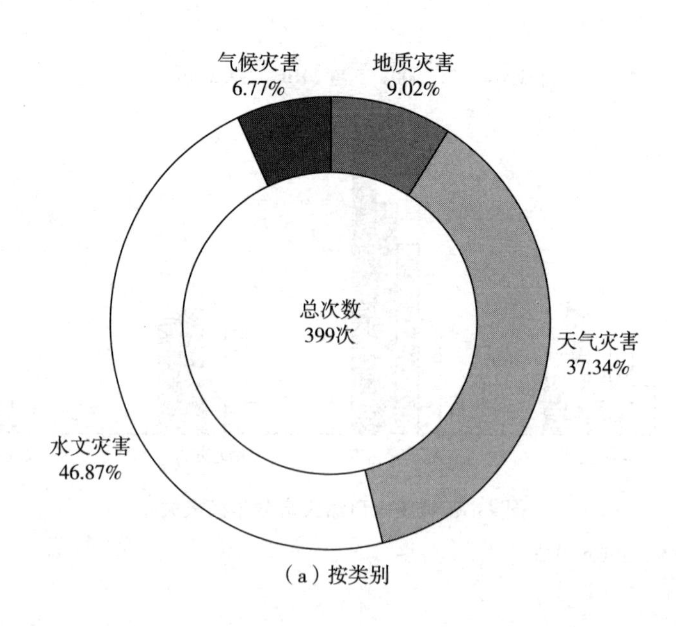

（a）按类别

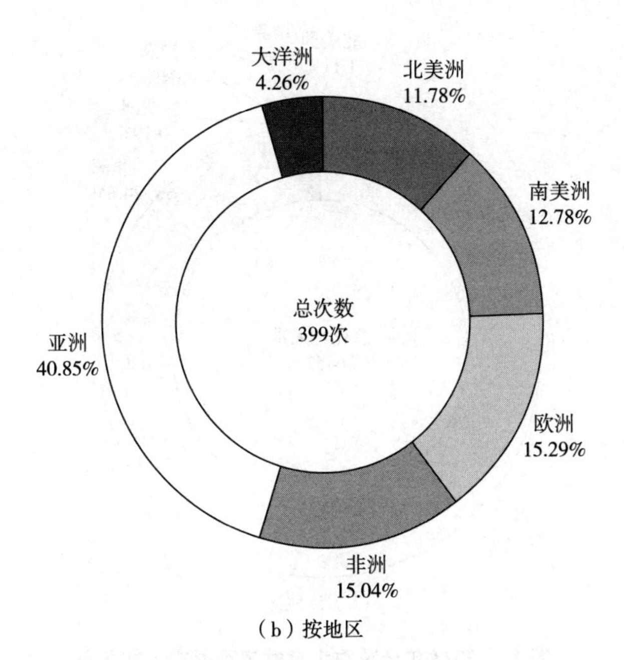

（b）按地区

图 11　2023 年全球各类重大自然灾害发生次数分布

资料来源：EM-DAT。

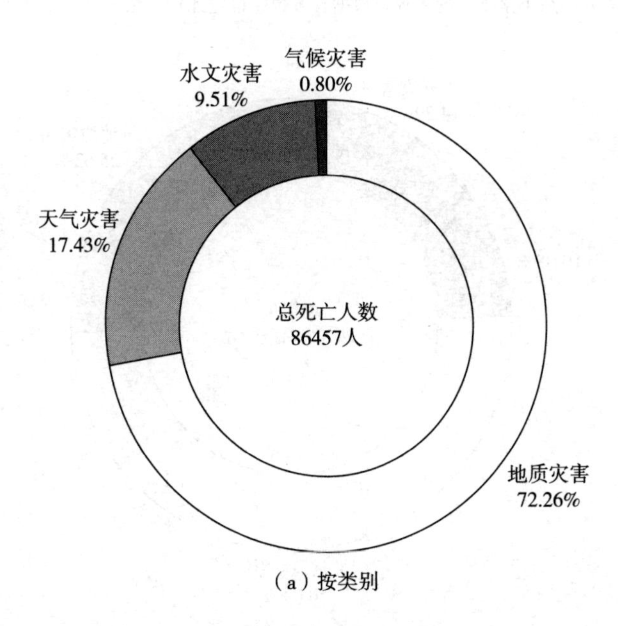

（a）按类别

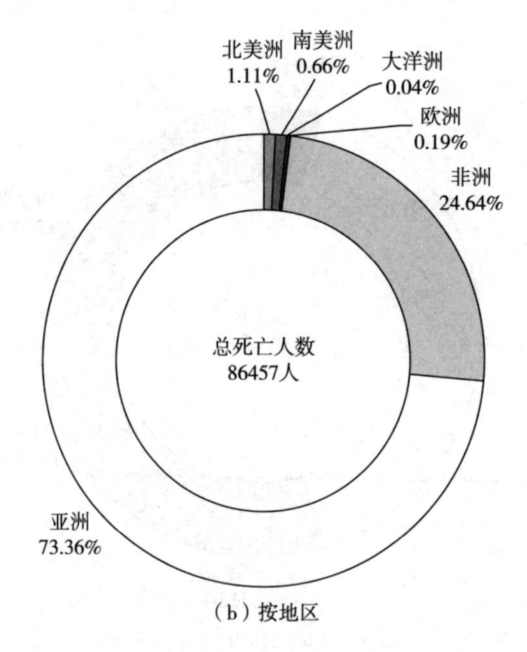

（b）按地区

图 12　2023 年全球重大自然灾害死亡人数分布

资料来源：EM-DAT。

注：总死亡人数（Total deaths）：包括因事件发生而丧生的人数以及灾难发生后下落不明的人数，根据官方数字推定死亡人数。

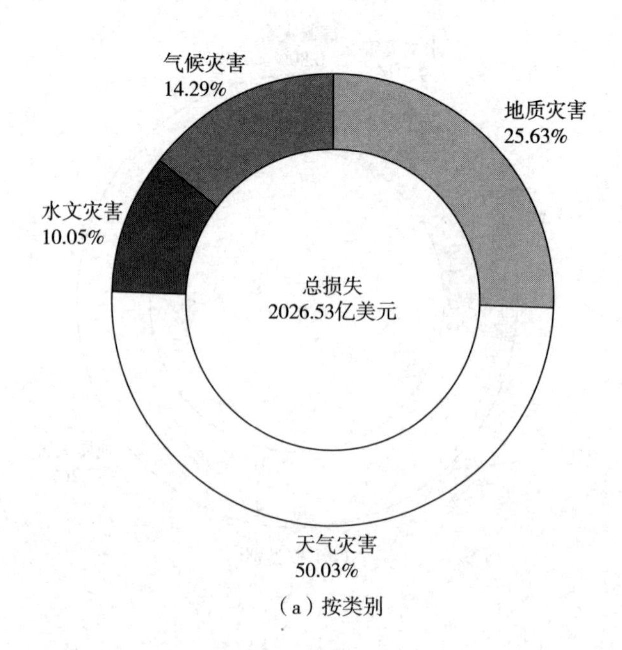

（a）按类别

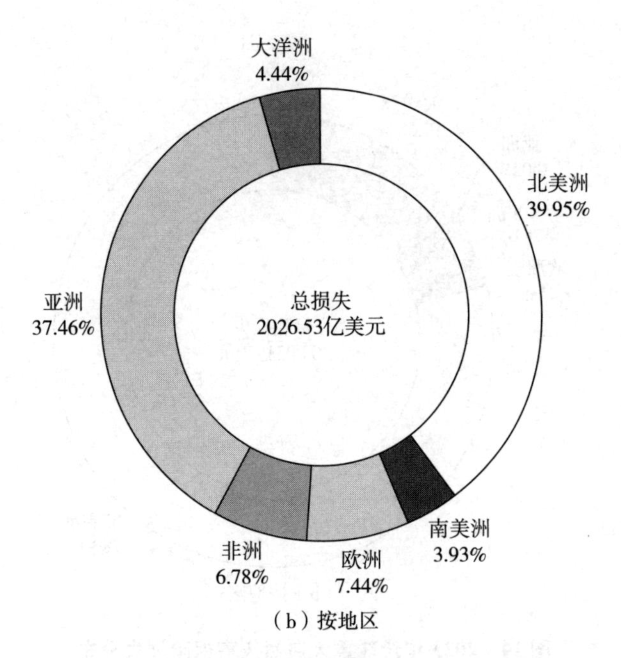

（b）按地区

图 13　2023 年全球重大自然灾害总损失分布

资料来源：EM-DAT。

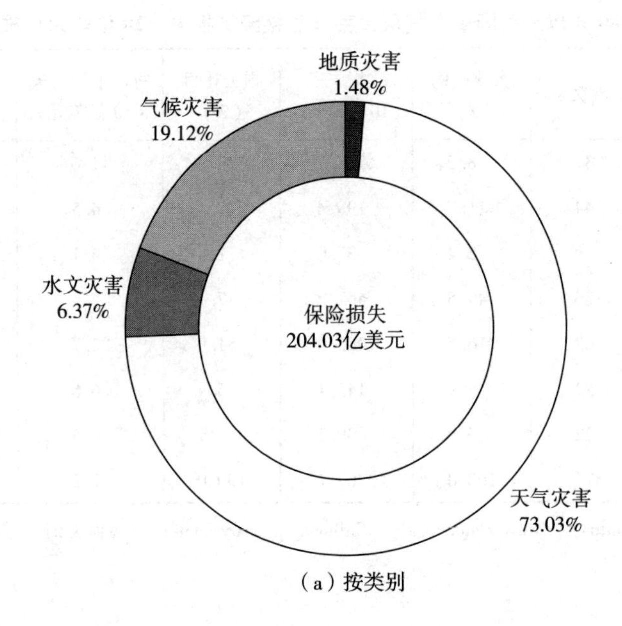

（a）按类别

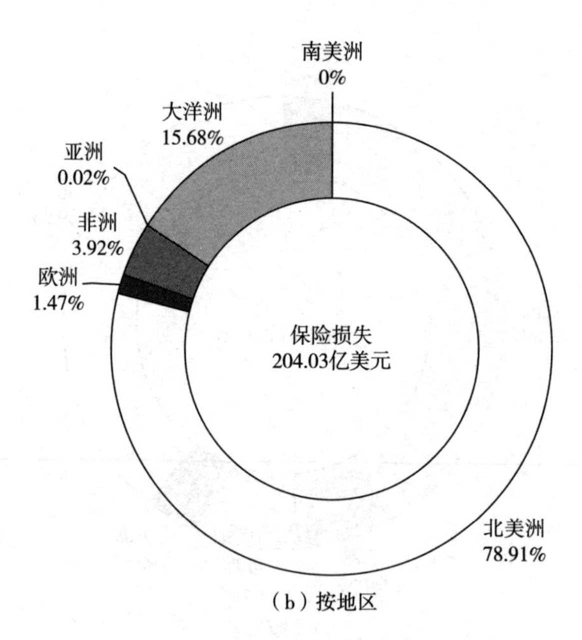

（b）按地区

图 14　2023 年全球重大自然灾害保险损失分布

资料来源：EM-DAT。

表 1　1980 年以来美国重大气象灾害（直接经济损失≥10 亿美元）损失统计

灾害类型	次数	次数比例（%）	损失（10 亿美元）	损失比例（%）	每次平均损失（10 亿美元）	死亡人数（人）
干旱	31	8.2	358.7	13.3	11.6	4522
洪水	44	11.7	199.4	7.4	4.5	738
低温冰冻	9	2.4	37.0	1.4	4.1	162
强风暴	186	49.5	462.2	17.1	2.5	2094
台风/飓风	62	16.5	1405.0	51.9	22.7	6897
火灾	22	5.9	145.1	5.4	6.6	535
暴风雪	22	5.9	99.7	3.7	4.5	1402
总计	376	100.0	2707.1	100.0	7.2	16350

资料来源：https：//www. ncdc. noaa. gov/billions/summary-stats；灾害损失值已采用 CPI 指数进行调整。

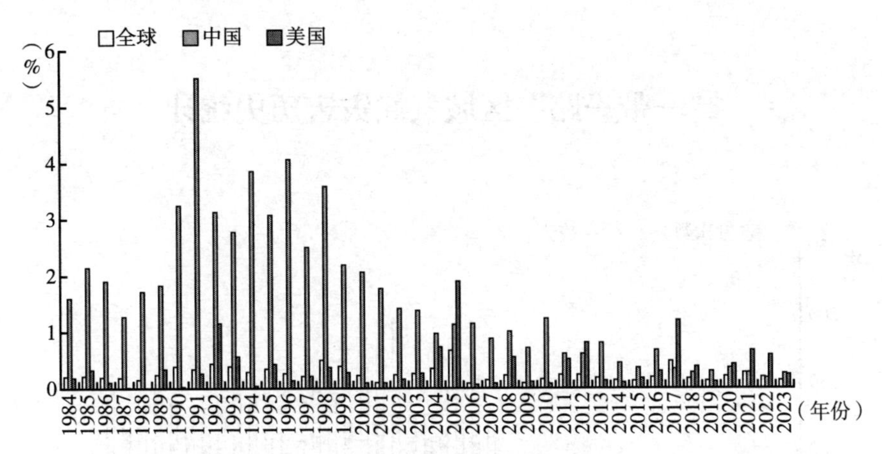

图 15　全球、美国及中国气象灾害直接经济损失占 GDP 比例

资料来源：EM-DAT、世界银行和国家气候中心。

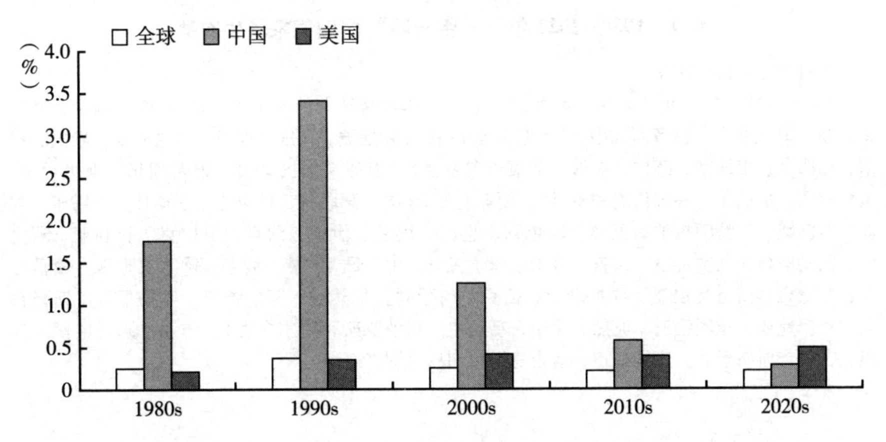

图 16　全球、美国及中国气象灾害直接经济损失占 GDP 比重的年代际变化

资料来源：EM-DAT、世界银行和国家气候中心。

“一带一路”区域气候灾害历史统计

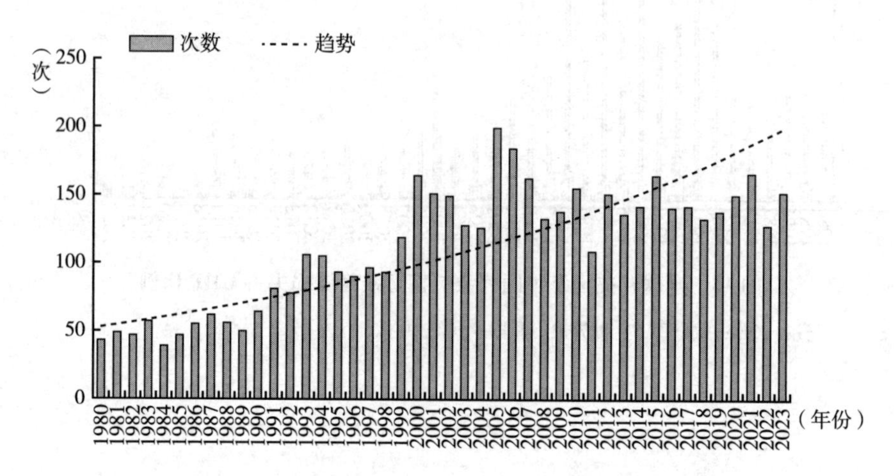

图1 1980~2023年“一带一路”区域气象发生次数

资料来源：EM-DAT。

“一带一路”区域指“六廊六路多国多港”合作框架覆盖的含中国在内的65个国家，其中东北亚3国（蒙古、俄罗斯和中国），东南亚11国（新加坡、印度尼西亚、马来西亚、泰国、越南、菲律宾、柬埔寨、缅甸、老挝、文莱和东帝汶），南亚7国（印度、巴基斯坦、斯里兰卡、孟加拉国、尼泊尔、马尔代夫和不丹），西亚北非20国（阿联酋、科威特、土耳其、卡塔尔、阿曼、黎巴嫩、沙特阿拉伯、巴林、以色列、也门、埃及、伊朗、约旦、伊拉克、叙利亚、阿富汗、巴勒斯坦、阿塞拜疆、格鲁吉亚和亚美尼亚），中东欧19国（波兰、阿尔巴尼亚、爱沙尼亚、立陶宛、斯洛文尼亚、保加利亚、捷克、匈牙利、马其顿、塞尔维亚、罗马尼亚、斯洛伐克、克罗地亚、拉脱维亚、波黑、黑山、乌克兰、白俄罗斯和摩尔多瓦），中亚5国（哈萨克斯坦、吉尔吉斯斯坦、土库曼斯坦、塔吉克斯坦和乌兹别克斯坦）。

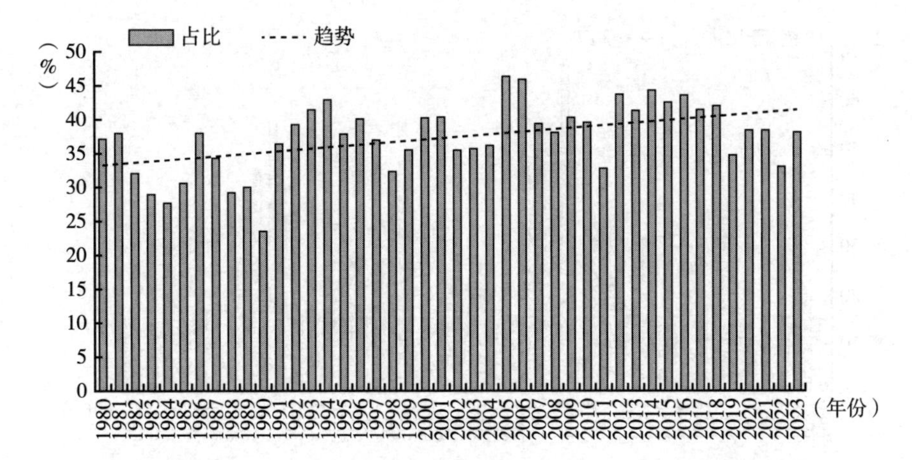

图 2　1980~2023 年“一带一路”区域气象灾害发生次数占全球比重及其趋势

资料来源：EM-DAT。

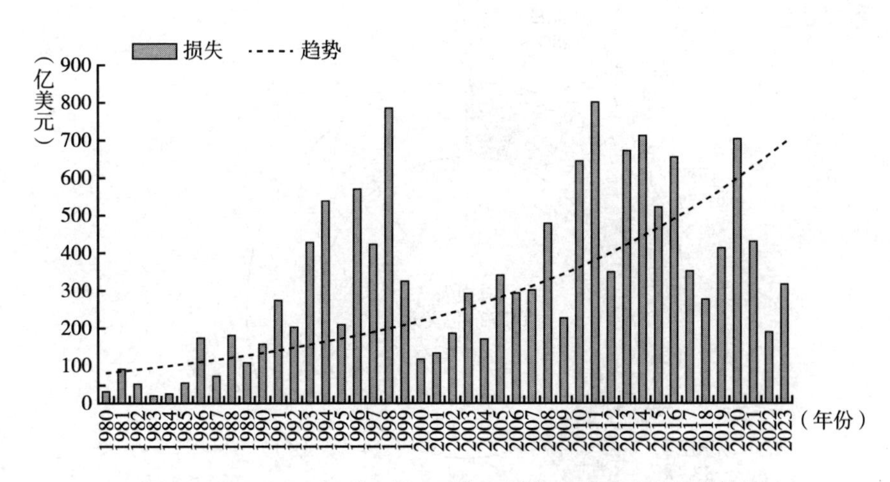

图 3　1980~2023 年“一带一路”区域气象灾害直接经济损失

资料来源：EM-DAT。

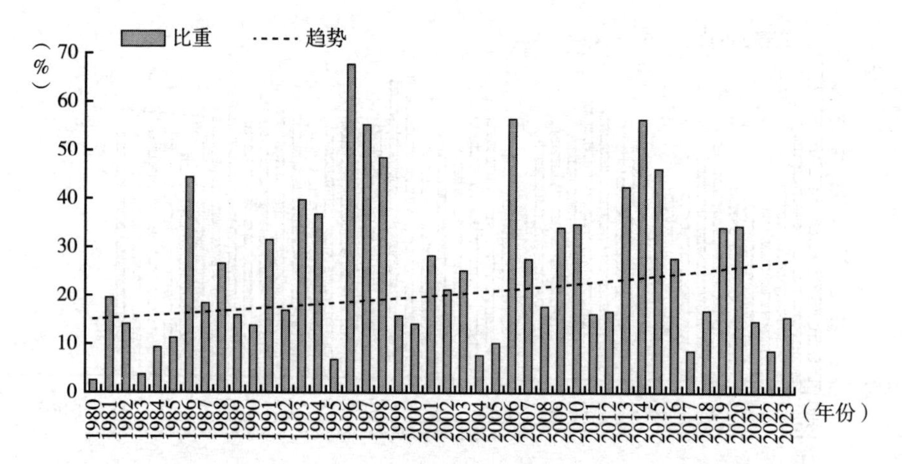

图 4　1980~2023 年“一带一路”区域气象灾害直接经济损失占全球比重

资料来源：EM-DAT。

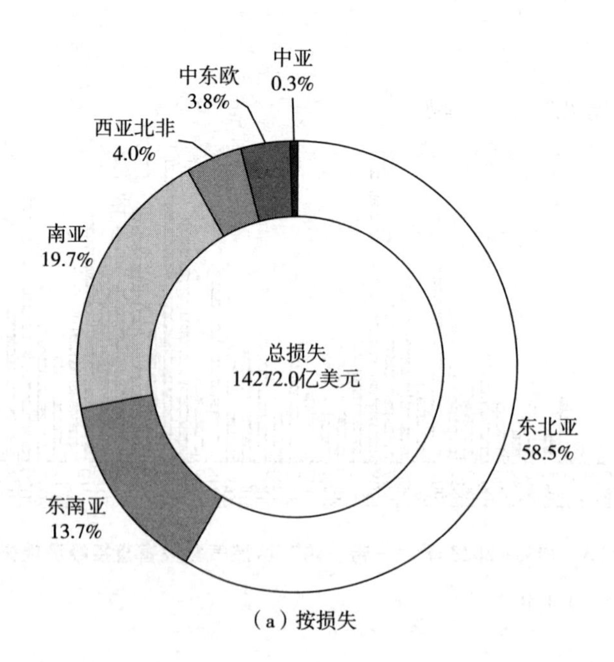

（a）按损失

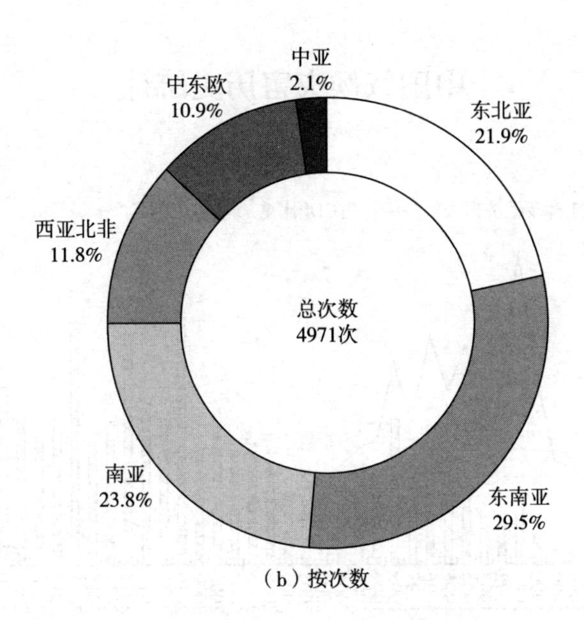

（b）按次数

图5　1980～2023年“一带一路”区域气象灾害分布

资料来源：EM-DAT。

中国气候灾害历史统计

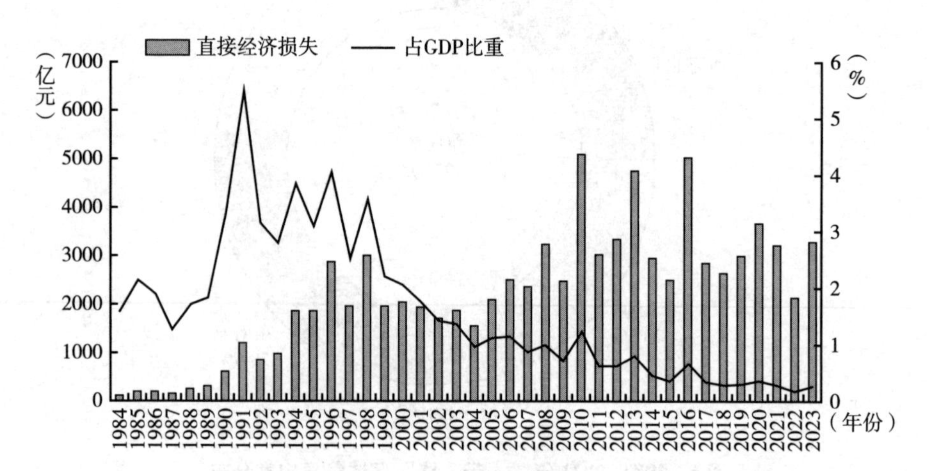

图1　1984~2023年中国气象灾害直接经济损失及其占GDP比重

资料来源：《中国气象灾害年鉴》和《中国气候公报》。

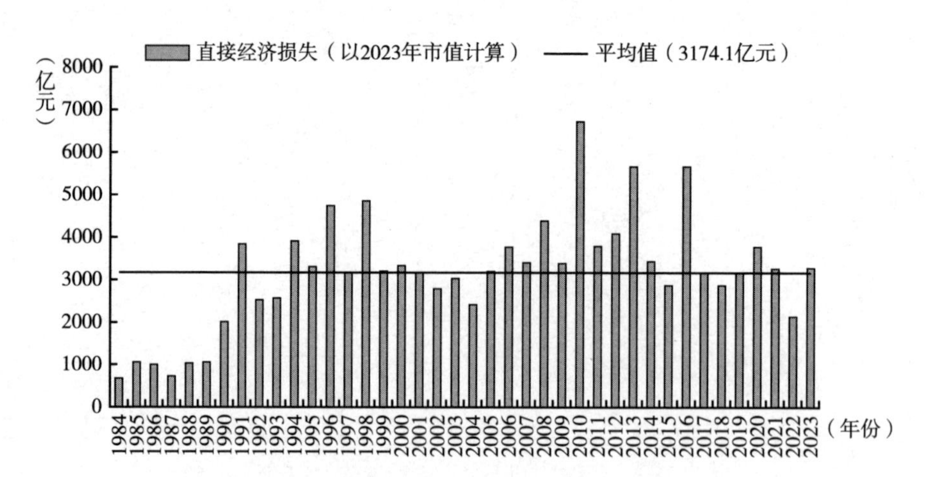

图2　1984~2023年中国气象灾害直接经济损失

资料来源：《中国气象灾害年鉴》和《中国气候公报》。

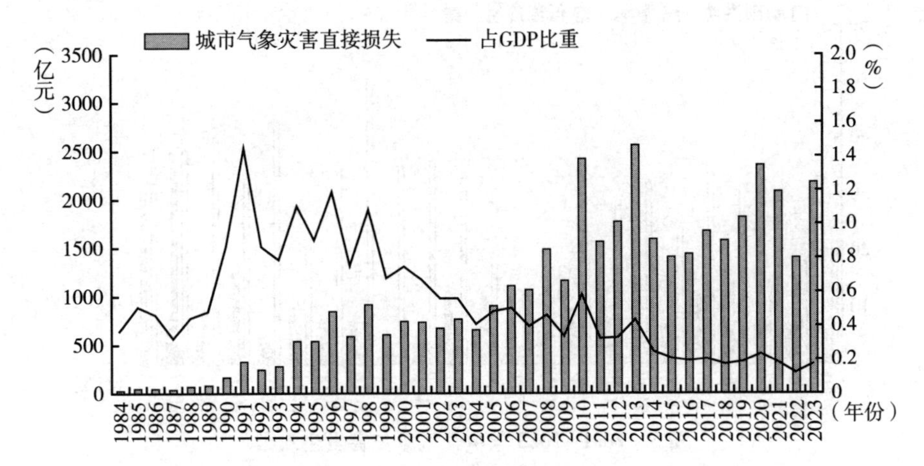

图3　1984~2023年中国城市气象灾害直接经济损失及其占GDP比重

资料来源：《中国气象灾害年鉴》、《中国气候公报》和国家统计局。

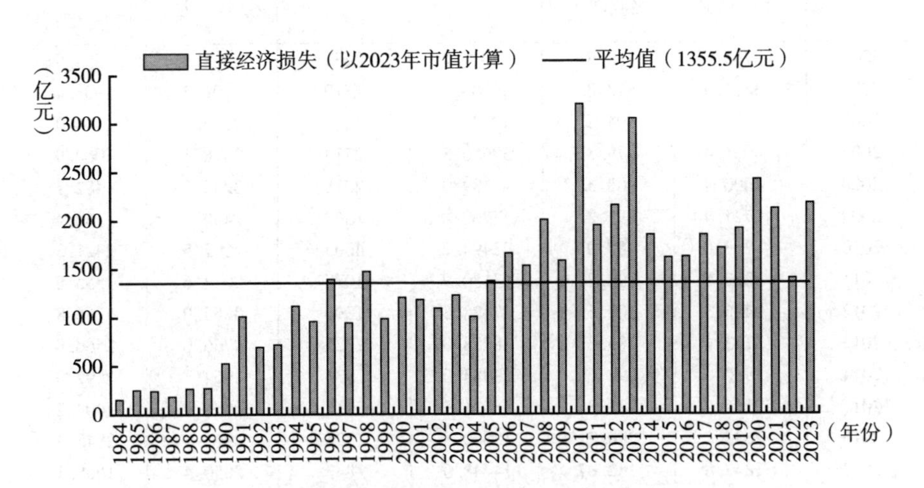

图4　1984~2023年中国城市气象灾害直接经济损失

资料来源：《中国气象灾害年鉴》、《中国气候公报》和国家统计局。

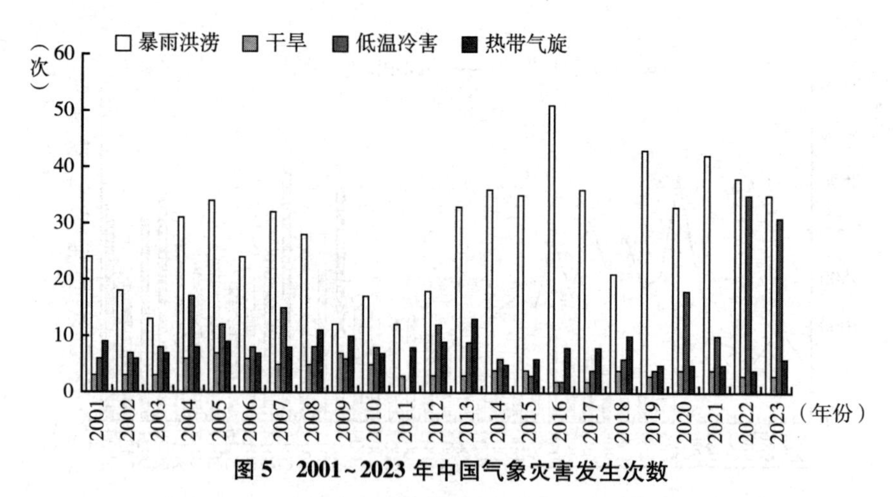

图 5 2001~2023 年中国气象灾害发生次数

资料来源:《中国气象灾害年鉴》和《中国气候公报》。

表 1 2004~2023 年中国气象灾害灾情统计

年份	农作物灾情(万公顷)		人口灾情		直接经济损失(亿元)	城市气象灾害直接经济损失(亿元)
	受灾面积	绝收面积	受灾人口(万人)	死亡人口(人)		
2004	3765	433. 3	34049. 2	2457	1565. 9	653. 9
2005	3875. 5	418. 8	39503. 2	2710	2101. 3	903. 4
2006	4111	494. 2	43332. 3	3485	2516. 9	1104. 9
2007	4961. 4	579. 8	39656. 3	2713	2378. 5	1068. 9
2008	4000. 4	403. 3	43189. 0	2018	3244. 5	1482. 1
2009	4721. 4	491. 8	47760. 8	1367	2490. 5	1160. 4
2010	3743. 0	487. 0	42494. 2	4005	5097. 5	2421. 3
2011	3252. 5	290. 7	43150. 9	1087	3034. 6	1555. 8
2012	2496. 3	182. 6	27428. 3	1390	3358. 9	1766. 8
2013	3123. 4	383. 8	38288. 0	1925	4766. 0	2560. 8
2014	1980. 5	292. 6	23983. 0	936	2964. 7	1592. 9
2015	2176. 9	223. 3	18521. 5	1217	2502. 9	1404. 2
2016	2622. 1	290. 2	18860. 8	1396	4961. 4	2845. 4
2017	1847. 8	182. 67	14448. 0	833	2850. 4	1668. 1
2018	2081. 4	258. 5	13517. 8	568	2615. 6	1558. 4
2019	1925. 7	280. 2	13759. 0	816	3270. 9	1982. 2
2020	1995. 8	270. 6	13814. 2	483	3680. 9	2351. 7
2021	1171. 8	163. 1	10675. 0	755	3215. 8	2081. 3
2022	1206. 3	135. 1	11165. 6	279	2147. 3	1556. 5
2023	1047. 8	98. 2	9435. 8	408	3292. 6	2178. 4

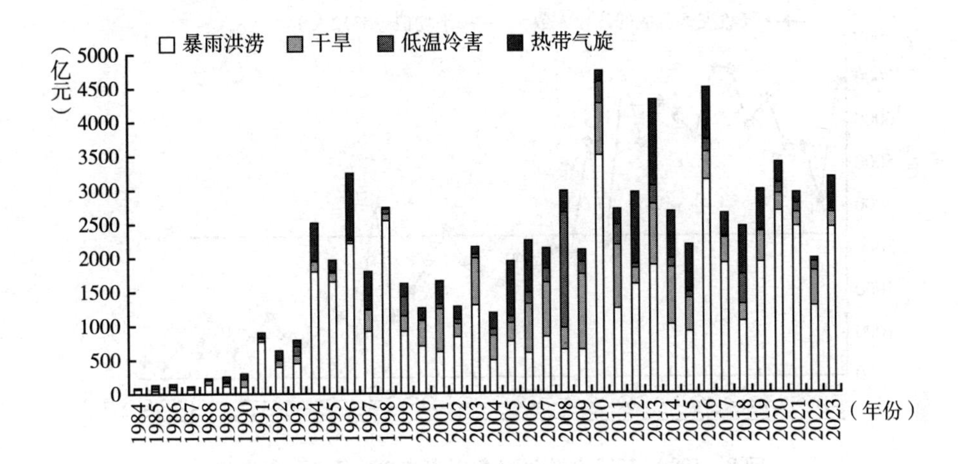

图 6　1984~2023 年中国各类气象灾害直接经济损失

资料来源：《中国气象灾害年鉴》、《中国气候公报》和应急管理部。

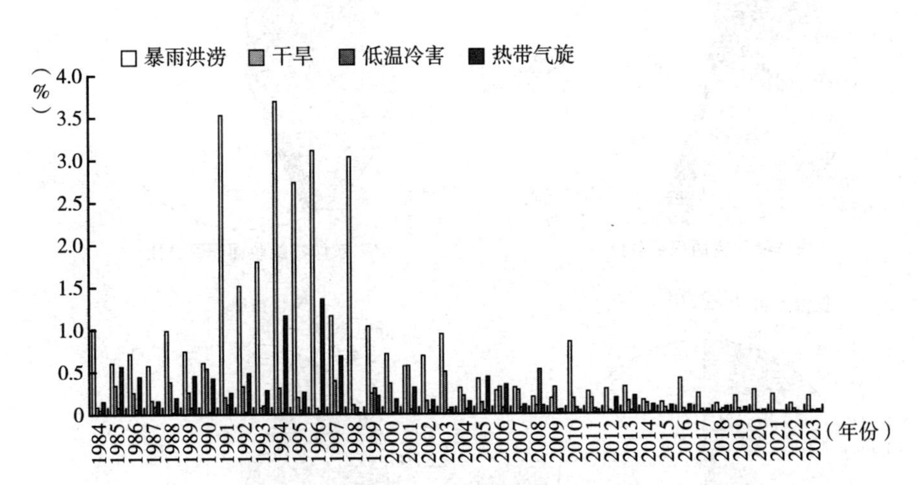

图 7　1984~2023 年中国各类灾害直接经济损失占 GDP 比重

资料来源：《中国气象灾害年鉴》、《中国气候公报》和应急管理部。

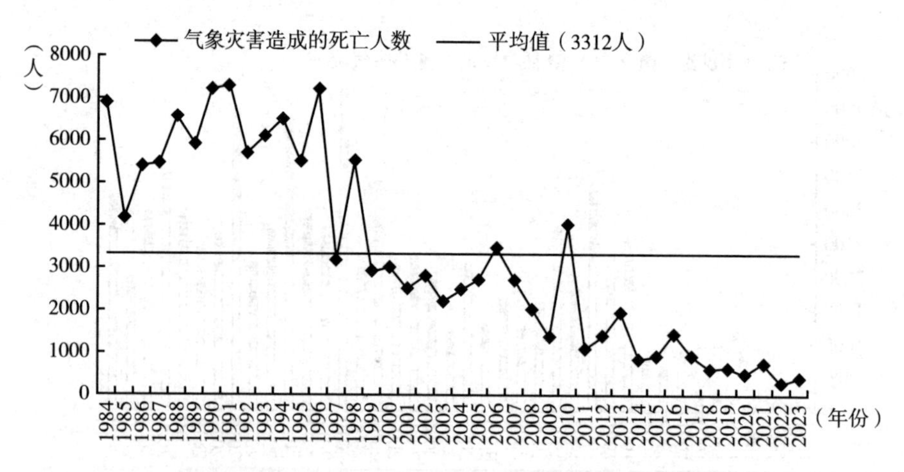

图 8　1984~2023 年中国气象灾害造成的死亡人数变化

资料来源：《中国气象灾害年鉴》、《中国气候公报》和应急管理部。

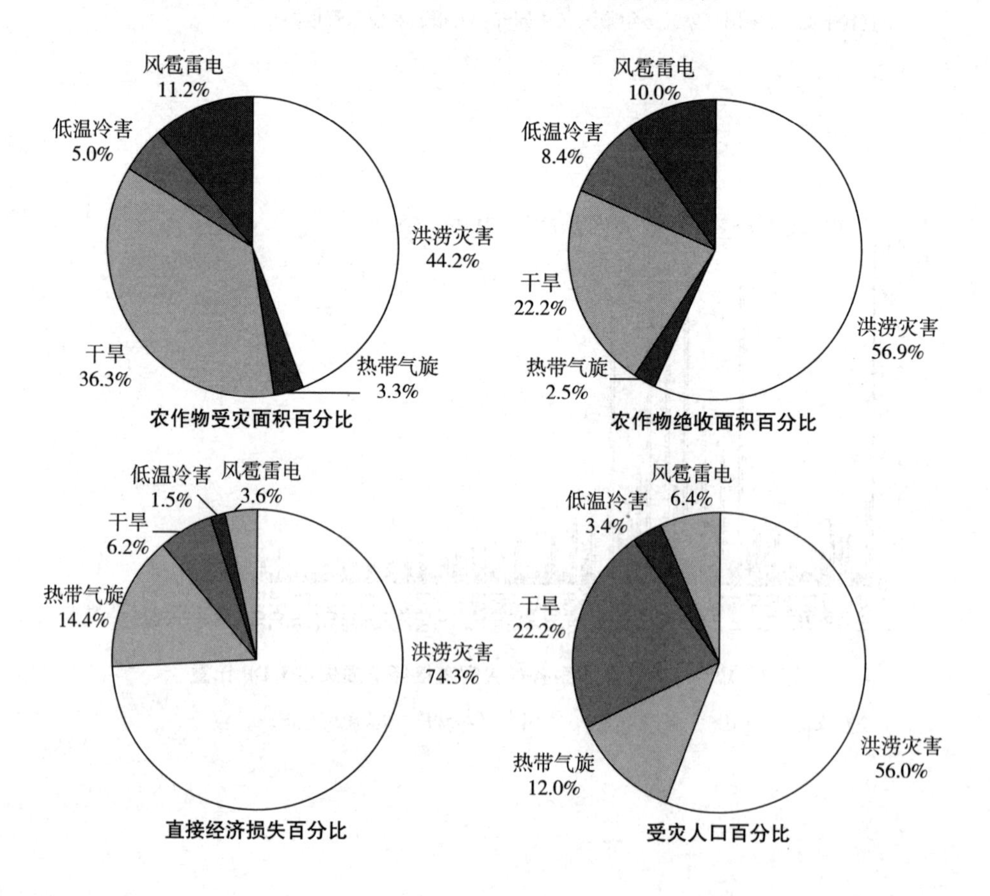

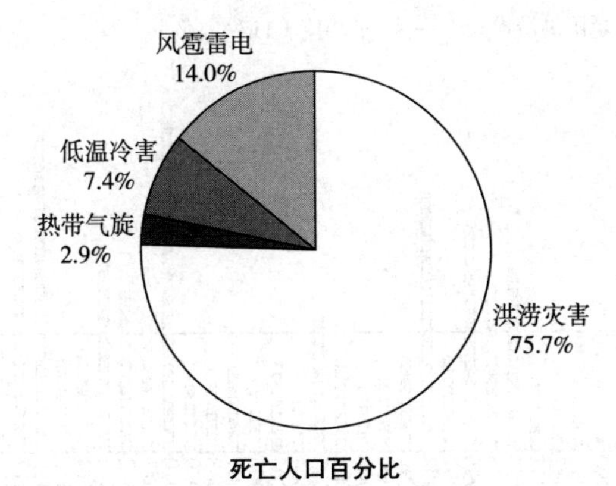

图 9　2023 年中国各类气象灾害因灾损失及死亡（失踪）人口占比

资料来源：《中国气象灾害年鉴》、《中国气候公报》和应急管理部。

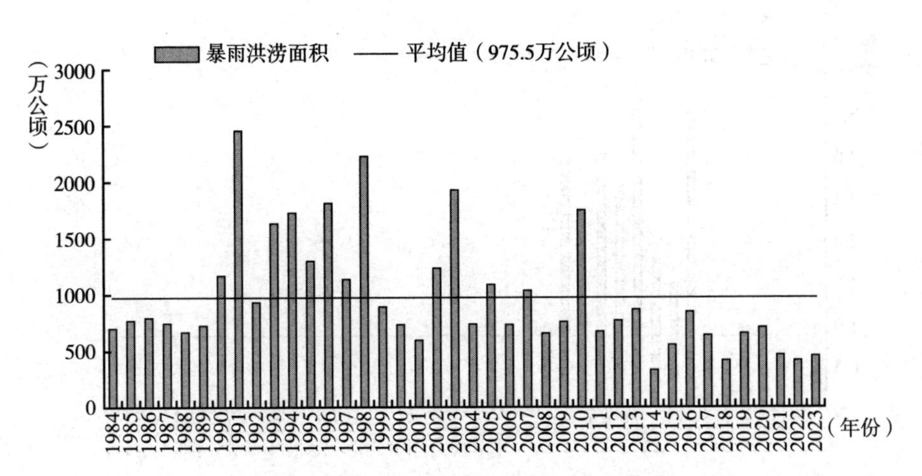

图 10　1984～2023 年中国暴雨洪涝灾害农作物受灾面积

资料来源：《中国气象灾害年鉴》、《中国气候公报》和应急管理部。

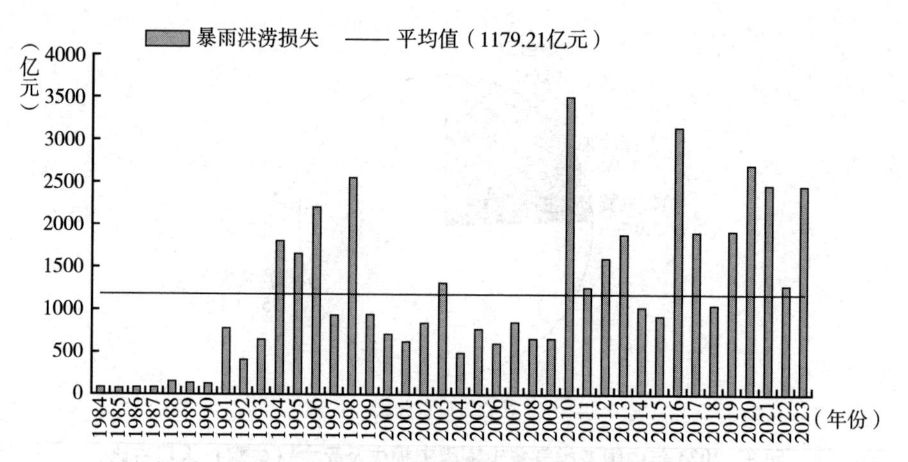

图 11　1984~2023 年中国暴雨洪涝灾害直接经济损失

资料来源：《中国气象灾害年鉴》、《中国气候公报》和应急管理部。

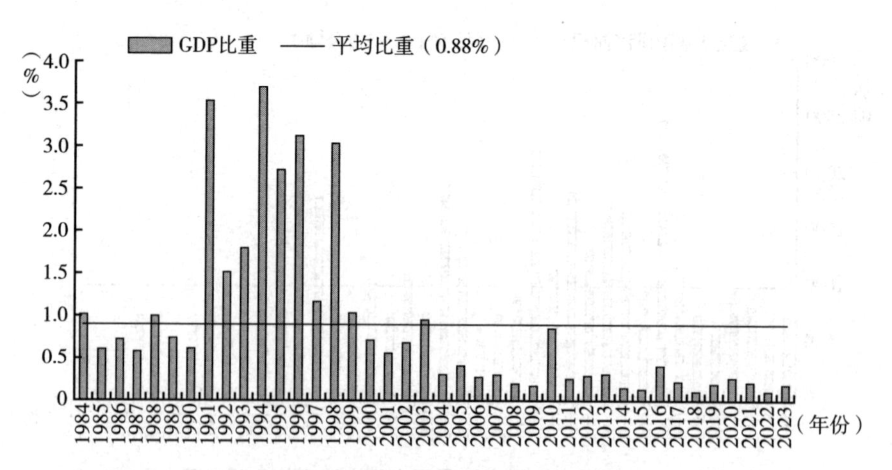

图 12　1984~2023 年中国暴雨洪涝灾害直接经济损失占 GDP 比重

资料来源：《中国气象灾害年鉴》、《中国气候公报》和应急管理部。

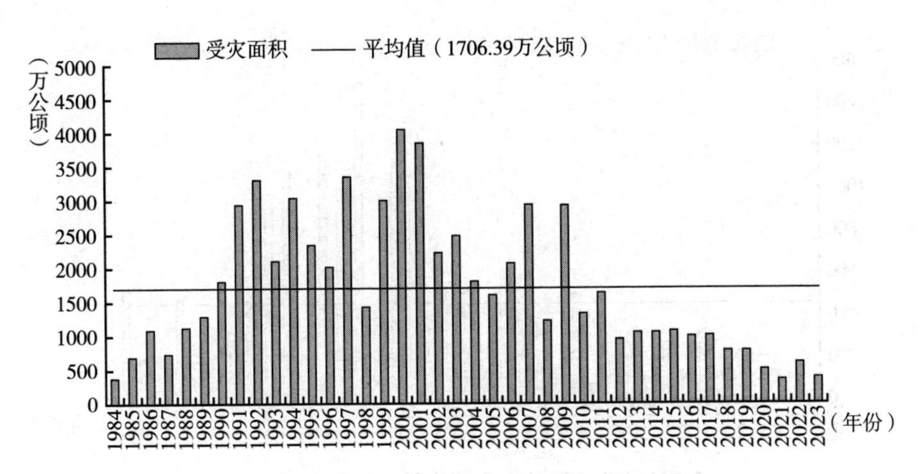

图 13　1984～2023 年中国干旱受灾面积变化

资料来源：《中国气象灾害年鉴》、《中国气候公报》和应急管理部。

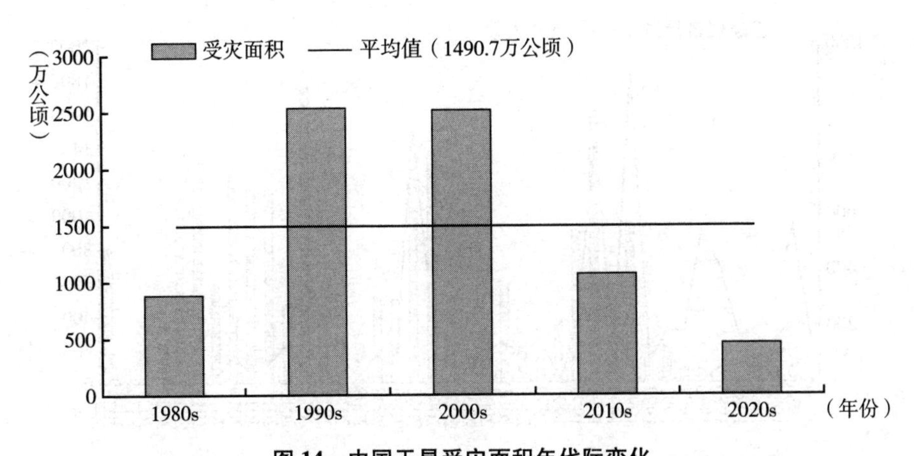

图 14　中国干旱受灾面积年代际变化

资料来源：《中国气象灾害年鉴》、《中国气候公报》和应急管理部。

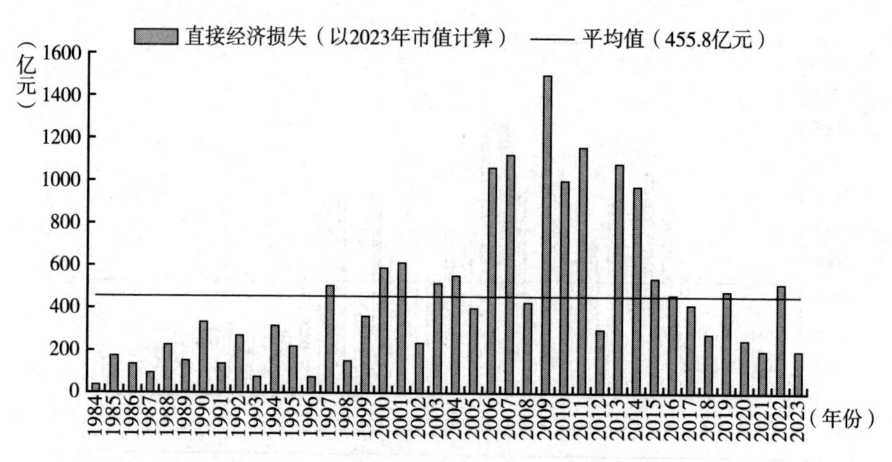

图 15　1984~2023 年中国干旱灾害直接经济损失

资料来源：《中国气象灾害年鉴》、《中国气候公报》和应急管理部。

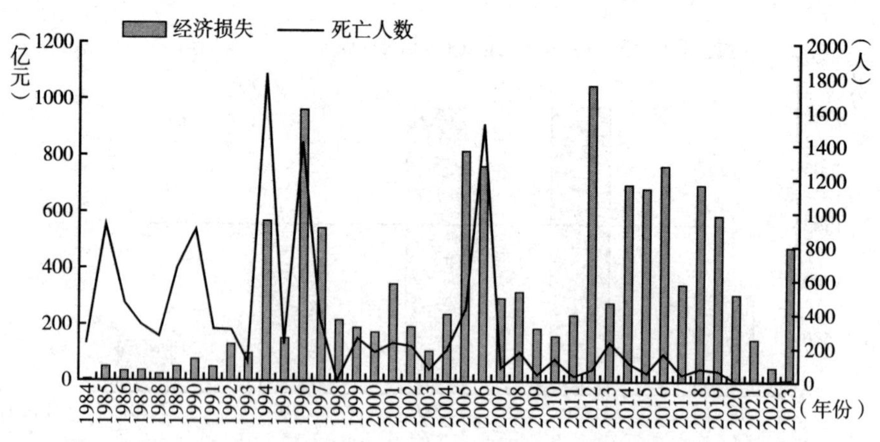

图 16　1984~2023 年中国台风灾害直接经济损失和死亡人数变化

资料来源：《中国气象灾害年鉴》、《中国气候公报》和应急管理部。

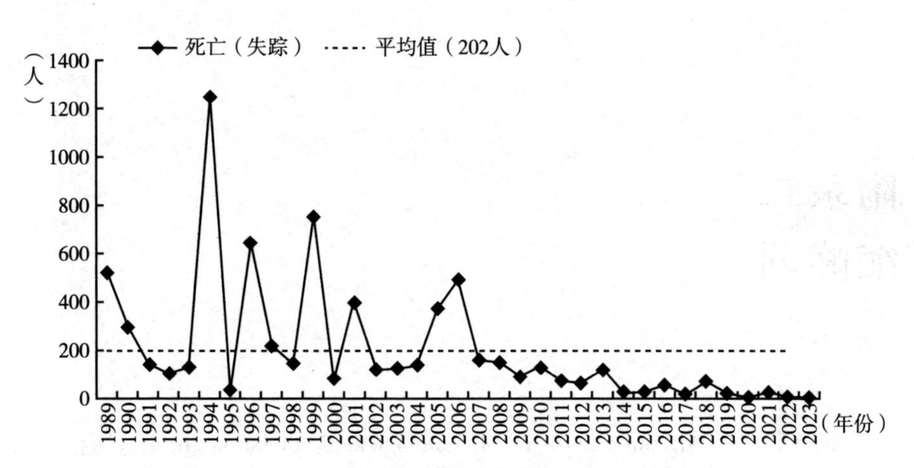

图 17　1989~2023 年中国海洋灾害造成死亡（失踪）人数

注：海洋灾害包括风暴潮、海浪、海冰、海啸、赤潮、绿潮、海平面变化、海岸侵蚀、海水入侵与土壤盐渍化以及咸潮入侵灾害。

资料来源：《中国海洋灾害公报》和中华人民共和国自然资源部。

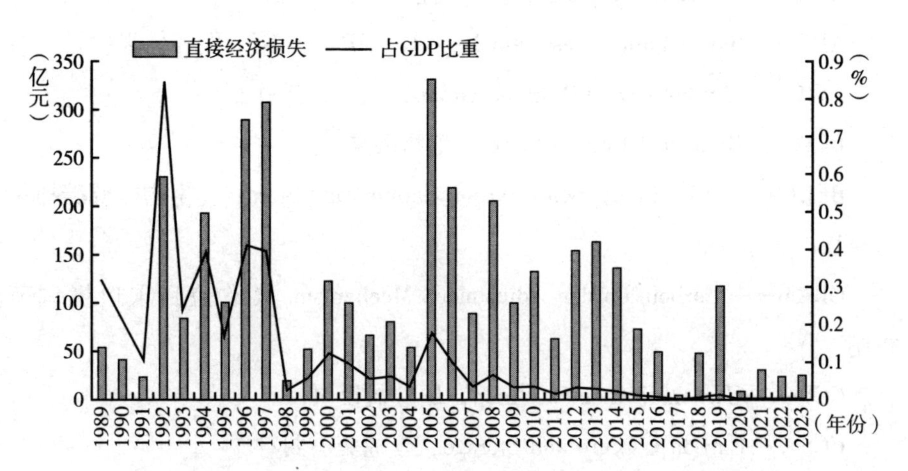

图 18　1989~2023 年中国海洋灾害直接经济损失及其占 GDP 比重

资料来源：《中国海洋灾害公报》和中华人民共和国自然资源部。

附录二

缩略词

胡国权 *

ACMAD——African Centre of Meteorological Application for Development, 非洲气象应用发展中心

AFOLU——Agriculture, Forestry and Other Land Use, 农业、林业和其他土地利用

AI——Artificial Intelligence, 人工智能

AR7——the seventh Assessment Report, (IPCC) 第七次评估报告

AWG——Anthropocene Working Group, 人类世工作组

BCP——Biological Carbon Pump, 生物碳泵

BECCS——Bio-Energy with Carbon Capture and Storage, 生物能源碳捕集与封存

CBAM——Carbon Border Adjustment Mechanism, (欧盟) 碳边境调节机制

CCP——Carbonate Counter Pump, 碳酸盐反泵

CCS——Carbon Capture and Storage, 碳捕集与封存

CDM——Clean Development Mechanism, 清洁发展机制

CDR—— Carbon Dioxide Removal, 二氧化碳移除

CH_4—— Methane, 甲烷

CID——Climatic Impact-Driver, 气候因子

---

* 胡国权，博士，国家气候中心研究员，研究领域为气候变化数值模拟、气候变化应对战略。

CMIP6——Coupled Model Intercomparison Project Phase 6，国际耦合模式比较计划第六阶段

CNN——Convolutional Neural Network，卷积神经网络

CO_2——Carbon Dioxide，二氧化碳

COCA—— China Ocean Carbon Alliance，全国海洋碳汇联盟（中国）

COP28—The 28th session of the Conference of the Parties，《联合国气候变化框架公约》第 28 次缔约方大会

DACCS——Direct Air Carbon Capture and Storage，直接空气碳捕获和封存

DIVERSITAS——An International Programme of Biodiversity Science，国际生物多样性计划

DOE ——Department of Energy，（美国）能源部

ECMWF —— European Centre for Medium-Range Weather Forecasts，欧洲中期天气预报中心

EED——Energy Efficiency Directive，能源效率指令

EIA—— Energy Information Administration，美国能源信息署

El Niño——El Niño Phenomenon，厄尔尼诺现象

EPA——Environmental Protection Agency，美国国家环境保护局

EPBD—— Energy Performance of Buildings DireCtive，建筑能源性能指令

ESB—— Earth-System Boundaries，地球系统边界

ESG—— Environment，Social and Governance，环境、社会和治理

ESSP——Earth System Science Partnership，地球系统科学联盟

ETS——Emissions Trading System，碳排放交易系统

FAO——Food and Agriculture Organization of the United Nations，联合国粮农组织

FSB—— Financial Stability Board，全球金融稳定委员会

FY_ ESM—— Emergency Support Mechanism of FENGYUN Satellite，风云卫星国际用户防灾减灾应急保障机制

G20——Group of 20，二十国集团

GDP——Gross Domestic Product，国内生产总值

GGA——Global Goal on Adaptation，全球适应目标

GST——Global Stocktake，全球盘点

GWEC ——Global Wind Energy Council，全球风能理事会

HFCs——Hydrofluorocarbons，氢氟烃

IAM——Integrated Assessment Model for Climate Change，气候变化综合评估模型

IGBP——International Geosphere-Biosphere Programme，国际地圈生物圈计划

IGC—— The International Geological Congress，国际地质大会

IHDP——International Human Dimensions Programme on Global Environmental Change，国际全球环境变化人文因素计划

IIASA——International Institute for Applied System Analysis，国际应用系统分析研究所

IOC——Intergovernmental Oceanographic Commission，联合国政府间海洋学委员会

IPCC——Intergovernmental Panel on Climate Change，联合国政府间气候变化专门委员会

IPPU——Industrial Processes and Product Use，工业过程和产品使用

IRA——the Inflation Reduction Act，通胀消减法案

IRENA——The International Renewable Energy Agency，国际可再生能源署

IRP—— International Resource Panel，国际资源委员会

ISDS ——Investor-State Dispute Settlement，投资者与国家争端解决

ISO——International Standardization Organization，国际标准组织

ISSB—— International Sustainability Standards Board，国际可持续发展准则理事会

JETP—— Just Energy Transition Partnership，公正能源转型伙伴关系

LCOE——Levelized Cost of Energy，全球加权平均平准化成本

MCP—— Microbial Carbon Pump，海洋微型生物碳泵

MoU—— Memorandum of Understanding，谅解备忘录

MRV——Measurement, Reporting and Verification，测量、报告和核查

N_2O—— nitrous oxide，氧化亚氮

NASA——National Aeronautics and Space Administration，美国国家航空航天局

NCQG——New Collective Quantitative Goal，新集体量化目标

NDCs——Nationally Determined Contributions，国家自主贡献

NDVI—— Normalized Difference Vegetation Index，归一化植被指数

NETL—— National Energy Technology Laboratory，（美国）国家能源技术实验室

NGFS——Contral Banks and supervisors Network for Greening the Financial System，央行与监管机构绿色金融合作网络

NOAA——National Oceanic and Atmospheric Administration，美国国家海洋和大气管理局

NZIA—— Net-Zero Industry Act，净零工业法

OAE——Ocean Alkalinity Enhancement，海水碱化

OECD——Organization for Economic Co-operation and Development，经济合作与发展组织

ONCE—— Ocean Negative Carbon Emissions program，海洋负排放国际大科学计划

PM2. 5——Particulate Matter with a diameter of less than 2. 5 micro-metres，（空气中）直径小于 2. 5 微米的颗粒物

PNAS—— Proceedings of the National Academy of Sciences of the United States of America，美国国家科学院院报

PRI——Principles for Responsible Investment，负责任投资原则

RCEP—— Regional Comprehensive Economic Partnership，区域全面经济伙伴关系协定

RDOC——Recalcitrant Dissolved Organic Carbon，惰性溶解有机碳

RGGI—— Regional Greenhouse Gas Initiative，区域温室气体减排行动

RNN——Recurrent Neural Network，循环神经网络

SAI——Stratospheric Aerosol Injection 平流层气溶胶注入

SCP——Solubility Carbon Pump，溶解度泵

SDGs——Sustainable Development Goals，联合国可持续发展目标

SDSN——Sustainable Development Solutions Network，可持续发展解决方案网络

SLCPs——Short-Lived Climate Pollutants，区域短寿命气候污染物

SRM——Solar Radiation Management，太阳辐射管理

TCFD——Task Force on Climate related Financial Disclosures，气候相关财务信息披露工作组

TFI——The Task Force on National Greenhouse Gas Inventories，清单特设工作组

UNDP—— The United Nations Development Programme，联合国开发计划署

UNEA——the United Nations Environment Assembly，联合国环境大会

UNESCO——United Nations Educational，Scientific and Cultural Organization，联合国教科文组织

UNFCCC——United Nations Framework Convention on Climate Change，联合国气候变化框架公约

USDA—— United States Department of Agriculture，美国农业部

WCRP——World Climate Research Programme，世界气候研究计划

WMO——World Meteorological Organization，世界气象组织

Abstract

The year 2023 was the warmest on record, and records for greenhouse gas levels, ocean heat and acidification, sea-level rise, and the retreat of Antarctic ocean ice caps and glaciers were again broken, in some cases dramatically. Heat waves, floods, droughts, wildfires and rapidly intensifying tropical cyclones have thrown millions of people´s daily lives into disarray and caused billions of dollars in economic losses. To combat climate change, green and low-carbon development has become an international consensus. Carbon peaking and carbon neutrality targets drive the development of new productive forces and accelerate green development transformation. The Annual Green Climate Book 2024: Dual Carbon GoalDriving Development of New Productive Forces begins with an analysis and outlook of the climate change situation in recent years, introduces the new understanding of climate change science, then showcases the international climate process and then summarizes domestic policies and actions, and shares the results of sectoral and urban response actions, etc. Finally, the appendix of the book includes statistics on global, Belt and Road region and Chinese climate disasters in 2023 for readers' reference.

The report concludes as follows:

Firstly, global warming continues and global high temperatures continue to set new records. the global average near-surface temperature in 2023 was 1.45 ± 0.12℃ above the pre-industrial average of 1850-1900, and 2023 was the warmest year in the 174-year record of observations. for the 12-month period from June 2023 to May 2024, the global average temperature was 1.63℃ above the pre-industrial average, breaking the 1.5℃ mark for the first time. C, breaking 1.5℃ for the first time.

Secondly, with the frequent and strong occurrence of various types of extreme weather and climate events around the globe, the importance of strengthening adaptation actions has been highlighted. 2023 in China is characterized by significant warm and humid climate features, record-breaking intensity of extreme weather and climate events such as torrential rainfalls and high temperatures, and heavy local and single-point disasters with large social impacts. The socio-economic impacts of climate change worldwide are becoming increasingly severe. The full implementation of the objectives of the Paris Agreement requires not only urgent mitigation actions but also more climate adaptation actions. The issue of adaptation to climate change has assumed greater importance in the international climate process.

Thirdly, green development is the background color of high-quality development, and new productivity is itself green productivity. Implementing the "dual-carbon" goal, accelerating the green transformation of the development mode, developing green and low-carbon industries and supply chains, constructing a green, low-carbon and recycling economic system, taking carbon control and carbon reduction as the lead, and improving the market allocation system of resource and environmental factors are of great significance to the formation of green new productive forces, the synergistic promotion of carbon-reducing, pollutant-reducing, green-growth-expanding, and accelerating the comprehensive green transformation of economic and social development.

Fourthly, artificial intelligence as one of new productive forces brings great opportunities to help solve the global climate change problem. Artificial intelligence in the field of climate change application and development potential is huge, covering data assimilation and climate model improvement, climate prediction and forecasting, intelligent climate governance, mitigation and adaptation, energy management optimization, carbon emissions monitoring, extreme disaster early warning, disaster prevention and mitigation decision-making and other aspects.

Fifthly, renewable energy power has become the main force driving the global energy transition. Since the second half of 2023, the global scope of the installed capacity of renewable energy in 2030 to triple the basic consensus, but in less than a decade to continue to maintain a high scale of growth in renewable energy for countries and regions facing different degrees of challenges, the United States and Europe, etc. , trying to build a local industrial chain to reshape the renewable energy The US, Europe and other countries are trying to build local industrial chains to reshape the renewable energy manufacturing landscape, adding to the complexity.

Keywords: Global Warming; Carbon Peaking and Carbon Neutrality; New Productive Forces; Artificial Intelligence

Contents

I General Report

Abstract: The World Meteorological Organization (WMO) has officially confirmed that 2023 is the warmest year on record with a large increase in global average temperatures. 2024 will see continued global warming and a record number of extreme weather events in many places of the world. At the same time, the global response to climate change continues to be advanced. The 28th Conference of the Parties (COP 28) to the UNFCCC, held in Dubai, UAE, at the end of 2023, took global stock of the Paris Agreement for the first time and achieved a number of results, which attracted the world's attention. With the upcoming 29th COP 29 to be held in Baku, Azerbaijan, in November 2024, the international climate negotiations are still faced with a number of hotspots and difficult issues. As a responsible power in the global climate governance, China has been actively addressing the complex international situation and various challenges, driving the development of new productive forces with the "dual carbon" goal, accelerating the comprehensive green transformation of the economy and society, and continuously making new progress.

Keywords: Climate Change; Climate Policies; International Climate Negotiations

Ⅱ New Scientific Understanding of Climate Change

G.2 Progress of Earth-system Boundaries Assessment

Huang Lei, Yang Xiao / 023

Abstract: In September 2024, the Earth Commission published an assessment report on planetary boundaries in The Lancet Planetary Health, exploring the impacts of human activities on the Earth's environment. The report highlights that humanity has crossed 7 out of 8 planetary boundaries, including climate change and ecosystem integrity. This paper summarizes the assessment's background, emphasizing the environmental pressures driven by global economic and population growth and the severe ecological challenges faced by humanity. The concept of planetary boundaries underscores the critical role of humanity in maintaining ecological balance and calls for equitable and just resource distribution to uphold human dignity and alleviate poverty. Additionally, this paper discusses the evolution of planetary boundaries and their relationship with the "Anthropocene," revealing how human activities have become the dominant force in environmental changes. It emphasizes the importance of harmonious coexistence with nature and urges the application of these research findings to achieve sustainable development, fostering positive interactions and coexistence between humanity and nature.

Keywords: Earth-system Boundaries; Sustainable Development; Anthropocene

G.3 Ocean Negative Carbon Emissions Program

Liu Jihua, Luo Tingwei and Jiao Nianzhi / 033

Abstract: This report provides a comprehensive overview of the Ocean

Negative Carbon Emissions (ONCE) Program, covering its background, objectives, implementation pathways, and progress in international cooperation. The severe impacts of global climate change on ecosystems and human societies have driven countries to reach an international consensus on reducing greenhouse gas emissions and achieving carbon neutrality. As Earth's largest active carbon sink, the ocean plays a crucial role in this effort. The ONCE program innovatively proposes a multi-carbon pump mechanism, integrating the solubility pump, biological carbon pump, carbonate counter pump, and microbial carbon pump, to enhance marine carbon sequestration. The program aims to explore the practical applications of these mechanisms through demonstration projects such as aquaculture environment carbon sinks, alkalization of wastewater treatment plant effluent, and marine ranching. Chinese scientists have spearheaded the ONCE program, which has distinctive features and has made significant progress in international cooperation. The program has expanded collaborations with multiple research institutions and international organizations, established a global network for ocean negative carbon emissions research, and promoted the development of international standards and protocols. The implementation of the ONCE program will further deepen theoretical research on carbon sequestration, drive innovation in negative emissions technologies, and foster broader international cooperation, ultimately providing new capabilities for global climate governance and sustainable development.

Keywords: Ocean Negative Carbon Emissions; Microbial Carbon Pump; Climate Change

G.4 New Features of the IPCC Seventh Assessment Report and Policy Recommendations for China's Participation

Abstract: The Intergovernmental Panel on Climate Change (IPCC) launched its seventh assessment cycle (AR7) in 2023, which is expected to have a profound impact on global climate governance. The IPCC has not only provided authoritative scientific evidence on climate change but has also driven the development of international climate policies. Building on previous work, AR7 will further deepen assessments and is set to release several key reports, including a special report on climate change and cities, as well as a methodological report on short-lived climate forcers. These reports will focus on the critical role of cities in addressing climate change and explore techniques for measuring and reducing short-lived climate forcers, providing vital scientific support for global climate policy. The findings of AR7 are expected to significantly influence future climate negotiations, policy-making, and global climate actions, particularly in addressing the growing complexity and urgency of climate challenges. Lastly, this paper offers policy recommendations for China's active involvement in the AR7 process, aiming to enhance its ability to meet global climate challenges and strengthen its influence in international climate governance.

Keywords: Climate Change; Short-lived Climate Forcers; Scientific Assessment

Abstract: The frequency of sand-dust weather (SDW) decreased and the intensity weakened in northern China during 1961 – 2020, while the SDW frequency (SDWF) of spring sharply increased in 2021 and 2023, which prompted widespread concern. As we know, the changes of spring general atmospheric circulation and surface condition of sand-dust source region are the main factors impacting the variation of SDW. Due to the weakening of mid-high latitude of Eurasia continent under global warming, there has been a notable reduction in the transportation. Additionally, owing to China's efforts in preventing and controlling desertification during recent decades, sand-dust is less easily blown into the sky from sand-dust source region. Both factors have contributed to the notable decrease of SDWF in northern China. While, at the same time, the significantly warmer conditions over mid Asia have exacerbated the drought in southern Mongolia. This has deteriorated surface conditions and facilitated the lifting of sand-dust into the sky, which was then carried to northern China and other part of East Asia through atmospheric circulation. The occurrence of sand-dust weather in northern China is projected to decrease in the future as a result of global warming. However, it is anticipated that the dust concentration will increase in the arid and semi-arid areas of Central Asia, West Asia, and northern East Asia. In order to effectively cope with the risk of sandstorms exacerbated by climate change, China still needs to consolidate the achievements of desertification prevention and control, build a stronger ecological security barrier in the north. Moreover, it is imperative to continue to strengthen international cooperation in desertification prevention and control. Additionally, there is a need to improve the construction of the monitoring station network in the sand-source regions, as well as strengthen scientific research efforts to enhance the prediction capabilities and early warning systems for sand-dust events.

Keywords: Sand-dust Weather; Climate Change; General Atmospheric Circulation; Sand-dust Source Regions

G.6 Climate-Related Information Disclosure for Environmental, Social and Governance

Wu Huanping, Ren Yuyu, Zhu Yun, Chao Qingchen, Zhang Siqi and He Xiaobei / 072

Abstract: Climate information disclosure has become one of the most important and critical components for organizations to implement Environmental, Social, and Governance (ESG) practices. This paper first introduces the origins, policy, research institutions, and recent developments in climate information disclosure both domestically and internationally. It analyzes the necessity and urgency of climate-related disclosure in China, and describes in detail the core technical methods for disclosing climate risks, including the types of climate risks, the transmission mechanisms of climate risks to finance, and the quantitative assessment methods for physical and transition climate risks. The research and application of climate-related financial risk disclosure in China are still in the initial stages, requiring in-depth studies in policy, technology, and application services. Consequently, the article concludes with recommendations to accelerate the construction of climate disclosure-related datasets, strengthen research on industry-specific risk assessment methods, develop a demonstration platform for climate risk assessment, and establish a mechanism for technical and team development through cross-disciplinary collaboration. These suggestions aim to address the key issues in climate risk disclosure, build a system for ESG-oriented climate disclosure, enhance enterprises' ability to manage and mitigate climate risks, and improve their capacity to adapt to climate change.

Keywords: Environmental, Social and Governance; Climate Risk Quantitative Assessment; Information Disclosure; Climate Services

Abstract: The development of large-scale artificial intelligence (AI) models has been in full swing since 2023. GraphCast, Pangu-Weather, "Fuxi", "Fengwu" and other major global AI weather models are ushering in a new era of intelligent weather and climate forecasting. Responding to climate change is now a common challenge facing humanity, and artificial intelligence offers great opportunities to solve the global climate change issues. This paper reviews the current state of AI applications in the field of climate and summarizes the current mainstream AI weather models worldwide. Then we introduce the development of sub-seasonal-seasonal climate models, in particular the "Fengshun" big model released by the China Meteorological Administration in June 2024, which far outperforms traditional numerical models in predicting global climate anomalies. Moreover, the application and development potential of AI in the field of climate change is generally substantial, covering data assimilation and climate model improvement, climate prediction and forecasting, smart climate governance, mitigation and adaptation, energy management optimization, carbon emission monitoring, early warning of extreme disasters, disaster prevention and mitigation decision making, etc. In the context of global climate change and the intelligent era, we should establish the "1+N" AI new technology research and development in advance, and explore new intelligent governance mode of AI climate change mitigation and adaptation, so as to strategically support China's new-generation AI development and promote global climate governance.

Keywords: Artificial Intelligence; Climate Change; Development Potential

G.8 The Exploration and Practice of Establishment and Demonstration Activities of Climate Ecological Brand

Abstract: The establishment and demonstration activities of Climate Ecological Brands aim to enhance public awareness of the value of climate resources, promote the rational protection and utilization and the scientific assessment of these resources. It represents a strategic planning and significant practice that unifies the construction of ecological civilization with the economic and social development. Since 2016, the activities have gone through several stages of development, including initial exploration, review and summary, standardized management, rapid advancement, publicity and promotion, experience summarization, and benefit assessment. By 2023, a total of 543 counties (districts, cities) or regions across the country have received this honor. Based on case studies, it has been found that regions established early on have fully utilized the Climate Ecological Brands effects to achieve innovative development, including ecological protection, tourism prosperity, and cultural communication. The main experiences highlighted in the practice of these activities include the use of a scientific and objective evaluation system, strong local government commitment, multi-faceted promotion, and the deep integration of Climate Ecological Brands with the development of local industries. These approaches have not only accelerated regional economic growth and enhanced urban reputation but have also improved the ecological environment, contributing to sustainable development.

Keywords: Climate Ecological Brand; Climate Resources; Realization of the Value of Ecological Value

Ⅲ International Climate Process

Abstract: Renewable power has become the main force to promote global energy transformation towards low-carbon. Since the second half of 2023, tripling renewable power by 2030 has been proposed on many international events. However, it is great challenge for countries and regions, with different degrees, to keep high growth of renewable power from present to 2030. USA and Europe attempt to support local industrial chains to re-build global renewable production landscape, increasing the complexity of tripling renewable power. This paper explains the status of global renewable power development, summarizes the road proposed by some international organizations including IRENA to realize tripling renewable power by 2030, analyzes its matching degree with China's goal of achieving the proportion of non-fossil energy, China's possible role and contribution. The key point of tripling renewable power by 2030 is wind and solar power development, with challenges focusing on energy and power infrastructure and industry trade barriers to be overcome. Whether from promoting the realization of tripling renewable power by 2030, or domestic energy green low-carbon transformation, or supporting development of domestic healthy industries, China wind and solar power and other renewable energy markets need to continue to maintain a high scale. Power sources should be diversified, flexible resources should be reasonably allocated, and power grid should be improved. The policy mechanism should guarantee the market scale and investment of domestic renewable power projects, while reducing and solving the impact of international trade barriers, and promoting China's manufacturing industry to contribute to the global tripling renewable power by 2030 as well as energy transformation.

Keywords: Renewable Power; Wind Energy; PV

Abstract: Energy Transition (ET) is the most important outcome of UAE Consensus agreed on COP29. The following findings are identified, based on the analysis of the negotiation process, key arguments and main content related to ET: 1) the principle of ET is determined, as just and orderly and equitable; 2) the coverage of the transition goes to all fossil fuels for the first time by concluding "transitioning away from fossil fuels" globally; 3) the global renewable energy and energy efficiency targets are declared also for the first time, providing positive guidance to global energy market; 4) the role of abated technology is confirmed but limiting its application to certain sectors. In addition, this paper takes China and United Kingdom as examples to provide ET practices based on national circumstance. In China, the strategy of "construction first, replacement second" as adopted, whereas in UK, the replacement of clean power to fossil power have been largely observed. Both are making sense and contributing to the agreement of UAE Consensus. Finally, the paper concludes that the pace of the ET in different countries may be different as the national circumstance varies, however, the direction of energy development should keep consistent with UAE Consensus.

Keywords: UAE Consensus; Energy Transition; Climate Governance

G.11 The Progress and Outlook on Climate Change Issues at the United Nations Environment Assembly (UNEA)

Wei Chao, *Li Lu* / 137

Abstract: This article discusses the latest developments in negotiations on climate change at the United Nations Environment Assembly (UNEA), highlighting that climate change is becoming a key issue in global environmental governance. The article focuses on the climate change topics addressed at the sixth UNEA, held in 2024, including "Solar Radiation Modification" and "Effective, Inclusive, and Sustainable Multilateral Actions towards Climate Justice." It analyzes the key points of the negotiations, the challenges involved, and the positions of major countries or groups. Finally, the article examines how the outcomes of UNEA negotiations have impacted global climate governance, noting that future negotiations on climate change at UNEA may emphasize multilateral cooperation, emerging technologies, a stronger focus on climate justice, and the importance of technological innovation. It suggests that China should actively participate in UNEA negotiations on climate change issues, emphasize the role of technological and tool innovation in addressing climate change, and strengthen public education and awareness, thus better leveraging UNEA as a platform for international climate governance.

Keywords: Geoengineering; Climate Justice; Climate Governance

G.12 Recent Progress and Practical Challenges in Global Carbon Market Linking

Sun Yongping, Cai Zhengfang / 147

Abstract: The widespread establishment of individual carbon markets worldwide, combined with the "bottom-up" emission reduction cooperation mechanism under the Paris Agreement, creates both a practical demand and institutional support for the linking of global carbon markets. This paper reviews the forms and current status of carbon market linking, explores the practical challenges of carbon market linking from five perspectives: geographical proximity, economic feasibility, political feasibility, climate policy differences, and environmental integrity. In response to these challenges, countermeasures are proposed to facilitate the linking of carbon markets and ensure the effective operation of the linked markets. This paper suggests providing a supportive political environment for carbon market linking, linking by degrees, enhancing coordination of carbon market institutional systems, overcoming legal barriers to carbon market linking, and ensuring the environmental integrity of the linked markets.

Keywords: Carbon Market Linking; International Cooperation on Emission Reduction; Climate Change

G.13 Critical Mineral Security under Climate Change and Energy Transition

Yu Hongyuan, Huang Xia and Chen Hongyang / 163

Abstract: As the importance of climate governance continues to rise, the global energy transition is an unstoppable trend, with renewable energy and energy efficiency playing a crucial role. This has led to a significant demand for key minerals such as lithium, cobalt, and nickel, making the secure supply of these minerals a critical issue. Western countries, particularly the United States and

Europe, have elevated the security of critical mineral supply to a national strategic level, seeking to establish global standards and conflict resolution mechanisms through enhanced alliance cooperation and supply chain "de－Chinaization." Meanwhile, "Global South" countries, which are rich in key mineral resources, are emerging as new players in the energy transition, actively expanding their critical mineral supply chains to achieve higher-quality development. As a major player in global mineral exploration, development, and processing, China dominates the midstream refining and downstream production sectors, but lacks advantages in the upstream sector. In this context, it is imperative to further identify risks in the critical mineral supply chain and propose possible solutions to global critical mineral supply chain risks.

Keywords: Key Minerals; Energy Transformation; Global Governance

Abstract: Climate change is impacting the globe at unprecedented speed and scale. As one of the regions most severely threatened, Africa has seen significant climate change trends in recent years, with frequent extreme weather events and exacerbated climate disasters. These factors are seriously impacting agricultural production, leading to hunger and malnutrition among vulnerable populations, increasing pressure on natural resources such as water, and threatening public well-being and social stability, posing significant challenges to sustainable development. Early warning systems are an effective means to address climate change and promote sustainable development, offering significant socio-economic benefits. However, Africa currently faces numerous issues in the construction and implementation of early warning systems, including insufficient observation capacity, underdeveloped infrastructure, lack of scientific expertise, and political instability, which hinder the

effectiveness of early warnings. In recent years, with the support of bilateral and multilateral working mechanisms, progress has been made in Africa's early warning system development, enhancing its capacity to respond to climate change. This paper suggests further strengthening a people-centered approach, improving personnel skills, promoting multi-dimensional and smart early warning systems, and continuously enhancing early warning capabilities. This will provide a solid foundation for achieving sustainable development in Africa.

Keywords: Climate Change; Africa; Sustainable Development; Early Warning

Abstract: The green transition has been a core policy of the European Commission over the past four years. The "European Green Deal," the "Climate Change Law," and the "The Green Deal Industrial Plan" collectively form a policy framework aimed at advancing the EU towards an economy with net-zero greenhouse gas emissions. The "REPower EU" aims to adjust Europe's energy development strategy, reduce dependence on Russian gas, and accelerate the transition to clean energy. Although diversifying energy supply chains and the politicization of energy policies have brought some difficulties in achieving the EU's 2030 targets, the climate and energy agenda remains central to the EU. However, the conflict between Russia and Ukraine, global geopolitical shifts, and economic competition have led to a shift in the highlight of the EU Green Deal implementation since 2023. The EU has prioritized de-risknig as an urgent task for the green transition, replacing decarbonization with security as the core of the European Green Deal 2.0. This shift is driven by the EU's strong need for economic security, the intense international competition in the clean energy industry, and opposition from right-wing conservative forces. The European

Green Deal 2. 0 will prioritize economic de-risking, potentially leading to a relatively slower development phase in the EU's green transition.

Keywords: European Union; Climate and Energy Policy; Green Deal 2. 0

Abstract: In order to reach the Paris Agreement's global climate goal, the scenario in the IPCC's Sixth Assessment Report (AR6) includes a large number of pathway assumptions for negative-emission technologies such as carbon removal. It is observed that carbon removal will play an important role in the implementation of long-term climate goals in Europe and the United States. The "Carbon Removal Act 2022" proposed by members of the U. S. House of Representatives is under consideration by the relevant committees in the House of Representatives, and the "Carbon Removal Certification Framework Legislation Draft 2023" reached a preliminary agreement in the European Parliament and the European Council in April 2024. In this paper, we will analyze the definition, standards, means of policy implementation, and transparency system of carbon removal in Europe and the United States from the current carbon removal legislation, in an attempt to provide decision-making support for Chinese policymakers. It was concluded that the European Union and the United States have provided policy support for the development of carbon removal technologies in terms of technological innovation, market application and financial mobilisation, with the European Union focusing more on front-end technological research and development and the United States focusing more on market application. In the process of formulating and improving climate policies related to CDR, China can draw on the experiences of Europe and the United States to promote the research and development, application and dissemination of CDR technologies according to the context situation. China can also carry out international co-operation in information exchange, capacity building and scientific research on CDR technologies based on the characteristics of European and American technologies and policies.

Keywords: Carbon Dioxide Removal (CDR); Climate Policy; Climate Governance

Ⅳ Policies and Actions

G.17 Frontier Progress and Suggestions on Key Technologies for Carbon Neutrality

Meng Hao / 220

Abstract: Realizing carbon neutrality goals has become a global consensus in addressing climate change, and key technologies for carbon neutrality have become a focus of global competition. The United States, the European Union, Japan, and other countries have introduced relevant laws and regulations to deploy key carbon neutral technologies such as advanced solar energy, wind power, energy storage, hydrogen energy, nuclear energy, and energy storage. They have formulated development strategies to clarify the roadmap for the development of carbon neutral technologies, and increased R&D efforts through the implementation of advanced energy research plans, energy breakthrough plans, green innovation funds, and other measures to seize the high ground of key carbon neutral technologies. By reviewing relevant reports and technology lists released by different institutions such as the International Energy Agency, MIT Technology Review, and the European Union Joint Research Center, the manufacturing, investment, and R&D progress of key carbon neutral technologies were analyzed. The annual scientific and technological progress and major achievements released by relevant departments such as the Chinese Academy of Sciences and the Ministry of Science and Technology show that China has made breakthrough progress in technologies such as solar energy, green hydrogen, advanced energy storage, nuclear power, fusion energy, and energy conservation. To accelerate the development of carbon neutrality technology in China in the future, the following suggestions are proposed: First, to improve the relevant laws, regulations, strategies, and policies on carbon neutrality in China. Second, to build an innovation system for key carbon neutrality technologies; Third, to deepen international cooperation on key carbon neutrality technologies.

Keywords: Carbon Neutrality; Key Technologies; R&D Deployment; Breakthroughs

G.18 Reality Gap, Portrait and Cultivation of "Dual Carbon" Talent

Lu Hui, Chen Sixuan, Le Xingbei, Bao Sijia and Xu Leixin / 238

Abstract: The essence of new quality productivity is not only advanced productivity, but also green productivity. Enabling greening with digitalisation, pulling digitalisation with greening, and promoting synergistic development of digitalisation and greening (hereinafter referred to as "dual-carbon" synergy) will become the main theme of the formation process of the new quality productivity, which is of great significance to the realisation of high-quality development. In this context, it is urgent to draw, identify and cultivate "dual-carbon" talents that meet the needs of "dual-carbon" synergy transformation. In this paper, by analysing the reality of the shortage of "dual-carbon" talents in China, summarising the talent cultivation experience of international universities in the related fields, and through the combination of qualitative and quantitative research, we have constructed a five-dimensional portrait structure of "dual-carbon" talents. On this basis, the model and path of "dual-carbon" talent cultivation in China are systematically put forward against this portrait structure, with a view to providing systematic concepts and models in terms of intelligence and manpower for the timely realisation of the goal of "dual-carbon".

Keywords: "Dual-carbon" Talent; Reality Gap; Talent Portrait; Talent Cultivation

G.19 Exploring the Role and Strategies of the Circular Economy in Reducing Carbon Emissions

Chen Xiaoting, *Chen Kun* / 250

Abstract: This paper analyzes the critical role of the circular economy in global climate change mitigation, positioning it as a key strategy for addressing resource constraints and reducing carbon emissions. It highlights how the circular economy can cut greenhouse gas emissions during production and waste management, support renewable energy transitions, and enhance climate adaptation. By tracing the development and evolution of circular economy principles, the paper evaluates its emission reduction potential across high-material consumption sectors such as construction, transportation, and plastics from a life-cycle perspective. Finally, it outlines specific pathways and policy recommendations for advancing the circular economy in China, including policy integration, incorporating circular economy principles into carbon management, promoting high-value material use, investing in innovation, and adjusting macroeconomic policies, to achieve carbon peaking and carbon neutrality targets.

Keywords: Circular Economy; Climate Change; Emission Reduction

G.20 Progress of China's Carbon Peak Pilot Policy

Bai Quan, *Liu Zhenghao* / 263

Abstract: Carrying out the national carbon peak pilot is an important policy to implement the goal of carbon dioxide emission peak by 2030, and has important demonstration significance for promoting different regions to explore effective ways to reach carbon peak and carbon neutralization. This paper reviews the history of China's low-carbon pilot work, studies and analyzes the progress of the first batch of national carbon peak pilot cities and parks launched in 2023, and points out four challenges in carrying out carbon peak pilot work. First, local zero-carbon and low-carbon energy resources are limited in some areas; second, it is difficult for some areas to obtain external low-carbon and zero-carbon energy resources; third, the reform of carbon peak pilot system and mechanism needs to be broken through; fourth, the basic data and basic capabilities of carbon peak pilot work need to be consolidated. It also put forward several suggestions for the pilot cities and park authorities to promote the carbon peak pilot work in the next stage. First, they should keep up with the pace of national reform and the latest policy trends and do a solid job in implementing policies. Second, the pilot cities and park authorities should strengthen energy conservation and energy efficiency efforts, promote energy conservation and carbon reduction transformation in key areas, and third, create new modes and formats for renewable energy development and utilization, and stimulate endogenous power for renewable energy consumption. Fourth, we should actively connect with green finance and other market means to better play the role of financial instruments; fifth, we should improve the supervision level of carbon emission through digital intelligence and other means.

Keywords: Carbon Peak Pilot; Low-carbon Development; City and Park

Abstract: The carbon market controls greenhouse gas emissions through a market-based mechanism, supporting the green and low-carbon transition of the economy and society, and facilitating the realization of the carbon peak and carbon neutrality goals. During the first two compliance periods, the National Carbon Emission Trading System (hereinafter the "National ETS") only covered the power generation sector, with a narrow scope of sectors and limited trading participants, which constrained the market mechanism's potential for achieving cost-effective emissions reductions. Expanding the sectoral coverage of the National ETS is of great significance for implementing major national strategies, promoting carbon peaking and carbon neutrality goals, achieving economically efficient emissions reductions, facilitating industrial upgrading, and enhancing international influence. The 2024 Report on the Work of the Government of China explicitly identified expanding the sectoral coverage of the National ETS as a government task of the year. The Ministry of Ecology and Environment has organized and conducted specialized research on expanding the sectoral coverage of the National ETS. The cement, iron and steel, and aluminum industries will be included in the National ETS following the power sector. However, this expansion faces risks and challenges in areas such as data quality, technical methods, operations and performance, and supervision. It is necessary to trade off various relationships, consider different factors comprehensively, and follow the principle of "including each sector as it becomes ready" to gradually and systematically expand the sectoral coverage of the National ETS in stages. Meanwhile, it is recommended to continuously strengthen the management of carbon emissions data quality, accelerate the improvement of relevant technical methodologies for the covered sectors, actively promote a win-win situation between emissions reductions and growth in enterprises, and effectively ensure thorough coordination and implementation support, fully realizing the low-cost emissions reduction potential of the National ETS.

Keywords: National Carbon Emission Trading System; Sectoral Coverage; Market Mechanism

Abstract: The reduction of non-carbon dioxide (non-CO2) greenhouse gases (GHGs) has been put on the agenda, along with the urgency of global greenhouse gas mitigation. The agricultural sector, being a major source of non-CO2 GHGs, its mitigation is becoming increasingly significant. According to the latest national greenhouse gas inventory submitted to the United Nations Framework Convention on Climate Change (UNFCCC), 37.2% and 49.2% of national anthropogenic methane (CH4) and nitrous oxide (N2O) emissions are from agriculture. This report comprehensively analyzes the temporal trends in both the amount and intensity of China's agricultural GHG emissions by drawing on data from national inventories, FAO databases, and relevant literatures, and assesses the GHG emission reduction potential along with its costs and benefits. Additionally, the gaps and difficulties issued by existing policies in promoting the application of technologies on agricultural carbon emission reduction and sequestration are sorted, and suggestions for the future collaborative development of agricultural emission reduction policies from various aspects such as technology, mechanism, and management are provided, such as, the research and development of carbon reduction and sequestration technology ought to be intensified at the terminal stage of agricultural production. The green living and dietary habits should be advocated at the consumption terminus of agricultural products. A comprehensive set of standards, agricultural monitoring systems, accounting systems, and a carbon labeling system for agricultural products should be erected. The coordination between national and local agricultural carbon emission reduction and sequestration should be fortified. A succession of safeguard measures, such as the integration of artificial intelligence and the agricultural industry, should be expedited, etc..

Finally, we should try our best to improve its ability to share the burden of national dual-carbon goals under the premise of ensuring that China's agricultural production meets the national economy, people's livelihood and food security.

Keywords: Greenhouse Gas; Agriculture; Carbon Emission Reduction and Carbon Sequestration; Climate Change

G.23 Led by Carbon Control and Reduction, Improve the Market-based Allocation System of Resource and Environmental Factors

Li Zhong, Tian Zhiyu and Zhao Meng / 304

Abstract: China has entered a high-quality development stage of accelerated greening and low-carbonization, with carbon control and reduction becoming national priority. Led by carbon control and reduction, a market-based system for the allocation of resources and environmental elements is imperative to form green new productive forces, coordinate carbon reduction, pollution reduction, green expansion, and economic and social development, and accelerate the green and low-carbon transformation of the economy and society as a whole. Currently, China mainly focuses on carbon emission rights, energy use rights, pollution discharge rights, and water use rights trading mechanisms to promote the market-based allocation of resources and environmental elements, and is generally at the starting and pilot stage. In practice, it faces challenges such as insufficient marketization concepts, insufficient market interconnection, unsmooth price formation and transmission mechanisms, and a weak foundation work system. It is suggested to coordinate development, emission reduction, and safety, strengthen the top-level design of the market-based allocation system for resources and environmental elements; focus on key regions and key river basins, build cross-regional trading markets; coordinate prices reform and market mechanisms, and the realization of ecological product value; strengthen policy support and capacity building, and explore the development of a multi-product, integrated trading platform for resource and environmental factors.

Keywords: Carbon Control and Reduction; Resource and Environmental Factors; Market-based Allocation System

Abstract: The "Jiziwan" of the Yellow River, as the main area of multiple national strategies and the growth pole of regional economic development, is one of the regions facing threaten of the Water–Energy–Food–Ecosystem (WEFE), and climate change increasing the complexity of nexus in WEFE. As a fragile area of climate change, during 1961 – 2023, the annual average temperature in "Jiziwan" has increased by 0.31℃/10a, and the extreme high–tenperatue days has increased, and extreme heatwaves have become frequent since this century. There is no significant changing trend in annual precipitation, which fluctuates between 303.4 and 641.1mm. The annual precipitation and rainfall intensity have increased, while the number of rainfall days and dromght days have decreased this century. In the future 30 years (2026–2055), the annual mean temperature of "Jiziwan" will increase by 1.02℃, the annual precipitation will general increasing less than 7% with obvious inter-annual variation, and the rainfall intensity and the frequency of storm will increase. The climate risks of WEFE for the "Jiziwan" is mainly showed as: (1) the reduction of water resources and the increase of rainstorm risk induced by climate change and human activities, (2) the increase in heat resource combined with potential increase in agricultural water demand, and (3) the increase of water demand for social-economic and ecological environment caused by warming. Therefore, the ecological protection and high-quality development in the "Jiziwan" need to following the principle that take water resources as the biggest constraint, and adhere to ecological priority, and fully consider the impact of climate change on water supply and demand, then through identifying the nexus of WEFE in the complex network of hydrological, biological, social and technological areas, to promoting regional systematic governance and coordinated development.

Keywords: The "Jiziwan" of the Yellow River; Water－Energy－Food－Ecosyste; Climate Change; Risks and Adaptations

V Industry Transformation

G.25 The Current Status and Prospects of Green and Low-carbon Transformation in China's Textile and Apparel Industry

Yan Yan, Hu Kehua and Qi Yihan / 326

Abstract: As the textile and garment industry in China transitions into a phase of high-quality development, addressing climate change through the promotion of green and low-carbon transformations has emerged as a pivotal discourse. Upon analyzing the greenhouse gas emissions within this industry, this report reveals a substantial decline in emission intensity in recent years, attributed to the successful implementation of "coal-to-gas" and "coal-to-electricity" policies, which have also led to a notable optimization of the energy structure. Since 2017, industry climate action has initiated a comprehensive approach encompassing industrial mobilization, infrastructure advancements, and standardization frameworks, thereby enhancing the sector's governance capabilities. This momentum has progressively extended to the enterprise level, fostering leading enterprises through green manufacturing practices, innovative product research and development, and renewable energy utilization. Based on practical experiences and the prevailing policy landscape, this article consolidates recommended policy orientations for the future green and low-carbon transformation of the textile and apparel industry. It advocates for the reinforcement of mutual trust in carbon-related regulations and calls for supportive policy measures in three key areas: accounting and evaluation systems, renewable energy, and financial instruments. These measures are anticipated to incentivize active participation from industry enterprises in climate governance initiatives, ultimately promoting a resilient and sustainable industry ecosystem.

Keywords: China Textile and Apparel Industry; Green and Low-carbon Transformation; Climate Action

Abstract: The power sector is the key to promoting the green and low-carbon transformation of energy and achieving carbon peaking and carbon neutrality goals. As a platform connecting power production and consumption, the power grid is a key hub leading the carbon reduction of the power system. Faced with the basic requirements of ensuring energy security and the green constraints of achieving the "dual carbon target", State Grid Corporation of China has carried out various key tasks in coordinating power supply and low-carbon transformation. The clean energy allocation and consumption capacity of the power grid have been significantly improved. This article introduces measures and typical cases from four aspects: promoting the wide area of energy allocation, clean energy production, electrification of energy consumption, and digitization of energy formats. As the construction of new power system is gradually deepening, it is necessary to increase the cross-area clean energy transmission capacity, promote network source coordination and optimization of scheduling and trading, promote energy saving and efficiency of the whole society, create an energy digital economy platform, and make a joint effort in all aspects of the source-grid-load-storage to accelerate the diversification of energy supply, cleaner and lower carbon, and the electrification of energy consumption in a highly efficient and reduced manner.

Keywords: State Grid; Energy Transformation; Low-carbon Development

G.27 China's Road Transportation Response to Climate Change

Wang Zhaoming, Shao Shegang, Liu Xiaofei and Qi Yanan / 350

Abstract: With the intensification of global climate change, China has implemented a series of policies and measures to achieve a green and low-carbon transition in the transportation sector. This paper focuses on China's strategies for addressing climate change in the field of road transportation, including policy planning, greening of infrastructure, energy integration, and the development of clean and low-carbon transportation equipment. By analyzing policy documents such as the "Outline for Building China into a Transportation Power," the "National Comprehensive Transport Network Plan," and the 14th Five-Year Plan, along with specific implementation cases such as road-rail bridges, intelligent transportation systems, and photovoltaic power generation projects, this study assesses the effectiveness of these measures in mitigating climate change and enhancing system resilience. The research shows that China's green and low-carbon transportation policies have achieved significant results in reducing greenhouse gas emissions, improving transportation system resilience, and promoting sustainable development, offering valuable experience for the global fight against climate change.

Keywords: Green and Low-carbon; Transportation; Infrastructure Greening; New Energy Technology

Ⅵ Evaluation Report

Abstract: This assessment continues the evaluation method from 2022 and expands the scope to all 333 prefecture-level administrative regions and 4 municipalities directly under the central government nationwide, fully reflecting the level of green and low-carbon development at the city level across the country. The study found that: The overall score in 2023 is slightly lower than in 2022. Pilot cities performed prominently, and the top-ranked cities remained consistent with those in 2022. The rankings of the eastern, central, and western regions remained unchanged, while the rankings of cities in the northeastern region have declined. Looking at the dimensions, the internal differences in the dual-carbon situation are the largest, especially in the northeastern region. There is no significant change in the north-south gap. The new quality of productive forces have an inverted U-shaped relationship with urban green and low-carbon development. Suggestions: ① Pay attention to the north-south and northeastern gaps, and resources and policies should be tilted towards these two regions. ② Promote the improvement of new quality of productive forces and urban green and low-carbon development in a coordinated manner. ③ During the "15th Five-Year Plan" period, attention should be paid to the implementation and effectiveness of policies, and the strong constraints of policy assessment should be increased.

Keywords: Green and Low-Carbon; New Quality of Productive Forces; Cities

S 基本子库
UB DATABASE

中国社会发展数据库（下设 12 个专题子库）

紧扣人口、政治、外交、法律、教育、医疗卫生、资源环境等 12 个社会发展领域的前沿和热点，全面整合专业著作、智库报告、学术资讯、调研数据等类型资源，帮助用户追踪中国社会发展动态、研究社会发展战略与政策、了解社会热点问题、分析社会发展趋势。

中国经济发展数据库（下设 12 专题子库）

内容涵盖宏观经济、产业经济、工业经济、农业经济、财政金融、房地产经济、城市经济、商业贸易等12个重点经济领域，为把握经济运行态势、洞察经济发展规律、研判经济发展趋势、进行经济调控决策提供参考和依据。

中国行业发展数据库（下设 17 个专题子库）

以中国国民经济行业分类为依据，覆盖金融业、旅游业、交通运输业、能源矿产业、制造业等 100 多个行业，跟踪分析国民经济相关行业市场运行状况和政策导向，汇集行业发展前沿资讯，为投资、从业及各种经济决策提供理论支撑和实践指导。

中国区域发展数据库（下设 4 个专题子库）

对中国特定区域内的经济、社会、文化等领域现状与发展情况进行深度分析和预测，涉及省级行政区、城市群、城市、农村等不同维度，研究层级至县及县以下行政区，为学者研究地方经济社会宏观态势、经验模式、发展案例提供支撑，为地方政府决策提供参考。

中国文化传媒数据库（下设 18 个专题子库）

内容覆盖文化产业、新闻传播、电影娱乐、文学艺术、群众文化、图书情报等 18 个重点研究领域，聚焦文化传媒领域发展前沿、热点话题、行业实践，服务用户的教学科研、文化投资、企业规划等需要。

世界经济与国际关系数据库（下设 6 个专题子库）

整合世界经济、国际政治、世界文化与科技、全球性问题、国际组织与国际法、区域研究 6 大领域研究成果，对世界经济形势、国际形势进行连续性深度分析，对年度热点问题进行专题解读，为研判全球发展趋势提供事实和数据支持。